Springer-Lehrbuch

Walter Borchardt-Ott · Heidrun Sowa

Kristallographie

Eine Einführung für Studierende der
Naturwissenschaften

9. Auflage

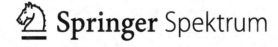 Springer Spektrum

Walter Borchardt-Ott

Heidrun Sowa
GZG, Abteilung Kristallographie
Universität Göttingen
Göttingen, Deutschland

ISSN 0937-7433
Springer-Lehrbuch
ISBN 978-3-662-56815-6   ISBN 978-3-662-56816-3 (eBook)
https://doi.org/10.1007/978-3-662-56816-3

Die Deutsche Nationalbibliothek verzeichnet diese Publikation in der Deutschen Nationalbibliografie; detaillier-
te bibliografische Daten sind im Internet über http://dnb.d-nb.de abrufbar.

Springer Spektrum

Verantwortlich im Verlag: Stephanie Preuß

Gedruckt auf säurefreiem und chlorfrei gebleichtem Papier

Springer Spektrum ist ein Imprint der eingetragenen Gesellschaft Springer-Verlag GmbH, DE und ist ein Teil
von Springer Nature.
Die Anschrift der Gesellschaft ist: Heidelberger Platz 3, 14197 Berlin, Germany

für Sigrid
und Steffen
Annette
Viktoria
Frederic
Teresa
Susanna
Franz
Jonas
Lucy

Vorwort zur 9. Auflage

Das Buch „Kristallographie", dessen 1. Auflage 1976 erschien, hat Dr. Walter Borchardt-Ott aus einem Vorlesungsmanuskript für eine einstündige Kristallographie-Vorlesung entwickelt. Es war ursprünglich für Anfangssemester konzipiert worden. Im Laufe der Zeit wurde der Inhalt beträchtlich erweitert, den größten Teil nimmt aber immer noch die geometrische Kristallographie ein. Dabei wurde auf eine tiefer gehende Darstellung der mathematischen Grundlagen verzichtet und mehr Wert auf die Anwendung gelegt. Zu allen Kapiteln gibt es zahlreiche Übungsaufgaben, deren Lösungen am Ende des Buches zu finden sind. Zur Schulung des dreidimensionalen Vorstellungsvermögens dienen Vorlagen, mit deren Hilfe Papiermodelle von Kristallpolyedern hergestellt werden können.

Das Buch richtet sich an alle, die Grundkenntnisse in Kristallographie erwerben und vertiefen möchten. Es kann als Begleitbuch zu einer Vorlesung verwendet werden, ist aber ebenso zum Selbststudium geeignet, wenngleich gewisse Vorkenntnisse von Vorteil sind.

In dieser neuen Auflage wurden veraltete Inhalte herausgenommen und Fehler korrigiert. Insbesondere im Kapitel Kristallchemie gibt es Änderungen. Modulierte Strukturen und Quasikristalle werden jetzt erwähnt und viele der alten noch handgezeichneten Abbildungen wurden durch neue ersetzt.

Ich möchte mich bei allen bedanken, die mich auf Fehler aufmerksam gemacht haben und Anregungen für Änderungen gegeben haben.

H. Sowa

Inhaltsverzeichnis

Einleitung

Im Mittelpunkt der Kristallographie steht ein Objekt, der **Kristall**. Die Kristallographie beschäftigt sich mit den Gesetzmäßigkeiten des kristallisierten Zustands der festen Materie, der Anordnung der Bausteine in den Kristallen, den physikalischen und chemischen Eigenschaften, der Synthese und dem Wachstum der Kristalle.

Kristalle spielen in vielen Disziplinen eine Rolle, in Mineralogie, Anorganischer Chemie, Organischer Chemie, Physikalischer Chemie, Physik, Metallkunde, Werkstoffwissenschaften, Geologie, Geophysik, Biologie, Medizin usw. Diesen Zusammenhang erkennt man vielleicht noch besser, wenn man einmal zusammenstellt, wo überall Kristalle auftreten: Praktisch alle natürlich gebildeten Festkörper (Minerale) sind Kristalle. Dazu gehören auch die Rohstoffe für die Chemie, z. B. die Erze. Ein Felsmassiv besteht in der Regel aus Kristallen unterschiedlicher Art, ein Eisberg dagegen aus vielen kleinen gleichartigen Eiskristallen. Fast alle festen anorganischen Chemikalien sind kristallin, auch viele feste organische Verbindungen haben einen kristallinen Aufbau, z. B. Naphthalin, Benzol, Zellulose, Eiweiße, Vitamine, Kautschuk und Polyamide. Die Metalle und die Legierungen, die Keramiken und die Baustoffe bestehen aus Kristallen. Die Hartsubstanzen der Zähne und Knochen sind kristallin. Der Verkalkungsprozess der Gefäße und Muskeln im menschlichen und tierischen Körper ist auf Kristallbildungen zurückzuführen. Viele Viren haben einen kristallinen Aufbau.

Diese Aufzählung könnte noch beliebig weiter fortgesetzt werden, es ist jedoch hier bereits klar ersichtlich, dass fast alle Substanzen, die man allgemein als fest bezeichnet, kristallisiert sind.

Die Kristallographie hat ihren Platz zwischen Mineralogie, Chemie und Physik und kann als ein Bindeglied zwischen diesen Disziplinen angesehen werden. Im mitteleuropäischen Raum steht die Kristallographie der Mineralogie sehr nahe, während sie in Großbritannien und in den USA mehr Berührungspunkte mit der Chemie und der Physik hat. Der Deutschen Gesellschaft für Kristallographie gehören Mineralogen, Chemiker und Physiker als Mitglieder an.

© Springer-Verlag Berlin Heidelberg 2018
W. Borchardt-Ott, H. Sowa, *Kristallographie*, Springer-Lehrbuch,
https://doi.org/10.1007/978-3-662-56816-3_1

Die Weltdachorganisation der Kristallographen ist die *International Union of Crystallography*. Sie gibt das wichtige Tabellenwerk *International Tables for Crystallography* und die wichtigste kristallographische Zeitschriftenreihe *Acta Crystallographica* heraus.

Der Kristallzustand

Das Erscheinungsbild der Kristalle ist außerordentlich vielfältig, aber alle Erscheinungs-
formen sollten sich auf ein Grundprinzip zurückführen lassen. Es ist daher notwendig,
sich mit dem Kristallzustand an sich auseinanderzusetzen. Dazu sollen zunächst einige
typische Kristalleigenschaften diskutiert werden:

- Viele Kristalle besitzen nicht nur ebene Begrenzungsflächen, sondern bilden im Idealfall auch regelmäßige geometrische Formen aus. Einen Granatkristall als Rhombendodekaeder zeigt Abb. 2.1. Ein Rhombendodekaeder besteht aus 12 rhombenförmigen
  Flächen. In Abb. 15.3 ist ein Kristallmodellnetz abgebildet, mit dem ein Rhombendodekaeder gebaut werden kann und sollte!
- Zerschlägt man bestimmte Kristalle (z. B. NaCl), so zerfallen sie in geometrisch gleichartige Körper mit ebenen Begrenzungsflächen, beim NaCl in kleine Würfel. Diese
  Eigenschaft nennt man *Spaltbarkeit*, und sie ist nur für Kristalle typisch.
- Abb. 2.2 zeigt einen Cordieritkristall und die Farben, die ein Beobachter sieht, wenn
  er in den angegebenen Richtungen durch den Kristall blickt. Welche Farbe vorliegt,
  hängt von dem Absorptionsverhalten des Kristalls in dieser Richtung ab. Werden z. B.

Abb. 2.1 Granatkristall als
Rhombendodekaeder

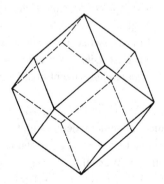

© Springer-Verlag Berlin Heidelberg 2018
W. Borchardt-Ott, H. Sowa, *Kristallographie*, Springer-Lehrbuch,
https://doi.org/10.1007/978-3-662-56816-3_2

Abb. 2.2 Pleochroismus bei
einem Cordieritkristall

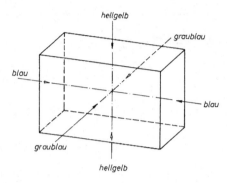

Abb. 2.3 Disthenkristall mit
Ritzspur (—) zur Veranschaulichung der Härteanisotropie

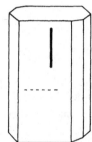

von den Spektralfarben des weißen Lichts alle Farben bis auf das Blau absorbiert, so erscheint uns der Kristall blau. Die Absorption ist also in den angegebenen Richtungen unterschiedlich. Diese Erscheinung wird als *Pleochroismus* bezeichnet.

- Ritzt man unter sonst gleichen Bedingungen einen Disthenkristall mit einem Stahlnagel, so entsteht parallel zur Längsrichtung des Kristalls eine tiefe, senkrecht dazu aber keine Ritzspur (Abb. 2.3). Dieser Kristall ist in den genannten Richtungen unterschiedlich hart.

- Überzieht man eine Gipskristallfläche mit einer dünnen Wachsschicht und setzt man eine glühende Metallspitze auf die Kristallfläche, so breitet sich der Aufschmelzwulst nicht kreis-, sondern ellipsenförmig aus (Abb. 2.4), d. h. die Wärmeleitfähigkeit ist in Richtung III größer als in Richtung I. Ein solches Verhalten – *verschiedene Beträge einer physikalischen Eigenschaft in verschiedenen Richtungen* – nennt man *anisotrop* (vgl. auch Abb. 2.5c). Auf einer Glasplatte würde sich bei gleicher Versuchsanordnung ein Kreiswulst ausbilden und zeigen, dass die Wärmeleitung in allen Richtungen gleich groß ist. Dieses Verhalten – *gleiche Beträge einer physikalischen Eigenschaft in allen Richtungen* – nennt man *isotrop* (Abb. 2.5a,b).

Für den Kristallzustand ist anisotropes physikalisches Verhalten typisch! Dies gilt aber nicht allgemein, denn es gibt auch Kristalleigenschaften, die sich bei bestimmten Kristallen isotrop verhalten. So würde z. B. unter den oben angegebenen Versuchsbedingungen auf der Würfelfläche eines Galenit-Kristalls ein kreisförmiger Schmelzwulst entstehen. Fertigt man von einem Kupferkristall eine Kugel und erwärmt sie, so bleibt die Kugel-

Abb. 2.4 Gipskristall mit
Wachsschmelzwulst. Die Ellip-
se stellt eine Isotherme dar und
charakterisiert die Anisotropie
der Wärmeleitfähigkeit

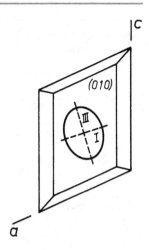

gestalt erhalten, nur der Kugelradius vergrößert sich. Die thermische Ausdehnung ist in
diesem Fall in allen Richtungen gleich groß, verhält sich also isotrop.

Die Ursache aller oben genannten Phänomene liegt im *inneren* Aufbau der Kristalle be-
gründet. Um ihn besser zu verstehen, soll er im Rahmen der Aggregatzustände betrachtet
werden.

Die *Materie (Gase, Flüssigkeiten, Kristalle)* ist aus *Bausteinen (Atomen, Ionen und
Molekülen)* zusammengesetzt und stellt deshalb ein *Diskontinuum* dar. Die Größe der
Bausteine liegt aber im Å-Bereich (1 Å $= 10^{-8}$ cm, vgl. Fußnote 2 in Kap. 4), und darum
erscheint uns die Materie nur als *Kontinuum*. Die Physik definiert die Aggregatzustände
durch die Begriffe *form-* und *volumenbeständig*. Das Gas ist weder form- noch volumenbeständig, die Flüssigkeit ist zwar volumen-, aber nicht formbeständig, und der Kristall
ist form- und volumenbeständig (Abb. 2.5).

Gas

Abb. 2.5a zeigt eine Momentaufnahme der Anordnung der Moleküle in einem Gas. Die
Moleküle fliegen mit großer Geschwindigkeit durch den Raum, besitzen also eine hohe
Bewegungsenergie (kinetische Energie). Die Wechselwirkungskräfte zwischen den Mole-
külen sind denkbar schwach, die entsprechende Energie ist im Verhältnis zur kinetischen
Energie zu vernachlässigen.

Wie ist nun die Verteilung der Moleküle zu einem bestimmten Zeitpunkt (Momentaufnahme)? Es gibt sicherlich keine Häufung von Bausteinen an speziellen Orten, da ein
„Streben nach Ausgleich" besteht. Johnsen hat die Verteilung an einem Gedankenexperi-
ment erläutert (Abb. 2.6a): Wir schütten 128 Linsen auf die 64 Felder eines Schachbretts.
Dann entfallen auf die einzelnen Felder 0, 1, 2, 3, ... Linsen, im Durchschnitt 2. Wählt
man Vierereinheiten, so schwankt die Zahl der Linsen zwischen 7 und 9, um bei Sechzeh-
nereinheiten mit 32 gleich groß zu werden. Gleich große Teilbereiche auf dem Schachbrett
werden also einander umso ähnlicher, je größer sie sind. Diese Art der Verteilung wird als

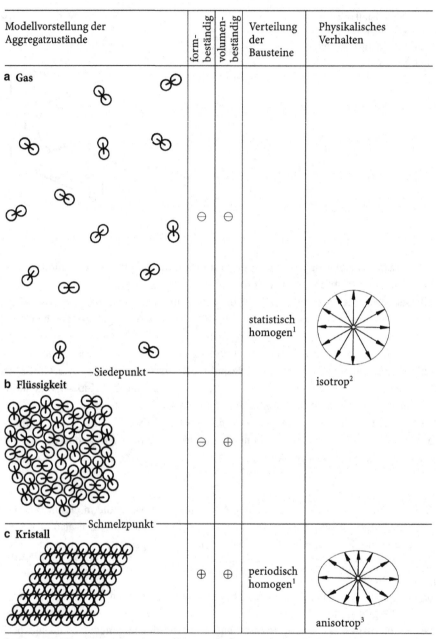

Modellvorstellung der Aggregatzustände	form-beständig	volumen-beständig	Verteilung der Bausteine	Physikalisches Verhalten
a Gas	$\ominus$	$\ominus$	statistisch homogen[1]	isotrop[2]
―――Siedepunkt―――				
b Flüssigkeit	$\ominus$	$\oplus$		
―――Schmelzpunkt―――				
c Kristall	$\oplus$	$\oplus$	periodisch homogen[1]	anisotrop[3]

[1] Ein Stoff ist homogen, wenn er in parallelen Richtungen gleiches Verhalten zeigt $\Longrightarrow$

[2] Gleiche physikalische Eigenschaften in allen Richtungen

[3] Verschiedene physikalische Eigenschaften in verschiedenen Richtungen

Abb. 2.5 Schematische Darstellung der Aggregatzustände: **a** Gas, **b** Flüssigkeit, **c** Kristall

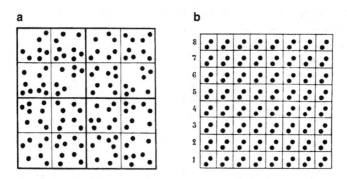

Abb. 2.6 Statistische (**a**) und periodische (**b**) Homogenität, nach Johnsen

statistisch homogen bezeichnet[1]. Bei statistisch homogener Verteilung der Bausteine ist das physikalische Verhalten – wie leicht einzusehen ist – isotrop, es ist in allen Richtungen gleich.

Flüssigkeit
Sinkt die Temperatur eines Gases, so nimmt die kinetische Energie der Moleküle ab. Beim Erreichen des Siedepunkts wird die kinetische Energie gleich der Bindungsenergie zwischen den Molekülen. Das Gas kondensiert bei weiterem Abkühlen zur Flüssigkeit. Die Wechselwirkungskräfte ziehen die Bausteine bis zur „Berührung" aneinander. Die Bausteine sind aber nicht dauernd, sondern nur im zeitlichen Mittel aneinander gebunden (Abb. 2.5b). Die Moleküle wechseln häufig ihre Plätze. Es kann zwar in kleinen Bereichen bereits eine Ordnung der Bausteine vorliegen (Nahordnung); wenn jedoch die Einheit groß genug gewählt wird, so kann auch hier angenähert von einer statistisch homogenen Verteilung der Bausteine gesprochen werden. Daraus folgt isotropes physikalisches Verhalten.

Kristall
Sinkt die Temperatur unter den Schmelzpunkt, so wird die kinetische Energie so klein, dass die Bausteine feste Bindungen eingehen können. Es entsteht ein dreidimensionales Gerüst aus Bindungsbrücken zwischen den Molekülen, und der Körper wird fest, er kristallisiert. In Abb. 2.5c ist nur eine Ebene des entstandenen Kristalls dargestellt. Die Bausteine des Kristalls führen nur noch Schwingungen um eine Ruhelage aus. Durch das Eingehen einer festen Bindung haben sich die Bausteine regelmäßig angeordnet. Ihre Verteilung ist nicht mehr statistisch, sondern *periodisch homogen*. Es liegt eine *Periodizität in 3 Dimensionen* vor (vgl. auch Abb. 3.1a).

Wie würden sich nun diese Verhältnisse am Schachbrettmodell äußern (Abb. 2.6b)? Auf jedes Feld kämen 2 Linsen, die periodisch zueinander angeordnet sind. Die Anordnung der Linsen parallel zu den Kanten und zur Diagonalen ist stark unterschiedlich, und

---

[1] Ein Stoff ist homogen, wenn er in parallelen Richtungen gleiches Verhalten zeigt.

Abb. 2.7 Abhängigkeit des
spezifischen Volumens von der
Temperatur bei einer Schmelze
und der sich daraus bildenden
Kristall- bzw. Glasphase

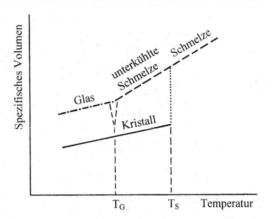

daraus kann kein gleichartiges, sondern nur unterschiedliches physikalisches Verhalten in diesen Richtungen resultieren, d. h. ein Kristall verhält sich anisotrop. Diese Anisotropie ist das typische Kennzeichen für den Kristallzustand.

▶ **Definition** Ein **Kristall** ist ein anisotroper homogener Körper, der eine dreidimensional periodische Anordnung der Bausteine (Atome, Ionen, Moleküle) besitzt.[2]

Die Materie strebt bei entsprechender Temperatur unbedingt zum Kristallzustand hin, da er der feste Aggregatzustand kleinster Energie ist. Es gibt aber Stoffe (z. B. Glas), die dieses Ziel nicht erreichen. Eine Glasschmelze ist sehr viskos, und die Bausteine können sich bei der Abkühlung aus Zeitgründen nicht ordnen. Die Gläser besitzen einen höheren Energieinhalt und können als eingefrorene zähe Flüssigkeiten angesehen werden. Man nennt sie *amorphe Körper*.

Amorph bedeutet „ohne Gestalt". Diese Körper können keine ebenen Begrenzungsflächen oder Polyeder ausbilden, weil ihnen der innere geordnete Aufbau fehlt (vgl. Kap. 5 „Die Morphologie").

Es stellt sich nun die Frage, in welcher Beziehung Kristall, Glas und Schmelze zueinander stehen. Dies soll an den spezifischen Volumina der Phasen in Abhängigkeit von der Temperatur gezeigt werden (Abb. 2.7). Wird eine Schmelze abgekühlt, so nimmt das Volumen ab. Beim Erreichen des Schmelzpunkts T_S kristallisiert die Schmelze, was zu einer Volumenabnahme bei dieser Temperatur führt. Bei weiterer Abkühlung verkleinert sich das Volumen der kristallisierten Phase.

Kommt es bei der Abkühlung der Schmelze nicht zur Kristallisation, so nimmt das Volumen ab, wie die gestrichelte Linie in Abb. 2.7 veranschaulicht. Es liegt nun eine un-

---

[2] Inzwischen kennt man auch Festkörper, deren Strukturen weder dreidimensional periodisch noch amorph sind. Daher wurde 1992 die Definition eines Kristalls geändert: Ein kristallines Material zeigt scharfe Beugungsmuster, wenn man es mit Röntgenstrahlen untersucht (vgl. Kap. 13). Die weitaus meisten Kristalle weisen allerdings eine dreidimensional periodische Struktur auf. Und nur auf diese beschränken wir uns in diesem Buch.

terkühlte Schmelze vor. Beim Erreichen der Transformationstemperatur T_G (besser Transformationsbereich) biegt die Kurve ab und verläuft nun etwa parallel zur Kristallkurve. Dies Abbiegen ist auf ein starkes Anwachsen der Viskosität zurückzuführen. Die Schmelze friert ein, ein Glas als unterkühlte Schmelze entsteht.

Kristalle und amorphe Körper lassen sich auf verschiedene Art und Weise voneinander unterscheiden. Eine Möglichkeit stellt das Schmelzverhalten dar. Ein Kristall besitzt einen Schmelzpunkt, ein amorpher Körper einen Erweichungsbereich. Eine andere Möglichkeit bietet das Verhalten gegenüber Röntgenstrahlen. Die dreidimensional periodische Anordnung der Bausteine in den Kristallen bewirkt Interferenzen der Röntgenstrahlung (vgl. Kap. 13 „Röntgenographische Untersuchungen an Kristallen"). Amorphe Körper sind dazu aufgrund der fehlenden dreidimensionalen periodischen Anordnung der Bausteine nicht in der Lage.

2.1 Übungsaufgaben

Aufgabe 2.1
Bestimmen Sie das Volumen des Raums, das einem Gasatom oder Gasmolekül bei Normalbedingungen (0 °C, 1013 hPa) im Durchschnitt zur Verfügung steht.

Aufgabe 2.2
Berechnen Sie die Raumerfüllung von Neongas ($r_{Ne} = 1,60\,\text{Å}$) bei Normalbedingungen. Die Raumerfüllung ist das Verhältnis des Volumens des Neonatoms zum Volumen des Gasraums eines Atoms (vgl. Aufgabe 2.1). Zum Vergleich: Ein Kupferkristall hat eine Raumerfüllung von 74 %.

Aufgabe 2.3
Diskutieren Sie den Begriff „Kristallglas".

Das Raumgitter und seine Eigenschaften

In den Kristallen liegt eine periodische Anordnung der Bausteine in 3 Dimensionen vor. Dies ist an dem α-Polonium-Kristall in Abb. 3.1a ersichtlich. Die Poloniumatome wiederholen sich nach dem Prinzip eines Punkt- oder Raumgitters, wenn einmal nur die Schwerpunkte der Atome betrachtet werden (Abb. 3.1b).

► Ein *Raum- oder Punktgitter* ist danach eine *dreidimensional periodische Anordnung von Punkten*, nur eine mathematische Fiktion.

Das Raumgitter oder Punktgitter soll vom Gitterpunkt über die Gittergerade und Gitterebene zum Raumgitter entwickelt und allgemein betrachtet werden.

3.1 Gittergerade

Geht man in Abb. 3.2 vom Punkt 0 aus und verschiebt man diesen um den Vektor $\vec{a}$[1], so kommt man zum Punkt 1, bei Verschiebung um $2\vec{a}$ zum Punkt 2 usw. Durch diesen Vorgang werden die Punkte zur Deckung gebracht; es wird eine *Deckoperation* ausgeführt.

Abb. 3.1 Dreidimensionale periodische Anordnung der Bausteine in einem α-Polonium-Kristall (**a**); Raumgitter des Kristalls (**b**)

a 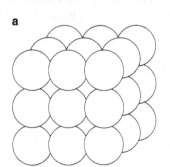   **b**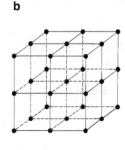

---

[1] Vektoren sind durch einen Pfeil über dem Buchstaben gekennzeichnet.

© Springer-Verlag Berlin Heidelberg 2018
W. Borchardt-Ott, H. Sowa, *Kristallographie*, Springer-Lehrbuch,
https://doi.org/10.1007/978-3-662-56816-3_3

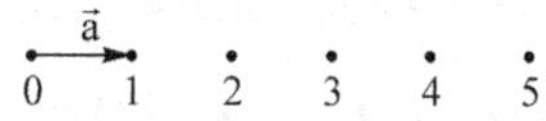

Abb. 3.2 Gittergerade mit
dem Gitterparameter $|\vec{a}| = a$

$$\overset{\vec{a}}{\underset{0\quad 1\quad 2\quad 3\quad 4\quad 5}{\bullet\!\!\!\rightarrow\ \bullet\quad \bullet\quad \bullet\quad \bullet\quad \bullet}}$$

Durch diese Deckoperation – man nennt sie *Gitter-Translation* – ist eine Gittergerade entstanden. Alle Punkte, die durch Gitter-Translationen ineinander überführt werden, heißen *identische* oder *translatorisch gleichwertige Punkte*. $|\vec{a}| = a$ wird als *Gitterparameter* bezeichnet. Dieser Parameter besitzt die Gesamtinformation dieses eindimensionalen Gitters.

3.2 Gitterebene

Führt man nun eine Gittertranslation mit einem Vektor $\vec{b}$ ein ($\vec{b} \not\parallel \vec{a}$) und lässt sie auf die Gittergerade in Abb. 3.2 einwirken, so entsteht eine *Gitter-* oder *Netzebene* (Abb. 3.3). Die Vektoren $\vec{a}$ und $\vec{b}$ spannen eine *Elementarmasche* (EM) auf. Durch die Kenntnis dieses Bereichs ($|\vec{a}| = a, |\vec{b}| = b, \sphericalangle\gamma$) kann die ganze Netzebene beschrieben werden. Führt man mit den Punkten einer Elementarmasche eine beliebige Gitter-Translation durch, so kommen sie immer wieder mit anderen Punkten zur Deckung. Eine Netzebene enthält nicht nur die Gitter-Translationen $\parallel \vec{a}$ und $\parallel \vec{b}$, sondern eine unendliche Zahl anderer Gitter-Translationen.

3.3 Raumgitter

Führt man eine Gitter-Translation mit einem zu $\vec{a}$ und $\vec{b}$ nicht komplanaren Vektor $\vec{c}$ ein und lässt sie auf die Gitterebene in Abb. 3.3 einwirken, so entsteht ein *Raumgitter*[2] (Abb. 3.4). Das Raumgitter wird also allein durch die Deckoperation Gitter-Translation, die in 3 Dimensionen wirksam wird, erzeugt.

Entsprechend der Lage der Vektoren $\vec{a}, \vec{b}, \vec{c}$ legt man ein *Koordinatensystem* oder *Achsenkreuz* mit den *kristallographischen Achsen* a, b, c in das Gitter. Die Vektoren $\vec{a}, \vec{b}, \vec{c}$ bzw. die kristallographischen Achsen a, b, c bilden ein *Rechtssystem*. Wenn man die rechte

Abb. 3.3 Gitterebene (Netzebene) mit der von den Vektoren $\vec{a}$ und $\vec{b}$ aufgespannten Elementarmasche

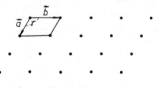

---

[2] Im Gegensatz zum endlichen Kristall ist das Raumgitter unendlich definiert. Folglich sind auch Gittergeraden und Gitterebenen unendlich.

Abb. 3.4 Raumgitter mit
der von den Vektoren $\vec{a}, \vec{b}, \vec{c}$
aufgespannten Elementarzelle

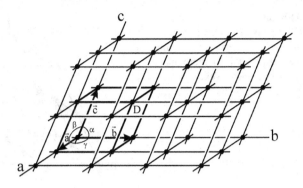

Tab. 3.1 Gitterparameter einer Elementarzelle

Gitter-Translationsbeträge	Winkel zwischen den Vektoren
$\lvert\vec{a}\rvert = a$	$\vec{a} \wedge \vec{b} = \gamma$
$\lvert\vec{b}\rvert = b$	$\vec{a} \wedge \vec{c} = \beta$
$\lvert\vec{c}\rvert = c$	$\vec{b} \wedge \vec{c} = \alpha$

Hand betrachtet, so steht der Daumen für a ($\vec{a}$), der Zeigefinger für b ($\vec{b}$) und der Mittelfinger für c ($\vec{c}$). Ein Gitter bzw. die zugehörigen Kristalle werden also so aufgestellt, dass $\vec{a}$ bzw. a nach vorn, $\vec{b}$ bzw. b nach rechts und $\vec{c}$ bzw. c nach oben zeigen (Abb. 3.4).

Die Vektoren $\vec{a}, \vec{b}, \vec{c}$ spannen eine *Elementarzelle* (EZ) auf, die durch die Angabe von 6 Gitterparametern beschrieben werden kann (Tab. 3.1).

Ein Einwirken der Gitter-Translationen auf die Elementarzelle ergibt wieder das Raumgitter. *Die Elementarzelle enthält also die Gesamtinformation des Raumgitters.*

Jede Elementarzelle hat stets 8 „Ecken" und 6 „Flächen". Auf den Ecken sitzt je ein identischer Punkt. Können aber alle diese Punkte der Elementarzelle zugeordnet werden? Der Gitterpunkt D in Abb. 3.4 gehört nicht nur zur markierten Elementarzelle, sondern zu allen 8 dargestellten Zellen des Gitters, d. h. zur markierten Elementarzelle nur zu $\frac{1}{8}$, und $8 \cdot \frac{1}{8} = 1$, d. h. die Elementarzelle enthält nur einen Gitterpunkt. Elementarzellen mit nur einem Gitterpunkt heißen *einfach primitiv* und werden mit einem P gekennzeichnet.

▶ Ein Raumgitter besitzt unendlich viele Netzebenen, Gittergeraden und Gitterpunkte.

3.4 Bezeichnung von Punkten, Geraden und Ebenen im Raumgitter

3.4.1 Gitterpunkt uvw

Jeder Gitterpunkt kann durch den vom Nullpunkt ausgehenden, zu ihm führenden Vektor $\vec{\tau} = u\vec{a} + v\vec{b} + w\vec{c}$ bezeichnet werden. Die Beträge von $\vec{a}, \vec{b}, \vec{c}$ sind die Gitterparameter a, b, c, folglich spielen nur die Koordinaten u, v und w eine Rolle. Sie werden zu einem

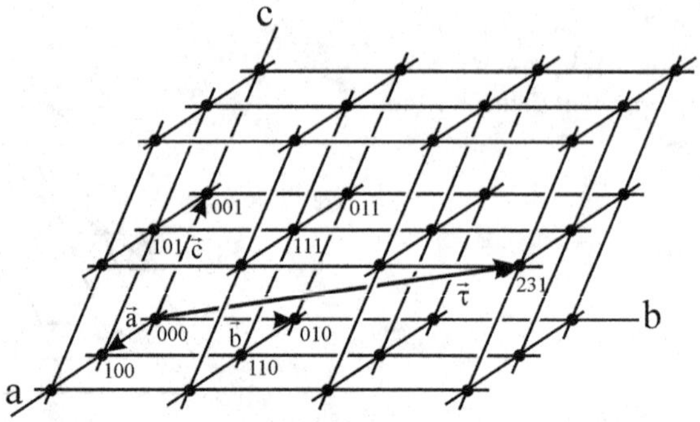

Abb. 3.5 Bezeichnung von
Gitterpunkten durch die Koordinaten uvw der vom Ursprung
des Gitters zu den Gitterpunkten verlaufenden Vektoren
$\vec{\tau} = u\vec{a} + v\vec{b} + w\vec{c}$

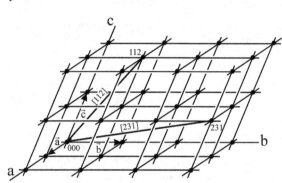

Abb. 3.6 Bezeichnung von
Gittergeraden durch die Koordinaten [uvw] (in eckigen
Klammern) des vom Ursprung
des Gitters zu einem Punkt
der Gittergeraden geführten
Vektors $\vec{\tau} = u\vec{a} + v\vec{b} + w\vec{c}$

Tripel uvw zusammengefasst. In Abb. 3.5 bezeichnet der Vektor $\vec{\tau}$ den Punkt 231 (sprich:
zwei-drei-eins). Die **uvw** sind ganze Zahlen oder ganze Zahlen $+\frac{1}{2}, +\frac{1}{3}, +\frac{3}{2}$, wie später
aus Abschn. 7.3 und Tab. 7.5 ersichtlich ist. Außerdem sind die Koordinaten der Eckpunk-
te der Elementarzelle angegeben.

3.4.2 Gittergerade [uvw]

In einem Koordinatensystem kann man eine Gerade mathematisch durch die Koordinaten zweier Punkte festlegen. In einem Gitter kann jeder Punkt als Ursprung 000 gewählt
werden. In Abb. 3.6 wird die Gittergerade, die die Gitterpunkte 000 und 231 enthält, mit
[231] bezeichnet. Die eckigen Klammern, allgemein [**uvw**], dokumentieren, dass es sich
um eine Richtungsangabe handelt. Die Gittergerade [112] schneidet die Punkte 000 und
112. Eine Gerade, die durch 100 und 212 verläuft, kann parallel durch den Ursprung verschoben werden und erhält ebenfalls die Bezeichnung [112].

▶   Das Tripel [uvw] beschreibt nicht nur die Gittergerade, die 000 und uvw schnei-
     det, sondern eine unendliche Schar zu ihr paralleler Gittergeraden, die den glei-
     chen Translationsbetrag besitzen.

Abb. 3.7 Projektion eines
Gitters auf die a,b-Ebene mit
den „Parallelscharen" der Gittergeraden [110], [120] und
[310]

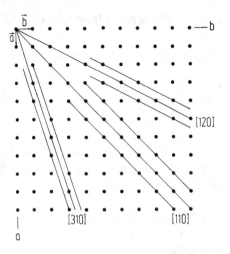

In der Projektion eines Gitters auf die a,b-Ebene (Abb. 3.7) sind die Parallelscharen der
Gittergeraden [110], [120], [310] angedeutet. Mit steigenden uvw wächst die Translationsperiode der Gittergerade.

Abb. 3.8 zeigt die Projektion eines Raumgitters parallel c auf die a,b-Ebene. Die Gittergerade A schneidet die Punkte mit den Koordinaten 000, 210, 420, $\overline{2}\overline{1}0$ (*bei negativen
Werten setzt man das Minuszeichen über die Ziffer; dies gilt für alle kristallographischen
Tripel!*). Jeder Punkt auf der Geraden hat ein anderes uvw, aber das Verhältnis u : v : w
ist gleich. Man wählt hier das kleinste positive Zahlentripel [210]. Die Gittergeraden ‖a
bzw. ‖b sind dann mit [100] bzw. [010] zu bezeichnen, während man der Gittergeraden B
[$\overline{1}$30] oder [1$\overline{3}$0] zuordnet. Man beachte, dass [$\overline{1}$30] und [1$\overline{3}$0] Richtung und Gegenrichtung darstellen. Auch [210] und [$\overline{2}\overline{1}$0] beschreiben nur eine Richtung!

Abb. 3.8 Projektion eines
Raumgitters parallel c auf die
a,b-Ebene. Der Gittergeraden
A ist das Tripel [210], der Git-
tergeraden B [1$\overline{3}$0] oder [$\overline{1}$30]
zuzuordnen

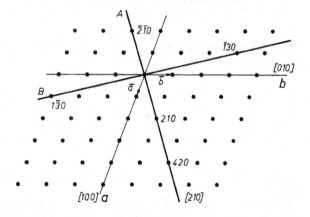

3.4.3   Gitterebene (Netzebene) (hkl)

Eine Gitterebene schneidet die Achsen a, b, c in Punkten mit den Koordinaten auf der

- a-Achse: m00
- b-Achse: 0n0
- c-Achse: 00p.[3]

Durch die Koordinaten dieser 3 Punkte ist die Lage der Netzebene eindeutig festgelegt (Abb. 3.9). Man benutzt aber nicht die direkten Koordinaten (Achsenabschnitte), sondern die reziproken:

- a-Achse: $h \sim \frac{1}{m}$
- b-Achse: $k \sim \frac{1}{n}$
- c-Achse: $l \sim \frac{1}{p}$.

Man fasst diese reziproken Achsenabschnitte, nachdem man für die h, k und l die kleinsten ganzen Zahlen gewählt hat, in einem Tripel zusammen und setzt es in runde Klammern (**hkl**).

▶   Man nennt (hkl) die *Miller'schen Indizes;* sie sind als *das kleinste ganzzahlige Vielfache der reziproken Achsenabschnitte* definiert.

Bei der Netzebene in Abb. 3.9 sind $m|n|p = 2|1|3$; reziprok $\frac{1}{2}|1|\frac{1}{3}$; dies führt zu (362) als Miller'sche Indizes.

In das Raumgitter in Abb. 3.10 wurden 2 Netzebenen eingezeichnet, die in Tab. 3.2 indiziert sind.

Die in die Projektion des Gitters in Abb. 3.11 gezeichneten Geraden sind die Spuren von Netzebenen, die senkrecht zur Papierebene und parallel zur c-Achse angeordnet sind. Diese Netzebenen sollen indiziert werden (Tab. 3.3).

Abb. 3.9 Die Achsenabschnitte einer Netzebene mit den Miller'schen Indizes (362)

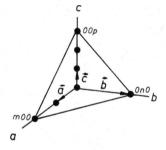

---

[3] Man kann sich nicht auf die Koordinaten u bzw. v bzw. w beziehen, weil m, n und p nicht ganzzahlig sein müssen. Nicht jede Netzebene schneidet die kristallographischen Achsen in Gitterpunkten, vgl. z. B. später die Netzebene D in Abb. 3.11.

Abb. 3.10 Indizierung von
Netzebenen durch Miller'sche
Indizes, die kleinsten ganzzahligen Vielfachen der
reziproken Achsenabschnitte; I (111), II (211)

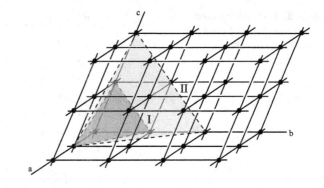

Tab. 3.2 Indizierung der in
Abb. 3.10 eingezeichneten
Netzebenen

	m	n	p	$\frac{1}{m}$	$\frac{1}{n}$	$\frac{1}{p}$	(hkl)
I	1	1	1	1	1	1	(111)
II	1	2	2	1	$\frac{1}{2}$	$\frac{1}{2}$	(211)

Abb. 3.11 Projektion eines
Raumgitters parallel c auf die
a,b-Ebene. Die „Geraden"
A–G sind die Spuren einer
Netzebenenschar parallel zu c
mit den Miller'schen Indizes
(210). Die „Gerade" H ist die
Spur einer Netzebene (2$\bar{3}$0)

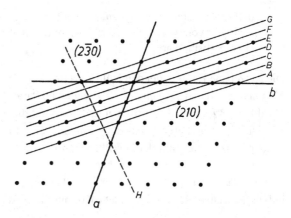

Tab. 3.3 Indizierung der in
Abb. 3.11 eingezeichneten
Netzebenen

	m	n	p	$\frac{1}{m}$	$\frac{1}{n}$	$\frac{1}{p}$	(hkl)
A	2	4	∞	$\frac{1}{2}$	$\frac{1}{4}$	0	(210)
B	$\frac{3}{2}$	3	∞	$\frac{2}{3}$	$\frac{1}{3}$	0	(210)
C	1	2	∞	1	$\frac{1}{2}$	0	(210)
D	$\frac{1}{2}$	1	∞	2	1	0	(210)
E	–	–	–	–	–	–	–
F	$\frac{1}{2}$	$\bar{1}$	∞	$\bar{2}$	$\bar{1}$	0	($\bar{2}\bar{1}$0)
G	$\bar{1}$	$\bar{2}$	∞	$\bar{1}$	$\frac{1}{2}$	0	($\bar{2}\bar{1}$0)
H	3	$\bar{2}$	∞	$\frac{1}{3}$	$\frac{1}{2}$	0	(2$\bar{3}$0)

Abb. 3.12 Projektion eines
Gitters auf die a,b-Ebene mit
den „Parallelscharen" einiger
Netzebenen

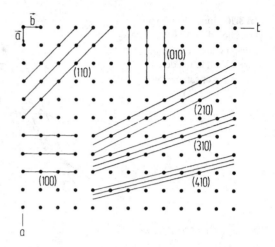

Die Netzebenen A–G gehören einer Parallelschar von Netzebenen mit gleicher Elementarmasche und gleichem Netzebenenabstand an.

▶ (hkl) gibt nicht nur die Lage einer Netzebene, sondern die einer unendlichen Parallelschar von Netzebenen mit gleicher Elementarmasche und gleichem Netzebenenabstand an.

Die Netzebene E schneidet den Nullpunkt und kann in dieser Lage nicht indiziert werden. Man beachte, dass (210) und ($\bar{2}\,\bar{1}$0) die gleiche Parallelschar beschreiben.

Abb. 3.12 zeigt die Projektion eines Gitters auf die a, b-Ebene. Es ist a = b. Die Spuren von Netzebenenscharen (hk0) unterschiedlicher Indizierung sind eingetragen. Mit steigender Indizierung sinkt der Netzebenenabstand der Parallelschar und die Besetzung der Netzebenen mit Punkten pro Flächeneinheit.

Netzebenen, die parallel zu b und c verlaufen, also nur a schneiden, sind mit (100) zu indizieren. Entsprechend schneidet (010) nur die b-Achse und (001) nur die c-Achse.

3.5 Zonengleichung

In welcher mathematischen Beziehung stehen [uvw] und (hkl) zueinander, wenn die Gittergeraden und Netzebenen parallel zueinander verlaufen? Die Achsenabschnittsgleichung einer Ebene in der analytischen Geometrie lautet:

$$\frac{X}{m} + \frac{Y}{n} + \frac{Z}{p} = 1 \tag{3.1}$$

Hierbei sind X, Y, Z die Koordinaten beliebiger Punkte auf einer Ebene, deren Achsenabschnitte auf den kristallographischen Achsen a, b, c mit m, n, p angegeben sind [vgl. Abschn. 3.4.3 „Gitterebene (Netzebene) (hkl)"].

Setzt man $h \sim \frac{1}{m}$; $k \sim \frac{1}{n}$; $l \sim \frac{1}{p}$, so beschreibt Gl. 3.2

$$hX + kY + lZ = C \qquad (3.2)$$

mit C ganzzahlig nicht nur eine Netzebene, sondern eine Parallelschar von Netzebenen. Für h, k, l positiv würde ein Wert $C = 1$ in der Gleichung jene Netzebene beschreiben, die im positiven Bereich dem Ursprung am nächsten liegt; -1 die entsprechende im negativen Bereich. Die Netzebene (hkl), die den Nullpunkt schneidet, folgt dann Gl. 3.3.

$$hX + kY + lZ = 0 \qquad (3.3)$$

Betrachtet man die Verhältnisse in Abb. 3.11, so wären den Gleichungen der Netzebenen D, E, F bei der Indizierung (210) die Werte $C = 1, 0, -1$ zuzuordnen. Ein bestimmtes Tripel XYZ stellt die Koordinaten eines Punkts dar, der auf der entsprechenden Netzebene liegt. Bei der Netzebene durch den Ursprung ($C = 0$) kann das Tripel XYZ eine Gittergerade – festgelegt durch die Punkte mit den Koordinaten 000 und XYZ – beschreiben, die in der Netzebene liegt. Hier entspricht XYZ den Koordinaten uvw, und man kann setzen

$$\mathbf{hu + kv + lw = 0} \qquad (3.4)$$

Man nennt Gl. 3.4 aus einem später ersichtlichen Grund *Zonengleichung*.

3.5.1 Anwendungen der Zonengleichung

3.5.1.1 Anwendung 1 der Zonengleichung

Zwei Gittergeraden $[u_1v_1w_1]$, $[u_2v_2w_2]$ bestimmen die Lage der Netzebene (hkl) (vgl. Abb. 3.13), deren Indizes man durch Einsetzen in die Zonengleichung errechnen kann

$$hu_1 + kv_1 + lw_1 = 0 \qquad (3.5)$$
$$hu_2 + kv_2 + lw_2 = 0 \qquad (3.6)$$

Die Auflösung von Gl. 3.5 und 3.6 nach hkl ist nach dem Determinantenschema möglich und führt zu 2 Ergebnissen (Gl. 3.7, 3.8).

$$h : k : l = \begin{vmatrix} v_1 & w_1 \\ v_2 & w_2 \end{vmatrix} : \begin{vmatrix} w_1 & u_1 \\ w_2 & u_2 \end{vmatrix} : \begin{vmatrix} u_1 & v_1 \\ u_2 & v_2 \end{vmatrix} \qquad (3.7)$$

$$\bar{h} : \bar{k} : \bar{l} = \begin{vmatrix} v_2 & w_2 \\ v_1 & w_1 \end{vmatrix} : \begin{vmatrix} w_2 & u_2 \\ w_1 & u_1 \end{vmatrix} : \begin{vmatrix} u_2 & v_2 \\ u_1 & v_1 \end{vmatrix} \qquad (3.8)$$

Die Netzebenensymbole (hkl) und $(\bar{h}\bar{k}\bar{l})$ beschreiben aber die gleiche Parallelschar

$$h : k : l = (v_1w_2 - v_2w_1) : (w_1u_2 - w_2u_1) : (u_1v_2 - u_2v_1) \qquad (3.9)$$

Abb. 3.13 Die Gittergeraden [$u_1v_1w_1$] und [$u_2v_2w_2$] spannen die Netzebene (hkl) bzw. ($\bar{h}\,\bar{k}\,\bar{l}$) auf

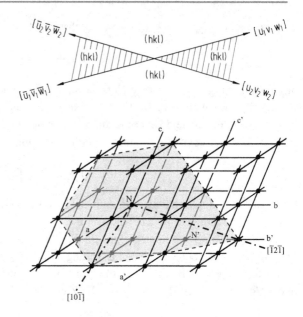

Abb. 3.14 Die Gittergeraden [$10\bar{1}$] und [$\bar{1}2\bar{1}$] gehören der *gestrichelt* dargestellten Netzebene an, die aber durch den Nullpunkt N geht und daher erst nach einer Parallelverschiebung des Nullpunkts z. B. nach N′ mit (111) indiziert werden kann

Die in Gl. 3.10 dargestellte Form prägt sich jedoch besser ein:

$$
\begin{array}{cc|cccc c|c}
u_1 & & v_1 & w_1 & u_1 & v_1 & & w_1 \\
u_2 & & v_2 & w_2 & u_2 & v_2 & & w_2 \\
\hline
 & & (h & & k & & & l)
\end{array}
\tag{3.10}
$$

Beispiel: Welcher gemeinsamen Netzebene gehören die Gittergeraden [$10\bar{1}$] und [$\bar{1}2\bar{1}$] an?

$$
\begin{array}{c|ccccc|c}
1 & 0 & \bar{1} & 1 & 0 & & \bar{1} \\
\bar{1} & 2 & \bar{1} & \bar{1} & 2 & & \bar{1} \\
\hline
 & 2 & 2 & 2 & & & \rightarrow (111)
\end{array}
$$

Dieses Ergebnis[4] kann auch aus dem Raumgitter entnommen werden (Abb. 3.14). Die Gittergeraden [$10\bar{1}$] und [$\bar{1}2\bar{1}$] (– · – · –) gehören der Netzebene (– – –) an. Die gezeichnete Netzebene kann nicht direkt indiziert werden, weil sie durch den Nullpunkt N geht. Eine Parallelverschiebung des Nullpunkts von N nach N′ ermöglicht die Indizierung m|n|p = 1|1|1 → (111).

---

[4] $0 \cdot \bar{1} - 2 \cdot \bar{1} = 2$, $\bar{1} \cdot \bar{1} - \bar{1} \cdot 1 = 2$, $1 \cdot 2 - \bar{1} \cdot 0 = 2$; 222 sind keine Miller'schen Indizes (vgl. Def. Abschn. 3.4.3); führt durch Kürzung zu (111).

Tauscht man beim Determinantenschema die Reihenfolge, so ergibt sich (vgl. Gl. 3.8)

$$
\begin{array}{c|cccc|c}
\bar{1} & 2 & \bar{1} & \bar{1} & 2 & \bar{1} \\
1 & 0 & \bar{1} & 1 & 0 & \bar{1}
\end{array}
$$

$$
\bar{2} \quad \bar{2} \quad \bar{2} \qquad \rightarrow (\bar{1}\,\bar{1}\,\bar{1})
$$

(111) und $(\bar{1}\,\bar{1}\,\bar{1})$ gehören zur gleichen Parallelschar[5] (vgl. auch Abb. 3.11).

3.5.1.2 Anwendung 2 der Zonengleichung

Zwei Netzebenen $(h_1k_1l_1)$, $(h_2k_2l_2)$ schneiden sich in der Gittergeraden [uvw] (Abb. 3.15).
Durch Lösung der Gl. 3.11 und 3.12

$$h_1u + k_1v + l_1w = 0 \qquad (3.11)$$

$$h_2u + k_2v + l_2w = 0 \qquad (3.12)$$

kann die Lage der gemeinsamen Gittergeraden [uvw][6] bestimmt werden. Man verfährt
analog wie bei Abschn. 3.5.1.1 „Möglichkeit 1 der Anwendung".

$$
\begin{array}{c|ccc|c}
h_1 & k_1 & l_1 & h_1 & k_1 & l_1 \\
h_2 & k_2 & l_2 & h_2 & k_2 & l_2
\end{array}
\qquad (3.13)
$$

$$
(u \qquad v \qquad w)
$$

Beispiel: Welche Gittergerade ist den Netzebenen (101) und $(\bar{1}12)$ gemeinsam?

$$
\begin{array}{c|ccc|c}
\bar{1} & 1 & 2 & \bar{1} & 1 & 2 \\
1 & 0 & 1 & 1 & 0 & 1
\end{array}
\qquad (3.14)
$$

$$
[1 \qquad 3 \qquad \bar{1}]
$$

Vertauscht man die (hkl), so errechnet man $[\bar{1}\,\bar{3}1]$.

Abb. 3.15 Die Netzebenen
$(h_1k_1l_1)$ und $(h_2k_2l_2)$ schneiden
sich in der Gittergeraden [uvw]

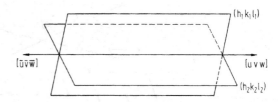

---

[5] Bei der Beschreibung von Kristallflächen (vgl. Kap. 5 „Die Morphologie") handelt es sich bei (hkl)
und $(\bar{h}\,\bar{k}\,\bar{l})$ um eine Fläche und die dazu parallele Gegenfläche.
[6] Auch hier gibt es analog Abschn. 3.5.1.1 „Möglichkeit 1 der Anwendung" 2 Lösungen: [uvw] und
$[\bar{u}\,\bar{v}\,\bar{w}]$. Es handelt sich um Richtung und Gegenrichtung (vgl. Abb. 3.15).

3.6 Übungsaufgaben

Aufgabe 3.1

Kopieren Sie die Gitterpunkte der Elementarzelle des Gitters in Abb. 3.5 auf Transparentpapier. Legen Sie die Elementarzellen übereinander, und führen Sie mit der Elementarzelle auf dem Transparentpapier Parallelverschiebungen um beliebige Gitter-Translationen durch.

Aufgabe 3.2

a) Geben Sie im Raumgitter in unten stehender Abbildung die Koordinaten der Gitterpunkte P_1, P_2, P_3, P_4 und die [uvw] der ins Gitter eingezeichneten Gittergeraden an.

b) Zeichnen Sie die Gittergeraden $[2\bar{1}1]$, [120], [212] in das Raumgitter ein.

c) Bestimmen Sie die Netzebene, der die Gittergeraden [131] und $[\bar{1}11]$ angehören.

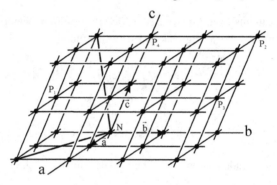

Aufgabe 3.3

Die folgende Abbildung ist die Projektion eines Raumgitters parallel zur c-Achse auf die a,b-Ebene. Die stark gezeichneten Geraden sind die Spuren von Netzebenen, die parallel zur c-Achse verlaufen.

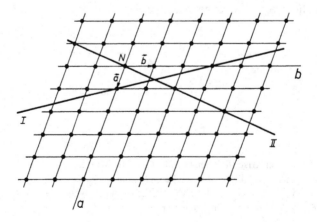

a) Indizieren Sie die Netzebenen I und II.
b) Geben Sie die [uvw] der Schnittgeraden beider Netzebenen an.
c) Zeichnen Sie die Spuren der Netzebenen (320) und ($1\bar{2}0$) in die Projektion ein.

Aufgabe 3.4
Geben Sie einige Netzebenen an, die die Gittergerade [$21\bar{1}$] enthalten, und einige Gittergeraden, die in der Netzebene (121) liegen.

Aufgabe 3.5
Welche Bedingungen müssen erfüllt sein, damit

a) [100] auf (100)
b) [110] auf (110)
c) [111] auf (111)

senkrecht steht?

Aufgabe 3.6
In welcher Beziehung stehen (110) und ($\bar{1}\bar{1}0$), ($\bar{2}11$) und ($2\bar{1}\bar{1}$), [110] und [$\bar{1}\bar{1}0$], [$\bar{2}11$] und [$2\bar{1}\bar{1}$]?

Die Kristallstruktur

Um wieder vom Raumgitter zum Kristall zu kommen, muss man sich die Punkte des Raumgitters von Bausteinen (Atomen oder Ionen oder Molekülen) besetzt denken. Da es sich um identische Punkte handelt, müssen auch die Bausteine gleichartig sein. Die Kristalle sind aber in der Regel nicht so einfach aufgebaut wie beim α-Polonium in Abb. 3.1.

Wir wollen den Kristallaufbau an einem hypothetischen Beispiel studieren. In Abb. 4.1a ist ein **Gitter** mit einer Elementarzelle in Form eines Quaders als Projektion auf die a, b-Ebene dargestellt. Wir bringen nun als Kristallbaustein das Molekül ABC in die Elementarzelle des Gitters ein, und zwar in der Weise, dass A auf den Gitterpunkt in 000 fällt (Abb. 4.1b). Die Bausteine B und C liegen dann in der Elementarzelle. Wichtig ist nun die Lage von B und C zu 000 und zu den Gittervektoren $\vec{a}, \vec{b}, \vec{c}$. Die Bausteine in der Elementarzelle (Abb. 4.2) können festgelegt werden durch einen Vektor (Gl. 4.1).

$$\vec{r} = x\vec{a} + y\vec{b} + z\vec{c} \qquad (4.1)$$

Die Koordinaten werden wieder zu einem Tripel zusammengefasst: $\mathbf{x, y, z}$[1].

In unserem Beispiel hätten die Bausteine die folgenden Koordinaten:

$$A: 0, 0, 0 \quad B: x_1, y_1, z_1 \quad C: x_2, y_2, z_2 \ .$$

Die Anordnung der Bausteine in einer Elementarzelle heißt **Basis**.

Durch die Gitter-Translationen wird das Molekül nun durch das ganze Gitter bewegt (Abb. 4.1c), und man kann formulieren:

Gitter + Basis = Kristallstruktur

Daraus folgt, dass nicht nur die A-Bausteine, sondern auch B und C auf den Punkten von kongruenten Gittern (Abb. 4.3) liegen, die jeweils nur um die Beträge, wie sie sich aus

---

[1] $0 \leq x, y, z < +1$, für alle Bausteine innerhalb der Elementarzelle.

© Springer-Verlag Berlin Heidelberg 2018
W. Borchardt-Ott, H. Sowa, *Kristallographie*, Springer-Lehrbuch,
https://doi.org/10.1007/978-3-662-56816-3_4

Abb. 4.1 Beziehung von Gitter (**a**), Basis als Anordnung der Bausteine in der Elementarzelle (**b**) und Kristallstruktur (**c**) zueinander, jeweils als Projektion auf die a, b-Ebene

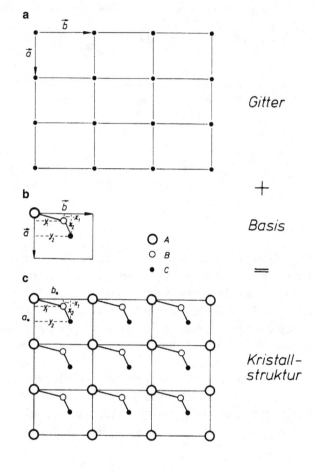

Abb. 4.2 Alle Bausteine der in Abb. 4.1 gezeigten Kristallstruktur liegen auf den Punkten von kongruenten Gittern

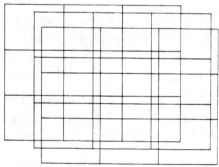

Abb. 4.3 Beschreibung eines
Punkts in der Elementarzelle
durch das Koordinatentripel
x, y, z des Vektors $\vec{r} = x\vec{a} +$
$y\vec{b} + z\vec{c}$

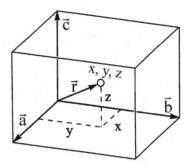

der Basis ergeben, gegeneinander verschoben sind. *Alle Bausteine einer Kristallstruktur unterliegen dem gleichen Translationsprinzip.*

Eine einfache Kristallstruktur liegt beim CsI vor. Die Elementarzelle hat die Form eines Würfels (a = b = c = 4,57 Å; $\alpha = \beta = \gamma = 90°$)[2]. Die Basis ist: I^-: 0, 0, 0; Cs^+: $\frac{1}{2}, \frac{1}{2}, \frac{1}{2}$. In Abb. 4.4a ist eine Elementarzelle der Kristallstruktur als perspektivisches Bild dargestellt. Die Größenverhältnisse der Bausteine sind berücksichtigt. Diese Darstellungsart ist besonders bei komplizierteren Strukturen wenig informativ, da man die Lage aller Bausteine nicht erkennen kann. Deshalb gibt man meist nur die Schwerpunkte der Bausteine an (Abb. 4.4b). Neben den perspektivischen Bildern werden auch Parallelprojektionen auf eine Ebene verwendet (Abb. 4.4c).

Eine wichtige Strukturgröße ist Z, die *Zahl der Formeleinheiten pro Elementarzelle.* Beim CsI ist Z = 1, da nur ein Cs^+- und ein I^--Baustein in der Elementarzelle enthalten sind.

Aufgrund der Strukturdaten ist es möglich, die Dichte des CsI zu berechnen (Gl. 4.2).

$$\varrho = \frac{m}{V} \, g \, cm^{-3} \tag{4.2}$$

Darin bedeutet m die Masse der sich in der Elementarzelle befindenden Bausteine (Formeleinheiten) und V das Volumen der Elementarzelle (in cm^3!). Die Masse ei-

---

[2] 1 Å = 10^{-8} cm = 0,1 nm. Ordnet man Bausteine mit dem Radius 1 Å linear aneinander, so enthält 1 cm 50.000.000 Bausteine, vgl. unten:

Å = Ångström (nach einem schwedischen Physiker)

a   b   c

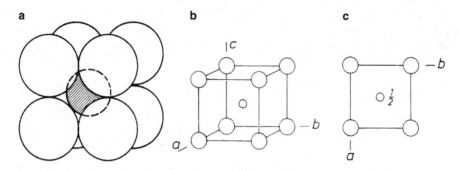

Abb. 4.4 Die CsI-Kristallstruktur als perspektivisches Bild unter Berücksichtigung der Größen-verhältnisse der Bausteine (**a**), nur der Schwerpunkte der Bausteine (**b**), als Parallelprojektion auf (001) (**c**)

ner Formeleinheit erhält man aus der Beziehung M/N_A (M = molare Masse, N_A = Avogadro-Konstante)[3], dann ist

$$m = \frac{Z \cdot M}{N_A} \quad \text{und} \tag{4.3}$$

$$\varrho = \frac{Z \cdot M}{N_A \cdot V} \, g\,cm^{-3} \tag{4.4}$$

Daraus ergibt sich mit $M = 259{,}81$ g/mol und $N_A = 6{,}022 \cdot 10^{23}$ mol^{-1}.

$$\varrho_{CsJ} = \frac{1 \cdot 259{,}81}{6{,}022 \cdot 10^{23} \cdot 4{,}57^3 \cdot 10^{-24}} = 4{,}52 \, g\,cm^{-3} \tag{4.5}$$

Bei einer Strukturbestimmung geht man den umgekehrten Weg. Man bestimmt über die gemessene Dichte die Zahl der Formeleinheiten pro Elementarzelle (siehe auch Gl. 13.11).

Wie schon im Kap. 2 erwähnt, gibt es aber auch Festkörper, deren Strukturen weder dreidimensional periodisch noch amorph sind. Dies sind Kristalle mit inkommensurabel modulierten Strukturen und Quasikristalle.

Inkommensurabel modulierte Strukturen kann man zwar mit einer gemittelten dreidi-mensional periodischen Struktur beschreiben, aber einige Strukturparameter weisen keine mit dem zugehörigen Gitter verträgliche Periodizität auf, so dass in ein und derselben Richtung gleichzeitig unterschiedliche Translationsperioden auftreten können. Das Ver-hältnis dieser Translationsperioden ist irrational (Abb. 4.5). Ein Spezialfall sind Komposit-kristalle, die aus zwei Teilstrukturen mit unterschiedlichen Translationsvektoren bestehen. Quasikristalle sind erst 1984 von Daniel Shechtman entdeckt worden, der dafür 2011 den Nobelpreis für Chemie erhielt. Sie weisen nichtkristallographische Symmetrien (vgl. Abschn. 6.1) auf und haben daher keine dreidimensional periodischen Strukturen. Viele

---

[3] Die molare Masse einer chemischen Verbindung enthält $N_A = 6{,}022 \cdot 10^{23}$ Moleküle (Formelein-heiten).

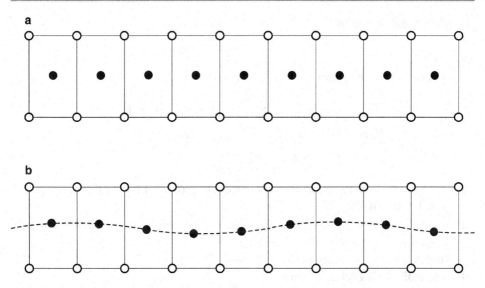

Abb. 4.5 **a** periodische Struktur, **b** inkommensurabel modulierte Struktur. Die Abweichungen der Position der schwarz dargestellten Atome von der Ideallage lassen sich mit einer sinusförmigen Modulationsfunktion beschreiben. Das Verhältnis von Gitterparameter der Grundstruktur und der Wellenlänge der Sinusfunktion ist irrational

intermetallische Verbindungen bilden Quasikristalle, die meisten sind aber thermodynamisch nicht stabil. Sowohl die inkommensurabel modulierten Strukturen als auch die Quasikristalle können in höherdimensionalen Räumen als periodisch beschrieben werden.

In diesem Buch beschränken wir uns auf dreidimensional periodische Kristalle.

Die (hkl) und [uvw] geben nur die Lage von Scharen von Netzebenen und Gittergeraden an, aber es ist häufig zweckmäßig, bestimmte Ebenen und Geraden in der Elementarzelle zu beschreiben. Dies ist mit den Koordinaten x, y, z möglich. So legen z. B. die Koordinaten x, y, $\frac{1}{2}$ alle jene Punkte fest, die auf der Ebene liegen, die parallel zur a, b-Ebene angeordnet ist und $\vec{c}$ in $\frac{1}{2}$ schneidet. In Abb. 4.6 sind die Ebenen x, y, $\frac{1}{2}$ und $\frac{3}{4}$, y, z eingetragen. Die Schnittgerade der beiden Ebenen hat – wie man leicht erkennen kann – die Koordinaten $\frac{3}{4}$, y, $\frac{1}{2}$.

Abb. 4.6 Beschreibung von Geraden und Ebenen in der Elementarzelle durch die Koordinaten x, y, z

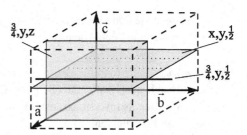

4.1 Übungsaufgaben

Aufgabe 4.1

Am Cuprit – einem Kupferoxid – wurde bestimmt:

$$\text{Gitter:} \quad a = b = c = 4{,}27\,\text{Å}; \quad \alpha = \beta = \gamma = 90°$$

$$\text{Basis:} \quad \text{Cu:} \quad \tfrac{1}{4}, \tfrac{1}{4}, \tfrac{1}{4}; \quad \tfrac{3}{4}, \tfrac{3}{4}, \tfrac{1}{4}; \quad \tfrac{3}{4}, \tfrac{1}{4}, \tfrac{3}{4}; \quad \tfrac{1}{4}, \tfrac{3}{4}, \tfrac{3}{4}$$

$$\text{O:} \quad 0, 0, 0; \quad \tfrac{1}{2}, \tfrac{1}{2}, \tfrac{1}{2}$$

a) Zeichnen Sie eine Projektion der Struktur auf x, y, 0 (a, b-Ebene) und ein perspektivisches Bild der Struktur.

b) Geben Sie der Verbindung eine chemische Formel. Wie groß ist Z (Zahl der Formeleinheiten/Elementarzelle)?

c) Berechnen Sie den kleinsten Cu-O-Abstand.

d) Wie groß ist die Dichte des Cuprits?

Aufgabe 4.2

An einem AlB_2-Kristall wurden die Gitterparameter
$a = b = 3{,}00\,\text{Å}, c = 3{,}24\,\text{Å}; \alpha = \beta = 90°, \gamma = 120°$ bestimmt. Al liegt auf $0, 0, 0$;
B hat die Koordinaten $\tfrac{1}{3}, \tfrac{2}{3}, \tfrac{1}{2}$ und $\tfrac{2}{3}, \tfrac{1}{3}, \tfrac{1}{2}$.

a) Zeichnen Sie von der Kristallstruktur eine Projektion von 4 EZ auf (001).

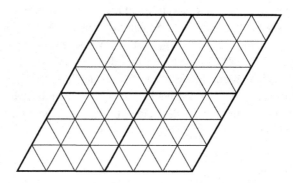

b) Berechnen Sie den kleinsten Al-B-Abstand.

c) Wie groß ist die Dichte des AlB_2?

Aufgabe 4.3

In die nachstehende Elementarzelle eines Gitters sind kleine Kreise eingetragen (wir werden sie später als Inversionszentren kennen lernen). Beschreiben Sie die Lage dieser Kreise durch Koordinaten.

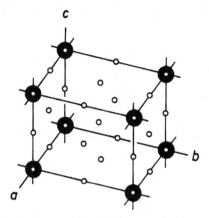

Aufgabe 4.4

Zeichnen Sie die Elementarzelle eines Gitters und beschreiben Sie die Lage der „Kanten" durch Koordinaten.

Aufgabe 4.5

Zeichnen Sie die Elementarzelle eines Gitters und beschreiben Sie die Lage der „Flächen" der Elementarzelle durch Koordinaten.

Aufgabe 4.6

Bezeichnen Sie die in die Elementarzelle eingezeichneten Ebenen und Geraden durch Koordinaten.

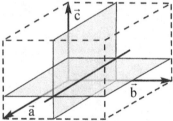

Aufgabe 4.7

Zeichnen Sie eine Elementarzelle in Form eines Würfels. Skizzieren Sie eine Ebene mit den Koordinaten x, y, z mit $x = y$ und Geraden mit den Koordinaten $x, y, 0$ mit $x = y$ und x, y, z, mit $x = y = z$.

Die Morphologie 5

Unter Morphologie wollen wir vorerst die Menge der an einem Kristall auftretenden Flächen und Kanten verstehen.

5.1 Korrespondenz von Kristallstruktur und Morphologie

Aufgrund des *inneren* gitterartigen Aufbaus sind die Kristalle häufig von ebenen Flächen begrenzt oder bilden im Idealfall sogar regelmäßige geometrische Formen aus. In welcher Beziehung stehen *Kristallstruktur* (innerer Aufbau) und *Morphologie* (äußere Begrenzung)? In Abb. 5.1 sind die Kristallstruktur und die Morphologie des Minerals Galenit (PbS) dargestellt. Parallel zu Kristallflächen verlaufen mit Bausteinen besetzte Netzebenen und parallel zu Kristallkanten mit Bausteinen besetzte Gittergeraden[1]. In Abb. 5.1a sind die Kristallbausteine nur durch ihre Schwerpunkte angegeben. Eine mit Bausteinen besetzte Netzebene ist aber keineswegs eben, wie die Netzebene (100) oder (010) oder (001) in Abb. 5.1c unter Berücksichtigung der Größenverhältnisse der kugelförmigen Bausteine zeigt. Da die Bausteinradien im Å-Bereich liegen – also sehr klein sind –, erscheint eine Kristallfläche dem Auge als eben. *Eine Kristallfläche besitzt eine zweidimensional periodische Anordnung von Kristallbausteinen.*

Man kann die Korrespondenz von Kristallstruktur und Morphologie noch genauer fassen:

▶
- Jede *Kristallfläche* verläuft parallel zu einer Schar von *Netzebenen*. Parallele Kristallflächen gehören der gleichen Netzebenenschar an.
- Jede *Kristallkante* verläuft parallel zu einer Schar von *Gittergeraden*.

---

[1] Konsequenterweise müsste es hier in Anlehnung an die Beziehung zwischen Raumgitter und Kristallstruktur anstelle von Netzebene (Gitterebene) und Gittergerade *Strukturebene* und *Strukturgerade* heißen. Beide Begriffe sind aber nicht üblich.

© Springer-Verlag Berlin Heidelberg 2018
W. Borchardt-Ott, H. Sowa, *Kristallographie*, Springer-Lehrbuch,
https://doi.org/10.1007/978-3-662-56816-3_5

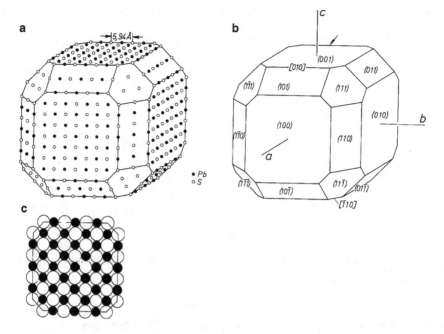

Abb. 5.1 Korrespondenz von Kristallstruktur (**a**) und Morphologie (**b**) beim Galenit (PbS). In **a** sind nur die Schwerpunkte der Kristallbausteine berücksichtigt. **c** zeigt eine mit Bausteinen besetzte Netzebene der Fläche (100) oder (010) oder (001)

Dieser Schluss ist nicht unbedingt umkehrbar, denn ein Kristall hat fast unendlich viele Scharen von Gittergeraden und Netzebenen, aber nur wenige Kristallkanten und Kristallflächen.

Außerdem sollte beachtet werden, dass beide Körper in Abb. 5.1 mit unterschiedlichem Maßstab dargestellt sind. Nimmt man an, dass die mit dem Pfeil markierte Kristallkante 6 mm lang ist, so enthält sie etwa 10^7 Gittertranslationen, da die korrespondierende Gittergerade einen Gitterparameter von 5,94 Å besitzt.

Kristallflächen sind parallel zu Scharen von Netzebenen, Kristallkanten parallel zu Scharen von Gittergeraden angeordnet. Darum kann die Lage einer Kristallfläche durch die Miller'schen Indizes (hkl) und die einer Kante durch [uvw] festgelegt werden. Die Morphologie eines Kristalls kann nichts über die Translationsbeträge der Elementarzelle selbst, sondern nur über ihr Verhältnis zueinander aussagen. In der Regel sind aber die Gitterparameter der Kristalle bekannt, und man kann die Winkel zwischen den Netzebenen auf der Grundlage der Gitterparameter berechnen und mit den Winkeln zwischen den Kristallflächen vergleichen.

Der Galenitkristall in Abb. 5.1b ist indiziert, d. h. seinen Kristallflächen sind (hkl) zugeordnet. (100) schneidet z. B. nur die a-Achse und verläuft parallel zu b und c; (110) schneidet die gleichen Beträge auf der a- und b-Achse ab und ist der c-Achse parallel; (111) schneidet auf a, b und c die gleichen Beträge ab.

5.2 Grundbegriffe der Morphologie

Die Morphologie ist die äußere Begrenzung des Kristalls, die sich aus Kristallflächen und -kanten aufbaut. Zur Morphologie gehören auch Begriffe wie Kristallform, Tracht, Habitus und Zone.

Tracht
Die Tracht eines Kristalls ist die Menge der Kristallflächen, die an ihm auftreten.

Sie besteht bei den in Abb. 5.2 gezeigten Kristallen aus einem hexagonalen Prisma[2] und einem Pinakoid[3]. Das hexagonale Prisma und das Pinakoid sind Kristallformen, wie später in Kap. 9 „Die Punktgruppen" gezeigt wird. *Vorläufig wollen wir die Kristallform als Menge „gleicher" Kristallflächen ansehen.* Man kann deshalb die *Tracht* auch als die *Menge aller an einem Kristall auftretenden Kristallformen definieren.*

Habitus
Unter Habitus versteht man das relative Größenverhältnis der Flächen an einem Kristall. Man unterscheidet 3 Grundtypen: *isometrisch*, *planar* oder *taflig* und *prismatisch* oder *nadelig*. Diese Grundtypen sind in Abb. 5.2 anhand der Tracht hexagonales Prisma und Pinakoid veranschaulicht, vgl. auch Abschn. 5.3.

Zone
Wenn man die Kristalle in Abb. 2.1–2.4 betrachtet, so fällt auf, dass sich 3 oder mehr Kristallflächen in parallelen Kanten schneiden. *Eine Schar von Kristallflächen, deren Schnittkanten parallel verlaufen, nennt man eine Zone* (Abb. 5.3). Flächen, die einer Zone angehören, heißen *tautozonal*. Die Richtung der Schnittkanten wird als *Zonenachse* bezeichnet. Die von einem Punkt im Kristall konstruierten Normalen der Flächen einer

Abb. 5.2 Die 3 Grundtypen des Habitus: **a** isometrisch, **b** planar oder taflig, **c** prismatisch oder nadelig mit den entsprechenden Beziehungen der Wachstumsgeschwindigkeiten (*Pfeile*) zueinander

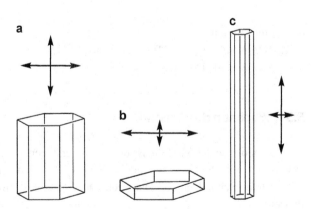

---

[2] Ein Prisma mit einem regelmäßigen Sechseck (Hexagon) als Querschnitt.
[3] Besteht aus 2 parallelen Flächen.

Abb. 5.3 Eine Zone ist eine
Schar von Kristallflächen, deren Schnittgeraden parallel
verlaufen. Die Zonenachse
steht auf der Ebene der Flächennormalen senkrecht. Aus
Niggli [35]

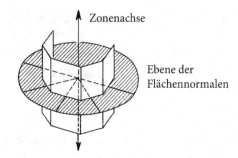

Zone liegen in einer Ebene. Auf dieser Ebene steht die Zonenachse senkrecht (Abb. 5.3).
Bereits 2 Flächen, die nicht parallel verlaufen, legen eine Zone fest.

An dem Galenitkristall in Abb. 5.1b sind mehrere Zonen erkennbar. Die Fläche (100)
gehört z. B. den Zonen $[(101)/(10\bar{1})] = [010]$, $[(110)/1\bar{1}0)] = [001]$, $[(111)/(1\bar{1}\bar{1})] =$
$[01\bar{1}]$ und $[(1\bar{1}1)/(11\bar{1})] = [011]$ an.

An einem Kristall können nur solche Flächen auftreten, die miteinander in einer Zo-
nenbeziehung stehen. Dieser Zusammenhang ist in Abb. 5.1b klar erkennbar.

Die Flächen oder Netzebenen $(h_1k_1l_1)$, $(h_2k_2l_2)$ und $(h_3k_3l_3)$ sind tautozonal, wenn

$$\begin{pmatrix} h_1 & k_1 & l_1 \\ h_2 & k_2 & l_2 \\ h_3 & k_3 & l_3 \end{pmatrix} = 0 \qquad (5.1)$$

d. h. $(h_1k_2l_3 + k_1l_2h_3 + l_1h_2k_3 - h_3k_2l_1 - k_3l_2h_1 - l_3h_2k_1) = 0$ (5.2)

Es kann sich die Frage stellen: Gehört (hkl) zur Zone [uvw]? Antwort gibt die Zonengleichung (Gl. 3.4),

$$hu + kv + lw = 0 \qquad (3.4)$$

die erfüllt sein muss.

Zum Beispiel: Liegt $(1\bar{1}2)$ in der Zone $[\bar{1}11]$?

Ja, weil $1 \cdot \bar{1} + \bar{1} \cdot 1 + 2 \cdot 1 = 0$

5.3 Wachsen der Kristalle

Die Morphologie der Kristalle ist besser zu verstehen, wenn man die Entstehung und das
Wachsen der Kristalle betrachtet. Kristalle bilden sich z. B. in übersättigten Lösungen,
unterkühlten Schmelzen und Dämpfen. Die Entstehung eines Kristalls vollzieht sich in 2
Phasen:

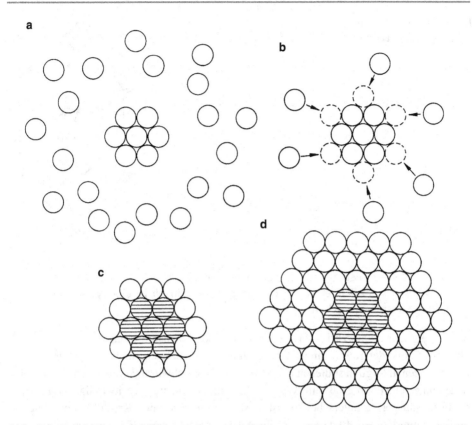

Abb. 5.4 Keimbildung und Weiterwachsen des Keims zum Makrokristall (zweidimensional!), **a** Keim z. B. in einer Gasphase, **b** Bausteine lagern sich an den Keim, **c** Bildung je einer neuen Strukturebene auf den Flächen des Keims, **d** durch Anlagerung von weiteren Bausteinen Weiterwachsen zum Makrokristall

Keimbildung

Es lagern sich wenige Kristallbausteine zu einer dreidimensional periodischen Anordnung – dem Keim – zusammen, der ebene Begrenzungsflächen besitzt. Die Kantenlänge eines Keims ist nur wenige Gitter-Translationen groß (Abb. 5.4a).

Weiterwachsen des Keims zum Makrokristall

Der Keim zieht nun weitere Bausteine an und lagert sie entsprechend der dreidimensionalen Periodizität auf den Flächen an. Dadurch werden neue Netzebenen gebildet (Abb. 5.4b–d). Man beachte, dass die einzelnen Wachstumsstadien nur zweidimensional dargestellt sind. *Das Weiterwachsen des Keims bzw. des Kristalls ist gekennzeichnet durch eine Parallelverschiebung der Flächen des Keims bzw. des Kristalls.*

Abb. 5.5 Quarzkristall mit
seinen einzelnen Wachstumsphasen

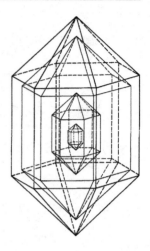

▶   Die Parallelverschiebung der Flächen in der Zeiteinheit wird als *Wachstumsge-*
     schwindigkeit bezeichnet. Die Wachstumsgeschwindigkeit ist eine typisch an-
     isotrope Kristalleigenschaft.

Abb. 5.5 zeigt einen Quarzkristall mit seinen einzelnen Wachstumsphasen.

   In Abb. 5.6 ist der Keim (innere Umgrenzung) von unterschiedlichen Flächen (Netzebenen) begrenzt, folglich sollten auch die Wachstumsgeschwindigkeiten $\vec{v}_1$ und $\vec{v}_2$ dieser
Flächen unterschiedlich groß sein. Während sich die Wachstumsgeschwindigkeiten beim
Kristall (a) nur gering unterscheiden, ist dieser Unterschied beim Kristall (b) erheblich.
Dies führt beim Kristall (b) dazu, dass die langsamer wachsenden Flächen ständig größer
werden, bis die schneller wachsenden Flächen ganz verschwinden. Welche Kristallflächen sich schließlich an einem Kristall ausbilden, hängt vom Verhältnis der Wachstumsgeschwindigkeiten[4] der einzelnen Flächen ab, dabei haben die langsamer wachsenden
Flächen den Vorrang vor den schneller wachsenden. Flächen, die an einem Kristall auftreten, sind in der Regel niedrig indiziert und ihre Netzebenen möglichst dicht mit Bausteinen
besetzt.

   Zur Ausbildung der 3 Grundtypen des Habitus kommt es, wenn man mögliche Verhältnisse der Wachstumsgeschwindigkeiten der Prismen- und Pinakoidflächen annimmt, wie
sie in Abb. 5.2 durch Pfeile angegeben sind.

   Wie in Abb. 5.7 dargestellt, können aus den gleichen Keimen Kristalle verschiede-
ner Gestalt (I–III) entstehen. Der Kristall I ist regelmäßig, die Kristalle II und III sind
aufgrund von äußeren Einflüssen stark verzerrt weitergewachsen. Die Winkel zwischen
den Kristallflächen sind aber gleich groß geblieben, da eine Parallelverschiebung Winkel
nicht verändert. Außerdem sind alle sich entsprechenden Kristallflächen von Netzebenen
der gleichen Schar gebildet.

---

[4] Die Wachstumsgeschwindigkeit ist von der Temperatur, dem Druck und der Übersättigung abhängig.

Abb. 5.6 Kristallwachstum
bei nur geringem (**a**) und
großem (**b**) Unterschied der
Wachstumsgeschwindigkeiten

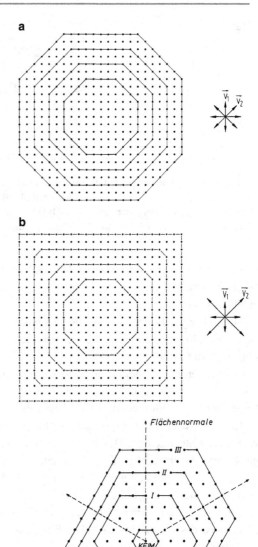

Abb. 5.7 Bei verschiedenen
Individuen derselben Kristallart sind die Winkel zwischen
entsprechenden Flächen gleich
groß

Daraus lässt sich das *Gesetz der Winkelkonstanz*[5] formulieren:

► *Bei verschiedenen Individuen derselben Kristallart sind die Winkel zwischen entspre-*
  chenden Flächen gleich groß.

---

[5] Diese Gesetzmäßigkeit wurde bereits 1669 von Nicolaus Steno erkannt, ohne dass er vom gitterartigen Aufbau der Kristalle wusste. Sie gilt nur bei gleichen Temperatur- und Druckbedingungen.

a 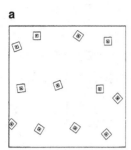   b 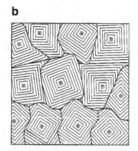   c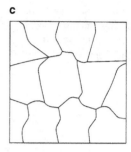

Abb. 5.8 Entstehung eines Kristallaggregats, **a** Bildung vieler Keime, die zuerst ungehindert wei- terwachsen können, **b** erste Berührung der Kristalle führt zu einer gegenseitigen Behinderung und Beeinträchtigung des Polyederwachstums. Die Polyedergestalt der Einkristalle geht schließlich voll- ständig verloren. **c** Die Einkristalle des Aggregats mit ihren Korngrenzen

Die Lage der Flächennormalen in Abb. 5.7 ist gleich geblieben. Es ist möglich, durch Winkelmessungen die Lage der Flächennormalen festzulegen und damit die Verzerrungen zu eliminieren.

Die bisherigen Betrachtungen über das Wachstum von Kristallen gehen davon aus, dass sich nur ein Keim oder wenige Keime ausbilden, die dann zu *Einkristallen* weiterwachsen, ohne sich zu behindern.

Wir wollen unter einem *Einkristall einen allein gewachsenen Einzelkristall verstehen* (vgl. z. B. die Abb. 2.1). Er kann von Kristallflächen begrenzt sein. Viele, besonders im Labor gezüchtete Einkristalle, haben keine ebenen Begrenzungsflächen.

Kommt es aber zu einer spontanen Bildung vieler Keime, so können die Keime anfangs wie oben weiterwachsen. Durch gegenseitige Berührung wird die Entfaltung regelmäßi- ger Formen beeinträchtigt. Es entsteht ein *Kristallaggregat*. Die einzelnen Phasen dieser Aggregatbildung sind in einem Beispiel in Abb. 5.8 veranschaulicht. Die einzelnen Kris- tallkörner eines Aggregats sind natürlich in sich Einkristalle.

Das übliche Erscheinungsbild der kristallinen Festkörper – wie z. B. bei einem Metall- block – ist das Kristallaggregat. Die Einkristalle sind, wenn sie nicht im Labor gezielt gezüchtet werden, eher die Ausnahme.

5.4   Stereographische Projektion

Kristalle sind dreidimensionale Gebilde. Um mit ihnen auch in der Ebene operieren zu können, benutzt man Projektionen. Für die Kristallstrukturen haben wir bereits die Par- allelprojektion kennen gelernt, bei der die Bausteine längs paralleler Geraden auf eine Ebene projiziert werden (vgl. Abb. 4.4c).

Für die Morphologie hat sich die stereographische Projektion als äußerst praktisch er- wiesen. Das Prinzip der stereographischen Projektion ist in Abb. 5.9 und 5.10 dargestellt. Ein Kristall (Galenit PbS) steht im Zentrum einer Kugel. Seine Flächennormalen, die man

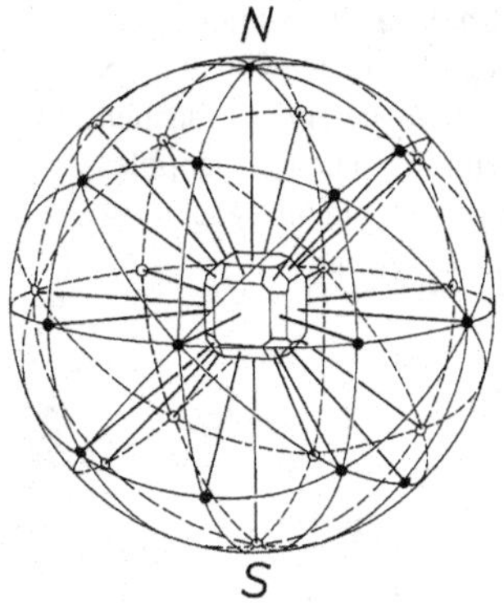

Abb. 5.9 Galenitkristall im Zentrum einer Kugel. Die Flächennormalen des Kristalls schneiden die Kugeloberfläche in Flächenpolen, die auf Großkreisen liegen

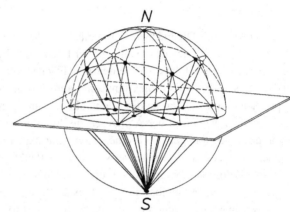

Abb. 5.10 Bei der stereographischen Projektion werden die Flächenpole der Nordhalbkugel unter Verwendung des Südpols als Projektionspunkt auf die Äquatorebene projiziert

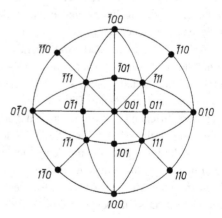

Abb. 5.11 Stereographische Projektion des Kristalls in Abb. 5.9; vgl. auch Abb. 5.1b. Die Flächenpole sind indiziert, aber die (hk$\bar{1}$) fehlen

vom Zentrum der Kugel ausgehen lässt, durchstoßen die Kugeloberfläche in den markierten Punkten (*Flächenpolen*). Der Winkel zwischen 2 Flächenpolen entspricht dem *Normalenwinkel* n zweier Kristallflächen, nicht dem Flächenwinkel f (Abb. 5.12). Beide Winkel stehen in der Beziehung: *Normalenwinkel* n = 180° − *Flächenwinkel* f. Die Flächenpole sind auf der Kugeloberfläche nicht regellos verteilt, sie liegen i. Allg. auf we-

Abb. 5.12 Beziehung zwischen Normalenwinkel n und Flächenwinkel f der Flächen F_1 und F_2. Die Flächenpole liegen auf einem *Großkreis* (*Zonenkreis*)

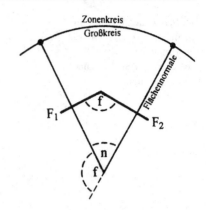

nigen *Großkreisen*[6]. Die Flächen, deren Flächenpole auf einem Großkreis liegen, gehören einer *Zone* an. Die Zonenachse steht auf der Ebene des Großkreises senkrecht. Betrachtet man die Kugel als Globus, so werden alle Flächenpole der Nordhalbkugel unter Verwendung des Südpols als Projektionspunkt auf die Äquatorfläche projiziert (Abb. 5.10); entsprechend die Flächenpole der Südhalbkugel zum Nordpol. Die Flächenpole von der Nordhalbkugel werden in der Äquatorebene durch einen Punkt • oder ein Kreuz +, jene von der Südhalbkugel durch einen Kreis markiert. Für die Flächenpole, die auf der Peripherie des Äquators liegen, verwendet man Punkt oder Kreuz. Die mathematische Beziehung für die stereographische Projektion kann Abb. 5.33 entnommen werden.

Abb. 5.11 zeigt ein Stereogramm des Kristalls in Abb. 5.9; es sind aber nur die Flächen, die zur Nordhalbkugel gehören, berücksichtigt. Die Projektionspunkte der Flächenpole, die einer Zone angehören, liegen auf Projektionen von Großkreisen. Die den einzelnen Flächen entsprechenden Projektionspunkte sind indiziert.

Abb. 5.13 zeigt die stereographische Projektion eines tetragonalen Prismas und eines Pinakoids (a) sowie einer tetragonalen Pyramide und eines Pedions (b). Ein tetragonales Prisma und eine tetragonale Pyramide haben einen quadratischen Querschnitt bzw. eine quadratische Grundfläche. Die Flächen des Prismas stehen senkrecht auf der Ebene der stereographischen Projektion. Ihre Flächenpole liegen auf der Peripherie des Kreises der stereographischen Projektion. Die Höhe der Pyramide verläuft in der N-S-Richtung. Die Flächen der Pyramide sind um den gleichen Betrag zur Ebene der stereographischen Projektion geneigt. Ihre Flächenpole haben zur Peripherie des Kreises der stereographischen Projektion den gleichen Abstand. Ein Pedion ist eine Kristallform, die nur aus einer Fläche besteht. Das Flächenpaar, das das Prisma begrenzt heißt Pinakoid. Die zugehörigen Flächenpole befinden sich jeweils in der Mitte der stereographischen Projektion.

---

[6] Der Radius eines Großkreises ist gleich dem Kugelradius.

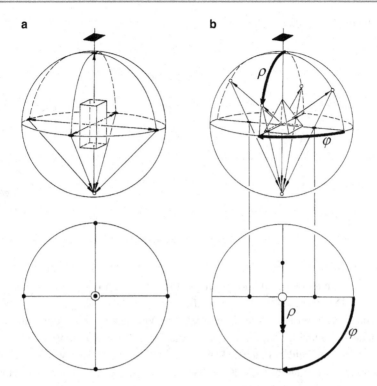

Abb. 5.13 Stereographische Projektion von tetragonalem Prisma und Pinakoid (**a**) und tetragonaler Pyramide und Pedion (**b**). Für eine Pyramidenfläche sind die Winkelkoordinaten φ und ϱ angegeben

Die Darstellung der stereographischen Projektion in den Abb. 5.9–5.13 dient nur zur Veranschaulichung der Projektionsmethode. In der Praxis misst man Winkel und trägt diese in die Projektion ein.

Die stereographische Projektion ist auch für die Darstellung der Punktgruppen von großer Bedeutung. Hier wird von dem üblichen Prinzip der stereographischen Projektion abgegangen. Man berücksichtigt bei den Drehachsen und Drehinversionsachsen jeweils die Durchstichspunkte der Achsen durch die Kugeloberfläche und bei der Spiegelebene den Großkreis, der als Schnittfigur mit der Kugel entsteht (vgl. z. B. Abb. 7.8e).

5.5 Reflexionsgoniometer

Kristallwinkel werden mit einem Reflexionsgoniometer gemessen. Der Kristall wird auf einer mit einer Winkelskala versehenen Kreisscheibe (Goniometertisch) montiert, die um eine Achse senkrecht zur Kreisscheibe drehbar ist (Abb. 5.14). Er wird durch Kreuz- und Wiegeschlitten so ausgerichtet, dass eine Zonenachse des Kristalls in die Drehachse des Goniometertisches zu liegen kommt. Der ausgeblendete Lichtstrahl einer Lampe

Abb. 5.14 Strahlengang beim einkreisigen Reflexionsgoniometer

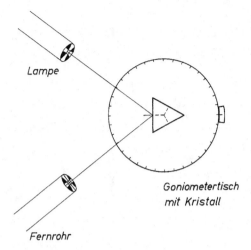

wird auf eine Fläche des Kristalls projiziert, dort reflektiert und fällt auf das Fadenkreuz eines Fernrohrs. Durch diesen Lichtstrahl ist die Lage der Fläche festgelegt. Jetzt wird der Goniometertisch mit dem Kristall gedreht. Dadurch wird der Strahlengang unterbrochen und erst wieder aufgebaut, wenn eine andere Fläche in die Reflexionsstellung kommt. Der Winkel zwischen beiden Flächen kann an der Skala abgelesen werden; es ist der Normalenwinkel! Durch Drehen des Kristalls um 360° können nur die Winkel einer Zone gemessen werden (einkreisiges Reflexionsgoniometer). Um die Winkel anderer Zonen messen zu können, müsste der Kristall umgesetzt werden.

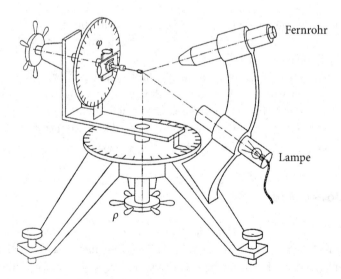

Abb. 5.15 Zweikreisiges Reflexionsgoniometer mit dem Azimutkreis φ und dem Poldistanzkreis ϱ, aus De Jong [24]

Beim zweikreisigen Reflexionsgoniometer ist der Kristall um 2 zueinander senkrecht stehende Achsen dreh- und messbar (Abb. 5.15). Dadurch kann jede mögliche Fläche in Reflexionsstellung gebracht werden. Auf den Kreisen werden die Winkelkoordinaten φ und ϱ abgelesen. φ und ϱ legen die Lage einer Fläche fest. Die Werte können direkt in die stereographische Projektion eingetragen werden.

5.6 Wulff'sches Netz

Um nun Winkel schnell in die stereographische Projektion eintragen zu können, wird das *Wulff'sche Netz* verwendet. Das Wulff'sche Netz ist die stereographische Projektion des Gradnetzes eines Globus in der Weise, dass die N′-S′-Richtung dieses Globus in der Ebene der stereographischen Projektion liegt (Abb. 5.16). Die N-S-Richtung der stereographischen Projektion (Abb. 5.9) steht also senkrecht auf der N′-S′-Richtung des Gradnetzglobus bzw. des Wulff'schen Netzes (Abb. 5.16). In Abb. 5.16a ist nur das Gradnetz einer Halbkugel berücksichtigt. Alle Längenkreise und der Äquator des Globus sind Großkreise. Alle Breitenkreise außer dem Äquator des Globus sind Kleinkreise. Der Winkel zwischen 2 Flächenpolen auf der Kugeloberfläche kann direkt mithilfe des Wulff'schen Netzes in die stereographische Projektion eingetragen werden. Der zwischen 2 Kristallflächen gemessene Winkel ist der Winkel zwischen den beiden Flächennormalen (Flächenpolen). Die beiden Normalen bilden die Ebene eines Großkreises (Abb. 5.9). Der Kreisbogen des Großkreises zwischen den beiden Flächennormalen entspricht dem gemessenen Winkelwert. *Winkel dürfen deshalb in der stereographischen Projektion nur auf Großkreisen abgetragen oder abgelesen werden!*

Die mit dem zweikreisigen Reflexionsgoniometer gemessenen *Winkelkoordinaten φ (Azimut) und ϱ (Poldistanz)* können nun mithilfe des Wulff'schen Netzes in die stereogra-

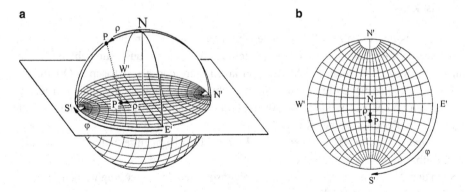

Abb. 5.16 Stereographische Projektion des Gradnetzes eines Globus (N′-S′ ⊥ N-S) erzeugt das Wulff'sche Netz. Lage der Winkelkoordinaten φ (Azimut) und ϱ (Poldistanz). Der Flächenpol P liegt auf $\varphi = 90°$, $\varrho = 30°$

phische Projektion eingetragen werden. Man wählt den Kreis der Ebene der stereographischen Projektion als Azimut φ (Abb. 5.13b). Die φ-Werte reichen von 0°–360°. Die nach vorne weisende Fläche der tetragonalen Pyramide in Abb. 5.13b hätte also einen φ-Wert von 90°. Der ϱ-Kreis steht senkrecht auf dem φ-Kreis. Die Flächen der tetragonalen Pyramide hätten dann die folgenden Winkelkoordinaten: $\varphi = 0°, 90°, 180°, 270°$ und alle Flächen den gleichen ϱ-Wert.

Betrachtet man nun eine tetragonale Dipyramide (vgl. Nr. 6 in Aufgabe 5.4), so liegen folgende Werte für die Winkelkoordinaten für die 8 Flächen vor:

- wie oben $\varphi = 0°, 90°, 180°, 270°$
- ϱ und $-\varrho$.

Bei den zur Nordhalbkugel gehörenden Flächen bezieht man sich bei der Poldistanz ϱ auf den Nordpol, bei den Flächen der Südhalbkugel auf den Südpol $(-\varrho)$; $\varrho \leq \pm 90°$. Man vergleiche die φ, ϱ-Tabelle des Galenitkristalls in Aufgabe 5.13.

Zum praktischen Arbeiten haben sich Wulff'sche Netze mit einem Durchmesser von 20 cm und einer 2°-Teilung durchgesetzt[7]. Man zeichnet auf Transparentpapier, das über dem Wulff'schen Netz mit einem Stift im Zentrum des Netzes drehbar angebracht wird.

Die stereographische Projektion besitzt 2 wichtige Eigenschaften:

- Die stereographischen Projektionen zweier Richtungen auf der Kugel schließen denselben Winkel ein wie diese Richtungen auf der Kugel. Sie ist winkeltreu.
  Die Längen- und Breitenkreise des Globusnetzes stehen senkrecht aufeinander. Da das Wulff'sche Netz die Projektion dieser Kreise darstellt, müssen auch die Groß- und Kleinkreise des Wulff'schen Netzes senkrecht aufeinander stehen (vgl. Abb. 5.16).
- Alle Kreise auf der Kugel (Groß- und Kleinkreise) werden wieder als Kreise oder Kreisbögen auf die Äquatorebene projiziert (vgl. auch Abb. 5.17). Großkreise, die die N-S-Richtung schneiden, werden als Geraden abgebildet. Die stereographische Projektion ist kreistreu.

Die letzte Aussage soll durch die folgende Überlegung belegt werden. Man gehe z. B. von einem Kreis auf der Kugeloberfläche mit einem Radius von 30° aus. Nun nehme man das Wulff'sche Netz, lege einen Pol M fest und konstruiere den geometrischen Ort für alle die Pole, die von M 30° entfernt sind. Durch Drehung des Transparentpapiers werden auf Großkreisen von M aus Winkel von 30° abgetragen (Abb. 5.18). Die konstruierten Pole liegen auf der Peripherie eines Kreises!

M ist aber nicht der Mittelpunkt dieses Kreises! Den Kreismittelpunkt M' erhält man durch Halbierung der Strecke $K_1 K_2$.

Nach der Besprechung der beiden Haupteigenschaften der stereographischen Projektion sollen Aufgaben behandelt werden:

---

[7] Vgl. Falttafel. Die Seite mit dem Wulff'schen Netz aus dem Buch heraustrennen und auf mindestens 1 mm dicke Pappe aufkleben.

Abb. 5.17 Die stereographische Projektion eines Kreises auf der Kugeloberfläche erzeugt auf der Äquatorebene wieder einen Kreis

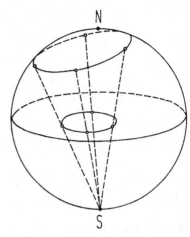

Abb. 5.18 Ausschnitt der Äquatorebene einer stereographischen Projektion. Vom Pol M sind Winkel von 30° abgetragen. Die konstruierten Pole liegen auf der Peripherie eines Kreises. Den Mittelpunkt M′ des Kreises erhält man durch Halbierung der Strecke $K_1 K_2$

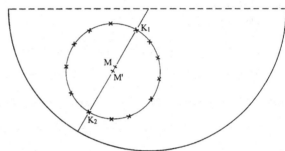

- Gegeben sind die Flächenpole 1 und 2. Wie groß ist der Winkel zwischen beiden Polen? Das Transparentpapier wird solange über dem Wulff'schen Netz gedreht, bis beide Pole auf einem Großkreis (Zonenkreis) (Abb. 5.19a) liegen. Nun kann der Winkelwert auf dem Großkreis abgelesen werden. Liegt ein Flächenpol auf der Südhalbkugel, so verfährt man entsprechend (Abb. 5.19b).
- Zwei Flächen bilden eine Zone. Ihre gemeinsame Schnittkante ist die Zonenachse, die auf der von den beiden Flächennormalen gebildeten Ebene senkrecht steht (vgl. Abb. 5.3). Zonenkreis und Zonenachse (Zonenpol) stehen senkrecht aufeinander.
  - Zeichne den Zonenpol zu einem Zonenkreis:
    Man dreht den Zonenkreis auf einen Großkreis des Wulff'schen Netzes und trägt vom Zonenkreis aus auf dem Äquatorkreis des Gradnetzes 90° ab und erhält den Zonenpol (Abb. 5.20).
  - Zeichne den Zonenkreis zu einem Zonenpol:
    Der Zonenpol wird auf den Äquatorkreis des Gradnetzes gedreht. Man trägt vom Zonenpol aus auf dem Äquatorkreis des Netzes 90° ab und zeichnet auf dem Großkreis des Netzes den Zonenkreis (Abb. 5.20).

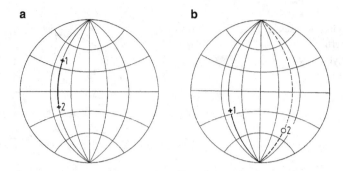

Abb. 5.19 Der Winkel zwischen 2 Flächenpolen wird auf dem Großkreis, auf dem beide Pole liegen, abgelesen

Abb. 5.20 Zonenkreis und Zonenpol (⊡) stehen senkrecht aufeinander

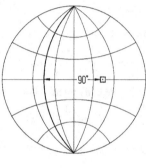

Abb. 5.21 Der Winkel ε zwischen den Ebenen zweier Zonenkreise ist der Winkel zwischen den entsprechenden Zonenpolen (⊡)

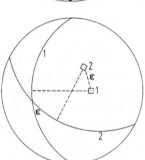

- Der Winkel ε zwischen den Ebenen zweier Zonenkreise ist der Winkel zwischen den entsprechenden Zonenpolen (Abb. 5.21).
- Gesucht wird der Flächenpol 3, der vom Pol 1 um den Winkel κ und vom Pol 2 um den Winkel ω entfernt ist. Diese Aufgabe wird mit dem Zirkel gelöst, indem Kreise mit den entsprechenden Radien konstruiert werden. Man beachte, dass Mittelpunkt und Radius der Kreise vorher bestimmt werden müssen. Der Mittelpunkt des κ-Kreises wurde durch Halbierung des K_1K_2-Durchmessers (vgl. Abb. 5.18), der Mittelpunkt des ω-Kreises durch Konstruktion der Höhe von der Mitte einer Sehne erhalten. Diese Aufgabe hat 2 Lösungen (Abb. 5.22).

Abb. 5.22 Konstruktion der
beiden Flächenpole 3, die vom
Pol 1 um den Winkel κ, vom
Pol 2 um den Winkel ω entfernt sind

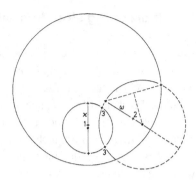

- Änderung der Projektionsebene einer stereographischen Projektion. Ein Oktaeder ist
  eine Kristallform, die aus 8 gleichseitigen Dreiecksflächen gebildet wird (Abb. 5.23a
  und Modellnetz eines Oktaeders in Abb. 15.6(2)). Abb. 5.23c zeigt ein Stereogramm
  des Oktaeders. Die Flächenpole sind durch Kreuze dargestellt. Die Flächen, die zur
  Südhalbkugel gehören, sind nicht berücksichtigt. Es soll nun das Stereogramm in der
  Weise verändert werden, dass der Pol einer Oktaederfläche zum Zentrum der Projektionsebene wandert. Dazu dreht man einen Oktaederpol auf die Äquatorebene des
  Wulff'schen Netzes. Dieser Flächenpol ist vom Zentrum $54°44'$ entfernt. Eine Drehung
  des Flächenpols um die N'-S'-Achse des Netzes um den Winkel $54°44'$ bringt diesen in
  das Zentrum der Projektion. Die anderen Oktaederpole wandern auf ihren Kleinkreisen (!) um den Winkelwert $54°44'$ weiter. Die neuen Flächenpole sind durch Punkte
  dargestellt, vgl. dazu das Oktaeder in Abb. 5.23b, das auf einer Oktaederfläche liegt.

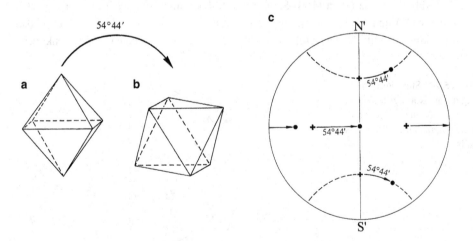

Abb. 5.23 Das Oktaeder in (**a**) ist durch eine Drehung um $54°44'$ in das Oktaeder in (**b**) überführt
worden. Diese Drehung des Oktaeders veranschaulicht auch das Stereogramm in (**c**). Die *Kreuze*
im Stereogramm gehören zu (**a**), die *Punkte* zu (**b**). Die Bewegung der Flächenpole erfolgt auf
Kleinkreisen

5.7   Indizierung eines Kristalls

Heute wird man kaum noch einen Kristall indizieren müssen, dessen Gitterparameter nicht bekannt sind. Aus den Gitterparametern kann in der Regel zwar nicht geschlossen werden, welche Flächen an einem Kristall auftreten können, aber man kann ein Stereogramm mit allen den Flächenpolen zeichnen, die vom Raumgitter her möglich sind. Da die Kristalle in der Regel von niedrig indizierten Flächen begrenzt sind, ist die Zahl der Flächenpole, die man bestimmen muss, nicht groß.

Im Folgenden soll das Stereogramm der Flächenpole eines Topaskristalls gezeichnet werden. Die Gitterparameter lauten:

$$a = 4{,}65\,\text{Å}\,, \quad b = 8{,}80\,\text{Å}\,, \quad c = 8{,}40\,\text{Å}\,, \quad \alpha = \beta = \gamma = 90^\circ\,.$$

Die 6 Flächen (100), ($\bar{1}$00), (010), (0$\bar{1}$0), (001), (00$\bar{1}$), die senkrecht zu den kristallographischen Achsen angeordnet sind, können sofort in die stereographische Projektion eingetragen werden (Abb. 5.24).

Diese Flächen gehören zu den folgenden Zonen: (001) und (010) zu [100], (100) und (001) zu [010], (100) und (010) zu [001]. Die Flächenpole liegen auf den entsprechenden Zonenkreisen. Auf der Ebene des Zonenkreises steht die Zonenachse senkrecht, sie verläuft parallel der Gittergeradenschar, welche den der Zone angehörenden Netzebenen gemeinsam ist.

Abb. 5.25 zeigt einen (010)-Schnitt durch das Gitter des Kristalls mit den zur Zone [010] gehörenden Netzebenen (001), (101) und (100). Der Winkel δ ist der Normalenwinkel zwischen (001) und (101), und da $\tan \delta = \frac{c}{a}$, ist $\delta = 61{,}03^\circ$. Entsprechend kann man anhand Abb. 5.26, die einen (100)-Schnitt durch das Gitter zeigt, den Normalenwinkel zwischen (001) und (011) bestimmen. Es ist $\tan \delta' = \frac{c}{b}$ und $\delta' = 43{,}67^\circ$. Die Winkel δ und δ' können mithilfe des Wulff'schen Netzes auf den entsprechenden Zonenkreisen

Abb. 5.24 Stereogramm einiger vom Raumgitter her möglichen, niedrig indizierten Flächenpole eines Topaskristalls

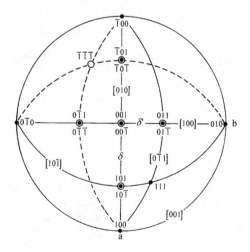

Abb. 5.25 Schnitt parallel (010) durch das Raumgitter eines Topaskristalls mit den Spuren der zur Zone [010] gehörenden Netzebenen (001), (101), (100). δ ist der Normalenwinkel zwischen (001) und (101)

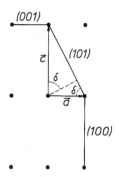

[010] und [100] abgetragen werden, und man erhält die Lage der Flächenpole von (101) und (011). $(\bar{1}01)$, $(10\bar{1})$ und $(\bar{1}0\bar{1})$ haben die gleiche Neigung zu den kristallographischen Achsen wie (101); $(0\bar{1}1)$, $(01\bar{1})$ und $(0\bar{1}\bar{1})$ die gleiche Neigung wie (011) und können deshalb ebenfalls ins Stereogramm eingetragen werden (Abb. 5.24).

Zeichnet man nun die Zonenkreise [(100)/(011)] und [(101)/(010)] ein, so ergeben sich für die beiden Schnittpunkte der Zonenkreise, die Flächenpole darstellen, die Miller'schen Indizes (111) und $(\bar{1}\bar{1}\bar{1})$. Die Zonenkreise auf der Südhalbkugel sind gestrichelt eingetragen[8].

Durch das Zeichnen weiterer Zonenkreise ergeben sich neue Flächenpole. Von diesen können jene, die die gleiche Neigung zu den kristallographischen Achsen wie (111)

Abb. 5.26 Schnitt parallel (100) durch das Raumgitter eines Topaskristalls mit den Spuren der zur Zone [100] gehörenden Netzebenen (001), (011), (010). δ' ist der Normalenwinkel zwischen (001) und (011)

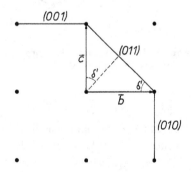

---

[8] Die Anwendung der Zonengleichung führt zu:

$$
\begin{array}{c|cccc|c}
1 & 0 & 0 & 1 & 0 & 0 \\
0 & 1 & 1 & 0 & 1 & 1
\end{array}
\qquad
\begin{array}{c|cccc|c}
0 & 1 & 0 & 0 & 1 & 0 \\
1 & 0 & 1 & 1 & 0 & 1
\end{array}
\quad \text{und} \quad
\begin{array}{c|cccc|c}
0 & \bar{1} & 1 & 0 & \bar{1} & 1 \\
1 & 0 & \bar{1} & 1 & 0 & \bar{1}
\end{array}
$$

$$[0\ \bar{1}\ 1] \qquad\qquad [1\ 0\ \bar{1}] \qquad\qquad (1\ 1\ 1)$$

Vertauscht man die [uvw], so ergibt sich $(\bar{1}\,\bar{1}\,\bar{1})$. Zwei Zonenkreise schneiden sich in 2 Flächenpolen. (hkl) und $(\bar{h}\,\bar{k}\,\bar{l})$ sind in der Morphologie 2 zueinander parallele Flächen, die aber nur *einer* Netzebenenschar (hkl) (oder $(\bar{h}\,\bar{k}\,\bar{l})$) zuzuordnen sind.

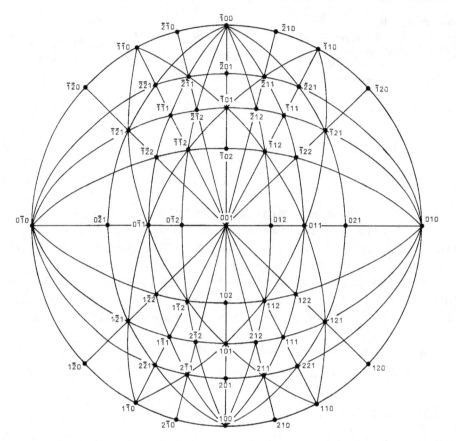

Abb. 5.27 Stereogramm der vom Raumgitter her möglichen Flächenpole eines Topaskristalls ($\bar{2} \leq \mathrm{h}, \mathrm{k} \leq 2; 0 \leq 1 \leq 2$)

haben, mit $(\bar{1}11)$, $(1\bar{1}1)$, $(\bar{1}\bar{1}1)$, $(11\bar{1})$, $(\bar{1}1\bar{1})$, $(1\bar{1}\bar{1})$, $(\bar{1}\bar{1}\bar{1})$ indiziert werden. Bei den anderen Flächen nimmt man die Zonengleichung zu Hilfe. Man erhält dann im Endeffekt ein Stereogramm der Flächenpole, wie es in Abb. 5.27 für die (hkl) mit $\bar{2} \leq \mathrm{h}, \mathrm{k} \leq 2$; $0 \leq 1 \leq 2$ dargestellt ist.

Einen Topaskristall zeigt Abb. 5.28. Soll nun ein Topaskristall anhand des Stereogramms indiziert werden, so müssen nur einige Winkel am Kristall gemessen und mit jenen im Stereogramm in Übereinstimmung gebracht werden.

Die Indizierung im Stereogramm in Abb. 5.27 wäre bei Anwendung der Komplikationsregel sehr einfach gewesen. Nach der Komplikationsregel von Goldschmidt lassen sich alle Flächen eines Zonenverbands aus 2 ihm angehörenden Flächen durch Addition oder Subtraktion der Miller'schen Indizes entwickeln. Die Komplikation soll in Abb. 5.29 erläutert werden. Die Ausgangsflächen oder -netzebenen sollen (100) und (010) sein. Addition (100) + (010) führt zu (110); (100) + (110) zu (210); (010) + (110) zu (120); (110)

Abb. 5.28 Topaskristall. Nach Strunz [49]

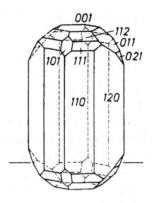

+ (120) zu (230) usw. Man überzeuge sich, dass die Subtraktion im Endeffekt zu einem entsprechenden Ergebnis führt. Alle entwickelten Flächen gehören der Zone [001] an.

In Abb. 5.30 liegen auf 2 Zonenkreisen je 2 Flächenpole. Der Schnittpunkt (Pol) soll mithilfe der Komplikationsregel indiziert werden. Addition auf Zone 1: $(011) + (1\bar{1}0)$ $= (101)$; auf Zone 2: $(0\bar{1}0) + (211) = (201)$. Die entwickelten Pole (101) und (201) liegen zwischen den Ausgangsflächenpolen. Die Aufgabe ist erst dann gelöst, wenn die Anwendung von Addition oder Subtraktion zum gleichen Ergebnis führt: Zone 1: $(1\bar{1}0)$ $+ (101) = (2\bar{1}1)$; Zone 2: $(201) + (0\bar{1}0) = (2\bar{1}1)$. Damit ist der Schnittpol indiziert. Das Beispiel ist aus Abb. 5.27 entnommen. Man vergleiche dort die Lage von (101) und (201).

Abb. 5.29 Komplikation der Flächen (100) und (010). Die (hk0) jedes Dreiecks stehen in Additions- oder Subtraktionsbeziehung zueinander

Abb. 5.30 Indizierung des Schnittpunkts von 2 Zonenkreisen durch Komplikation der (hkl) der auf diesen Zonen liegenden Flächen

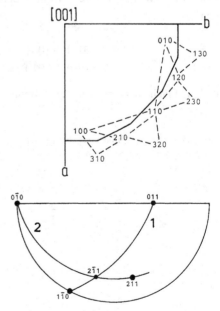

Eine Erweiterung der Komplikationsregel besagt, dass sich aus den 4 einfachen Flächen (100), (010), (001) und (111) alle möglichen Flächen des Kristalls durch Komplikation ableiten lassen.

Ein Kristall wurde mit dem zweikreisigen Reflexionsgoniometer (Abb. 5.15) vermessen. Tab. 5.1 enthält die φ- und ϱ-Werte. Sie sind in eine stereographische Projektion eingetragen. Die Pole in den anderen Oktanten sind berücksichtigt (Abb. 5.31). Die Flächen sollen nun indiziert werden, d. h. ohne Kenntnis der Gitterparameter. Die kristallographischen Achsen a, b, c werden parallel zu den orthogonal angeordneten Zonenachsen in die stereographische Projektion eingetragen. Die Flächen senkrecht zu a, b, c können sofort indiziert werden. Da aber nur (001) und (00$\overline{1}$) am Kristall vorkommen, werden (100), ($\overline{1}$00), (010), (0$\overline{1}$0) als Hilfsflächen (durch Kreise dargestellt) in die stereographische Projektion eingetragen. Nun muss eine Fläche als *Einheitsfläche* (111) gewählt werden. *Eine Einheitsfläche schneidet auf den kristallographischen Achsen a, b, c jeweils die Einheit 1 ab.* Die Einheiten auf a, b, c sind hier unterschiedliche Beträge, die unten berechnet werden. Als Einheitsfläche kommen nur die Flächen 5 und 6 in Frage. Nur sie schneiden a, b, c im positiven Bereich. Wir wählen die Fläche 6 als Einheitsfläche, weil die Zonenkreise, die diese Fläche schneiden, mehr Flächenpole enthalten als die Zonenkreise der Fläche 5. Nun können alle Flächen indiziert werden, die die gleiche Neigung zu den kristallographischen Achsen a, b, c haben wie (111): ($\overline{1}$11), ($\overline{1}\,\overline{1}$1), (1$\overline{1}$1) und die zur Südhalbkugel gehörenden Flächen (11$\overline{1}$), ($\overline{1}$1$\overline{1}$), ($\overline{1}\,\overline{1}\,\overline{1}$), (1$\overline{1}\,\overline{1}$). Letztere sind in die stereographische Projektion nicht eingetragen. Dies gilt für alle Flächenpole, die zur Südhalbkugel gehören, also einen negativen ϱ-Winkel besitzen. Mithilfe der Komplikationsregel können nun indiziert werden:

$$8: (100) + (001) = (111) + (1\overline{1}1) \quad = (101)$$
$$2: (010) + (001) = (111) + (\overline{1}11) \quad = (011)$$
$$7: (100) + (010) = (111) + (11\overline{1}) \quad = (110)$$

und die Flächen entsprechender Neigung.

Tab. 5.1 φ- und ϱ-Winkel der Flächen des Topaskristalls in Abb. 5.28

Fläche	φ	ϱ	(hkl)
1,1′	–	$\pm$ 0°	001
2,2′	0°	$\pm$ 43°39′	011
3,3′	0°	$\pm$ 62°20′	021
4	43°25′	90°	120
5,5′	62°08′	$\pm$ 45°35′	112
6,6′	62°08′	$\pm$ 63°54′	111
7	62°08′	90°	110
8,8′	90°	$\pm$ 61°0′	101

Abb. 5.31 Indizierung des
Topaskristalls in Abb. 5.28

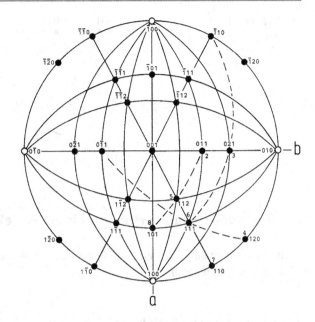

Nun fehlen noch die Flächen:

$$5: (111) + (001) = (101) + (011) \quad = (112)$$
$$3: (010) + (011) = (111) + (\overline{1}10) = (021)$$
$$4: (110) + (010) = (111) - (0\overline{1}1) = (120)$$

und die Flächen entsprechender Neigung. Damit ist der Kristall indiziert (Abb. 5.31). Es handelt sich um den Topaskristall in Abb. 5.28.

Eine Materialkonstante für einen Kristall ist das Achsenverhältnis a : b : c, *das normiert die Form* $\frac{a}{b} : 1 : \frac{c}{b}$ *erhält.*

Es soll das Achsenverhältnis des Topaskristalls bestimmt werden. Die Fläche (110) schneidet die a- und die b-Achse in den Einheiten 1 (Abb. 5.32). Der Winkel δ'' ist der Winkel zwischen (110) und (100) und nach Tab. 5.1 (7) $90° - 62°08' = 27°52'$ groß.

Folglich ist $\tan 27°52' = \frac{a}{b} = 0{,}529$.

Nach Abb. 5.26 und 5.32 ist δ' der Winkel zwischen (011) und (001) und nach Tab. 5.1 (2) $43°39'$ groß; $\tan 43°39' = \frac{c}{b} = 0{,}954$. So beträgt das (normierte) Achsenverhältnis

$$\frac{a}{b} : 1 : \frac{c}{b} = 0{,}529 : 1 : 0{,}954 \tag{5.3}$$

0,529; 1 und 0,954 sind Einheiten, die die Einheitsfläche auf den kristallographischen Achsen a, b, c abschneidet.

Abb. 5.32 Positiver Oktant des Topasstereogramms von Abb. 5.31 mit konstruierter Spur der (110)-Fläche

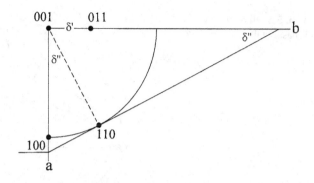

5.8 Gnomonische und orthographische Projektion

Neben der stereographischen Projektion müssen die gnomonische und orthographische Projektion erwähnt werden.

5.8.1 Gnomonische Projektion

Wie bei der stereographischen Projektion geht man von einem Kristall aus, der sich in der Mitte einer Kugel befindet. Die Flächennormalen erzeugen Punkte P_G auf einer Projektionsebene, die tangential im Nordpol verläuft (Abb. 5.33). Die Pole der Flächen, die einer Zone angehören, liegen in der Projektionsebene auf Geraden. Abb. 5.34 zeigt eine gnomonische Projektion des Galenitkristalls in Abb. 5.9. Mit Annäherung von ϱ an 90° gehen die Abstände NP_G gegen unendlich. Die im Unendlichen liegenden Flächenpole für $\varrho = 90°$ sind in der Projektion durch Pfeile markiert. Der Abstand NP_G ist $R \cdot \tan \varrho$.

Abb. 5.33 Prinzip der stereographischen, gnomonischen und orthographischen Projektion

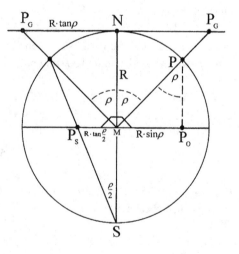

Abb. 5.34 Gnomonische
Projektion des Galenitkristalls
in Abb. 5.9

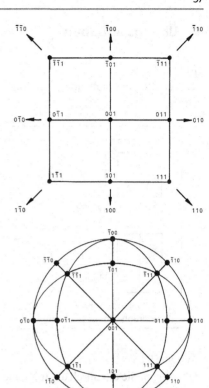

Abb. 5.35 Orthographische
Projektion des Galenitkristalls
in Abb. 5.9

5.8.2   Orthographische Projektion

Man geht wie bei der stereographischen Projektion von den Flächenpolen auf der Kugeloberfläche aus. Nun werden die Pole auf der Nordhalbkugel nicht wie bei der stereographischen Projektion zum Südpol, sondern parallel zur N-S-Richtung auf die Äquatorebene projiziert (P_O in Abb. 5.33). Eine orthographische Projektion des Galenitkristalls in Abb. 5.9 zeigt Abb. 5.35. Der Abstand MP_O ist $R \cdot \sin \varrho$. Vergleiche Abb. 5.12 und 5.35. Die orthographische Projektion spielt eine wichtige Rolle bei der Symmetriedarstellung der kubischen Raumgruppen (Abb. 10.16).

5.9 Übungsaufgaben

Aufgabe 5.1

Tragen Sie die Flächenpole der folgenden Körper in eine stereographische Projektion ein:

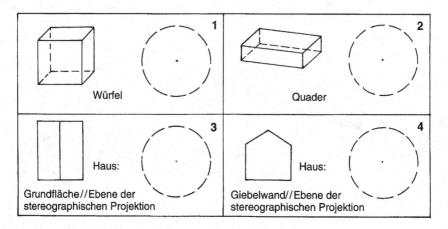

Aufgabe 5.2

Übertragen Sie die durch die folgenden Achsenkreuze (Abb. 5.36) definierten Richtungen in die stereographische Projektion.

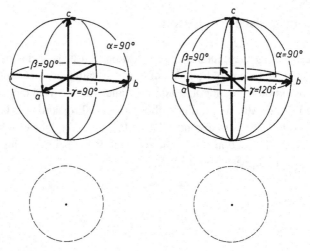

1 Orthogonales Achsenkreuz
   (kubisch, tetragonal, orthorhombisch)

2 Hexagonales Achsenkreuz

Abb. 5.36 Achsenkreuze

Aufgabe 5.3

Bauen Sie mithilfe der Kristallmodellnetze in Abb. 15.5 (1)–(12) die unten aufgeführten Kristallpolyeder. Tragen Sie die Flächenpole der Kristallpolyeder in Abb. 5.37 in der Weise in eine stereographische Projektion ein, dass die Prismenkante bzw. die Höhe bei den Pyramiden und Dipyramiden senkrecht zur Projektionsebene ausgerichtet sind. Die Bezeichnung der Kristalle ergibt sich aus der geometrischen Form der Grundfläche bzw. des Querschnitts.

Aufgabe 5.4

Welche Flächen des hexagonalen Prismas und Pinakoids bzw. der tetragonalen Dipyramide gehören einer Zone an? Zeichnen Sie die Zonenkreise in die entsprechenden Stereogramme der Abb. 5.37 ein.

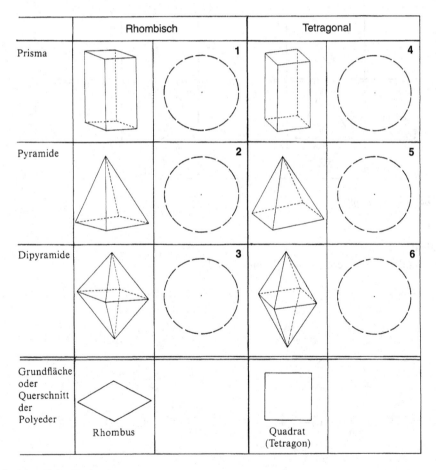

Abb. 5.37 Kristallpolyeder

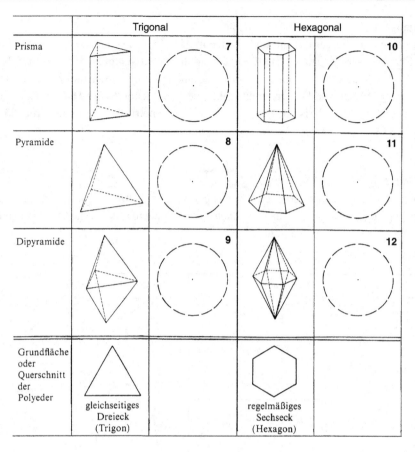

	Trigonal		Hexagonal	
Prisma		7		10
Pyramide		8		11
Dipyramide		9		12
Grundfläche oder Querschnitt der Polyeder	gleichseitiges Dreieck (Trigon)		regelmäßiges Sechseck (Hexagon)	

Abb. 5.37 (Fortsetzung)

Aufgabe 5.5

Was stellen die folgenden Stereogramme dar?

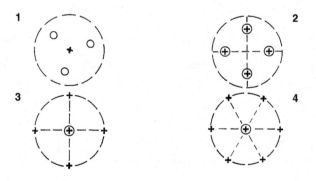

Aufgabe 5.6

Wählen Sie in einer stereographischen Projektion einen beliebigen Pol, und tragen Sie von ihm in alle Richtungen einen Winkel von 30° ab. Wie sind die entstandenen Pole angeordnet?

Aufgabe 5.7

Zeichnen Sie mit Winkelmesser, Zirkel und Lineal ein Wulff'sches Netz. Berücksichtigen Sie nur die Winkelintervalle von 30°.

Aufgabe 5.8

Tragen Sie in eine stereographische Projektion Flächenpole mit den φ, ϱ-Winkeln ein: **1)** 80°; 60°, **2)** 160°; 32°, **3)** 130°; 70°. Bestimmen Sie die Winkel zwischen den Flächenpolen **a)** 1/2, **b)** 1/3, **c)** 2/3. Zeichnen Sie die Zonenpole zu den Zonenkreisen **a)** 1/2, **b)** 1/3, **c)** 2/3 und geben Sie die φ, ϱ-Koordinaten ihrer Lage an.

Aufgabe 5.9

Die Flächenpole mit den Winkelkoordinaten 40°; 50° und 140°; 60° liegen auf dem Zonenkreis A, die Pole 80°; 70° und 190°; 30° auf dem Zonenkreis B. Die Zonenkreise haben 2 Schnittpunkte. Geben Sie die Winkelkoordinaten φ; ϱ dieser Flächenpole an. Wie liegen die Flächen zueinander?

Aufgabe 5.10

Wie stehen die Normalen der Flächen, die zu einer Zone gehören, zueinander? Welche Lage nehmen sie zur Zonenachse ein?

Aufgabe 5.11

In einem Würfel (Abb. 5.38) verlaufen: 3 Achsen (□) durch die Mittelpunkte gegenüberliegender Würfelflächen (x, $\frac{1}{2}$, $\frac{1}{2}$; $\frac{1}{2}$, y, $\frac{1}{2}$; $\frac{1}{2}$, $\frac{1}{2}$, z), 4 Achsen (△) in den Raumdia-

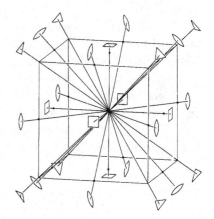

Abb. 5.38 Würfel mit Achsen durch die Mittelpunkte gegenüberliegender Würfelflächen (□), in den Raumdiagonalen (△), gegenüberliegender Würfelkanten (◊), nach Buerger [10]

Abb. 5.39 Schnitt parallel zur Würfelfläche durch
den Mittelpunkt der würfelförmigen Elementarzelle in
Abb. 5.38 ($\frac{1}{2}$, y, z oder x, $\frac{1}{2}$, z
oder x, y, $\frac{1}{2}$)

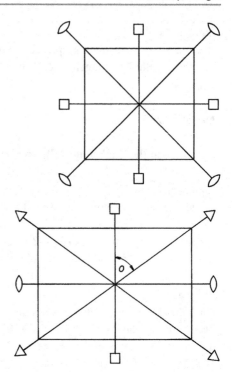

Abb. 5.40 Schnitt in x, x, z
(d. h., y = x) oder x, 1 − x, z
durch die würfelförmige Elementarzelle in Abb. 5.38. Der
Winkel 0 beträgt 54°44′ und ist
$\frac{1}{2}$ des bekannten Tetraederwin-
kels 109°28′, z. B. ⊲ H–C–H
der Methanmoleküle

gonalen, 6 Achsen (◊) durch die Mittelpunkte gegenüberliegender Würfelkanten. Alle
Achsen schneiden sich im Mittelpunkt des Würfels.

Tragen Sie die Winkelwerte zwischen den einzelnen Achsen mithilfe des Wulff'schen
Netzes in eine stereographische Projektion ein. Man lege zweckmäßigerweise eine
□-Achse in das Zentrum der Projektionsebene. Die Winkelbeziehungen der Achsen
zueinander ergeben sich aus Abb. 5.39 und 5.40, die Schnitte durch den Mittelpunkt
des Würfels darstellen.

Aufgabe 5.12

In den Würfel in der folgenden Abbildung sind parallel zu den Würfelflächen (a) und
diagonal zu ihnen (b) Ebenen eingetragen, die den Würfel jeweils halbieren. Zeichnen Sie diese Ebenen als Großkreise bzw. deren Projektionen in die nebenstehenden
stereographischen Projektionen ein.

Tragen Sie nun die als Großkreise dargestellten Ebenen von (a), (b) 1, (b) 2, (b) 3
zusammen in die neue stereographische Projektion ein und fügen Sie die Achsen mit
den Symbolen ◊, △, □ der Aufgabe 5.11 hinzu. Vergleichen Sie jetzt Ihr erarbeitetes
Stereogramm mit der Abb. 7.13e.

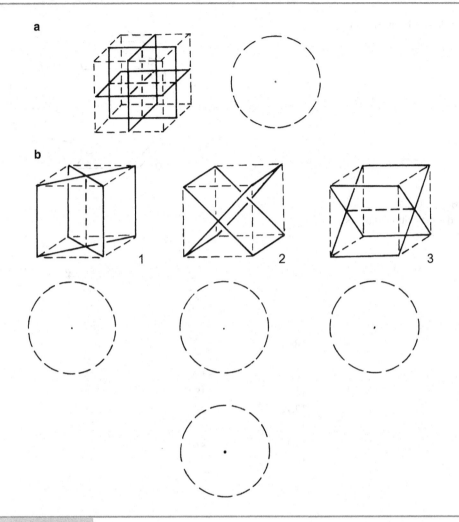

Aufgabe 5.13

Der Galenitkristall in Abb. 5.41 (Modellnetz in Abb. 15.4) wurde mit dem Reflexionsgoniometer vermessen. Die Winkelkoordinaten φ und ϱ sind in Tab. 5.2 aufgeführt.

a) Zeichnen Sie ein Stereogramm der Flächenpole.
b) Vergleichen Sie das Stereogramm des Galenits mit den Stereogrammen (a) und (b) in Aufgabe 5.12.

Abb. 5.41 Galenitkristall

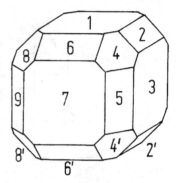

Tab. 5.2 Winkelkoordinaten des Galenitkristalls aus
Abb. 5.41

Fläche	φ	ϱ
1,1′	–	±0°
2,2′	0°	±45°
3	0°	90°
4,4′	45°	±54°44′
5	45°	90°
6,6′	90°	±45°
7	90°	90°
8,8′	135°	±54°44′
9	135°	90°
10,10′	180°	±45°
11	180°	90°
12,12′	225°	±54°44′
13	225°	90°
14,14′	270°	±45°
15	270°	90°
16,16′	315°	±54°44′
17	315°	90°

Aufgabe 5.14

Zeichnen Sie ein Stereogramm der Flächenpole eines Rutilkristalls. Gitterparameter
sind a = b = 4,59 Å; c = 2,96 Å. Vergleichen Sie das Stereogramm mit dem Kristall
in Tab. 9.4 15.

Aufgabe 5.15

Zeichnen Sie das Stereogramm eines Würfels in Normalstellung (eine Würfelfläche ⊥
N-S). Drehen Sie eine Raumdiagonale des Würfels in die N-S-Richtung und bewegen
Sie entsprechend die Flächenpole der stereographischen Projektion.

Aufgabe 5.16

Zeichnen Sie eine orthographische Projektion der Achsen in der würfelförmigen Elementarzelle in Abb. 5.38. Die notwendigen Winkelwerte können der Aufgabe 5.11 entnommen werden. Skizzieren Sie die Zonenkreise.

Aufgabe 5.17

Zeichnen Sie eine gnomonische Projektion des Topaskristalls in Abb. 5.28. Die Gitterparameter sind in Abschn. 5.7 angegeben.

Aufgabe 5.18

Die Wachstumsgeschwindigkeit (WG) ist eine anisotrope Kristalleigenschaft. Welche Gestalt würden die Kristalle annehmen, wenn die WG isotrop wäre?

Das Symmetrieprinzip

6

Bisher wurde als Deckoperation nur die Gitter-Translation betrachtet. Das Einwirken von 3 nicht komplanaren Gitter-Translationen auf einem Punkt ergab das Raumgitter.

Daneben können als Deckoperationen z. B. Drehungen und Spiegelung auftreten. Hier werden Motive durch Drehung um bestimmte Winkel oder durch Spiegelung an einer Ebene zur Deckung gebracht.

▶ **Definition** Alle Deckoperationen heißen Symmetrieoperationen. Symmetrie bedeutet gesetzmäßige Wiederholung eines Motivs.

Betrachtet man das Rad in Abb. 6.1, so wiederholt sich das Motiv „Speiche" in einem Winkel von 45°, oder dreht man das Rad, so kommt es nach 45° (allgemein $\mathbb{N} \cdot 45°$) mit sich selbst zur Deckung.

▶ **Definition** Zeichnet eine Symmetrieoperation eine Ebene oder eine Gerade oder einen Punkt des Raums aus, dann nennt man diese Ebene, diese Gerade, diesen Punkt – da sie bei der Operation am Orte verbleiben – das zugehörige Symmetrieelement.

In Abb. 6.2 ist ein Gipskristall dargestellt. Der rechte Teil des Kristalls kann an der schraffierten Ebene in den linken gespiegelt werden, und entsprechend der linke Teil wieder

Abb. 6.1 Bei einem Rad wiederholt sich jeweils im Winkel von 45° das Motiv „Speiche", oder durch Drehung von 45° um die Achse wird das Rad mit sich selbst zur Deckung gebracht

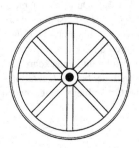

Abb. 6.2 Durch Spiegelung
an der *schraffierten* Ebene wird
der rechte Teil des Gipskris-
talls in den linken überführt
und umgekehrt. Die *schraffier-
te* Ebene heißt Spiegelebene

in den rechten. Alle Punkte in dem Gipskristall werden durch diese Symmetrieoperation
Spiegelung bewegt, außer jenen, die auf der „Spiegelebene" liegen. Die von den letzt-
genannten Punkten gebildete Ebene ist das *Symmetrieelement der Symmetrieoperation
Spiegelung*, die *Spiegelebene*.

Durch Drehung um 180° um die durch den Pfeil markierte Achse wird der rechte
Schenkel der Schere mit dem linken zur Deckung gebracht sowie der linke mit dem rech-
ten, oder nach Drehung um 180° kommt die Schere mit sich selbst zur Deckung (Abb. 6.3).
Alle Punkte der Schere werden durch die Symmetrieoperation *Drehung* bewegt, außer je-
nen, die auf der „Drehachse" (Pfeil) liegen. Die von den letztgenannten Punkten gebildete
Achse ist das *Symmetrieelement der Symmetrieoperation Drehung, die Drehachse*.

Abb. 6.3 Durch Drehung
um 180° um die mit dem *Pfeil
markierte Achse* kommt die
Schere mit sich selbst zur Deckung. Die genannte Achse
heißt Drehachse

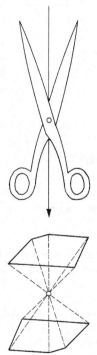

Abb. 6.4 Durch Punktspiegelung – in der Kristallographie
Inversion genannt – wird das
obere Fünfeck in das untere
überführt und umgekehrt. Der
Punkt, der bei der Operation
am Ort verbleibt, heißt Inversi-
onszentrum

Durch Punktspiegelung wird das obere Fünfeck in Abb. 6.4 in das untere Fünfeck
überführt und umgekehrt. Bei dieser Symmetrieoperation – man nennt sie in der Kristallographie *Inversion* – bleibt nur ein Punkt am Ort; es ist das *Symmetrieelement der
Symmetrieoperation Inversion, das Inversionszentrum.*

6.1   Drehachsen

Welche Symmetrieelemente enthält z. B. eine allgemeine Netzebene (Abb. 6.5)? Man ko-
piere die Netzebene auf Transparentpapier und lege beide Netzebenen direkt übereinander.
Jetzt drehe man das Transparentpapier um den zentralen Gitterpunkt A als Drehpunkt so
lange bis beide Gitter zur Deckung kommen. Dies ist bei 180° der Fall, und nach weiteren
180° kommt man bei 360° zur Ausgangsstellung zurück.

Diese Deck- oder Symmetrieoperation nennt man *Drehung*, das Symmetrieelement
Drehachse. Man definiert die *Zähligkeit* einer Drehachse X mit $X = \frac{360°}{\varepsilon}$ ($\varepsilon =$
Drehwinkel). Im vorl. Fall ist $X = \frac{360°}{180°} = 2$ (2-zählige Drehachse). 2 ist auch das
Symbol für dieses Symmetrieelement, das in Abbildungen senkrecht zur Papierebene mit
◊ und parallel zur Papierebene mit → markiert wird.

Wenn in Punkt A eine 2-zählige Drehachse liegt, so besitzen alle zu A translatorisch
gleichwertigen Punkte diese Eigenschaft. Auch auf den Kantenmitten (B, C) und der Mitte
der Elementarmasche (D) und in den dazu translatorisch gleichwertigen Lagen stehen

Abb. 6.5 Allgemeine
Netzebene (**a**) und ihre Symmetrie (**b**). Gleiche Buchstaben
bezeichnen translatorisch
gleichwertige oder identische
Symmetrieelemente

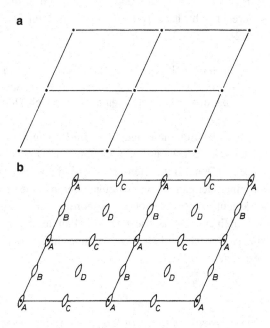

Abb. 6.6 Ein Kristall mit
einem Parallelogramm als
Grund- und Deckfläche und
dazu senkrechten Seitenflächen
enthält – was die Morphologie
betrifft – nur *eine* 2-zählige
Drehachse

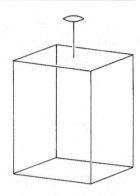

2-zählige Drehachsen senkrecht auf der Netzebene. Es sind also senkrecht zu dieser Netzebene unendlich viele 2-zählige Drehachsen angeordnet.

Gleichwertig (äquivalent) sind Motive, wenn sie durch eine Symmetrieoperation ineinander überführt werden. Liegt nur die Symmetrieoperation Gitter-Translation vor, so
spricht man von *translatorisch gleichwertig* oder *identisch.*

In Abb. 6.5 sind alle Drehachsen A bzw. B bzw. C bzw. D untereinander gleichwertig –
hier natürlich auch translatorisch gleichwertig –, aber alle A zu B usw. ungleichwertig.

Ein Kristall, dessen Gitter aus in gleichem Abstand direkt übereinandergelagerten
kongruenten Netzebenen[1] (Abb. 6.5) besteht, kann die Morphologie: Parallelogramm als
Grund- und Deckfläche und dazu senkrechte Seitenflächen (Abb. 6.6), entwickeln. Dieser
Körper kann durch Drehung um eine Achse, die auf den Mitten der Parallelogramme
senkrecht steht, nach 180° mit sich selbst zur Deckung gebracht werden. Er enthält nur
eine 2-zählige Achse.

> ►   Ein morphologischer Körper besitzt in Bezug auf eine Richtung nur ein Sym-
>   metrieelement einer bestimmten Art, sein Raumgitter bzw. seine Kristallstruktur
>   aber unendlich viele zueinander parallele Elemente. Dies gilt allgemein!

Es stellt sich nun die Frage, ob es im Raumgitter außer den 2-zähligen Drehachsen noch
weitere Drehachsen mit X > 2 gibt. Jede Drehachse mit X > 2 erzeugt bei Einwirkung
auf einen Punkt mindestens 2 weitere, die in einer Ebene liegen; und 3 Punkte, die nicht
auf einer Geraden liegen, erzeugen bereits eine Netzebene. Drehachsen können also nur
senkrecht zu einer Netzebene angeordnet sein. Es muss darum nur untersucht werden, ob
die durch eine Drehachse erzeugten Punkte, die in einer Ebene liegen, die Bedingung für
eine Netzebene erfüllen, dass parallele Gittergeraden stets die gleiche Translationsperiode
besitzen:

---

[1] *Direkt übereinandergelagerte kongruente Netzebenen* soll bedeuten, dass jede Netzebenennormale
durch einen Gitterpunkt sämtliche Netzebenen in Gitterpunkten schneidet.

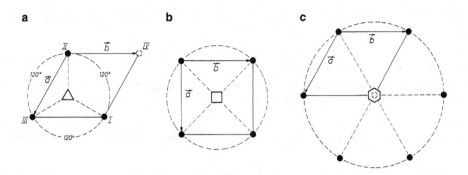

Abb. 6.7 Die durch die Wirkungsweise einer senkrecht zur Papierebene stehenden 3-zähligen (**a**), 4-zähligen (**b**), 6-zähligen Drehachse (**c**) aus einem Punkt entstehenden Punktanordnungen führen zu Netzebenen (○ durch Gittertranslation erzeugte Punkte)

Dreizählige Drehachse 3 (graphisches Symbol △)

In Abb. 6.7a steht die 3-zählige Drehachse (△) senkrecht auf der Papierebene und erzeugt bei Einwirkung auf den Punkt I nach Drehung um 120° (= $\frac{360°}{3}$) den Punkt II, nach weiterer Drehung um 120° den Punkt III. Nach nochmaliger Drehung um 120° kommt man zum Ausgangspunkt I zurück. Durch Gitter-Translation z. B. von III/I auf II erhält man nun den Punkt IV. Diese 4 Punkte bilden die Elementarmasche einer Netzebene. Folglich kann die 3-zählige Drehachse im Raumgitter vorkommen.

Vierzählige Drehachse 4 (graphisches Symbol □)

Auch 4-zählige Drehachsen sind im Raumgitter möglich. Die 4 erzeugt bei Einwirkung auf einen Punkt eine Punktanordnung in Form eines Quadrats, das die Elementarmasche einer Netzebene bildet (Abb 6.7b).

Fünfzählige Drehachse 5

Durch die Wirkungsweise einer 5-zähligen Drehung auf einen Punkt entsteht eine Punktanordnung in Form eines Pentagons (Abb. 6.8a). Die Punkte III und IV sowie II und V liegen auf parallelen Geraden. Wenn parallele Gittergeraden vorliegen sollen, die stets die gleiche Translationsperiode besitzen, so muss II–V gleich III–IV oder ein ganzzahliges Vielfaches von III–IV sein. Da dies nicht zutrifft, können die Punkte in Abb. 6.8a keine Netzebene aufbauen. *Fünfzählige Drehachsen sind im Raumgitter unmöglich!*

Sechszählige Drehachse 6 (graphisches Symbol ○)[2]

Eine 6 erzeugt bei Einwirkung auf einen Punkt eine Punktanordnung in Form eines Hexagons (Abb. 6.7c). Durch Gittertranslation entsteht ein Punkt auf der 6-zähligen Drehachse.

---

[2] Die international gebräuchlichen graphischen Symbole für 2, 3, 4, 6 sind ⧫ ▲ ■ ⬢ (vgl. Tab. 15.2). Aus Gründen der Zweckmäßigkeit werden hier auch ◊ △ □ ○ verwendet. Später ist eine polare Drehachse X_p durch ein offenes und ein ausgefülltes graphisches Symbol gekennzeichnet (vgl. Kap. 9 „Die Punktgruppen").

Diese Punktanordnung erfüllt die Bedingungen für eine Netzebene. Die durch die 3 und 6 gewonnenen Netzebenen sind gleich (Abb. 6.7a,c).

Drehachsen mit einer Zähligkeit X > 6

Die Punktanordnungen, die durch das Einwirken einer 7-zähligen und 10-zähligen Drehachse auf einen Punkt entstehen (Abb. 6.8b,c), können analog wie bei der 5-zähligen Drehachse diskutiert werden. Die Punkte können keine Netzebene aufbauen. Deshalb sind diese Drehachsen im Raumgitter unmöglich. Dies gilt neben der 5 für alle Drehachsen mit $X > 6$.[3]

Dieser Sachverhalt kann natürlich auch mathematisch formuliert werden: Abb. 6.8c zeigt die 10 äquivalenten Punkte, die von einer 10-zähligen Drehachse erzeugt wurden. Die Punkte I und V sowie II und IV liegen auf parallelen Geraden. Wenn diese Geraden als Gittergeraden eine Netzebene aufbauen sollen, so muss I–V = II–IV oder ein ganzzahliges Vielfaches m von II–IV sein.

$$(1) \qquad\qquad I - V = m \cdot II - IV \qquad\qquad (6.1)$$

$$(2) \qquad\qquad I - V = 2r \cdot \sin 2\varepsilon = 4r \cdot \sin\varepsilon \cdot \cos\varepsilon \qquad\qquad (6.2)$$

$$(3) \qquad\qquad II - IV = 2r \cdot \sin\varepsilon \qquad\qquad (6.3)$$

$$(1) \qquad\qquad 4r\sin\varepsilon \cdot \cos\varepsilon = m \cdot 2r \cdot \sin\varepsilon \qquad\qquad (6.4)$$

$$\cos\varepsilon = \frac{m}{2} \qquad\qquad (6.5)$$

Da $-1 \le \cos\varepsilon \le +1$, ist m = 0, 1, 2, −1, −2. Es gilt Tab. 6.1 mit der Diskussion der Gl. 6.5 $\cos\varepsilon = \frac{m}{2}$, die zu den im Raumgitter möglichen Drehachsen X führt.

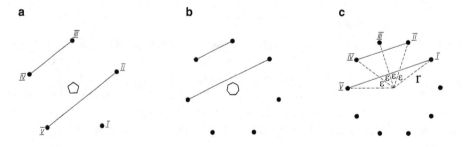

Abb. 6.8 Die durch die Wirkungsweise einer 5-zähligen (**a**), 7-zähligen (**b**) und 10-zähligen (**c**) Drehachse aus einem Punkt entstehenden Punktanordnungen erfüllen *nicht* die Bedingungen für eine Netzebene, dass parallele Gittergeraden die gleiche Translationsperiode besitzen müssen. Diese Drehachsen sind im Raumgitter unmöglich

---

[3] Man beachte, dass das Rad in Abb. 6.1 eine 8-zählige Drehachse enthält!

Tab. 6.1 Diskussion der Gl. 6.5 $\cos\varepsilon = \frac{m}{2}$, führt zu den im Raumgitter möglichen Drehachsen X

m	$\cos\varepsilon$	ε	X
0	0	90°	4
1	$\frac{1}{2}$	60°	6
2	1	0°, 360°	1
−1	$-\frac{1}{2}$	120°	3
−2	−1	180°	2

▶ In den Raumgittern und in den Kristallen können nur 1-, 2-, 3-, 4-, 6-zählige Drehachsen vorkommen.

6.2 Spiegelebene

Eine weitere Symmetrieoperation ist die *Spiegelung*; das dazugehörige Symmetrieelement nennt man *Spiegel-* oder *Symmetrieebene* und gibt ihr das Symbol m (engl. mirror). Graphisches Symbol für eine senkrecht zur Papierebene stehende Spiegelebene ist eine stark ausgezogene Gerade (Abb. 6.9), dagegen wird eine parallel zur Papierebene liegende Spiegelebene durch einen stark ausgezogenen Winkel dargestellt (vgl. Abschn. 15.2 „Symmetrieelemente"). Jedem Punkt (Baustein) auf der einen Seite der Spiegelebene entspricht im gleichen Abstand auf der Normalen zur Ebene ein äquivalenter Punkt (Baustein) auf der anderen Seite (Abb. 6.9).

Lässt man m auf eine zu ihr parallele bzw. eine nicht parallele Gittergerade A einwirken, so entstehen Gittergeraden A′ und im Endeffekt Netzebenen mit einem Rechteck als Elementarmasche (Abb. 6.10). Für die Erzeugung einer Netzebene in Abb. 6.10b ist es notwendig, dass ein Punkt der Gittergeraden auf m liegt. Die Elementarmasche in Abb. 6.10b enthält 2 Gitterpunkte und wird als zentrierte Elementarmasche bezeichnet. Man wählt hier keine primitive Elementarmasche, weil mit der rechtwinkligen Elementarmasche besser operiert werden kann.

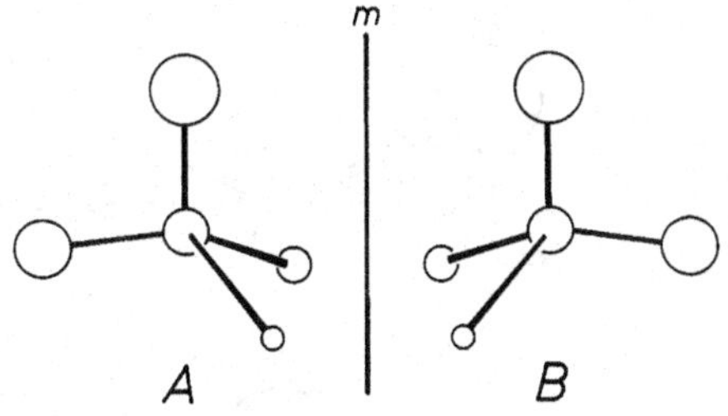

Abb. 6.9 Die Wirkungsweise einer Spiegelebene m ist an asymmetrischen Molekülen dargestellt. Das Molekül A wird durch die senkrecht zur Papierebene stehende Spiegelebene in B überführt, entsprechend B in A

Abb. 6.10 Einwirken von m auf eine Gittergerade: **a** die Gittergerade ist parallel zu m. Es entsteht eine Netzebene mit einer primitiven Elementarmasche in Form eines Rechtecks; **b** die Gittergerade ist schief zu m. Es entsteht eine Netzebene mit einer zentrierten Elementarmasche in Form eines Rechtecks (○ Punkte, die durch Gitter-Translation erzeugt werden)

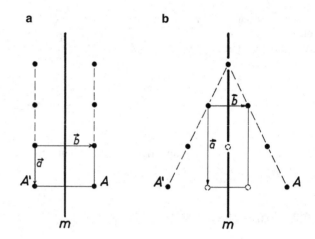

6.3 Inversionszentrum

Bei der Symmetrieoperation *Inversion* wird jeder Punkt (Baustein) durch ein punktförmiges Zentrum (*Inversions-* oder *Symmetriezentrum*, Symbol $\bar{1}$)[4] in der Weise in die entgegengesetzte Richtung projiziert, dass Punkt und Gegenpunkt vom Inversionszentrum den gleichen Abstand haben (Punktspiegelung). Die Wirkungsweise des Inversionszentrums ist in Abb. 6.11 an Molekülen dargestellt. Das graphische Symbol des Inversionszentrums ist ein kleiner Kreis. *Jedes Raumgitter ist inversionssymmetrisch* (Abb. 6.12).

Wirkt ein Inversionszentrum auf eine Fläche ein, so wird eine parallele Gegenfläche erzeugt (vgl. Abb. 6.4). Der Malonsäurekristall in Tab. 9.4 2, der als Symmetrieelement nur $\bar{1}$ besitzt, wird nur von parallelen Flächenpaaren (Pinakoiden) begrenzt. Diese Eigenschaft ist für das Erkennen des Inversionszentrums wichtig!

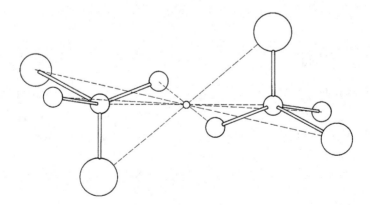

Abb. 6.11 Die Wirkungsweise eines Inversionszentrums (○) an asymmetrischen Molekülen

---

[4] Zum Symbol $\bar{1}$ vgl. Abschn. 6.4.1 „Drehinversionsachsen".

Abb. 6.12 Elementarzelle
eines allgemeinen Raumgitters mit Inversionszentrum in
$\frac{1}{2}, \frac{1}{2}, \frac{1}{2}$. Jedes Raumgitter ist
inversionssymmetrisch

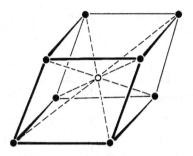

6.4   Koppelung von Symmetrieoperationen

Die Symmetrieoperationen Drehung, Spiegelung, Inversion und Gitter-Translation können
auf zweierlei Weise miteinander verknüpft werden.

Koppelung
*Diese Verknüpfung ist nur paarweise möglich. Die beiden Symmetrieoperationen werden
hintereinander als ein Vorgang ausgeführt. Die ursprünglichen Symmetrieoperationen gehen verloren, es entsteht eine neue Symmetrieoperation (siehe auch Abb. 6.13a).*

Kombination
*Kombination bedeutet Verknüpfung von 2 oder mehreren Symmetrieoperationen. Die ein-
zelnen Symmetrieoperationen bleiben erhalten.* Ebenso wie die Symmetrieoperationen
müssen auch ihre Kombinationen mit dem Raumgitter im Einklang stehen.

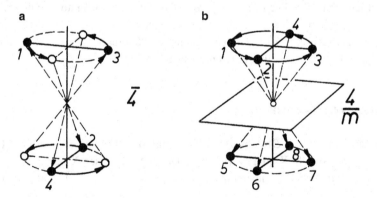

Abb. 6.13 Koppelung (**a**) und Kombination (**b**) von 4-zähliger Drehung und Inversion und ihrer Wirkungsweisen auf einen Punkt 1. Die nicht ausgefüllten Kreise kennzeichnen die Lage
von „Hilfspunkten" die bei der Koppelung der Symmetrieoperationen nicht realisiert werden, vgl.
Abschn. 6.4.1 „Drehinversionsachsen", Drehinversionsachse $\bar{4}$ (**a**). Bei der Kombination entsteht
im Inversionszentrum senkrecht zur Drehachse eine Spiegelebene (**b**) (4/m bedeutet 4 $\perp$ m).

Tab. 6.2 *Die Symmetrieoperationen*, die durch die einzelnen Koppelungsmöglichkeiten der Symmetrieoperationen entstehen; ihre Symmetrieelemente sind in Klammern gesetzt

	Drehung	Spiegelung	Inversion	Gitter-Translation
Drehung	×	Drehspiegelung	Drehinversion	Schraubung
Spiegelung	(Drehspiegel-achsen)	×	2-zählige Drehung	Gleit-spiegelung
Inversion	(Drehinver-sionsachsen)	(2-zählige Drehachse)	×	Inversion
Gitter-Translation	(Schrauben-achsen)	(Gleitspiegel-ebenen)	(Inversions-zentren)	×

An der Verknüpfung von 4-zähliger Drehung und Inversion sollen Koppelung und Kombination erläutert werden. Koppelung bedeutet in einem Vorgang Drehung um 90° und Inversion an einem Punkt[5] auf der Drehachse. Man kommt in Abb. 6.13a vom Punkt 1 nach 2 und entsprechend zu den Punkten 3, 4 und zum Ausgangspunkt 1 zurück. Bei der Kombination (Abb. 6.13b) entstehen durch die 4-zählige Drehachse aus Punkt 1 die Punkte 2, 3 und 4 und aus ihnen durch die Inversion – das Inversionszentrum liegt auf der Drehachse – die Punkte 7, 8, 5, 6.

Auf die Kombinationen der Symmetrieoperationen wird in Kap. 7 „Die 14 Translations-(Bravais-)Gitter", Kap. 9 „Die Punktgruppen" und Kap. 10 „Die Raumgruppen" eingegangen, dagegen sind die Koppelungsmöglichkeiten der Symmetrieoperationen in Tab. 6.2 zusammengestellt. Die Begriffe in Klammern sind die Elemente der entsprechenden Symmetrieoperationen. Die Koppelung von Spiegelung und Inversion sowie Inversion und Translation erbringt nichts Neues. Auf die Gleitspiegelung und Schraubung wird erst später eingegangen (Abschn. 10.1 „Gleitspiegelung und Schraubung"), da sie für das derzeitige Verständnis nicht unbedingt notwendig sind.

6.4.1 Drehinversionsachsen

Als Symmetrieelemente der *Drehinversion* kann man die *Drehinversionsachsen* (allgemeines Symbol $\overline{X}$; sprich: X quer) verwenden. Da als Drehachsen X nur 1, 2, 3, 4, 6 in Frage kommen, sind nur 5 Drehinversionsachsen $\overline{X}$, nämlich $\overline{1}, \overline{2}, \overline{3}, \overline{4}, \overline{6}$ ableitbar:

Drehinversionsachse $\overline{1}$
$\overline{1}$ bedeutet Drehung um 360° und Inversion an einem Punkt auf der einzähligen Drehinversionsachse. Bei Einwirkung auf einen Punkt 1 kommt dieser zum Ausgangspunkt zurück und gelangt durch Inversion zum Punkt 2 (Abb. 6.14a). Die gleiche Operation

---

[5] Es ist kein Inversionszentrum (Koppelung!).

Abb. 6.14 Die Wirkungsweisen der Drehinversionsachsen $\bar{1}$ (a), $\bar{2} \equiv$ m (b), $\bar{3} \equiv 3 + \bar{1}$ (c), $\bar{6} \equiv 3 \perp$ m (d) auf einen Punkt 1; $\bar{4}$ vgl. Abb. 6.13a. Die *nicht ausgefüllten Kreise* kennzeichnen die Lage von „Hilfspunkten", die bei der Koppelung der Symmetrieoperationen nicht realisiert werden

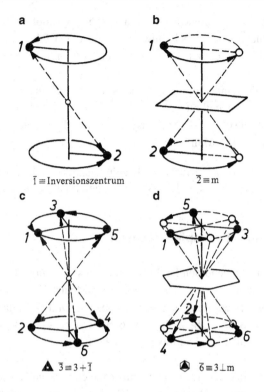

bringt Punkt 2 wieder zum Ausgangspunkt 1 zurück. Die $\bar{1}$-Drehinversion ist also identisch mit der Inversion an einem Inversionszentrum. $\bar{1}$ wird daher auch als Symbol für das Inversionszentrum verwendet.

Drehinversionsachse $\bar{2}$

Die Wirkungsweise einer $\bar{2}$ auf einen Punkt ist in Abb. 6.14b dargestellt. Drehung um 180° und Inversion überführt den Punkt 1 in 2 und die gleiche Operation den Punkt 2 wieder zurück in 1. Beide Punkte sind aber auch durch eine Spiegelebene senkrecht zur Achse ineinander überführbar. $\bar{2}$ ist gleich m, muss also nicht weiter berücksichtigt werden. Man beachte, dass $\bar{2}$ *zu m senkrecht angeordnet ist.*

Drehinversionsachse $\bar{3}$ (graphisches Symbol ▲)

Eine $\bar{3}$ erzeugt bei Einwirkung auf einen Punkt insgesamt 6 äquivalente Punkte (Abb. 6.14c), deren Anordnung 3 und $\bar{1}$ enthält ($\bar{3} \equiv 3 + \bar{1}$). Bei dieser Koppelung und bei $\bar{1}$ behalten die Einzelelemente ihre Eigenständigkeit! Hier ist Koppelung gleich Kombination.

Drehinversionsachse $\bar{4}$ (graphisches Symbol ▰)

Die Wirkungsweise einer $\bar{4}$ wurde bereits in Abb. 6.13a erläutert. Aus der dortigen Punktanordnung ist ersichtlich, dass in $\bar{4}$ eine 2 enthalten ist.

Drehinversionsachse $\bar{6}$ (graphisches Symbol ◕)
Eine $\bar{6}$ erzeugt bei Einwirkung auf einen Punkt insgesamt 6 äquivalente Punkte (Abb. 6.14d). In die Anordnung der Punkte kann man eine 3 und senkrecht dazu m legen ($\bar{6} \equiv$ 3 $\perp$ m).

Die eindeutige Interpretation der Beziehungen $\bar{1} \equiv$ Inversionszentrum, $\bar{2} \equiv$ m, $\bar{3} \equiv$ 3 + $\bar{1}$, $\bar{4}$ enthält 2, $\bar{6} \equiv$ 3 $\perp$ m in den Abb. 6.13a und 6.14 ist nur möglich, wenn anstelle der Punkte z. B. asymmetrische Pyramiden verwendet werden (vgl. dazu die Aufgabe 6.1a). Man beachte:

► Nur ungeradzählige Drehinversionsachsen enthalten ein Inversionszentrum, also $\bar{1}$ und $\bar{3}$[6]. Hier ist die Koppelung gleich Kombination.

6.4.2   Drehspiegelachsen

Entsprechend den Drehinversionsachsen können die *Drehspiegelachsen* S_1, S_2, S_3, S_4, S_6 definiert werden. Drehspiegelung bedeutet Koppelung von Drehung und Spiegelung an einer Ebene senkrecht zur Achse. Die Drehspiegelachsen stellen aber nichts Neues dar, denn $S_1 \equiv$ m; $S_2 \equiv \bar{1}$, $S_3 \equiv \bar{6}$; $S_4 \equiv \bar{4}$; $S_6 \equiv \bar{3}$. Die moderne Kristallographie verwendet ausschließlich Drehinversionsachsen.

Wir unterscheiden als Symmetrieelemente neben den Schraubenachsen und Gleitspiegelebenen (Abschn. 10.1 „Gleitspiegelung und Schraubung") die Drehachsen X(1, 2, 3, 4, 6) und Drehinversionsachsen $\bar{X}$($\bar{1} \equiv$ Inversionszentrum, $\bar{2} \equiv$ m, $\bar{3}$, $\bar{4}$, $\bar{6}$).

► Die Drehachsen und Drehinversionsachsen und mit ihnen m und $\bar{1}$ werden als Punktsymmetrieelemente bezeichnet, weil bei jeder dieser Symmetrieoperationen mindestens ein Punkt am Ort bleibt.

Dies gilt für 1 für alle Punkte im Raum, für m für alle Punkte auf der Spiegelebene, für 2, 3, 4, 6 für alle Punkte auf der Drehachse und für $\bar{1}$, $\bar{3}$, $\bar{4}$, $\bar{6}$ für nur einen Punkt.

Eine mathematische Darstellung der Punktsymmetrieoperationen durch Matrizen wird in Abschn. 11.1 gegeben (s. auch Tab. 11.1).

Die Symmetrieelemente bewirken, dass bestimmte Gitterrichtungen gleichwertig sind. Ist eine vierzählige Drehachse vorhanden, sind z. B. die Gittergeraden [110] und [$\bar{1}$10] zueinander äquivalent. Wir wollen nun eine weitere Bezeichnungsweise einführen, die spitze Klammer. $\langle$uvw$\rangle$ *bezeichnet die Gittergerade* [uvw] *und alle zu ihr äquivalenten Gittergeraden.* $\langle$110$\rangle$ beschreibt also alle zu [110] äquivalenten Richtungen. Um symmetrisch äquivalente Gitterebenen zu beschreiben, werden geschweifte Klammern verwendet. Das Symbol {hkl} umfasst die Netzebenenschar (hkl) und alle zu ihr äquivalenten Scharen.

---

[6] Gilt auch für $\bar{5}$, $\bar{7}$, ..., vgl. Tab. 9.12 5.

6.5 Übungsaufgaben

Lassen Sie die Punktsymmetrieoperationen einwirken:

a) auf eine asymmetrische Pyramide, deren Grundfläche in der Papierebene liegt, und skizzieren Sie die Lage der äquivalenten Pyramiden (eine Pyramide, deren Spitze nach unten zeigt, gestrichelt darstellen);

b) in einer stereographischen Projektion auf einen Flächenpol allgemeiner Lage – also auf einen Flächenpol, der nicht auf einem Symmetrieelement liegt.

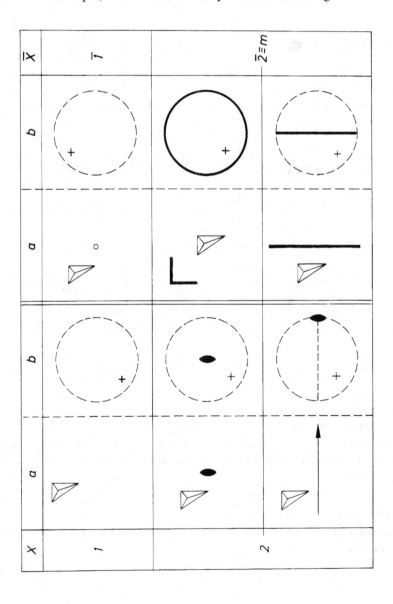

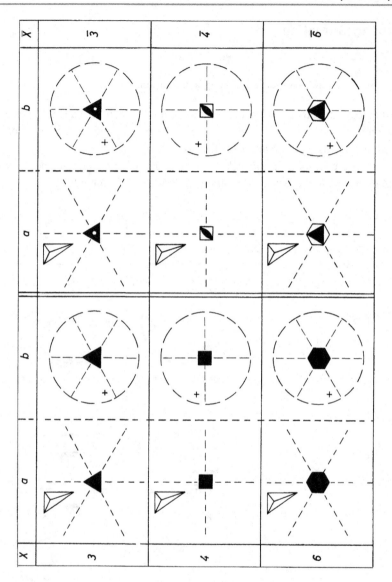

Aufgabe 6.2

Lassen Sie die Drehspiegelachsen S_1, S_2, S_3, S_4, S_6 in einer stereographischen Projektion auf einen allgemeinen Flächenpol einwirken und vergleichen Sie diese Stereogramme mit den Stereogrammen der Drehinversionsachsen $\bar{1}, m \equiv (\bar{2}), \bar{3}, \bar{4}, \bar{6}$ in Aufgabe 6.1b.

Aufgabe 6.3

Wie liegen 2 Flächen zueinander, die durch ein Inversionszentrum $\bar{1}$ ineinander überführt werden.

Aufgabe 6.4
Lassen Sie die Drehinversionen **a)** $\bar{5}$, **b)** $\bar{8}$, **c)** $\overline{10}$ in einer stereographischen Projektion auf einen Flächenpol allgemeiner Lage einwirken.

Aufgabe 6.5
Zerlegen Sie die Drehinversionsachsen (vgl. Aufgaben 6.1 und 6.4) in einfachere Symmetrieelemente, wenn dies möglich ist.

Aufgabe 6.6
Welche Drehinversionsachsen enthalten ein Inversionszentrum?

Aufgabe 6.7
Welche Kristallformen bilden die Flächen, die durch die Einwirkung einer 3, 4, 6 und $\bar{6}$ auf einen allgemeinen Flächenpol erzeugt werden (Aufgabe 6.1b)?

Aufgabe 6.8
Welchen Querschnitt muss ein Prisma haben, das eine 2-, 3-, 4- oder 6-zählige Drehachse zeigt?

Aufgabe 6.9
Bestimmen Sie die Lage der Drehachsen eines Würfels. Tragen Sie die Ausstichspunkte der Drehachsen auf einem Würfel (Abb. 15.6 (3)) ein.

Die 14 Translations-(Bravais-)gitter

7

Mit dem allgemeinen Raum- oder Translationsgitter (Abb. 3.4 mit a, b, c, α, β, γ) lassen sich alle Kristalle beschreiben. Allerdings liegen in dem größten Teil der Kristalle spezielle Translationsgitter vor (gleiche Gitter-Translationen in verschiedenen Richtungen, Winkel zwischen den Gitter-Translationen von 60°, 90°, 120°, 54° 44′ usw.). Man vergleiche das Gitter mit der würfelförmigen Elementarzelle (a = b = c; $\alpha = \beta = \gamma = 90°$) in Abb. 3.1b.

Das allgemeine Translationsgitter enthält als Punktsymmetrieelement nur die Inversionszentren. Dagegen erzeugen Drehachsen und Spiegelebenen spezielle Translationsgitter. Diese speziellen Gitter gestatten nun vereinfachte Aussagen, z. B. bezüglich der physikalischen Eigenschaften, der Morphologie usw.

►   Treten in einem Kristall in verschiedenen Richtungen gleichwertige Gitter-Translationen auf, so sind auch die Eigenschaften parallel zu diesen Richtungen gleich.

Es gibt also ein allgemeines und spezielle Raumgitter. Bevor wir uns dem Raumgitter zuwenden, wollen wir die entsprechenden Verhältnisse bei der allgemeinen und den speziellen Netzebenen betrachten.

Allgemeine Netzebene

Lassen wir eine 2-zählige Drehachse auf einen Punkt 1 einwirken, so entsteht ein äquivalenter Punkt 2 (Abb. 7.1a). Führen wir nun eine beliebige Gitter-Translation mit dem Vektor $\vec{a}$ vom Punkt 1 als Ursprung ein, so erhalten wir einen Punkt 3 (Abb. 7.1b). Die 2-zählige Drehachse erzeugt aus 3 den Punkt 4. Wir haben eine Netzebene erhalten, deren Elementarmasche die Form eines Parallelogramms hat (Abb. 7.1c). Es gilt a ≠ b; $\gamma > 90°$. Wir können in dem angegebenen Rahmen a, b, γ beliebig variieren, ohne dass die 2-zählige Drehachse verlorengeht. Damit liegt eine allgemeine Netzebene vor.

© Springer-Verlag Berlin Heidelberg 2018
W. Borchardt-Ott, H. Sowa, *Kristallographie*, Springer-Lehrbuch,
https://doi.org/10.1007/978-3-662-56816-3_7

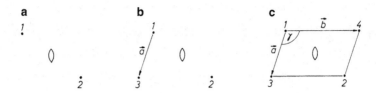

Abb. 7.1 Entwicklung der allgemeinen Netzebene (EM Parallelogramm)

Spezielle Netzebenen

- Wir gehen von Abb. 7.1a aus und führen eine Gitter-Translation in der Weise ein, dass die Punkte 1, 2, und 3 ein rechtwinkliges Dreieck mit dem 90°-Winkel bei 3 bilden (Abb. 7.2a). Jetzt entsteht bei Einwirken der 2-zähligen Drehachse eine Netzebene mit einem Rechteck als Elementarmasche. Es gilt a $\neq$ b, $\gamma = 90°$. Die Anordnung der Punkte ist von spezieller Art. Wie man aus der Punktanordnung in Abb. 7.2b erkennen kann, sind in der 2-zähligen Drehachse zwei senkrecht zueinander stehende Spiegelebenen zusätzlich entstanden.

- Ausgehend von Abb. 7.1a wird die Gitter-Translation so eingebracht, dass die Punkte 1, 2 und 3 ein gleichschenkliges Dreieck mit dem Schenkelpunkt bei 3 bilden. Daraus entsteht eine Netzebene mit einer Elementarmasche in Form eines Rhombus: a $=$ b, $\gamma \neq 60°, 90°, 120°$ (Abb. 7.3a). Verlängert man die Gittergeraden 3/1 und 4/1 jeweils über 1 hinaus, so erkennt man, dass in diese Punktanordnung auch eine zentrierte rechtwinklige Elementarmasche mit a' $\neq$ b', $\gamma' = 90°$ gelegt werden kann

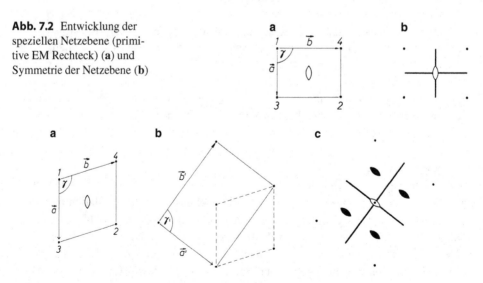

Abb. 7.2 Entwicklung der speziellen Netzebene (primitive EM Rechteck) (a) und Symmetrie der Netzebene (b)

Abb. 7.3 Entwicklung der speziellen Netzebene (EM Rhombus) (a), in die Netzebene kann auch eine zentrierte EM in Form eines Rechtecks gelegt werden (b). Symmetrie der Netzebene (c)

Abb. 7.4 Entwicklung der
speziellen Netzebene (EM
Quadrat) (**a**) und Symmetrie
der Netzebene (**b**)

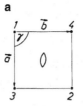
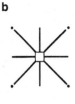

(Abb. 7.3b). Bestimmt man die Symmetrie dieser Punktanordnung, so kommen zu den
beiden zusätzlichen Spiegelebenen (vgl. Abb. 7.2b) noch 2-zählige Drehachsen hinzu
(Abb. 7.3c).

- Wir gehen wieder von Abb. 7.1a aus und führen die Gitter-Translation so ein, dass die
  Punkte 1, 2 und 3 ein gleichschenkliges rechtwinkliges Dreieck bilden (Abb. 7.4a). Es
  entsteht eine Netzebene mit einer Elementarmasche in Form eines Quadrats. Nun gilt
  a = b, γ = 90°. Es sind eine 4-zählige Drehachse und parallel dazu Spiegelebenen
  entstanden (Abb. 7.4b).

- Man geht wieder von Abb. 7.1a aus und bringt die Gitter-Translation so ein, dass die
  Punkte 1, 2 und 3 ein gleichseitiges Dreieck bilden (Abb. 7.5a). Daraus entsteht eine
  Netzebene mit einem 120°-Rhombus als Elementarmasche. Es gilt a = b, γ = 120°.
  Bei dieser Punktanordnung entstehen zuzüglich zur 2 6-zählige und 3-zählige Drehach-
  sen sowie Spiegelebenen. Letztere sind in die Abb. 7.5b nicht eingetragen (vgl. auch
  Abb. 6.7a,c).

Wir haben damit die allgemeine Netzebene und ihre 4 Spezialisierungen entwickelt. Sie
waren uns schon aus Kap. 6 „Das Symmetrieprinzip" bekannt.

Die allgemeine und die 4 speziellen Netzebenen sind in Tab. 7.1 mit den für sie typi-
schen Symmetrieelementen zusammengestellt. Für die allgemeine Netzebene wurde die
Gesamtsymmetrie bereits bestimmt (Abb. 6.5), aber die speziellen Netzebenen a–d enthalten noch weitere Symmetrieelemente. Sie sind in Abb. 7.6 in die einzelnen Netzebenen

Abb. 7.5 Entwicklung der
speziellen Netzebene (EM-
120° Rhombus) (**a**) und
Symmetrie der Netzebene (**b**)

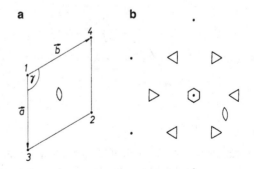

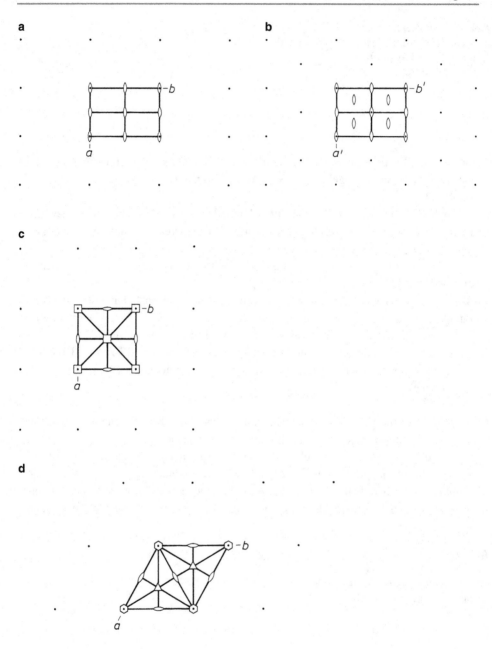

Abb. 7.6 Symmetrie der speziellen Netzebenen mit einer primitiven (**a**) und einer zentrierten (**b**) EM in Form eines Rechtecks, mit einem Quadrat (**c**) und einem 120°-Rhombus (**d**) als EM. Es sind nur die Punktsymmetrieelemente der EM eingezeichnet

Tab. 7.1 Netzebenen

		Elementarmasche der Netzebenen	Gitterparameter der EM[a]	Symmetrie-elemente	Abb.
Allgemeine Netzebene		Parallelogramm	$a \neq b$ $\gamma > 90°$	2	6.5 7.1c
Spezielle	a	Rechteck (primitive EM)	$a \neq b, \gamma = 90°$	m	7.2a, 7.6a
Netzebene	b	Rechteck (zentrierte EM)	$a' \neq b', \gamma' = 90°$	m	7.3b, 7.6b
	c	Quadrat	$a = b, \gamma = 90°$	4	7.4a, 7.6c
	d	Rhombus (120°)	$a = b, \gamma = 120°$	6(3)	7.5a, 7.6d

[a] Das Zeichen $=$ bzw. $\neq$ bedeutet gleichwertig bzw. ungleichwertig in Bezug auf die Symmetrie.

eingezeichnet. Es wurden nur die Punktsymmetrieelemente der Elementarmasche berücksichtigt[1].

7.1 Primitive Translationsgitter (P-Gitter)

Die Beziehung zwischen der allgemeinen Netzebene und den speziellen Netzebenen ist – wie oben gezeigt – von den Symmetrieoperationen abhängig. Entsprechende Korrespondenzen gibt es auch zwischen dem allgemeinen Raumgitter (Abb. 3.4) mit $a, b, c, \alpha, \beta, \gamma$ und den speziellen Raumgittern (z. B. Abb. 3.1b mit $a = b = c; \alpha = \beta = \gamma = 90°$).

Man erzeugt neben dem allgemeinen Translationsgitter spezielle Gitter, indem man kongruente Netzebenen mit den Elementarmaschen Rechteck oder Quadrat oder 120°-Rhombus oder Parallelogramm jeweils im gleichen Abstand übereinander stapelt. Eine Stapelung direkt übereinander[2] führt, ohne dass die Symmetrie der Netzebenen verändert wird, zu den 5 in Tab. 7.2 aufgeführten Translationsgittern mit primitiven Elementarzellen (P-Gittern):

- Rechteck (im Abstand c) führt zum orthorhombischen P-Gitter oP (Abb. 7.9a,b) mit $a \neq b \neq c; \alpha = \beta = \gamma = 90°$.
- Quadrat (im Abstand $c \neq (a = b)$) führt zum tetragonalen P-Gitter tP (Abb. 7.10a,b) mit $a = b \neq c; \alpha = \beta = \gamma = 90°$.
- Quadrat (im Abstand $c = a = b$) führt zum kubischen P-Gitter cP (Abb. 7.13a,b) mit der würfelförmigen Elementarzelle $a = b = c; \alpha = \beta = \gamma = 90°$. Dabei entstehen vier 3-zählige Drehachsen in den Raumdiagonalen des Würfels.

---

[1] Daneben kommen in Abb. 7.6b–d noch Gleitspiegelebenen (vgl. Abschn. 10.1 „Gleitspiegelung und Schraubung") vor, die hier aber ohne Bedeutung sind.
[2] Vgl. Fußnote 1 in Kap. 6.

Tab. 7.2 P-Gitter

Elementarmasche	Netzebenenabstand	Gitter	Abb.
Rechteck (a $\neq$ b)	c	Orthorhombisch P	7.9a,b
Quadrat (a = b)	c $\neq$ (a = b)	Tetragonal P	7.10a,b
Quadrat (a = b)	c = (a = b)	Kubisch P	7.13a,b
120°-Rhombus (a = b)	c	Hexagonal P	7.11a,b
Parallelogramm[a] (a $\neq$ c)	b	Monoklin P	7.8a,b

[a] Man beachte, dass die bisherige Beschreibung der Netzebene (a $\neq$ b; $\gamma > 90°$) aus historischen Gründen in a $\neq$ c; $\beta > 90°$ geändert ist (vgl. auch Fußnote 6 in diesem Kapitel).

- 120°-Rhombus (im Abstand c) führt zum hexagonalen P-Gitter hP (Abb. 7.11a,b) mit a = b $\neq$ c; $\alpha = \beta = 90°$, $\gamma = 120°$.
- Parallelogramm (im Abstand b!) führt zum monoklinen P-Gitter mP (Abb. 7.8a,b) mit a $\neq$, b $\neq$, c; $\alpha = \gamma = 90°$, $\beta > 90°$.

Ein Weg, durch Stapelung zum allgemeinen oder triklinen P-Gitter aP zu gelangen, ist in Abb. 7.7a gezeigt.

Symmetrieelemente können nur unter bestimmten Winkeln kombiniert sein, da nicht nur die Symmetrieelemente, sondern auch ihre Kombinationen mit dem Gitter in Einklang stehen müssen. Aus der Symmetrie der Translationsgitter ergeben sich zwangsläufig alle Winkel, die die Symmetrieelemente in den einzelnen Kristallsystemen zueinander bilden können. D. h. Drehachsen, Drehinversionsachsen und Normalen von Spiegelebenen können nur in ganz bestimmten Richtungen verlaufen. Im Kristall gibt es höchstens drei symmetrisch nicht äquivalente Symmetrierichtungen. Sie werden Blickrichtungen

Tab. 7.3 Blickrichtungen in den Kristallsystemen

Kristallsystem	Blickrichtung		
	1.	2.	3.
Triklin	–	–	–
Monoklin	[010]	–	–
Orthorhombisch	[100]	[010]	[001]
Tetragonal	[001]	$\langle 100 \rangle$ [100], [010]	$\langle 100 \rangle$ [110], [1$\bar{1}$0]
Trigonal	[001]	$\langle 100 \rangle$ [100], [010], [$\bar{1}\bar{1}$0]	$\langle 210 \rangle$ [120], [$\bar{2}\bar{1}$0], [1$\bar{1}$0]
Hexagonal	[001]	$\langle 100 \rangle$ [100], [010], [$\bar{1}\bar{1}$0]	$\langle 210 \rangle$ [120], [$\bar{2}\bar{1}$0], [1$\bar{1}$0]
Kubisch	$\langle 100 \rangle$ [100], [010], [001]	$\langle 111 \rangle$ [111], [1$\bar{1}\bar{1}$], [$\bar{1}$1$\bar{1}$], [$\bar{1}\bar{1}$1]	$\langle 110 \rangle$ [110], [101], [011], [1$\bar{1}$0], [$\bar{1}$01], [01$\bar{1}$]

genannt. Die Blickrichtungen sind für die verschiedenen kristallographischen Achsensysteme unterschiedlich (vgl. Tab. 7.3) und gelten sowohl für die Punktgruppen (Kap. 9 „Die Punktgruppen") als auch für die Raumgruppen (Kap. 10 „Die Raumgruppen"). Die Pfeile in den Abb. 7.8–7.13 zeigen an, in welchen Kristallrichtungen Drehachsen und Normalen von Spiegelebenen zu finden sind.

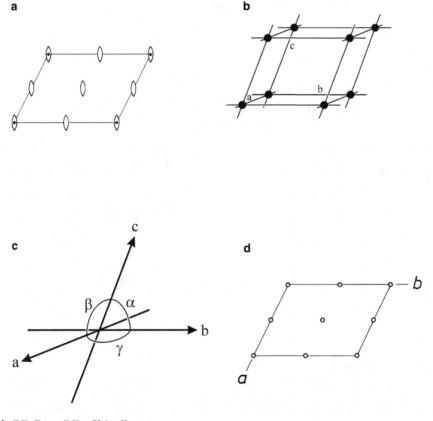

Abb. 7.7 Das trikline Kristallsystem.
a Netzebene mit Parallelogramm als EM und ihre Symmetrie. Stapelung kongruenter Netzebenen direkt übereinander führt zum monoklinen P-Gitter mP (vgl. Abb. 7.8a,b). Kommen aber die Gitterpunkte der gestapelten Netzebenen nicht auf 2-zählige Achsen der Ausgangsnetzebene zu liegen, so gehen die 2-zähligen Drehachsen verloren. Es entsteht ein triklines P-Gitter aP (vgl. **b**).
b triklines P-Translationsgitter aP, Gitterparameter der EZ: $a \neq b \neq c, \alpha \neq \beta \neq \gamma$.
c triklines Achsenkreuz.
d Raumgruppe $P\bar{1}$. Projektion des Symmetriegerüstes des triklinen P-Gitters aP parallel c auf x,y,0. Höchstsymmetrische RG im triklinen Kristallsystem. Ein Gitterpunkt des triklinen P-Gitters hat die Symmetrie $\bar{1}$. Aus der höchstsymmetrischen triklinen Punktgruppe $\bar{1}$ lässt sich die Punktgruppe 1 ableiten

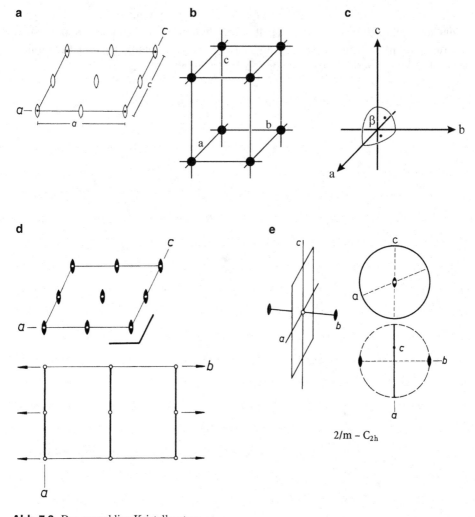

Abb. 7.8 Das monokline Kristallsystem.

a Netzebene mit Parallelogramm als EM und ihre Symmetrie. Stapelung kongruenter Netzebenen im Abstand b (!) direkt übereinander führt zum monoklinen P-Gitter mP (vgl. **b**).

b monoklines P-Translationsgitter mP, Gitterparameter der EZ: $a \neq b \neq c, \alpha = \gamma = 90°, \beta > 90°$.

c monoklines Achsenkreuz.

d Raumgruppe P2/m
                ↓
                b

Projektionen des Symmetriegerüsts des monoklinen P-Gitters mP auf x,0,z (*oben*) und x,y,0 (*unten*). Eine der höchstsymmetrischen Raumgruppen im monoklinen Kristallsystem.

e Symmetriegerüst und Stereogramme der Punktgruppe 2/m
                ↓
                b

Symmetrie eines Gitterpunkts des monoklinen P-Gitters. Höchstsymmetrische Punktgruppe im monoklinen Kristallsystem

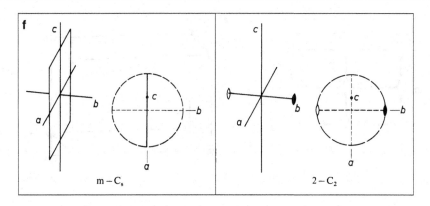

Abb. 7.8 (Fortsetzung)
f Symmetriegerüste und Stereogramme der monoklinen Punktgruppen, die sich aus 2/m ableiten lassen

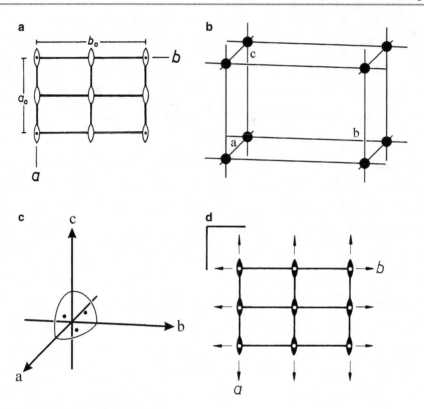

Abb. 7.9 Das orthorhombische Kristallsystem.
a Netzebenen mit Rechteck als EM und ihre Symmetrie. Stapelung kongruenter Netzebenen im Abstand c_0 direkt übereinander führt zum orthorhombischen P-Gitter oP (vgl. **b**).
b orthorhombisches P-Translationsgitter oP, Gitterparameter der EZ: $a \neq b \neq c, \alpha = \beta = \gamma = 90°$.
c orthorhombisches Achsenkreuz.
d Raumgruppe P2/m 2/m 2/m (Pmmm)
                     ↓   ↓   ↓
                     a   b   c
Projektion des Symmetriegerüsts des orthorhombischen P-Gitters auf x, y, 0. Eine der höchstsymmetrischen RG im orthorhombischen Kristallsystem

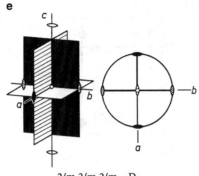

2/m 2/m 2/m – D_{2h}

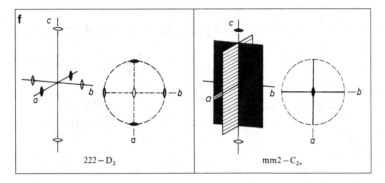

222 – D_2 mm2 – C_{2v}

Abb. 7.9 (Fortsetzung)
e Symmetriegerüst und Stereogramm der Punktgruppe 2/m 2/m 2/m (mmm)

a   b   c

Symmetrie eines Gitterpunkts des orthorhombischen P-Gitters. Höchstsymmetrische PG im orthorhombischen Kristallsystem.
f Symmetriegerüste und Stereogramme der orthorhombischen Punktgruppen, die sich aus 2/m 2/m 2/m ableiten lassen

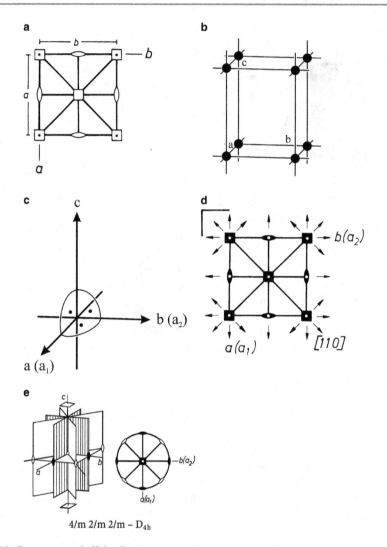

4/m 2/m 2/m – D$_{4h}$

Abb. 7.10 Das tetragonale Kristallsystem.

a Netzebene mit Quadrat als EM und ihre Symmetrie. Stapelung kongruenter Netzebenen im Abstand $c \neq a = b$ direkt übereinander führt zum tetragonalen P-Gitter tP (vgl. **b**).

b tetragonales P-Translationsgitter tP, Gitterparameter der EZ: $a = b \neq c, \alpha = \beta = \gamma = 90°$.

c tetragonales Achsenkreuz: $a = b \neq c$ ($a_1 = a_2 \neq c$), $\alpha = \beta = \gamma = 90°$.

d Raumgruppe P4/m 2/m   2/m (P4/mmm)

$$\downarrow \quad \downarrow \quad \downarrow$$

c   ⟨100⟩ ⟨110⟩

Projektion des Symmetriegerüsts des tetragonalen P-Gitters auf x, y, 0. Eine der höchstsymmetrischen Raumgruppen im tetragonalen Kristallsystem.

e Symmetriegerüst und Stereogramm der Punktgruppe 4/m 2/m 2/m (4/mmm)

$$\downarrow \quad \downarrow \quad \downarrow$$

c   ⟨100⟩ ⟨110⟩

Symmetrie eines Punkts des tetragonalen P-Gitters. Höchstsymmetrische Punktgruppe im tetragonalen Kristallsystem

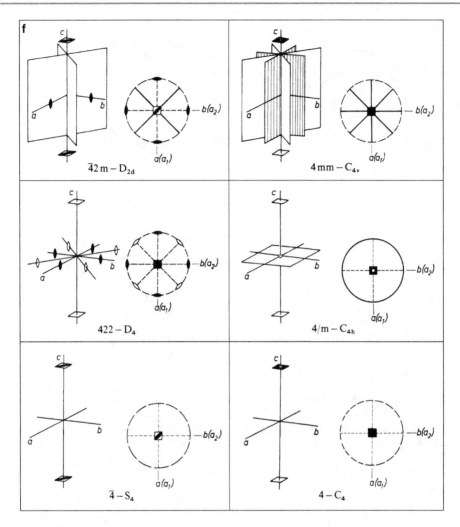

Abb. 7.10 (Fortsetzung)

f Symmetriegerüste und Stereogramme der tetragonalen Punktgruppen, die sich aus $4/m\,2/m\,2/m$ ableiten lassen. Durch Änderung der Achsenwahl kann neben $\bar{4}2m$ auch eine Punktgruppe $\bar{4}m2$ ($\langle 100\rangle \perp m$) formuliert werden. Beide Aufstellungen sind gleichberechtigt

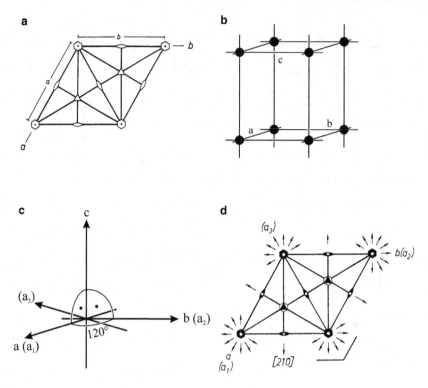

Abb. 7.11 Das hexagonale Kristallsystem.

a Netzebene mit 120°-Rhombus als EM und ihre Symmetrie. Stapelung kongruenter Netzebenen im Abstand c_0 direkt übereinander führt zum hexagonalen P-Gitter hP (vgl. **b**).

b hexagonales P-Translationsgitter hP, Gitterparameter der EZ: $a = b \neq c$, $\alpha = \beta = 90°$, $\gamma = 120°$.

c hexagonales Achsenkreuz: $a = b \neq c$ oder $a_1 = a_2 = a_3 \neq c$

d Raumgruppe P 6/m 2/m   2/m (P 6/mmm)

$$\downarrow \quad \downarrow \quad\; \downarrow$$

$$c \;\; \langle 100 \rangle \; \langle 210 \rangle$$

Projektion des Symmetriegerüsts des hexagonalen P-Gitters auf x, y, 0. Höchstsymmetrische RG im hexagonalen Kristallsystem.

e Symmetriegerüst und Stereogramm der Punktgruppe 6/m 2/m   2/m (6/mmm)

$$\downarrow \quad \downarrow \quad\; \downarrow$$

$$c \;\; \langle 100 \rangle \; \langle 210 \rangle$$

Symmetrie eines Gitterpunkts des hexagonalen P-Gitters. Höchstsymmetrische Punktgruppe im hexagonalen Kristallsystem.

f Symmetriegerüste und Stereogramme der hexagonalen Punktgruppen, die sich aus 6/m 2/m 2/m ableiten lassen. Durch Änderung der Achsenwahl kann neben $\bar{6}$m2 auch eine Punktgruppe $\bar{6}$2m ($\langle 100 \rangle \| 2$) formuliert werden. Beide Aufstellungen sind gleichberechtigt

e

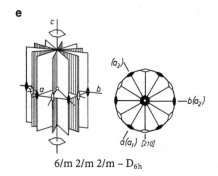

6/m 2/m 2/m – D$_{6h}$

f

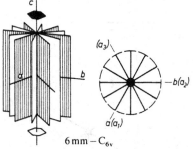

$\bar{6}$ m 2 – D$_{3h}$ 6 mm – C$_{6v}$

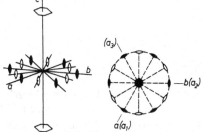
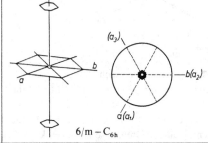

622 – D$_6$ 6/m – C$_{6h}$

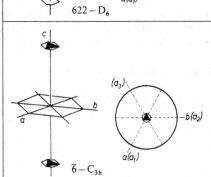
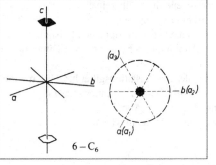

$\bar{6}$ – C$_{3h}$ 6 – C$_6$

Abb. 7.11 (Fortsetzung)

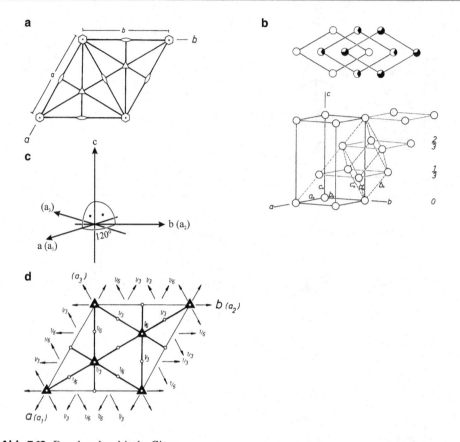

Abb. 7.12 Das rhomboedrische Gitter.

a Netzebene, mit 120°-Rhombus als EM und ihre Symmetrie. Stapelung kongruenter Netzebenen nicht direkt übereinander, sondern in der Weise, dass die 2. Netzebene in der Höhe $\frac{1}{3}c$ mit einem Gitterpunkt auf eine 3-zählige Drehachse, die 3. Netzebene in der Höhe $\frac{2}{3}c$ mit einem Gitterpunkt auf die andere 3-zählige Drehachse zu liegen kommt. Die 4. Netzebene ist dann wieder eine zur Ausgangsnetzebene direkt übereinander gestapelte. Die 6-zähligen Drehachsen werden zu 3-zähligen reduziert; m in x, 0, z; 0, y, z; x, x, z sowie die 2 ∥ c gehen verloren (vgl. **b**). Rhomboedrische Kristalle gehören daher zum trigonalen Kristallsystem.

b In die Anordnung der entstandenen Gitterpunkte können 2 unterschiedliche Elementarzellen gelegt werden.

I hexagonales R-Translationsgitter hR, Gitterparameter der EZ: $a = b \neq c$, $a = b = 90°$, $\gamma = 120°$,
II rhomboedrisches P-Translationsgitter rP, Gitterparameter der EZ: $a' = b' = c'$, $\alpha' = \beta' = \gamma'$.

c Achsenkreuz siehe Abb. 7.11c

d Raumgruppe R $\bar{3}$ 2/m (R $\bar{3}$m)

$$\downarrow \quad \downarrow$$
$$c \quad \langle 100 \rangle$$

Projektion des Symmetriegerüsts des hexagonalen R-Gitters hR auf x,y,0. Höchstsymmetrische RG im trigonalen Kristallsystem

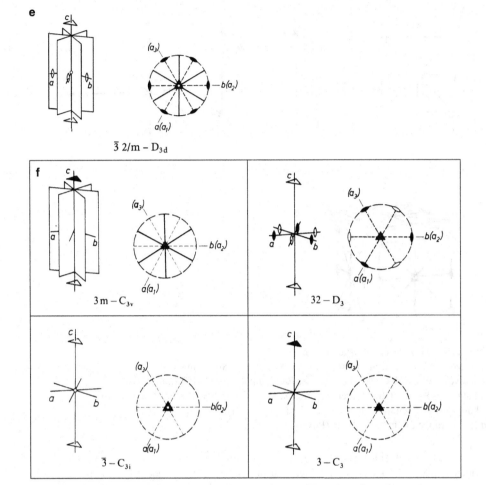

Abb. 7.12 (Fortsetzung)

e Symmetriegerüst und Stereogramm der Punktgruppe $\bar{3}$ 2/m ($\bar{3}$m)

$$\downarrow \quad \downarrow$$

c ⟨100⟩

Symmetrie eines Gitterpunkts des hexagonalen R-Gitters. Höchstsymmetrische Punktgruppe im trigonalen Kristallsystem.

f Symmetriegerüste und Stereogramme der trigonalen Punktgruppen, die sich aus $\bar{3}$2/m ableiten lassen

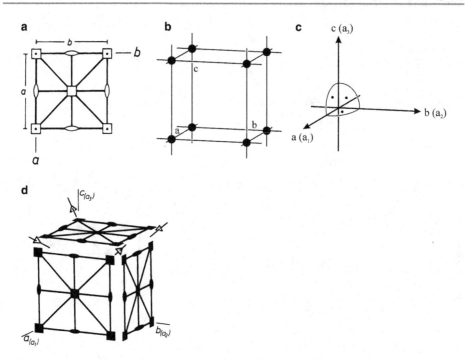

Abb. 7.13 Das kubische Kristallsystem.

a Netzebene mit Quadrat als EM und ihre Symmetrie. Stapelung kongruenter Netzebenen im Abstand von c = a = b direkt übereinander führt zum kubischen P-Gitter cP (vgl. **b**).

b kubisches P-Translationsgitter cP, Gitterparameter: a = b = c, $\alpha = \beta = \gamma = 90°$.

c kubisches Achsenkreuz: a = b = c oder $a_1 = a_2 = a_3$.

d Raumgruppe P4/m $\bar{3}$ 2/m (Pm$\bar{3}$m)

$$\downarrow \quad \downarrow \qquad \downarrow$$

$$\langle a \rangle \ \langle 111 \rangle \ \langle 110 \rangle$$

Symmetriegerüst des kubischen P-Gitters (unvollständig). Eine der höchstsymmetrischen RG im kubischen Kristallsystem. Man beachte besonders die vier 3-zähligen Drehachsen in den Raumdiagonalen des Würfels

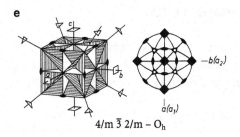

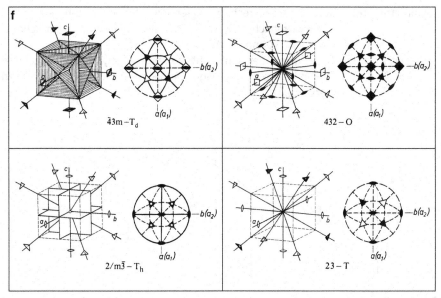

Abb. 7.13 (Fortsetzung)

e Symmetriegerüst und Stereogramm der Punktgruppe $4/m$ $\bar{3}$ $2/m$ (m$\bar{3}$m)

$$\downarrow \quad \downarrow \quad \downarrow$$

$$\langle 100 \rangle \quad \langle 111 \rangle \quad \langle 110 \rangle$$

Symmetrie eines Gitterpunkts des kubischen P-Gitters. Höchstsymmetrische PG im kubischen Kristallsystem.

f Symmetriegerüste und Stereogramme der kubischen Punktgruppen, die sich aus $4/m$ $\bar{3}$ $2/m$ ableiten lassen

7.2   Symmetrie der primitiven Translationsgitter

Bevor man sich mit der Symmetrie der Translationsgitter befasst, ist es sinnvoll, 2 wichtige
Kombinationssätze der Symmetrieoperationen kennenzulernen. (Die Kombination ist jene
Verknüpfungsart, bei der die Eigenständigkeit der Symmetrieelemente erhalten bleibt.)

➤   Von den folgenden Symmetrieoperationen erzeugen 2 das 3.:

    Symmetriesatz I: Durch eine senkrecht auf einer Spiegelebene m stehende gerad-
                            zählige Drehachse X_g wird ein Inversionszentrum $\bar{1}$ im Schnitt-
                            punkt von X_g und m erzeugt (Abb. 7.14)[3].
    Symmetriesatz II: Zwei zueinander senkrecht stehende Spiegelebenen erzeugen
                            eine mindestens 2-zählige Drehachse in der Schnittgeraden
                            (Abb. 7.15).

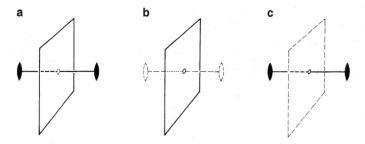

Abb. 7.14 Der Symmetriesatz I; **a** $2 \perp m \Rightarrow \bar{1}$ (im Schnittpunkt von 2 und m); **b** $\bar{1}$ in m $\Rightarrow$ 2 (in
$\bar{1} \perp$ auf m); **c** $\bar{1}$ auf 2 $\Rightarrow$ m (in $\bar{1} \perp$ auf 2)

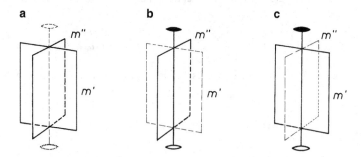

Abb. 7.15 Der Symmetriesatz II; **a** m$'$ $\perp$ m$''$ $\Rightarrow$ 2 (in der Schnittgeraden der Ebenen); **b** 2 in
m$''$ $\Rightarrow$ m$'_{\perp m''}$ (mit 2 als Schnittgeraden); **c** 2 in m$'$ $\Rightarrow$ m$''_{\perp m'}$ (mit 2 als Schnittgeraden)[3]

---

[3] $X_g = 2, 4, 6$. In Abb. 7.14 sind jedoch nur die Verhältnisse für $X_g = 2$ dargestellt. Die Aussage
des Satzes ist nicht allgemein, da m + $\bar{1}$ *nur* 2 erzeugt.

Jedes Translationsgitter ist inversionssymmetrisch und enthält in den Gitterpunkten und den Mitten zwischen 2 Gitterpunkten Inversionszentren: bei einem P-Gitter in $0, 0, 0$; $\frac{1}{2}, 0, 0$; $0, \frac{1}{2}, 0$; $0, 0, \frac{1}{2}$; $\frac{1}{2}, \frac{1}{2}, 0$; $\frac{1}{2}, 0, \frac{1}{2}$; $0, \frac{1}{2}, \frac{1}{2}$; $\frac{1}{2}, \frac{1}{2}, \frac{1}{2}$.

7.2.1   Symmetrie des triklinen P-Gitters aP

Das trikline P-Gitter aP besitzt in der Elementarzelle als Symmetrieelemente nur die Inversionszentren (Abb. 7.16), deren Koordinaten oben angegeben sind. Eine Projektion dieses Symmetriegerüsts $\parallel$c auf x, y, 0 ist in Abb. 7.17 gezeichnet. Die z-Koordinaten der $\bar{1}$ sind 0 und $\frac{1}{2}$.

▶ **Definition**   Die Gesamtheit aller Symmetrieoperationen in einem Gitter oder einer Kristallstruktur, oder eine Gruppe von Symmetrieoperationen unter Einschluss der Gitter-Translation nennt man *Raumgruppe* (RG).

Ein primitives Gitter, das nur $\bar{1}$ enthält, besitzt die Raumgruppe $P\bar{1}$ und Gitterparameter $a \neq, b \neq, c; \alpha \neq, \beta \neq \gamma$.

Abb. 7.16 Triklines P-Gitter mit Symmetriegerüst der Raumgruppe $P\bar{1}$ (● Gitterpunkt mit $\bar{1}$)

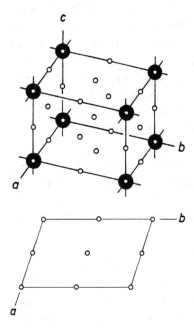

Abb. 7.17 Projektion des Symmetriegerüsts der Raumgruppe $P\bar{1}$ in Abb. 7.16 parallel c auf x, y, 0. Die z-Koordinaten der $\bar{1}$ sind 0 und $\frac{1}{2}$

7.2.2 Symmetrie des monoklinen P-Gitters mP

Die Ausgangsnetzebene (Abb. 7.8a) enthält $\|$b eine Parallelschar von 2-zähligen Achsen. Dazu kommen beim monoklinen P-Gitter mP (Abb. 7.8b) Spiegelebenen senkrecht b in x, 0, z und x, $\frac{1}{2}$, z und die $\bar{1}$ wie im triklinen Fall. Die Lage der m ist auch aufgrund des I. Symmetriesatzes (2 und $\bar{1}$ erzeugen $m_{\perp 2}$ in $\bar{1}$) verständlich. Das Symmetriegerüst des Gitters ist in 2 Projektionen (auf x, 0, z und x, y, 0) dargestellt (Abb. 7.8d)[4]. Die Symmetrieelemente 2 und m stehen senkrecht zueinander. Man gibt dieser Anordnung von Symmetrieelementen das Symbol 2/m (sprich: 2 über m). Die Inversionszentren müssen nicht erwähnt werden, weil 2/m $\bar{1}$ erzeugt (vgl. Symmetriesatz I).

Die Raumgruppe des monoklinen P-Gitters ist P2/m[5], dabei wird bei der Achsenwahl so vorgegangen, dass b parallel zu 2 und der Normalen von m angeordnet wird. Die b-Achse wird als *Blick-* oder *Symmetrierichtung* bezeichnet. Dann liegen a und c in der Ebene von m[6].

7.2.3 Symmetrie des orthorhombischen P-Gitters oP

Zur Symmetrie der Ausgangsnetzebene (Abb. 7.9a) kommen beim orthorhombischen P-Gitter oP (Abb. 7.9b) Spiegelebenen $\perp$ c in x, y, 0 und x, y, $\frac{1}{2}$ und die Inversionszentren (Abb. 7.9d) hinzu und als Folgerung aus dem Symmetriesatz I (m + $\bar{1}$ $\Rightarrow$ $2_{\perp m}$) oder dem Symmetriesatz II (m $\perp$ m $\Rightarrow$ 2) 2-zählige Achsen in x, 0, 0; x, 0, $\frac{1}{2}$; x, $\frac{1}{2}$, 0; x, $\frac{1}{2}$, $\frac{1}{2}$; 0, y, 0; 0, y, $\frac{1}{2}$; $\frac{1}{2}$, y, 0; $\frac{1}{2}$, y, $\frac{1}{2}$.

Zum gleichen Ergebnis kommt man, wenn die folgende Überlegung angestellt wird. Die Elementarzelle des orthorhombischen P-Gitters hat die Form eines Quaders, d. h. sie ist von 3 nichtzentrierten Netzebenenpaaren begrenzt, deren Elementarmaschen Rechtecke sind. Alle diese Netzebenen haben die gleiche Symmetrie, wie sie in Abb. 7.9a angegeben ist. Diese Symmetrieverhältnisse sind in Abb. 7.18 skizziert. Man vergleiche nun Abb. 7.18 mit Abb. 7.9d. Die Elemente dieses Symmetriegerüsts können ebenfalls durch ein Symbol angegeben werden. Man ordnet die Symmetrieelemente entsprechend ihrer Lage zu den kristallographischen Achsen, und zwar in der Abfolge a, b, c. Parallel zu den kristallographischen Achsen a, b und c sind also 2-zählige Achsen und senk-

---

[4] Das Zeichen $\diagup$ dokumentiert Spiegelebenen parallel zur Papierebene im Niveau 0 und $\frac{1}{2}$. Nur wenn die Spiegelebenen auf einem anderen Niveau liegen, z. B. in $\frac{1}{4}$ und $\frac{3}{4}$, ist dies durch $\frac{1}{4}$ angegeben. Regel: Liegen m, 2, $\bar{1}$ auf 0, so auch auf $\frac{1}{2}$; auf $\frac{1}{4}$ dann auch auf $\frac{3}{4}$ usw.

[5] 2/m bedeutet, dass eine 2 senkrecht zu einer m angeordnet ist. Durch das Hinzufügen des Translationstyps P wird die Parallelschar von 2 und m erzeugt.

[6] Außer der hier verwendeten Achsenwahl mit b $\|$ 2 $\perp$ m (1. Aufstellung) gibt es die sog. 2. Aufstellung mit c $\|$ 2 $\perp$ m. Letztere würde besser in das hier gezeigte System passen, da sie sich auf eine Elementarzelle bezieht, die durch Stapelung von kongruenten allgemeinen Netzebenen mit a $\neq$ b, $\gamma \neq 90°$ im Abstand c entsteht (vgl. Tab. 7.2).

Abb. 7.18 Symmetrie-
gerüst der Raumgruppe
P2/m 2/m 2/m. Die $\bar{1}$ sind
nicht berücksichtigt

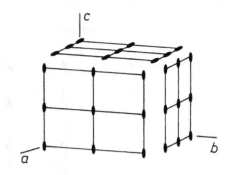

recht dazu Spiegelebenen angeordnet. Daraus ergibt sich als Symbol für die Raumgruppe
P2/m 2/m 2/m.

$\quad\downarrow\quad\ \downarrow\quad\ \downarrow$

$\quad$ a$\quad$ b$\quad$ c

Die a-, die b- und die c-Achse sind hier die Blick- oder *Symmetrierichtungen* (vgl.
Tab. 7.3).

In Abb. 7.19 ist das Symmetriegerüst von P2/m 2/m 2/m nochmals angegeben, und
außerdem sind alle die Symmetrieelemente zusammengestellt, die in dieser Raumgruppe
zu den einzelnen *Blickrichtungen* a, b, c (vgl. Abb. 7.19b–d!) angeordnet sind.

7.2.4 Symmetrie des tetragonalen P-Gitters tP

Zur Symmetrie der Ausgangsnetzebene (Abb. 7.10a) kommen beim tetragonalen P-
Gitter tP (Abb. 7.10b) Spiegelebenen $\perp$ c in x, y, 0 und x, y, $\frac{1}{2}$ und die Inversionszentren
(Abb. 7.10d) hinzu und als Folgerung aus dem Symmetriesatz I (m $+$ $\bar{1}$ $\Rightarrow$ $2_{\perp m}$) oder
dem Symmetriesatz II (m $\perp$ m $\Rightarrow$ 2) eine Reihe 2-zähliger Achsen[7].

Die Elementarzelle des tetragonalen P-Gitters hat die Form eines tetragonalen Prismas, d. h. sie ist von einem Netzebenenpaar (EM Quadrat) und von 2 Netzebenenpaaren
(EM Rechteck) begrenzt, deren Symmetrien in Abb. 7.20 skizziert sind. Man vergleiche
Abb. 7.20 mit Abb. 7.10d. Dabei ist zu beachten, dass die 2-zähligen Drehachsen $\parallel$ [110]
und [1$\bar{1}$0] in Abb. 7.20 nicht berücksichtigt sind.

Durch die 4-zähligen Drehachsen sind a und b zueinander gleichwertig, man verwendet
deshalb auch die Bezeichnung a_1 und a_2 (Abb. 7.10d). Auch die Gittergeraden [110] und
[1$\bar{1}$0] sind zueinander äquivalent.

Man ordnet nun die Symmetrieelemente der Raumgruppe in Abb. 7.10d in der Ab-
folge c, $\langle100\rangle$, $\langle110\rangle$. Gleichwertige Symmetrieelemente werden nur einmal genannt.

---

[7] Die Symmetrieangaben in den Projektionen der Symmetriegerüste der Raumgruppen in
Abb. 7.10d–7.13d sind unvollständig, da noch Gleitspiegelebenen und Schraubenachsen auftreten
(vgl. Abschn. 10.1 „Gleitspiegelung und Schraubung"). Diese Symmetrieelemente sind hier praktisch bedeutungslos und deshalb fortgelassen.

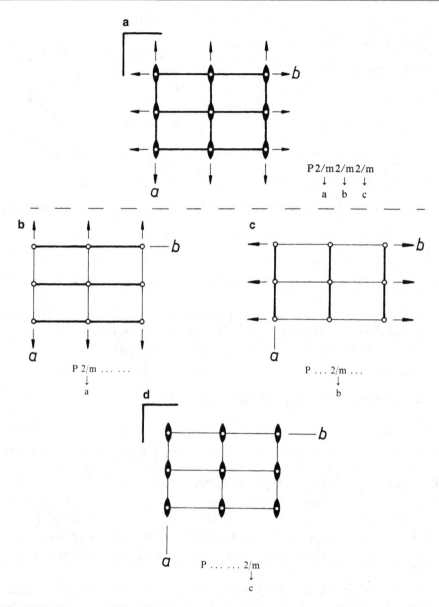

Abb. 7.19 Raumgruppe P2/m 2/m 2/m (**a**); in (**b**) sind nur die Symmetrieelemente der 1., in (**c**) die der 2. und in (**d**) die der 3. Blickrichtung eingezeichnet

Abb. 7.20 Symmetrie-
gerüst der Raumgruppe
$P4/m\,2/m\,2/m$. Die 2 in
$\langle 110 \rangle$ und die $\bar{1}$ sind nicht
eingezeichnet

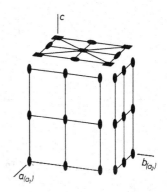

Dies ergibt das Raumgruppensymbol $P4/m\quad 2/m\quad 2/m$.

$$\downarrow\qquad\downarrow\qquad\downarrow$$

$$c\quad\langle 100\rangle\quad\langle 110\rangle$$

In Abb. 7.21 sind neben dem Symmetriegerüst der Raumgruppe $P4/m\,2/m\,2/m$ die
Symmetrieelemente angegeben, die in dieser Raumgruppe jeweils in Bezug auf c, $\langle 100\rangle$
und $\langle 110\rangle$ angeordnet sind.

7.2.5 Symmetrie des hexagonalen P-Gitters hP

Zur Symmetrie der Ausgangsnetzebene kommen wie im orthorhombischen und tetrago-
nalen Fall Spiegelebenen $\perp$ c in x, y, 0 und x, y, $\frac{1}{2}$ und die Inversionszentren hinzu und
eine Reihe von 2-zähligen Achsen (Abb. 7.11d).

Abb. 7.22 zeigt die Projektion eines hexagonalen P-Gitters hP auf (001). Aufgrund
der 6-zähligen Drehachse ist a = b. Man kann auch hier a_1 und a_2 schreiben, muss aber
noch eine a_3-Achse berücksichtigen, die zu a_1 und a_2 einen Winkel von 120° bildet und
zu beiden gleichwertig ist (vgl. Abb. 7.22). $\langle 100\rangle$ würde in diesem Fall die Richtungen
der a_1-, a_2-, a_3-Achsen bezeichnen. Die Winkelhalbierenden zwischen diesen Achsen sind
[210], [$\bar{1}\bar{2}0$] und [$\bar{1}10$]. Auch sie sind aufgrund der 6 gleichwertig zueinander. $\langle 210\rangle$ bezeichnet in diesem Fall [210], [$\bar{1}\bar{2}0$] und [$\bar{1}10$]. Die Symmetrieelemente werden hier in
der Abfolge c, $\langle 100\rangle$, $\langle 210\rangle$ geordnet.

Dies führt zur Raumgruppe $P6/m\quad 2/m\quad 2/m$.

$$\downarrow\qquad\downarrow\qquad\downarrow$$

$$c\quad\langle 100\rangle\quad\langle 210\rangle$$

In Abb. 7.23 sind neben dem Symmetriegerüst der Raumgruppe $P6/m\,2/m\,2/m$ die
Symmetrieelemente angegeben, die in dieser Raumgruppe zu den *Blickrichtungen* c, $\langle 100\rangle$
und $\langle 210\rangle$ angeordnet sind.

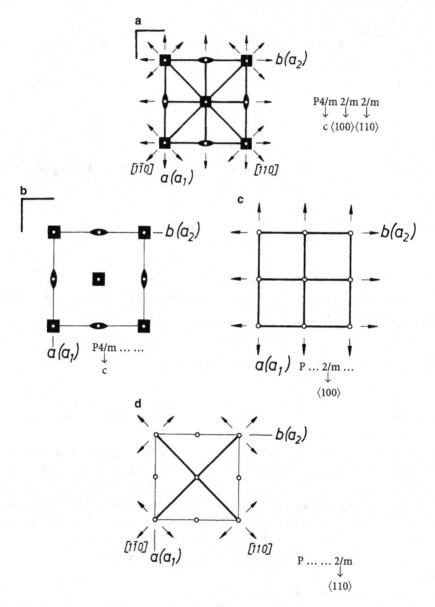

Abb. 7.21 Raumgruppe P4/m 2/m 2/m (**a**); in (**b**) sind nur die Symmetrieelemente der 1., in (**c**) die der 2. und in (**d**) die der 3. Blickrichtung eingezeichnet

Abb. 7.22 Hexagonales P-Gitter als Projektion auf (001) mit den *Symmetrierichtungen* $\langle 100 \rangle = a_1, a_2, a_3$ und $\langle 210 \rangle = [210], [\bar{1}10], [\bar{1}\bar{2}0]$

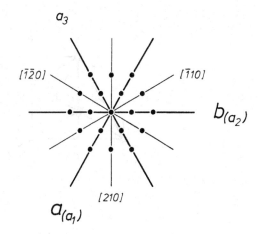

7.2.6 Symmetrie des kubischen P-Gitters cP

Die Symmetrie der Ausgangsnetzebene ist in Abb. 7.13a dargestellt. Durch den Stapelprozess entsteht ein Gitter mit einem Würfel als Elementarzelle (a = b = c). Folglich haben nicht nur die Ausgangsebene x, y, 0, sondern auch die Netzebenen 0, y, z und x, 0, z die in Abb. 7.13a dargestellte Symmetrie (vgl. Abb. 7.13d). Dazu kommen neben den Inversionszentren die 4 3-zähligen Achsen in den Raumdiagonalen des Würfels, die sogar $\bar{3}$ sind ($3 + \bar{1} \Rightarrow \bar{3}$) und als Folgerung der beiden Symmetriesätze (I: m + $\bar{1}$ $\Rightarrow 2_{\perp m}$ oder II: m $\perp$ m $\Rightarrow$ 2) 2-zählige Drehachsen $\parallel$ [110] und äquivalenten Richtungen. Diese 2-zähligen Achsen sind in Abb. 7.13d nicht eingetragen.

Die Symmetrieelemente werden im kubischen Kristallsystem in der Abfolge $\langle 100 \rangle$, $\langle 111 \rangle$ = Raumdiagonalen des Würfels, $\langle 110 \rangle$ = Flächendiagonalen des Würfels zusammengestellt. Daraus ergibt sich für das kubische P-Gitter die Raumgruppe P $4/m$ $\bar{3}$ $2/m$.

$$\downarrow \quad \downarrow \quad \downarrow$$

$$\langle 100 \rangle \quad \langle 111 \rangle \quad \langle 110 \rangle$$

In Abb. 7.24 sind neben dem Symmetriegerüst der Raumgruppe P4/m $\bar{3}$ 2/m die Symmetrieelemente angegeben, die in dieser Raumgruppe zu den *Blickrichtungen* $\langle 100 \rangle$, $\langle 111 \rangle$, $\langle 110 \rangle$ angeordnet sind.

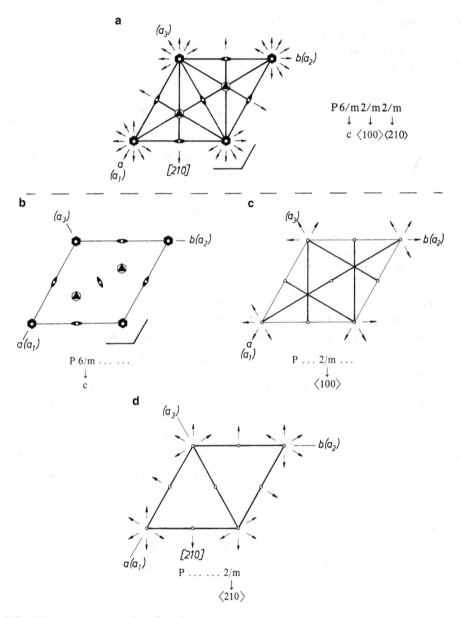

Abb. 7.23 Raumgruppe P6/m 2/m 2/m (**a**); in (**b**) sind nur die Symmetrieelemente der 1., in (**c**) die der 2. und in (**d**) die der 3. Blickrichtung eingezeichnet

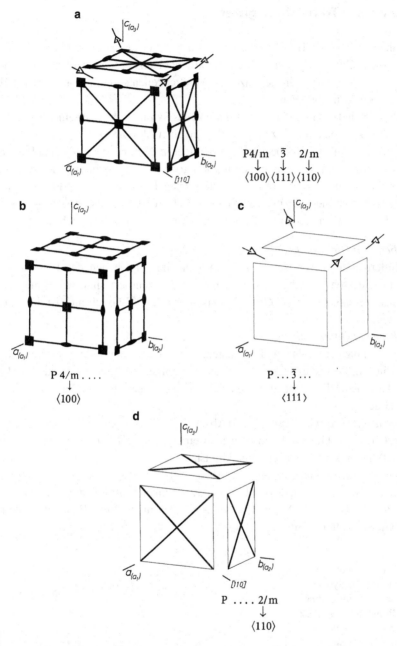

Abb. 7.24 Raumgruppe P4/m $\bar{3}$ 2/m (**a**); in (**b**) sind nur die Symmetrieelemente der 1., in (**c**) die der 2. und in (**d**) die der 3. Blickrichtung eingezeichnet. Die 2 ∥ ⟨110⟩ sind in (a) und (d) nicht berücksichtigt

7.3 Zentrierte Translationsgitter

Wenn man die primitiven Translationsgitter betrachtet, so stellt sich die Frage, ob es möglich ist, in die P-Gitter eine oder mehrere kongruente Netzebenen einzubringen, ohne die Symmetrie zu zerstören. Über die einzelnen Möglichkeiten soll am monoklinen P-Gitter ausführlich gesprochen werden.

In Abb. 7.25 sind das monokline P-Gitter und das Symmetriegerüst seiner Raumgruppe P2/m als Projektionen auf x, 0, z dargestellt (vgl. auch Abb. 7.8d).

Die Punkte des mP-Gitters besitzen die Symmetrie 2/m, nehmen also den Platz eines Inversionszentrums ein. Es können nun nur kongruente Netzebenen parallel zu (010) in das Gitter eingezogen werden, wenn die Gitterpunkte der Netzebene auf Plätze kommen, die ebenfalls die Symmetrie 2/m besitzen. Dies sind $\frac{1}{2}, 0, 0; 0, \frac{1}{2}, 0; 0, 0, \frac{1}{2}; \frac{1}{2}, \frac{1}{2}, 0; \frac{1}{2}, 0, \frac{1}{2};$ $0, \frac{1}{2}, \frac{1}{2}$ und $\frac{1}{2}, \frac{1}{2}, \frac{1}{2}$. Es müssen nun die einzelnen Möglichkeiten untersucht werden:

- *Netzebene mit Gitterpunkt auf $\frac{1}{2}, \frac{1}{2}, 0$ (Abb. 7.26)*
  Die Gitterpunkte dieser Netzebene zentrieren die a, b-Ebenen der Elementarzelle. Ein Gitter, dessen a, b-Ebenen der Elementarzelle zentriert sind, nennt man ein *C-flächenzentriertes Gitter (C-Gitter)*[8]. Das monokline C-Gitter mC ist in Tab. 7.4 dargestellt.

- *Netzebene mit Gitterpunkt auf $0, \frac{1}{2}, \frac{1}{2}$ (Abb. 7.27)*
  Sie zentriert die b, c-Ebene, und es entsteht ein A-flächenzentriertes Gitter mA. Da im monoklinen die a- und c-Achse nur so weit an Symmetrieelemente gebunden sind, dass sie in der Spiegelebene liegen, lassen sich a und c vertauschen, und aus dem A- wird ein C-Gitter.

- *Netzebene mit Gitterpunkt auf $\frac{1}{2}, 0, \frac{1}{2}$ (Abb. 7.28)*
  Es entsteht ein B-Gitter mB, in dem man eine primitive Elementarzelle (fett eingezeichnet) finden kann, die auch monoklin ist.

- *Netzebene mit Gitterpunkt auf $\frac{1}{2}, \frac{1}{2}, \frac{1}{2}$ (Abb. 7.29)*
  Es wird ein Gitter erzeugt, dessen Elementarzelle innen zentriert ist, ein *innenzentriertes Gitter (I-Gitter, mI)*. Durch Wahl einer anderen monoklinen Elementarzelle kann ein C-Gitter erhalten werden.

Abb. 7.25 Das monokline P-Gitter mP und das Symmetriegerüst seiner Raumgruppe P2/m als Projektion auf x, 0, z ($\bigcirc$ Gitterpunkt mit y = 0)

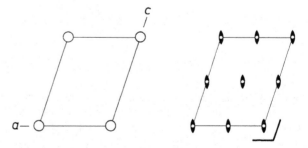

---

[8] Die Ausdrucksweise bei der Bezeichnung der Gitter ist nicht ganz korrekt. Wenn man z. B. von einem C-Gitter spricht, meint man ein Gitter mit einer C-flächenzentrierten Elementarzelle.

Abb. 7.26 Das monokline
C-Gitter mC als Projektion
auf x, 0, z (◐ Gitterpunkt mit
$y = \frac{1}{2}$)

Abb. 7.27 Das monokline A-
Gitter mA (a, b, c) kann durch
Vertauschung von a und c in
ein monoklines C-Gitter mC
(a', −b, c') überführt werden

Abb. 7.28 Das monokline
B-Gitter mB (a, b, c) ist in
ein monoklines P-Gitter mP
(a', b, c') überführbar

Abb. 7.29 Das monokline I-Gitter mI (a, b, c) ist in
ein monoklines C-Gitter mC
(a', b, c') überführbar

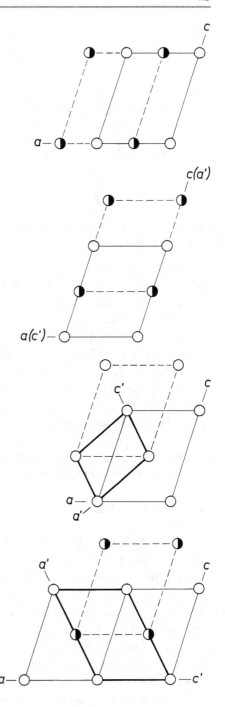

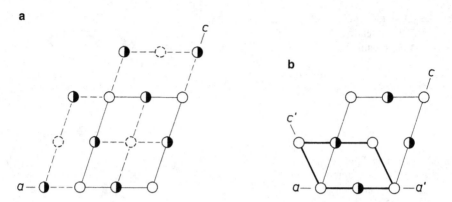

Abb. 7.30 Die Entwicklung des monoklinen F-Gitters (**a**); *das monokline F-Gitter mF* (a, b, c) *kann in ein monoklines C-Gitter mC* (a′, −b, c′) überführt werden (**b**)

- *Netzebene mit Gitterpunkt auf* $\frac{1}{2}, 0, 0$; $0, \frac{1}{2}, 0$ *und* $0, 0, \frac{1}{2}$ halbieren nur die Elementarzelle, sie liefern nichts Neues.
- Es ist nun auch möglich, 2 Netzebenen einzubringen wie, z. B. oben angeführt, mit Gitterpunkten auf $\frac{1}{2}, \frac{1}{2}, 0$ und $0, \frac{1}{2}, \frac{1}{2}$, vgl. Abb. 7.30a. Diese Punktanordnung ist **kein Gitter**, da in einem Gitter parallele Gittergeraden immer die gleiche Translationsperiode besitzen müssen. Durch das Einbringen einer Netzebene mit einem Gitterpunkt auf $\frac{1}{2}, 0, \frac{1}{2}$ (gestrichelt dargestellt) kann der Gittercharakter wieder erreicht werden (Abb. 7.30a, b). Jetzt sind alle „Flächen" der Elementarzelle zentriert, es ist *ein allseitig flächenzentriertes Gitter, ein F-Gitter mF*, entstanden.

▶   Ein zweiseitig flächenzentriertes Gitter ist unmöglich, weil es den Bedingungen für ein Translationsgitter nicht gerecht wird und immer in ein F-Gitter übergeht.

In das monokline F-Gitter mF kann auch eine monokline C-Zelle gelegt werden (Abb. 7.30b).

Dies sind alle Möglichkeiten, unter der oben genannten Voraussetzung Netzebenen in das monokline P-Gitter einzubringen. Es hat sich gezeigt, dass sich die theoretisch möglichen Gitter auf das P-und C-Gitter reduzieren lassen (A, I, F → C; B → P).

Beim orthorhombischen P-Gitter oP kann man analog verfahren und erhält ein orthorhombisches A-, B-, C-, I- und F-Gitter. Das oI- und das oF-Gitter lassen sich aber nicht wie im monoklinen reduzieren. Die oA-, oB- und oC-Gitter sind gleichwertig; man legt aber i. Allg. die kristallographischen Achsen a, b, c so in das Gitter, dass ein oC-Gitter entsteht. Es gibt nur wenige Raumgruppen, bei denen man sich auf ein oA-Gitter bezieht (vgl. später Tab. 10.3). Zu dem oC-Gitter kommt man auch, wenn man kongruente Netzebenen mit dem zentrierten Rechteck als Elementarmasche (Abb. 7.6b) direkt übereinander stapelt.

Tab. 7.4 Die 14 Bravaisgitter

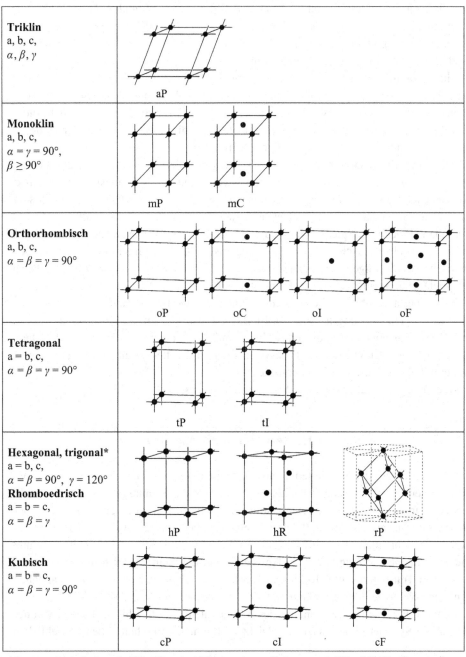

Triklin a, b, c, α, β, γ	aP
Monoklin a, b, c, $\alpha = \gamma = 90°$, $\beta \geq 90°$	mP mC
Orthorhombisch a, b, c, $\alpha = \beta = \gamma = 90°$	oP oC oI oF
Tetragonal a = b, c, $\alpha = \beta = \gamma = 90°$	tP tI
Hexagonal, trigonal* a = b, c, $\alpha = \beta = 90°$, $\gamma = 120°$ **Rhomboedrisch** a = b = c, $\alpha = \beta = \gamma$	hP hR rP
Kubisch a = b = c, $\alpha = \beta = \gamma = 90°$	cP cI cF

* hexagonales und trigonales Kristallsystem bilden zusammen die hexagonale Kristallfamilie. Hexagonale Kristalle enthalten 6- oder $\bar{6}$-Achsen und lassen sich mit einem hP-Gitter beschreiben. Trigonale Kristalle enthalten 3 oder $\bar{3}$-Achsen und sind entweder mit einem hP- oder einem hR-Gitter verträglich. Nur die letzteren können sowohl mit einem hexagonalen als auch mit einem rhomboedrischen Achsensystem beschrieben werden.

Entsprechende Betrachtungen wie im monoklinen führen beim tetragonalen P-Gitter tP zum tetragonalen I-Gitter tI, beim kubischen P-Gitter cP zum cI- und cF-Gitter (Tab. 7.3).

Betrachtet man das hexagonale P-Gitter hP, so besitzt nur noch $0, 0, \frac{1}{2}$ die gleiche Symmetrie wie die Gitterpunkte. Das Einbringen einer Netzebene in $0, 0, \frac{1}{2}$ würde aber wiederum nur die Elementarzelle halbieren.

Eine 6-zählige Achse enthält immer eine 3-zählige Achse. Geht man von dieser Tatsache aus, so enthält die Netzebene mit dem $120°$-Rhombus als Elementarmasche (Abb. 7.12a) 3-zählige Achsen in $0, 0, z$; $\frac{1}{3}, \frac{2}{3}, z$ und $\frac{2}{3}, \frac{1}{3}, z$, und es ist möglich, diese Netzebenen so versetzt übereinander zu stapeln, dass die 2. Netzebene in der Höhe $\frac{1}{3}c$ mit einem Gitterpunkt auf der 3-zähligen Achse in $\frac{2}{3}, \frac{1}{3}, z$ und die 3. Netzebene in der Höhe $\frac{2}{3}c$ mit einem Gitterpunkt auf der 3-zähligen Achse in $\frac{1}{3}, \frac{2}{3}, z$ zu liegen kommt (Abb. 7.12a,b). Die 4. Netzebene ist dann wieder eine zur Ausgangsnetzebene direkt übereinander gestapelte. Wie sich auch aus der Anordnung der Gitterpunkte ergibt, sind die 6-zähligen Drehachsen der Netzebenen zu 3-zähligen Achsen des Gitters reduziert worden, aber auch die Spiegelebenen in $x, 0, z$ und $0, y, z$ und x, x, z und die 2-zähligen Achsen parallel zur c-Achse sind verloren gegangen. Es ist ein Gitter entstanden, das den metrischen Bedingungen eines hexagonalen Gitters ($a = b \neq c$, $\alpha = \beta = 90°$; $\gamma = 120°$) entspricht, aber 3 Gitterpunkte pro Elementarzelle enthält (in $0, 0, 0$; $\frac{2}{3}, \frac{1}{3}, \frac{1}{3}$; $\frac{1}{3}, \frac{2}{3}, \frac{2}{3}$).

Es ist aber auch üblich, in dieses Gitter eine primitive Elementarzelle ($a' = b' = c'$, $\alpha' = \beta' = \gamma'$) hineinzulegen (Abb. 7.12b). Bezieht man sich auf die 1. Elementarzelle, so spricht man von einem hexagonalen R-Gitter, im 2. Fall vom rhomboedrischen P-Gitter[9]. Unabhängig von der Wahl des Achsensystems wird das Gitter rhomboedrischer Kristalle immer mit dem Buchstaben R gekennzeichnet.

Alle Translationsgitter sind in Tab. 7.4 zusammengestellt.

7.4   Symmetrie der zentrierten Translationsgitter

Bei der Herleitung der zentrierten Translationsgitter war mit Ausnahme des hexagonalen R-Gitters hR strikt darauf geachtet worden, dass die Symmetrie der P-Gitter nicht zerstört wurde. Alle Symmetrieelemente der P-Gitter sind erhalten geblieben, aber der Translationstyp hat sich verändert. Diese Zentrierung bewirkt, dass weitere Symmetrieelemente, u. a. Schraubenachsen und Gleitspiegelebenen (vgl. Abschn. 10.1 „Gleitspiegelung und Schraubung") erzeugt werden. Trotzdem kann das Symbol der Raumgruppen der zentrierten Translationsgitter formuliert werden, weil diese bisher nicht abgehandelten Symmetrieelemente in diesen Fällen nicht in das Symbol eingehen (vgl. Tab. 7.5).

Dagegen lässt sich die Symmetrie des hexagonalen R-Gitters hR ausgehend von der reduzierten Symmetrie der Netzebene leicht bestimmen. Es enthält neben den üblichen

---

[9] Die Elementarzelle des rhomboedrischen P-Gitters hat die Form eines Rhomboeders, das 6 Rhomben als Begrenzungsflächen besitzt. Spezialfälle des rhomboedrischen P-Gitters sind a) für $90°$ das kubische P-Gitter, b) für $60°$ das kubische F-Gitter und c) für $109°28'$ das kubische I-Gitter.

noch weitere Inversionszentren, die aufgrund des Symmetriegesetzes I (m + $\bar{1}$ ⇒ $2_{\perp m}$) eine Reihe 2-zähliger Achsen ‖a_1, a_2, a_3 erzeugen (Abb. 7.12d).

Aus 3 wird $\bar{3}$, da 3 + $\bar{1}$ eine 3-zählige Drehinversionsachse erzeugt. Die Abfolge der Symmetrierichtungen ist hier c, ⟨100⟩; folglich lautet das Raumgruppensymbol R$\bar{3}$ 2/m.

↓ ↓

c ⟨100⟩

Die Raumgruppensymbole der 14 Translationsgitter sind in Anlehnung an Tab. 7.4 in Tab. 7.5 zusammengestellt.

Diese 14 Translationsgitter in Tab. 7.4 werden als **Bravaisgitter** bezeichnet.

▶ Die **Bravaisgitter** stellen die 14 Möglichkeiten dar, einen Raum durch 3-dimensional periodische Anordnung von Punkten aufzubauen.

Auf der Grundlage dieser 14 Translationsgitter sind alle Kristalle aufgebaut. In Kap. 4 „Kristallstruktur" ist die **Kristallstruktur = Gitter + Basis** definiert. Die Gittertypen sind auf 14 beschränkt, dagegen gibt es für die Basis unendlich viele Möglichkeiten. In jeder Kristallstruktur kann aber nur *ein* Translationstyp realisiert sein.

In Tab. 7.6 sind die Zahl und die Koordinaten der Gitterpunkte in den Elementarzellen der Bravaisgitter angegeben.

Tab. 7.5 Die Raumgruppensymbole der 14 Bravaisgitter

Triklin	P$\bar{1}$			
Monoklin	P2/m	C2/m		
Orthorhombisch	P2/m 2/m 2/m	C2/m 2/m 2/m	I2/m 2/m 2/m	F2/m 2/m 2/m
Tetragonal	P4/m 2/m 2/m		I4/m 2/m 2/m	
Rhomboedrisch			R$\bar{3}$ 2/m	
Hexagonal	P6/m 2/m 2/m			
Kubisch	P4/m $\bar{3}$ 2/m		I4/m $\bar{3}$ 2/m	F4/m $\bar{3}$ 2/m

Tab. 7.6 Zahl und Koordinaten der Gitterpunkte in den Elementarzellen der Bravaisgitter

Gitter	Zahl der Gitterpunkte/EZ	Koordinaten der Gitterpunkte der EZ
P	1	$0, 0, 0$
A	2	$0, 0, 0; 0, \frac{1}{2}, \frac{1}{2}$
B	2	$0, 0, 0; \frac{1}{2}, 0, \frac{1}{2}$
C	2	$0, 0, 0; \frac{1}{2}, \frac{1}{2}, 0$
I	2	$0, 0, 0; \frac{1}{2}, \frac{1}{2}, \frac{1}{2}$
R	3	$0, 0, 0; \frac{2}{3}, \frac{1}{3}, \frac{1}{3}; \frac{1}{3}, \frac{2}{3}, \frac{2}{3}$
F	4	$0, 0, 0; \frac{1}{2}, \frac{1}{2}, 0; \frac{1}{2}, 0, \frac{1}{2}; 0, \frac{1}{2}, \frac{1}{2}$

7.5 Übungsaufgaben

Symmetrie von Netzebenen

a) Bestimmen Sie die Symmetrieelemente der Netzebenen und zeichnen Sie diese in die Netzebenen ein. Es kommen nur m, 2, 3, 4, 6 senkrecht zur Papierebene in Frage.
b) Zeichnen Sie die Elementarmasche in die Netzebenen ein und geben Sie die Gitterparameter an. Welche Gitterparameter sind gleichwertig und warum?
c) Überlegen Sie, welche Symmetrieelemente äquivalent sind.

Aufgabe 7.2

Zum Symmetriesatz I.

a) Zeichnen Sie die Kombinationen der Symmetrieelemente in die stereographischen Projektionen ein. Das Inversionszentrum kann als Punkt in der stereographischen Projektion nicht markiert werden. Man gehe von der Lage des $\bar{1}$ im Zentrum der stereographischen Projektion aus. Tragen Sie einen Flächenpol, der nicht auf einem Symmetrieelement liegen soll, in die Stereogramme ein und lassen Sie die Symmetrieelemente einwirken. Entnehmen Sie der Anordnung der entstandenen Flächenpole, welches 3. Symmetrieelement durch die Kombination der Symmetrieelemente zusätzlich erzeugt wurde.

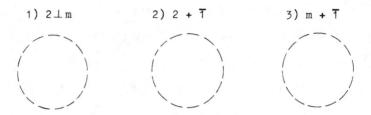

1) 2⊥m   2) 2 + $\bar{1}$ 3) m + $\bar{1}$

Man beachte und zeige:

$4 \perp m \rightarrow \bar{1}$	$4 + \bar{1} \rightarrow m$	aber:
$6 \perp m \rightarrow \bar{1}$	$6 + \bar{1} \rightarrow m$	$m + \bar{1} \rightarrow 2$

b) Zeichnen Sie das 3. – von den beiden anderen Symmetrieelementen erzeugte –
   Symmetrieelement in eine orthorhombische Elementarzelle und/oder deren Projek-
   tion auf x, y, 0 ein. Nennen Sie das erzeugte Symmetrieelement und beschreiben
   Sie seine Lage durch Koordinaten.

   Man beachte, dass immer nur ein Symmetrieelement jeder Art in der Elementarzelle berücksichtigt ist!

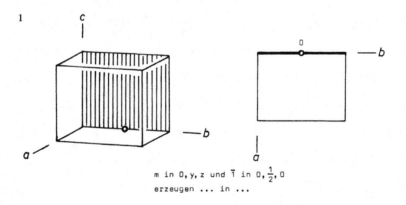

m in 0, y, z und $\bar{1}$ in 0, $\frac{1}{2}$, 0
erzeugen ... in ...

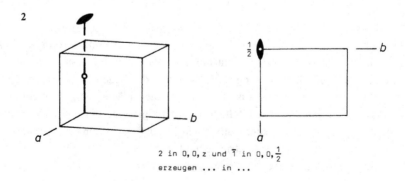

2 in 0, 0, z und $\bar{1}$ in 0, 0, $\frac{1}{2}$
erzeugen ... in ...

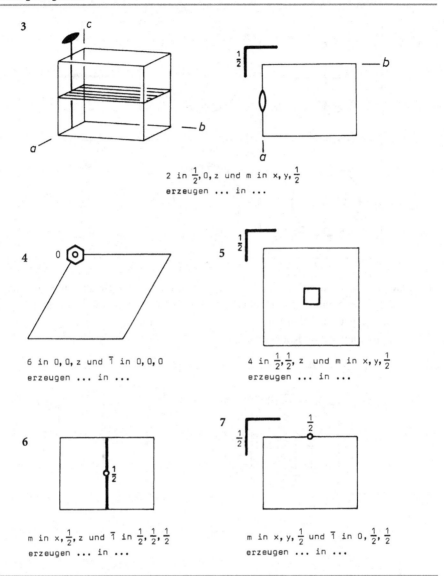

3

2 in $\frac{1}{2}$, 0, z und m in x, y, $\frac{1}{2}$
erzeugen ... in ...

4

6 in 0, 0, z und $\overline{1}$ in 0, 0, 0
erzeugen ... in ...

5

4 in $\frac{1}{2}$, $\frac{1}{2}$, z und m in x, y, $\frac{1}{2}$
erzeugen ... in ...

6

m in x, $\frac{1}{2}$, z und $\overline{1}$ in $\frac{1}{2}$, $\frac{1}{2}$, $\frac{1}{2}$
erzeugen ... in ...

7

m in x, y, $\frac{1}{2}$ und $\overline{1}$ in 0, $\frac{1}{2}$, $\frac{1}{2}$
erzeugen ... in ...

Aufgabe 7.3

Zum Symmetriesatz II:

a) Zeichnen Sie das 3., von den beiden anderen Symmetrieelementen erzeugte Symmetrieelement in die folgenden Stereogramme ein:

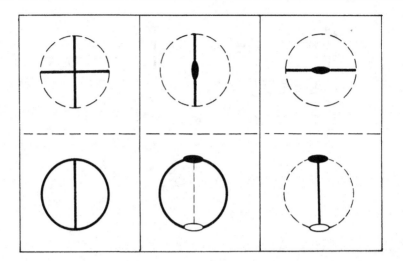

b) Zeichnen Sie das 3. – von den beiden anderen Symmetrieelementen erzeugte – Symmetrieelement in die orthorhombische Elementarzelle und/oder deren Projektion auf x, y, 0 ein. Nennen Sie das erzeugte Symmetrieelement und beschreiben Sie seine Lage durch Koordinaten.

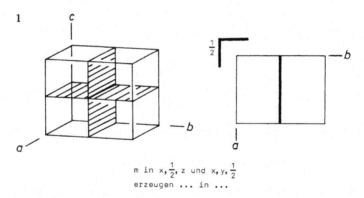

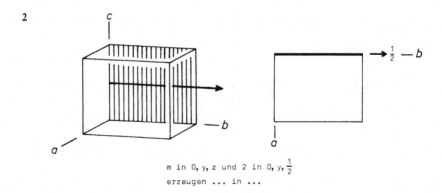

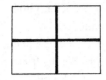

3

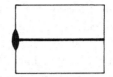

4

m in $x, \frac{1}{2}, z$ und $\frac{1}{2}, y, z$
erzeugen .... in ....

m in $\frac{1}{2}, y, z$ und 2 in $\frac{1}{2}, 0, z$
erzeugen ... in ...

Aufgabe 7.4

Wie heißen die folgenden Translationsgitter?

a

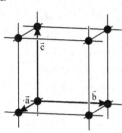

$a = b = c$
$\alpha = \beta = \gamma = 90°$

b

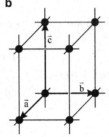

$a \neq b \neq c$
$\alpha = \gamma = 90°$ $\beta > 90°$

c

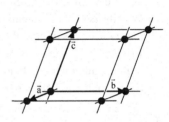

$a \neq b \neq c$
$\alpha \neq \beta \neq \gamma$

d

$a \neq b \neq c$
$\alpha = \beta = \gamma = 90°$

e

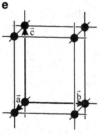

$a = b \neq c$
$\alpha = \beta = \gamma = 90°$

f

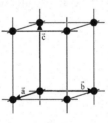

$a = b \neq c$
$\alpha = \beta = 90°$ $\gamma = 120°$

Aufgabe 7.5

a) Zeichnen Sie je eine Elementarzelle der folgenden Translationsgitter als Projektion
auf x, y, 0; beim monoklinen auf x, 0, z (1 Å = 1 cm):

monoklin P: $a = 5{,}5\,\text{Å}, b = 4\,\text{Å}, c = 4\,\text{Å}, \beta = 105°$
orthorhombisch P: $a = 3\,\text{Å}, b = 4{,}5\,\text{Å}, c = 4\,\text{Å}$
tetragonal P: $a = 4\,\text{Å}, c = 3\,\text{Å}$
hexagonal P: $a = 4\,\text{Å}, c = 3\,\text{Å}$
hexagonal R: $a = 4{,}5\,\text{Å}, c = 3\,\text{Å}$

b) Bestimmen Sie die Symmetrie der oben gezeichneten Gitter und tragen Sie die Symmetrieelemente in die Projektionen der Gitter ein.

c) Nun führe man die Zeichnung der Symmetrieelemente noch einmal mit Farbstiften durch, und zwar in der Weise, dass für die Symmetrieelemente, die zu einer Blickrichtung gehören, die gleiche Farbe verwendet wird.

d) Geben Sie das Raumgruppensymbol der einzelnen Gitter an. Verwenden Sie für die Symmetrieelemente der einzelnen Blickrichtungen die unter (c) gewählten Farben.

Aufgabe 7.6

Leiten Sie die zentrierten Translationsgitter des orthorhombischen Kristallsystems ab (vgl. dazu Abschn. 7.3 „Zentrierte Translationsgitter").

a) Welche Symmetrie besitzt ein Gitterpunkt des orthorhombischen P-Gitters?

b) Wo gibt es in der Elementarzelle des oP-Gitters weitere Plätze, die die gleiche Symmetrie wie die Gitterpunkte haben? Geben Sie deren Koordinaten an.

c) Bringen Sie kongruente Netzebenen ∥ (001) so in das oP-Gitter ein, dass ein Gitterpunkt auf einen der Plätze kommt, die unter (b) aufgefunden wurden. Versuchen Sie es auch mit 2 Netzebenen.

Aufgabe 7.7

Leiten Sie die zentrierten Translationsgitter des tetragonalen Kristallsystems ab.

Aufgabe 7.8

Gegeben ist die unten aufgeführte Projektion auf x, y, 0 eines Bravaisgitters.

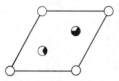

a) Nennen Sie die Gitterparameter und die Koordinaten der Gitterpunkte.

b) Bestimmen Sie die Symmetrie des Gitters und zeichnen Sie die Symmetrieelemente in die Projektion ein.

c) Geben Sie die Blickrichtungen an.

d) Wie lautet das Raumgruppen-Symbol?

Aufgabe 7.9

Betrachten Sie die Abb. 7.19, 7.21, 7.23 und 7.24. In welchem Zusammenhang stehen die Einzelprojektionen in jeder Abbildung zueinander?

Die 7 Kristallsysteme

8

In die einzelnen Translationsgitter wurden die Vektoren $\vec{a}$, $\vec{b}$, $\vec{c}$ und – ihrer Lage entsprechend – ein aus den kristallographischen Achsen a, b, c bestehendes Achsenkreuz gelegt. Dies geschah nicht willkürlich, sondern stets in Bezug auf die Symmetrieelemente (soweit vorhanden) in der Weise, dass

$$\vec{a},\ \vec{b},\ \vec{c} \text{ bzw. a, b, c} \| X,\ \overline{X},\ \text{Normale von m}$$

gelegt wurden.

Danach kann man 6 Achsenkreuze unterscheiden, die in Abb. 7.7c–7.13c in Korrespondenz zu den P-Gittern dargestellt sind, aber natürlich auch für die zentrierten Gitter Geltung haben. Auf der Grundlage der Achsenkreuze definiert man Kristallsysteme:

▶ **Definition** Alle Gitter, alle Kristallstrukturen, alle Kristalle (bez. der Morphologie), die man auf das gleiche Achsenkreuz beziehen kann, gehören dem gleichen Kristallsystem an.

Danach lägen 6 Kristallsysteme vor. Man unterscheidet beim Achsenkreuz $a = b, c$, $\alpha = \beta = 90°$, $\gamma = 120°$ das hexagonale und das trigonale Kristallsystem. Für das hexagonale Kristallsystem sind 6 und $\overline{6}$, für das trigonale 3 und $\overline{3}$ charakteristisch.

Rhomboedrische Kristalle können auch mit einem primitiven Gitter beschrieben werden. Für das rhomboedrische Kristallsystem gilt $a' = b' = c'; \alpha' = \beta' = \gamma'$ (vgl. die rhomboedrische Elementarzelle in Abb. 7.12b). Für rhomboedrische Kristalle gibt es nur zwei Blickrichtungen, nämlich [001] und $\langle 100 \rangle$ für hexagonale Achsen und [111] und $\langle 1\overline{1}0 \rangle$ für rhomboedrische Achsen.

© Springer-Verlag Berlin Heidelberg 2018
W. Borchardt-Ott, H. Sowa, *Kristallographie*, Springer-Lehrbuch,
https://doi.org/10.1007/978-3-662-56816-3_8

Tab. 8.1 Die 7 Kristallsysteme

Kristallsystem	Achsenkreuz	Abb.	Gleichwertigkeit der kristallographischen Achsen durch:
Triklin	$a, b, c, \quad \alpha, \beta, \gamma^a$	7.7c	
Monoklin	$a, b, c, \quad \alpha = \gamma = 90°, \quad \beta \geqq 90°$	7.8c	
Orthorhombisch	$a, b, c, \quad \alpha = \beta = \gamma = 90°$	7.9c	
Tetragonal	$a = b, c, \quad \alpha = \beta = \gamma = 90°$ $(a_1 = a_2, c)$	7.10c	$4 \parallel c$
Trigonal[b]	$a = b, c, \quad \alpha = \beta = 90°, \quad \gamma = 120°$	7.11c	$3 \parallel c$
Hexagonal	$(a_1 = a_2 = a_3, c)$	7.11c	$6 \parallel c$
Kubisch	$a = b = c, \quad \alpha = \beta = \gamma = 90°$ $(a_1 = a_2 = a_3)$	7.13c	$3 \parallel \langle 111 \rangle$

[a] statt $a \neq b \neq c$, wird hier a, b, c geschrieben, da diese Gitterparameter zufällig – aber nicht symmetriebedingt – gleich groß sein können. Gleiches gilt für die Winkel α, β, γ
[b] Anstelle des trigonalen und hexagonalen Kristallsystems kann auch ein rhomboedrisches und hexagonales Kristallsystem definiert werden.

In Tab. 8.1 sind die 7 Kristallsysteme mit den für sie geltenden Bedingungen bezüglich der kristallographischen Achsen zusammengestellt. Man muss bedenken, dass diese Relationen der kristallographischen Achsen nur ein Ausdruck der vorliegenden Symmetrieverhältnisse sind. Die Symmetrieelemente, die die Äquivalenz der kristallographischen Achsen bewirken, sind in Tab. 8.1 eingetragen. Eine vollständige Liste der für die einzelnen Kristallsysteme *charakteristischen Symmetrieelemente* enthält Tab. 9.10.

Die Punktgruppen

9

9.1 Die 32 kristallographischen Punktgruppen

Die Raumgruppen der Translationsgitter besitzen jeweils die höchste Symmetrie, die in einem Kristallsystem auftreten kann. Ersetzt man die Gitterpunkte durch Bausteine, so müssen die Bausteine – wenn die Raumgruppe erhalten bleiben soll – mindestens die gleiche Symmetrie aufweisen wie die Gitterpunkte. Die Symmetrie eines Gitterpunkts ist einfach aus der Raumgruppe abzuleiten. Man muss nur alle die Punktsymmetrieelemente der Raumgruppe berücksichtigen, die den Gitterpunkt schneiden (X, $\overline{\mathrm{X}}$, m) oder in ihm liegen ($\overline{1}$). Man geht in den einzelnen Kristallsystemen von den Raumgruppen der P-Gitter (im trigonalen System vom R-Gitter) aus (Abb. 7.7d–7.13d); die Verhältnisse sind bei den zentrierten Gittern jedoch die gleichen (identische Punkte). Die Gittertranslation als wichtigste Symmetrieoperation der Raumgruppen wird nicht mehr berücksichtigt, und man erhält die kristallographischen *Punktgruppen*[1] (PG). Die Symmetriegerüste dieser Punktgruppen und deren stereographische Projektionen sind in den Abb. 7.7e–7.13e dargestellt. Den beschriebenen Übergang von den Raumgruppen zu den Punktgruppen zeigt Tab. 9.1. Einzelheiten können den genannten Abbildungen entnommen werden, und man sollte sich dieser Mühe nicht entziehen!

Die Punktgruppen werden von den Punktsymmetrieoperationen und ihren Kombinationen gebildet und besitzen die Eigenschaft, dass bei jeder durchgeführten Symmetrieoperation mindestens ein Punkt am Ort bleibt.

► **Definition** Eine Punktgruppe ist eine Gruppe von Punktsymmetrieoperationen, bei denen mindestens ein Punkt am Ort verbleibt. Alle Operationen, die Gittertranslation enthalten, sind also ausgeschlossen.

---

[1] Die kristallographischen Punktgruppen werden auch Kristallklassen genannt.

© Springer-Verlag Berlin Heidelberg 2018
W. Borchardt-Ott, H. Sowa, *Kristallographie*, Springer-Lehrbuch,
https://doi.org/10.1007/978-3-662-56816-3_9

Tab. 9.1 Übergang von einer der höchstsymmetrischen Raumgruppen jedes Kristallsystems zur höchstsymmetrischen Punktgruppe jedes Kristallsystems

Kristallsystem	Raumgruppe		Punktgruppe	Abb.
Triklin	$P\bar{1}$	→	$\bar{1}$	7.7d,e
Monoklin	$P2/m$	→	$2/m$	7.8d,e
Orthorhombisch	$P2/m\,2/m\,2/m$	→	$2/m\,2/m\,2/m$	7.9d,e
Tetragonal	$P4/m\,2/m\,2/m$	→	$4/m\,2/m\,2/m$	7.10d,e
Trigonal	$R\bar{3}\,2/m$	→	$\bar{3}\,2/m$	7.12 d,e
Hexagonal	$P6/m\,2/m\,2/m$	→	$6/m\,2/m\,2/m$	7.11d,e
Kubisch	$P4/m\,\bar{3}\,2/m$	→	$4/m\,\bar{3}\,2/m$	7.13d,e

Die Blickrichtungen der Punktgruppen sind innerhalb der Kristallsysteme jenen der Raumgruppen gleich (Tab. 7.3). Die so aus den Raumgruppen der Translationsgitter hergeleiteten Punktgruppen sind die höchstsymmetrischen in den einzelnen Kristallsystemen.

In den höchstsymmetrischen Punktgruppen der einzelnen Kristallsysteme sind niedersymmetrische Punktgruppen, sog. Untergruppen, enthalten. Sie sollen nur in einigen Kristallsystemen abgeleitet werden:

Triklin

In $\bar{1}$ ist nur noch 1 enthalten. Geht man von der Raumgruppe $P\bar{1}$ (Abb. 7.16) aus, so haben alle Punkte, die nicht in den Inversionszentren liegen, die Punktsymmetrie 1.

Monoklin

$2/m$ enthält 2, m, $\bar{1}$ (vgl. Symmetriesatz I) und 1. Da $\bar{1}$ und 1 zum triklinen Kristallsystem gehören, so verbleiben als monokline Untergruppen 2 und m (Abb. 7.8f). Diese Punktgruppen stehen auch in Übereinstimmung mit dem monoklinen Achsenkreuz: m ⊥ b in der a, c-Ebene; 2 ∥ b und senkrecht zur a, c-Ebene. Geht man von der Raumgruppe $P2/m$ (Abb. 7.8d) aus, so ist dem Punkt in $0, 0, 0$ die Punktsymmetrie $2/m$ zuzuordnen, während z. B. ein Punkt in x, $\frac{1}{2}$, z die Punktgruppe m, ein solcher in $\frac{1}{2}$, y, $\frac{1}{2}$ die Punktgruppe 2 besitzt (vgl. Abb. 10.14).

Orthorhombisch

Entnimmt man der Punktgruppe $2/m\,2/m\,2/m$ die Inversion, so muss auch aus jedem $2/m$ entweder 2 oder m entfernt werden (I. Symmetriesatz). Es entstehen mmm, mm2[2] m22[3] und 222. Die Symmetrieelemente von mmm sind in das Stereogramm in Abb. 9.1 eingezeichnet. Nach dem Symmetriesatz II (m ⊥ m ⇒ 2) werden die im Stereogramm gestrichelt dargestellten 2-zähligen Drehachsen erzeugt, und man erhält wieder $2/m\,2/m\,2/m$. Auch m22 (Abb. 9.2) geht in $2/m\,2/m\,2/m$ über. So verbleiben als Untergruppen von $2/m\,2/m\,2/m$ mm2 und 222 (Abb. 7.9f). Geht man von der Raumgruppe

---

[2] m2m und 2mm sind nur andere Aufstellungen von mm2.
[3] 2m2 und 22m sind nur andere Aufstellungen von m22, aber siehe auch Abb. 9.2.

Abb. 9.1 Die 3 zueinander senkrecht stehenden Spiegelebenen von mmm erzeugen die *gestrichelt* dargestellten 2-zähligen Drehachsen (II. Symmetriesatz). Damit geht mmm in 2/m 2/m 2/m über, oder mmm ist als gekürztes Symbol von 2/m 2/m 2/m anzusehen

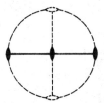

Abb. 9.2 Die in das Stereogramm eingezeichneten Symmetrieelemente von m22 erzeugen aufgrund des II. Symmetriesatzes die *gestrichelt* dargestellten Symmetrieelemente, also im Endeffekt die Punktgruppe 2/m 2/m 2/m; m22 ist also identisch mit 2/m 2/m 2/m

P2/m 2/m 2/m (Abb. 7.9d) aus, so besitzen z. B. alle Punkte in $\frac{1}{2}, \frac{1}{2}, z$ ($z \neq 0, \frac{1}{2}$) die Punktsymmetrie mm2.

Entsprechend kann man auch in den anderen Kristallsystemen verfahren und erhält dann insgesamt 32 Punktgruppen oder Kristallklassen, die in Tab. 9.2 zusammengestellt sind.

Tab. 9.2 Die 32 kristallographischen Punktgruppen

Kristallsystem	Punktgruppen		Symmetriegerüste und Stereogramme der Punktgruppen in Abb.
Triklin	$\bar{1}$	1	
Monoklin	2/m	m, 2	7.8e,f
Orthorhombisch	2/m 2/m 2/m (mmm)	mm2, 222	7.9e,f
Tetragonal	4/m 2/m 2/m (4/mmm)	$\bar{4}$2m, 4mm, 422 4/m, $\bar{4}$, 4	7.10e,f
Trigonal	$\bar{3}$ 2/m ($\bar{3}$m)	3m, 32, $\bar{3}$, 3	7.12e,f
Hexagonal	6/m 2/m 2/m (6/mmm)	$\bar{6}$m2, 6mm, 622 6/m, $\bar{6}$, 6	7.11e,f
Kubisch	4/m $\bar{3}$ 2/m (m$\bar{3}$m)	$\bar{4}$3m, 432, 2/m $\bar{3}$ (m$\bar{3}$), 23	7.13e,f

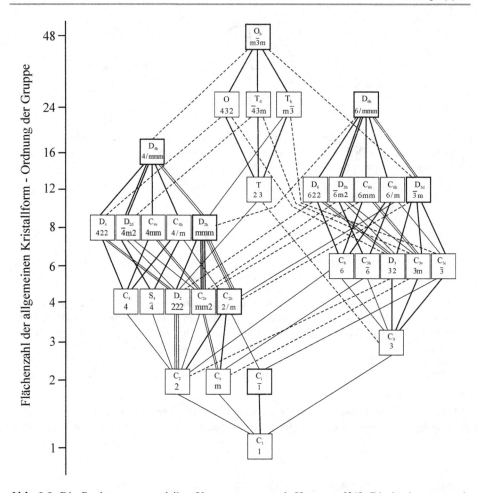

Abb. 9.3 Die Punktgruppen und ihre Untergruppen, nach Hermann [21]. Die höchstsymmetrischen Punktgruppen der einzelnen Kristallsysteme sind von einem *dick ausgezogenen Rechteck* eingeschlossen. *Doppelte (dreifache)* Linien zeigen, dass die obere Punktgruppe die untere in 2 (3) ungleichwertigen Lagen als Untergruppe enthält. Die Verbindungslinien zwischen Punktgruppen, die dem gleichen Kristallsystem angehören, sind *stark* gezeichnet, alle übrigen *schwach* oder *gestrichelt*. Die Verbindungslinien zwischen den Punktgruppen bedeuten, dass die unten stehende Punktgruppe eine Untergruppe der oben stehenden ist. Auf der Ordinate sind die Flächenzahl der allgemeinen Kristallform der einzelnen Punktgruppen und die Ordnung der Gruppe (Zahl der Symmetrieoperationen der Gruppe) angegeben, bez. Gruppen vgl. Abschn. 11.2

Alle Punktgruppen können auch als Untergruppen von $4/m\,\overline{3}\,2/m$ und/oder $6/m\,2/m\,2/m$ betrachtet werden. Diese Beziehungen sind in Abb. 9.3 verdeutlicht.

Die Symbole einiger Punktgruppen sind überbestimmt. Wir sahen es bei $2/m\,2/m\,2/m$ (vgl. Abb. 9.1). Man hat deshalb ihre Symbole gekürzt. Die gekürzten Symbole sind in Tab. 9.2 in Klammern gesetzt. Die entsprechenden Kürzungen gelten auch für die Raumgruppensymbole (Kap. 10 „Die Raumgruppen“).

Die Symbole wurden bisher nur in ihrer Beziehung zu den Blickrichtungen betrachtet. Man kann aber auch leicht aus dem Symbol die Anordnung der Symmetrieelemente zueinander erkennen.

Es bedeutet:

- X2: Drehachse X und senkrecht dazu 2-zählige Drehachsen; z. B. 42(2), Abb. 7.10f
- Xm: Drehachse X und parallel dazu m; z. B. 3m, Abb. 7.12f
- $\bar{X}$2: Drehinversionsachse X und senkrecht dazu 2-zählige Drehachsen; z. B. $\bar{4}$2(m), Abb. 7.10f
- $\bar{X}$m: Drehinversionsachse $\bar{X}$ und parallel dazu m; z. B. $\bar{6}$m(2), Abb. 7.11f
- X/mm: Drehachse X und senkrecht und parallel dazu m; z. B. 4/mm(m), Abb. 7.10e.

Die bisher bei den Raum- und Punktgruppen verwendete Symbolik wird als *Internationale* oder *Hermann-Mauguin-Symbolik* bezeichnet. Daneben wird in der Chemie und Physik auch die ältere *Schönflies-Symbolik* verwendet. Der Aussagewert der Schönflies-Symbolik ist bei den Raumgruppen sehr gering, bei den Punktgruppen aber ausreichend, wenn auch unzweckmäßig. Im Folgenden werden bei den Punktgruppen beide Symbole angegeben. Die Schönflies-Symbolik ist in Tab. 9.3 erläutert und mit der Internationalen Symbolik verglichen.

9.2 Kristallsymmetrie

Eine Raumgruppe gibt die Gesamtsymmetrie einer Kristallstruktur an. Wird nun aber der Kristall nicht als Diskontinuum, sondern nur als Kontinuum betrachtet, so gehen die Gitter-Translationen, die das Charakteristikum des Diskontinuums sind, verloren, und es bleibt die sich aus der Raumgruppe ergebende Punktgruppe übrig. Ist der Kristall von ebenen Flächen begrenzt, so findet die Morphologie ihren symmetrischen Ausdruck in dieser Punktgruppe.

In Abb. 9.4 ist eine Symmetriebestimmung an einem PbS-(Galenit)-Kristall (vgl. Abb. 15.4) durchgeführt. Die an dem Kristall gefundenen Symmetrieelemente wurden in eine stereographische Projektion eingezeichnet. Der Kristall gehört der Punktgruppe 4/m $\bar{3}$ 2/m (O_h) an.

In Tab. 9.4 (rechte Spalte) sind Beispiele für die einzelnen Punktgruppen angegeben.

Tab. 9.3 Die Schönflies-Symbolik der Punktgruppen im Vergleich mit der Internationalen Symbolik

C_n: n-zählige Drehachse; identisch mit X				
C_n	C_1	C_2	C_3	C_4	C_6
X	1	2	3	4	6

C_{ni}: n-ungeradzählige Drehachse und Inversionszentrum i; entspricht $\overline{X}$ (ungeradzählig)[a], C_s (s für Spiegelebene), Drehspiegelachse $S_4 = \overline{4}$

	C_i	C_s	C_{3i}	S_4
$\overline{X}$	$\overline{1}$	$(\overline{2}) \equiv m$	$\overline{3}$	$\overline{4}$

C_{nh}: n-zählige Drehachse und senkrecht dazu (horizontale) Spiegelebene; entspricht X/m

C_{nh}		C_{2h}	C_{3h}	C_{4h}	C_{6h}
X/m		2/m	$(3/m) \equiv \overline{6}$	4/m	6/m

C_{nv}: n-zählige Drehachse und parallel dazu n (vertikale) Spiegelebenen; entspricht Xm

C_{nv}		C_{2v}	C_{3v}	C_{4v}	C_{6v}
Xm		mm2	3m	4mm	6mm

D_n: n-zählige Drehachse und senkrecht dazu n 2-zählige Drehachsen, entspricht X2

D_n		D_2	D_3	D_4	D_6
X2		222	32	422	622

D_{nd}: Zu D_n kommen n (diagonale) Spiegelebenen auf die Diagonalen zwischen den 2-zähligen Achsen; entspricht Xm

D_{nd}		D_{2d}	D_{3d}		
$\overline{X}$m		$\overline{4}$2m	$\overline{3}$m		

D_{nh}: Zu D_n kommt senkrecht eine (horizontale) Spiegelebene, die n (vertikale) Spiegelebenen erzeugt; entspricht X/mm

D_{nh}		D_{2h}	D_{3h}	D_{4h}	D_{6h}
X/mm		mmm	$(3/mm) \equiv \overline{6}m2$	4/mmm	6/mmm

T Tetraeder; O Oktaeder					
	T	T_h	O	T_d	O_h
	23	$m\overline{3}$	432	$\overline{4}3m$	$m\overline{3}m$

[a] $C_{2i} \equiv C_{2h}(2/m)$; $C_{4i} \equiv C_{4h}(4/m)$; $C_{6i} \equiv C_{6h}(6/m)$; vgl. I. Symmetriesatz. Man beachte, dass die Drehinversionsachsen $\overline{X}$ Symmetrieelemente sind, die durch Koppelung entstanden sind. Bei $\overline{1}$ und $\overline{3}$ ist Koppelung gleich Kombination.

Tab. 9.4 Molekül- und Kristallbeispiele der Punktgruppen

Moleküle[a]	Punktgruppe	Kristalle
1	$1 - C_1$	$SrH_2(C_4H_4O_6)_2 \cdot 4H_2O$ — $CaS_2O_3 \cdot 6H_2O$
2 Mesoweinsäure	o $\bar{1} - C_i$	$CH_2(COOH)_2$ (Malonsäure) — H_3BO_3, $CuSO_4 \cdot 5H_2O$ $MnSiO_3$ (Rhodonit) $NaAlSi_3O_8$ (Albit)
3 Die enantiomorphen Moleküle der Weinsäure	 $2 - C_2$	m D- L- Weinsäure — $Li_2SO_4 \cdot H_2O$ $C_{12}H_{22}O_{11}$ (Rohrzucker) $C_{14}H_{10}$ (Phenanthren)

[a] Bei einigen Molekülbeispielen handelt es sich um Zeichnungen von Beevers miniature models unit, University of Edinburgh.

Tab. 9.4 (Fortsetzung)

Moleküle[a]	Punktgruppe	Kristalle
4 NOCl	$m - C_s$	$K_2S_4O_6$ ————————— $CuSO_4 \cdot 3H_2O$
5 trans-1,2-Dichlorethen	$2/m - C_{2h}$	$KClO_3$ ————————— $CaSO_4 \cdot 2H_2O$ (Gips) Abb. 6.6 $FeSO_4 \cdot 7H_2O$ $KAlSi_3O_8$ (Sanidin), S $C_{10}H_8$, $C_{14}H_{10}$ (Anthracen) $(COOH)_2 \cdot 2H_2O$
6 Diphenylethin	$222 - D_2$	$MgSO_4 \cdot 7H_2O$ (Epsomit) ————————— $KNaC_4H_4O_6 \cdot 4H_2O$ (Seignettesalz)

Tab. 9.4 (Fortsetzung)

Moleküle[a]	Punktgruppe	Kristalle
7 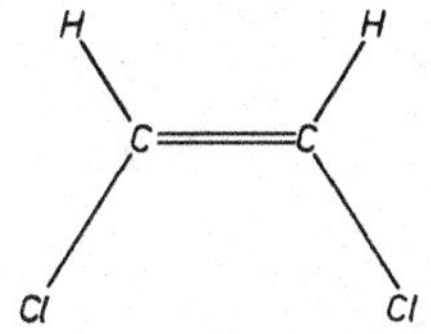 cis-1,2-Dichlorethen	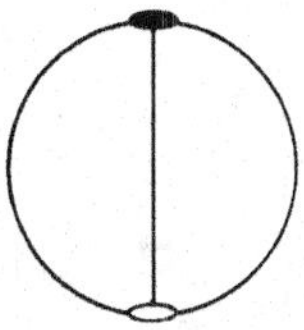 mm2 – C_{2v}	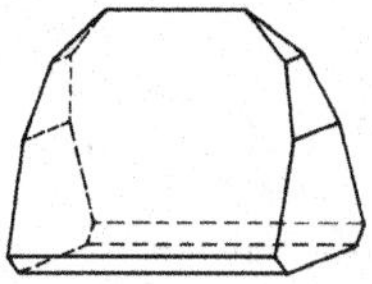 $MgNH_4PO_4 \cdot 6H_2O$ (Struvit) $C_6H_4(OH)_2$ (Resorcin) Ag_3Sb (Dyskrasit) $FeAlO_3$
8 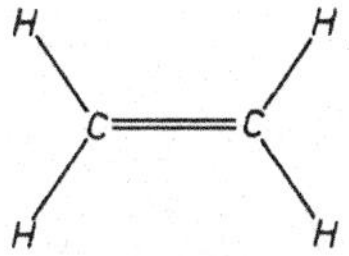 Ethen	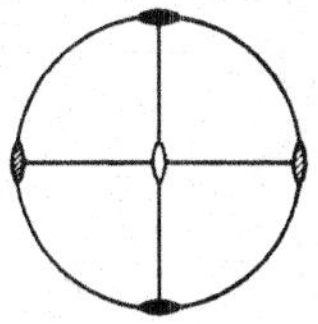 mmm – D_{2h}	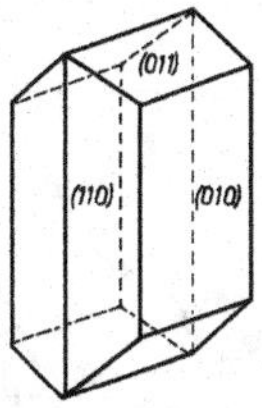 $CaCO_3$ (Aragonit) $CaSO_4$ (Anhydrit), $KClO_4$ $BaSO_4$ (Baryt), S $(COOH)_2$ (Oxalsäure), C_6H_6, I_2
9 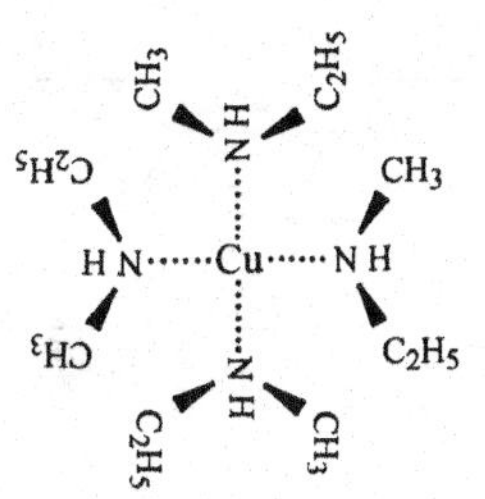 2+ $C-(S-CH_3)_4$ region... Cu complex	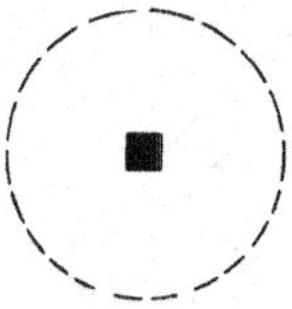 4 – C_4	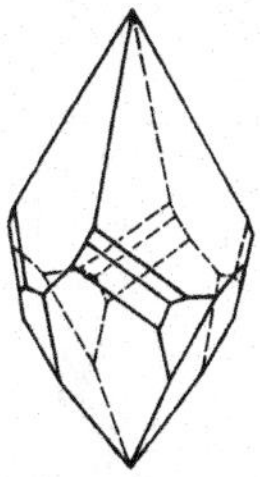 $PbMoO_4$ (Wulfenit) $(CH_3CHO)_4$ (Metaldehyd)
10 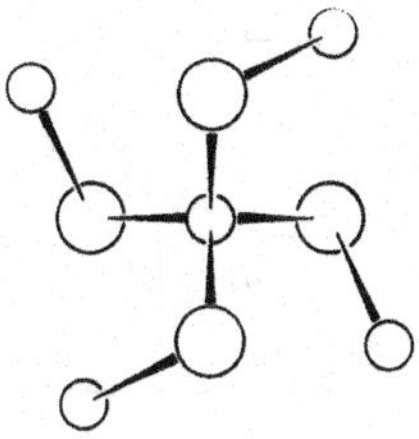 $C-(S-CH_3)_4$	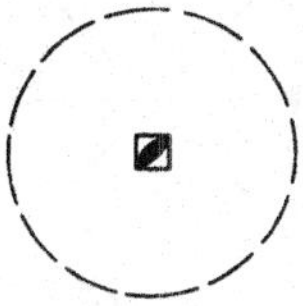 $\bar{4}$ – S_4	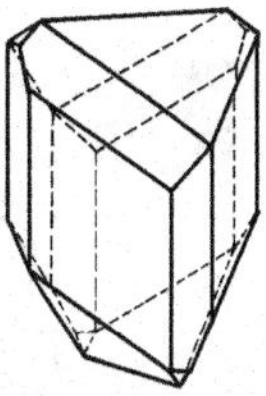 $Ca_2[AsO_4/B(OH)_4]$ (Cahnit) BPO_4, $BAsO_4$ $C(CH_2OH)_4$ (Pentaerythrit)

Tab. 9.4 (Fortsetzung)

Moleküle[a]	Punktgruppe	Kristalle
11 2+	$4/m - C_{4h}$	$CH_2OH \cdot (CHOH)_2 \cdot CH_2OH$ (i-Erythrit) $CaWO_4$ (Scheelit) $NaJO_4$, $BaMoO_4$
12 2+	$422 - D_4$	$CCl_3COOK \cdot CCl_3COOH$ $NiSO_4 \cdot 6H_2O$
13 $XeOF_4$	$4mm - C_{4v}$	Diaboleit $Pb_2Cu(OH)_4Cl_2$
14 C_3H_4 (Allen)	$\bar{4}2m - D_{2d}$	$Hg(CN)_2$ KH_2PO_4, $CO(NH_2)_2$ (Harnstoff) $CuFeS_2$ (Chalkopyrit)

Tab. 9.4 (Fortsetzung)

Moleküle[a]	Punktgruppe	Kristalle
15 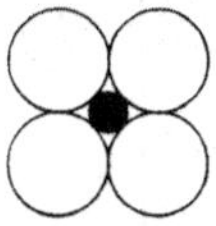 $PtCl_4^{--}$	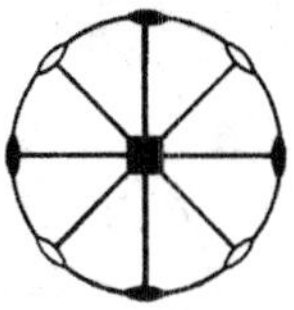 $4/mmm - D_{4h}$	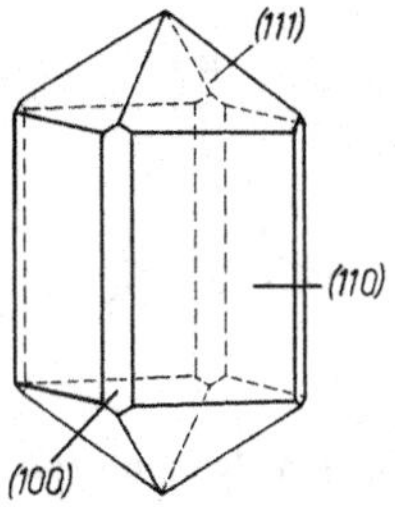 TiO_2 (Rutil) <hr> SnO_2 (Cassiterit) TiO_2 (Anatas) $ZrSiO_4$ (Zirkon)
16 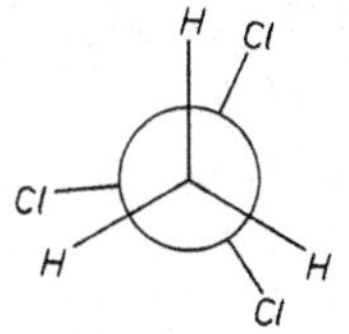 CH_3CCl_3	 $3 - C_3$	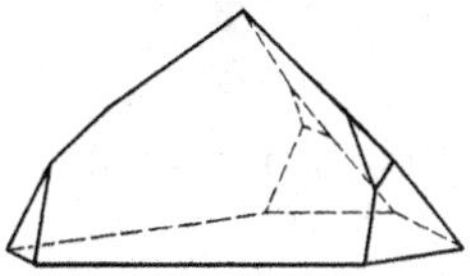 $NaJO_4 \cdot 3\,H_2O$ <hr> Tl_2S
17 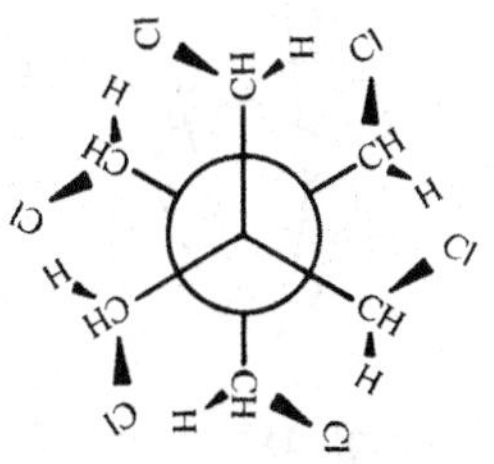	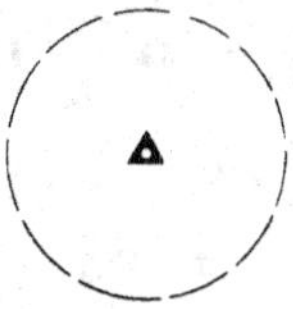 $\bar{3} - C_{3i}$	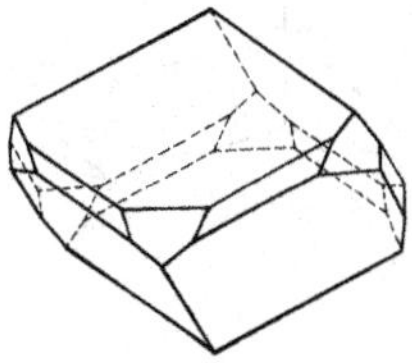 $CaMg(CO_3)_2$ (Dolomit) <hr> $FeTiO_3$ (Ilmenit) Be_2SiO_4 (Phenakit) Li_2BeF_4

Tab. 9.4 (Fortsetzung)

Moleküle[a]	Punktgruppe	Kristalle
18 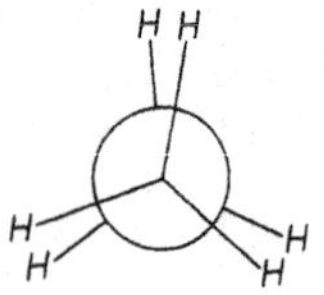 C_2H_6 (schiefe Konformation)	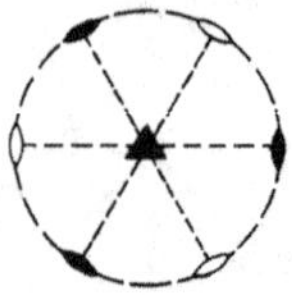 $32 - D_3$	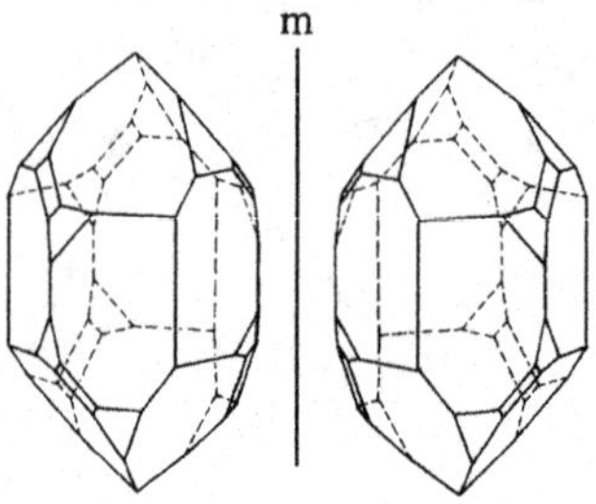 m L- R- Tief-Quarz SiO_2 $AlPO_4$, Se, Te, HgS, $K_2S_2O_6$ $(C_6H_5CO)_2$ (Benzil)
19  IO_3^-, SeO_3^{--}, AsO_3^{---}	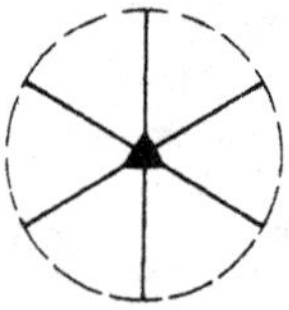 $3m - C_{3v}$	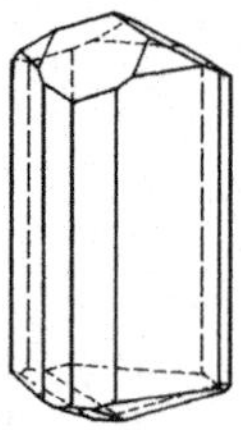 Turmalin Ag_3SbS_3 (Pyrargyrit) NiS (Millerit) $LiNaSO_4$
20 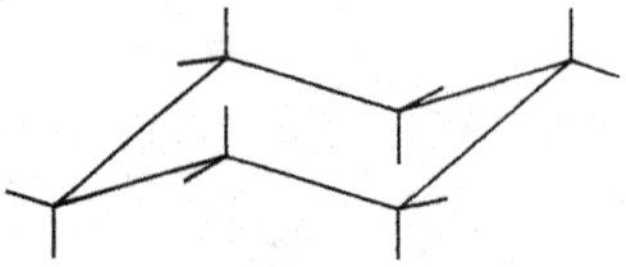 C_6H_{12} Cyclohexan (Sesselform)	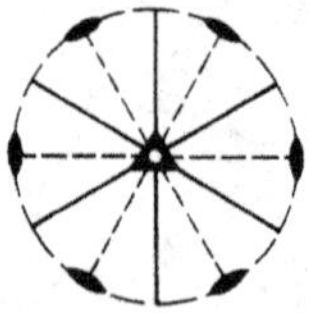 $\bar{3}m - D_{3d}$	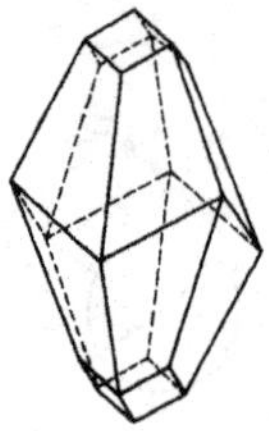 $CaCO_3$ (Calcit) As, Sb, Bi, $CdCl_2$, $NaNO_3$ Al_2O_3 (Korund) Fe_2O_3 (Hämatit) $Mg(OH)_2$ (Brucit)

Tab. 9.4 (Fortsetzung)

Moleküle[a]	Punktgruppe	Kristalle
21 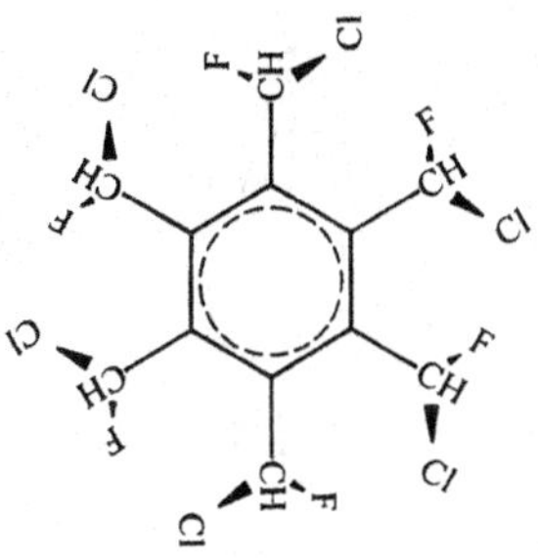 CHFCl = R **Hexa-R-benzol**	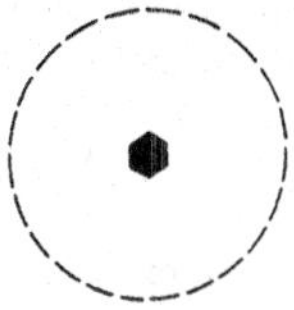 $6 - C_6$	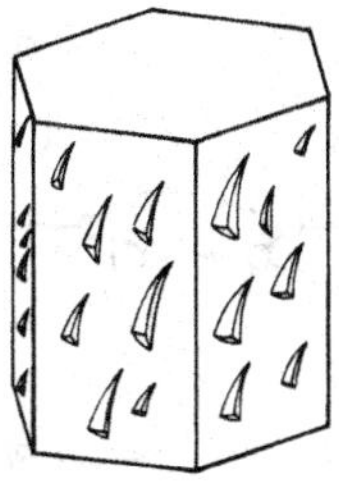 $KNa_3(AlSiO_4)_4$ (Nephelin) mit Ätzfiguren --- $LiKSO_4$ CHI_3
22 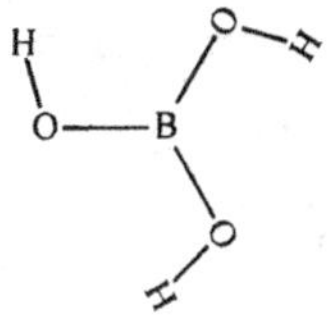 **B(OH)₃**	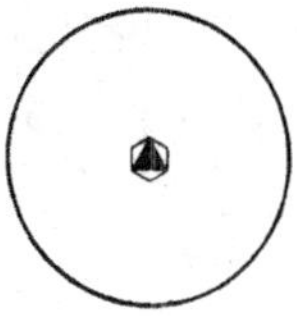 $\bar{6} - C_{3h}$	Li_2O_2
23 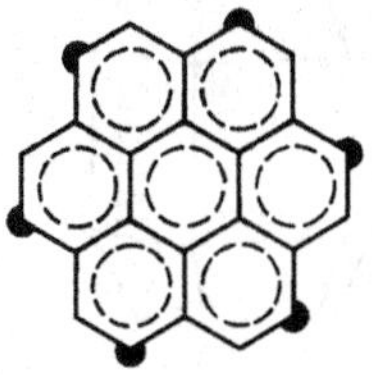 **Hexaazacoronen**	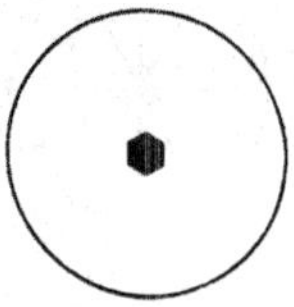 $6/m - C_{6h}$	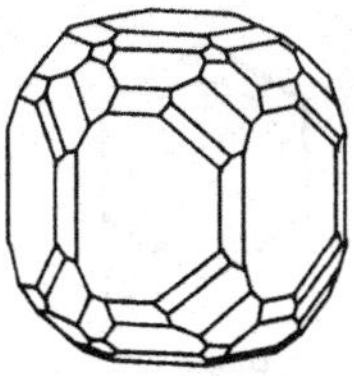 $Ca_5[F/(PO_4)_3]$ (Apatit) --- $Ce_2(SO_4)_3 \cdot 9\,H_2O$
24 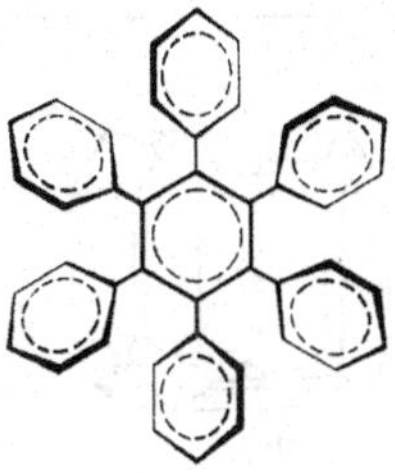 **Hexaphenylbenzol**	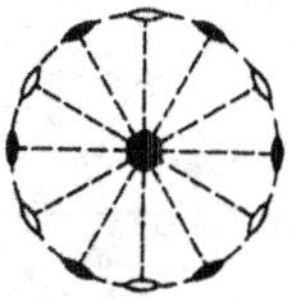 $622 - D_6$	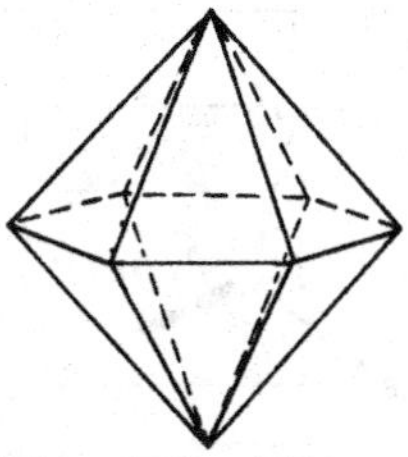 $KAlSiO_4$ (Kaliophilit) --- SiO_2 (Hochquarz)

Tab. 9.4 (Fortsetzung)

Moleküle[a]	Punktgruppe	Kristalle
25 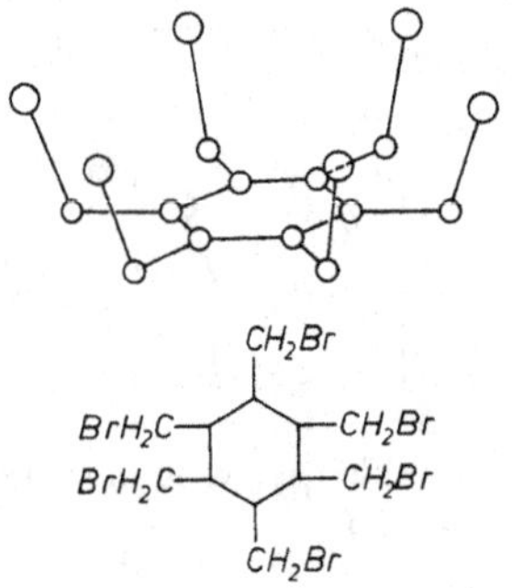 CH_2Br BrH_2C— —CH_2Br BrH_2C— —CH_2Br CH_2Br Hexabromomethylbenzol	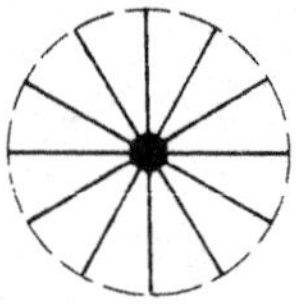 $6mm - C_{6v}$	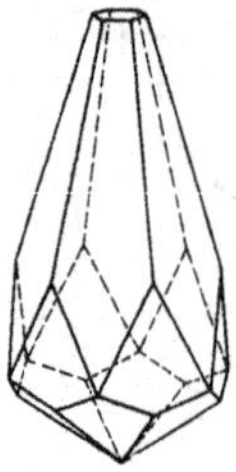 AgJ ——— ZnS (Wurtzit), CdS ZnO, BeO
26 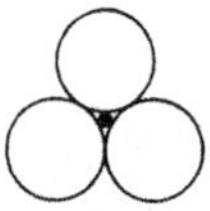 NO_3^-, CO_3^{--}	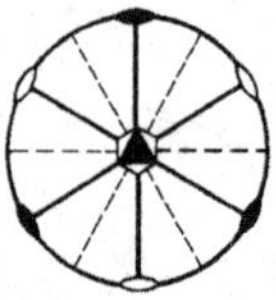 $\bar{6}m2 - D_{3h}$	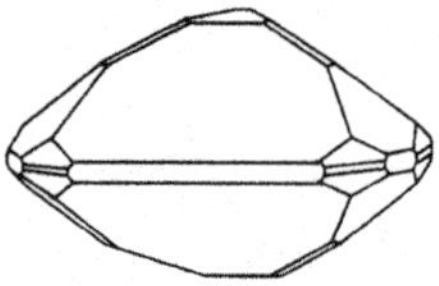 BaTi(Si$_3$O$_9$) (Benitoit)
27  Benzol	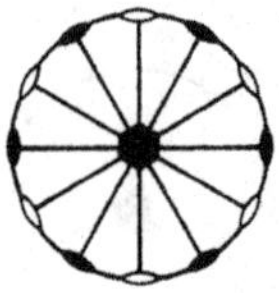 $6/mmm - D_{6h}$	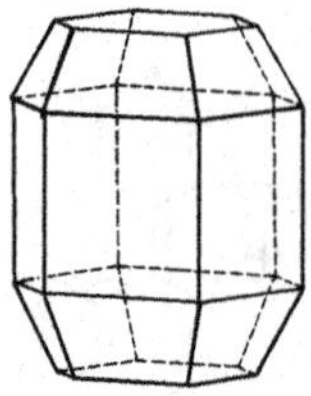 Mg ——— Be, Zn, CuS, NiAs, Be$_3$Al$_2$Si$_6$O$_{18}$ (Beryll) C (Graphit), MoS$_2$ C$_2$H$_6$
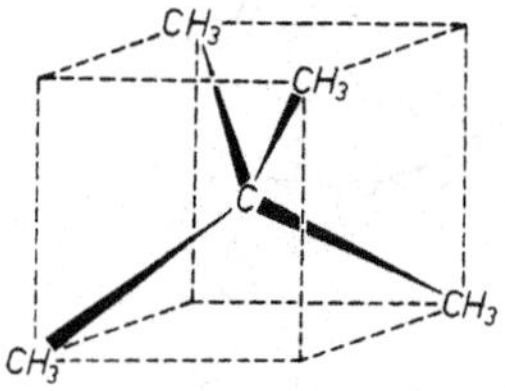 28 CH_3 CH_3 C CH_3 CH_3 Tetramethylmethan	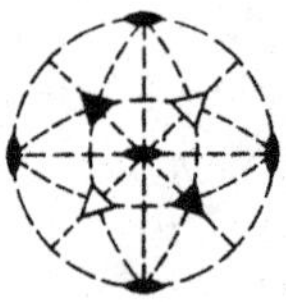 $23 - T$	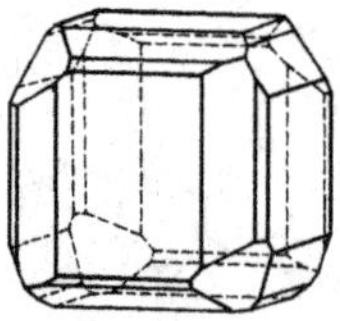 (Links)-NaClO$_3$ ——— NaBrO$_3$

Tab. 9.4 (Fortsetzung)

Moleküle[a]	Punktgruppe	Kristalle
29 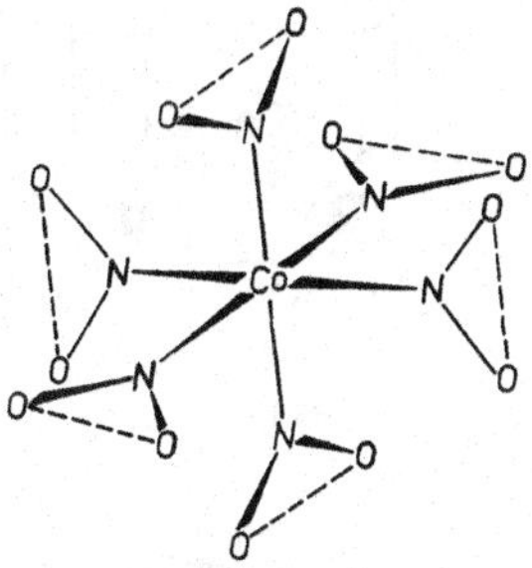 $[Co(NO_2)_6]^{3-}$	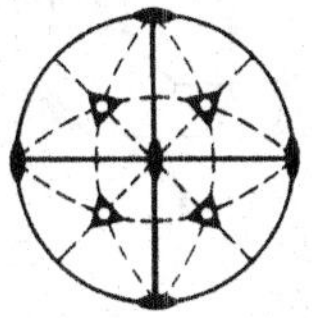 $m\bar{3} - T_h$	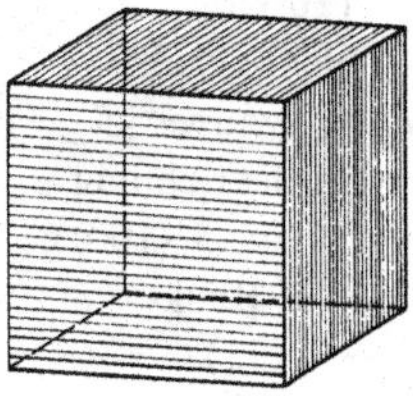 FeS$_2$ (Pyrit) mit Streifung auf den Würfelflächen Alaune (z. B. KAl(SO$_4$)$_2$ · 12 H$_2$O)
30 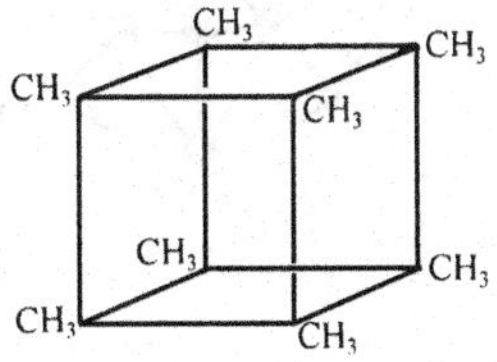 Octamethylcuban	 $432 - O$	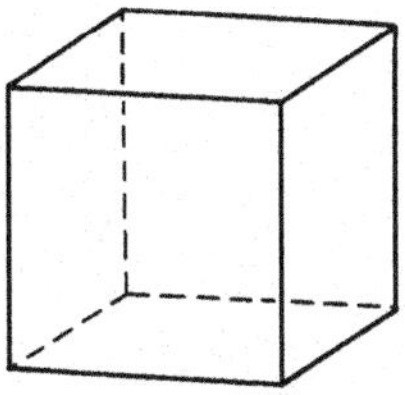 SiO$_2$ (Melanophlogit) Ag$_3$AuTe$_2$
31 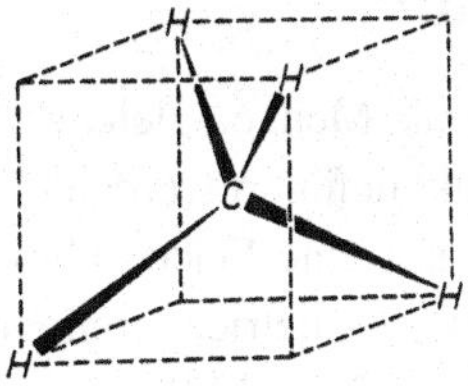 Methan	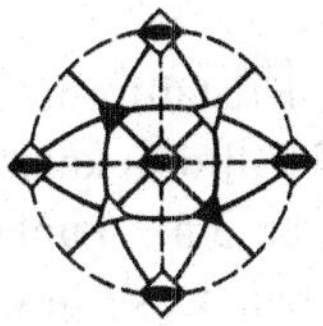 $\bar{4}3m - T_d$	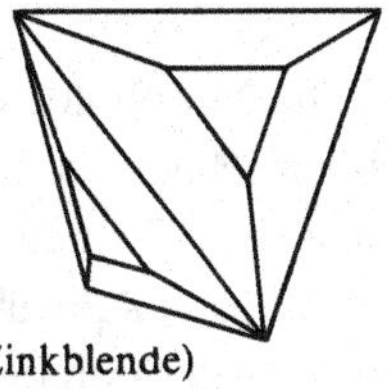 ZnS (Zinkblende) CuCl, CuBr, CuJ Al(PO$_3$)$_3$, Ag$_3$PO$_4$
32 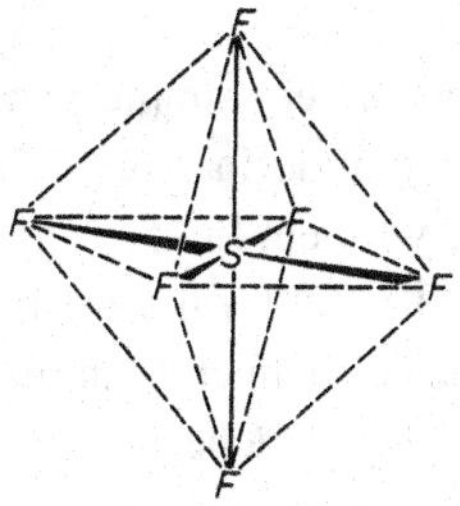 SF$_6$ C$_8$H$_8$ (Cuban)	 $m\bar{3}m - O_h$	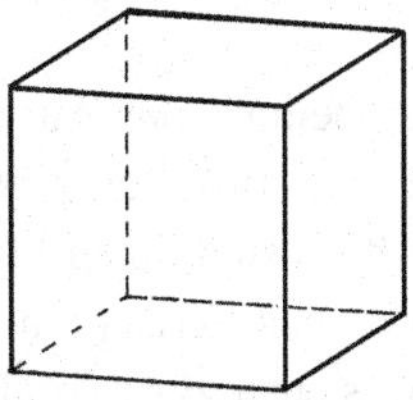 NaCl, KCl, CaF$_2$, MgO PbS (Abb. 5.1), CsCl Granat (Abb. 1.1a) Cu, Ag, Au, Pt, Fe, W, Si C (Diamant)

Abb. 9.4 Punktgruppe
4/m 3̄ 2/m (O_h) ei-

$\downarrow$ $\downarrow$ $\downarrow$

⟨100⟩ ⟨111⟩ ⟨110⟩
nes Galenit-(PbS)-Kristalls.
In **a** sind nur die Symmetrieelemente der 1. Blickrichtung
eingezeichnet, (4/m → ⟨100⟩);
in **b** nur jene der 2. Blickrichtung (3̄ → ⟨111⟩);
in **c** nur jene der 3. Blickrichtung (2/m → ⟨110⟩);
d Stereogramm der Symmetrieelemente

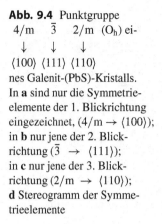

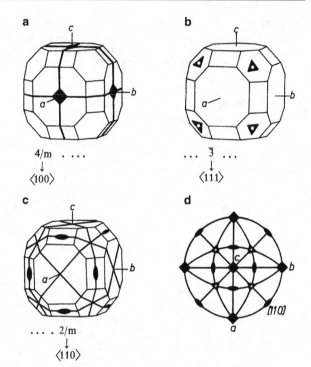

a

4/m . . . .
$\downarrow$
⟨100⟩

b

. . . 3̄ . . .
$\downarrow$
⟨111⟩

c

. . . . 2/m
$\downarrow$
⟨11̄0⟩

d

9.2.1 Kristallformen des tetragonalen Kristallsystems

In Kap. 5 „Die Morphologie" war die Kristallform vorläufig als Menge „gleicher" Kristallflächen bezeichnet worden. Die Kristallform kann nun exakt definiert werden.

Lässt man die Symmetrieoperationen einer Punktgruppe auf eine Fläche einwirken,
so entsteht eine Zahl äquivalenter Flächen. Das Einwirken der Symmetrieoperationen der
Punktgruppe 4 in der stereographischen Projektion in Abb. 9.5a auf einen Flächenpol führt
zur tetragonalen Pyramide.

▶ **Definition** Eine Menge von äquivalenten Flächen nennt man Kristallform[4].

Bei der Bearbeitung der Aufgabe 6.1b entstanden immer die Stereogramme von Kristallformen. Die einzelnen Kristallflächen der tetragonalen Pyramide in Abb. 9.5a sind
indiziert, d. h. es sind ihnen Miller-Indizes zugeordnet. Später wird ein Indizierungssche-
ma für tetragonale Kristallflächen gegeben (Abb. 9.9). Eine Kristallform wird mit den
Miller-Indizes einer zur Kristallform gehörenden Kristallfläche bezeichnet. Man setzt diese Miller-Indizes in geschweifte Klammern {hkl}, um zwischen Fläche und Form zu
unterscheiden.

---

[4] Vgl. Fußnote 10 in diesem Kapitel.

Abb. 9.5 Stereogramme der Punktgruppe 4. Allgemeine Form tetragonale Pyramide {hkl} (**a**); Grenzform tetragonales Prisma {hk0} der allgemeinen Form {hkl} (**b**)

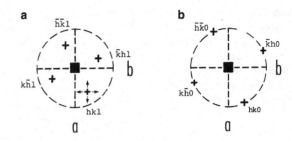

Die einzelnen Flächen der tetragonalen Pyramide in Abb. 9.5a sind für sich asymmetrisch. Sie haben damit die Flächensymmetrie 1.

Bei den Kristallformen muss man zwischen allgemeiner Form, spezieller Form und Grenzform unterscheiden.

▶ **Definition** Eine allgemeine Form ist die Menge von äquivalenten Kristallflächen, deren Flächensymmetrie 1 ist.

Die Flächenpole einer allgemeinen Form liegen im Stereogramm der Symmetrieelemente nicht auf Symmetrieelementen. Allgemeine Formen werden mit {hkl} indiziert. Die tetragonale Pyramide {hkl} in Abb. 9.5a ist eine allgemeine Form. Die Flächenpole einer allgemeinen Form haben 2 Freiheitsgrade (Pfeile in Abb. 9.5a). Man kann sie in 2 Richtungen verschieben, ohne dass die tetragonale Pyramide als Kristallform verlorengeht. Dabei ändert sich allerdings die Neigung der Flächen zueinander.

Es gibt nicht nur eine allgemeine Form, sondern unendlich viele, die bei Variation der {hkl} entstehen. Bei bestimmten Punktgruppen muss man auch eine Variation der Vorzeichen berücksichtigen. Die Aussage – unendlich viele allgemeine Formen – ist nur theoretisch interessant, da Kristalle in der Regel nur Flächen mit kleinen h, k, l ausbilden.

▶ **Definition** Eine spezielle Form ist die Menge von äquivalenten Kristallflächen, deren Flächensymmetrie höher als 1 ist.

Jeder Flächenpol einer speziellen Form liegt im Stereogramm der Symmetrieelemente auf mindestens einem Symmetrieelement. In das Stereogramm in Abb. 9.6a sind die Symmetrieelemente der Punktgruppe 4mm eingetragen. Wählt man einen Flächenpol in (hhl)[5], so ergibt sich beim Einwirken der Symmetrieoperationen eine tetragonale Pyramide {hhl}. Hier handelt es sich um eine spezielle Form, da die Flächenpole auf Spiegelebenen m liegen (orientiertes Flächensymmetriesymbol: ..m). Die Symmetrieangabe ..m bezieht sich auf die Punktgruppensymbolik im tetragonalen Kristallsystem mit der Abfolge der Blickrichtungen [001], ⟨100⟩, ⟨110⟩. Es sind die Spiegelebenen, die senkrecht zu ⟨110⟩ angeordnet sind. Die Punkte im orientierten Symbol zeigen an, dass kein

---

[5] (hhl) heißt, dass h und k symmetriebedingt gleiche Werte annehmen.

Abb. 9.6 Stereogramme der
Punktgruppe 4mm. Spezielle
Form tetragonale Pyramide
{hhl} (**a**); Grenzform tetragonales Prisma {110} der
speziellen Form tetragonale
Pyramide {hhl} (**b**)

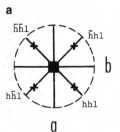

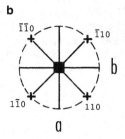

Symmetrieelement aus der 1. und 2. Blickrichtung durch die Fläche geht. Die Flächenpole dieser speziellen Form haben einen Freiheitsgrad. Die tetragonale Pyramide bleibt
erhalten, solange der Ausgangsflächenpol auf der Spiegelebene ..m verbleibt. Wandert
der Flächenpol zur 4-zähligen Achse, so entsteht eine weitere spezielle Form, ein Pedion
{001} mit der Flächensymmetrie 4mm. Diese Form hat keinen Freiheitsgrad mehr. Die
Indizierung einer speziellen Form ist immer ein Spezialfall von {hkl}; z. B. {hhl}, {h0l},
{100}.

▶ **Definition** Eine Grenzform ist ein Spezialfall einer allgemeinen oder einer speziellen
Form, der die gleiche Flächenzahl und Flächensymmetrie wie diese, aber eine andere
Flächenanordnung hat.

Lässt man in Abb. 9.5a die Flächenpole zur Peripherie der Äquatorebene der stereographischen Projektion wandern, so entsteht das tetragonale Prisma {hk0} als Grenzform der
allgemeinen Form tetragonale Pyramide {hkl} mit der Flächensymmetrie 1 (Abb. 9.5b).
Wandern in Abb. 9.6a die Flächenpole von {hhl} auf der Spiegelebene zur Peripherie der
Äquatorebene der stereographischen Projektion, so entsteht das tetragonale Prisma {110}
als Grenzform der speziellen Form {hhl} mit der Flächensymmetrie ..m (Abb. 9.6b).

Jeder Punktgruppe können bestimmte Formen zugeordnet werden. Im Folgenden
sollen die Kristallformen der Punktgruppe 4/mmm – der höchstsymmetrischen tetragonalen Punktgruppe – abgeleitet werden. Das Stereogramm der Symmetrieelemente ist
in Abb. 9.7 abgebildet. Man geht von einer asymmetrischen Flächeneinheit aus, die in
Abb. 9.7 schraffiert dargestellt ist.

▶ **Definition** Eine asymmetrische Flächeneinheit einer Punktgruppe ist – bezogen auf
die stereographische Projektion – der kleinste Teil der Kugeloberfläche, der bei Einwirken
der Symmetrieoperationen der Punktgruppe die Kugeloberfläche als Ganzes ergibt.

Diese asymmetrische Flächeneinheit wird von den Spiegelebenen m.., .m. und ..m begrenzt. Die Eckpunkte besitzen die Symmetrie 4mm, m2m. und m.m2. Legt man einen
Flächenpol in die asymmetrische Flächeneinheit und lässt die Symmetrieoperationen von
4/mmm einwirken, so entsteht eine ditetragonale Dipyramide {hkl} (Abb. 9.7a). Diese Form hat 2 Freiheitsgrade. Die ditetragonale Dipyramide bleibt erhalten, solange der

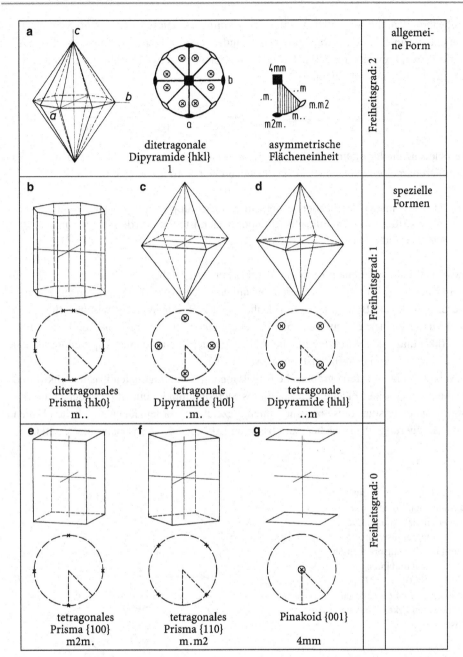

Abb. 9.7 Die Kristallformen der Punktgruppe 4/mmm mit ihren Flächensymmetrien. Stereogramm der Symmetrieelemente mit asymmetrischer Flächeneinheit und Lage der Flächenpole der einzelnen Formen

Flächenpol nicht die Begrenzungslinien der asymmetrischen Flächeneinheit (Symmetrie-Elemente) erreicht. Die ditetragonale Dipyramide ist eine allgemeine Form (Flächensymmetrie 1, zwei Freiheitsgrade, {hkl}). Die Größe der asymmetrischen Flächeneinheit ergibt sich aus der folgenden Beziehung:[6]

$$F_{\text{asymmetrische Flächeneinheit}} = \frac{F_{\text{Kugeloberfläche}}}{\text{Flächenzahl der allgemeinen Form}} \qquad (9.1)$$

Die Flächenzahl der ditetragonalen Dipyramide ist 16. Daher entspricht die in Abb. 9.7a schraffiert dargestellte asymmetrische Flächeneinheit 1/16 der Kugeloberfläche.

▶   Eine asymmetrische Flächeneinheit einer Punktgruppe enthält alle Informationen, die für eine vollständige Beschreibung der Kristallformen dieser Punktgruppe notwendig sind.

Lässt man den allgemeinen Flächenpol (hkl) zur Spiegelebene m.. wandern, so führen der Flächenpol (hkl) und alle anderen zur allgemeinen Form {hkl} gehörenden Flächen eine entsprechende Bewegung durch. Dabei wird z. B. der Winkel zwischen (hkl) und (hk$\bar{\text{l}}$) immer kleiner, um auf der Spiegelebene gleich 0 zu werden. Aus den beiden Flächen (hkl) und (hk$\bar{\text{l}}$) wird eine Fläche (hk0). Aus der ditetragonalen Dipyramide ist ein ditetragonales Prisma {hk0} entstanden (Abb. 9.7b).

Abb. 9.8 zeigt die stereographische Projektion eines ditetragonalen Prismas {hk0} und die Indizierung seiner Flächenpole. In dieses Stereogramm hinein ist ein Querschnitt des ditetragonalen Prismas (ausgezogene Linien) gezeichnet worden. Die gestrichelten Linien sind Verlängerungen der Flächen zum besseren Erkennen der Achsenabschnitte [(hk0) = (210)].

Abb. 9.8 Querschnitt eines ditetragonalen Prismas (*ausgezogen*) in der Äquatorebene einer stereographischen Projektion mit den entsprechenden Flächenpolen und ihrer Indizierung {hk0} (= {210}). Die *gestrichelten Linien* dienen zum besseren Erkennen der Achsenabschnitte

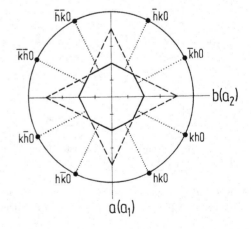

---

[6] Man vergleiche die Definition der asymmetrischen Einheit in Gl. 10.3.

Ein Flächenpol auf der Spiegelebene .m. führt beim Einwirken der Symmetrieoperationen zur Bildung der tetragonalen Dipyramide {h0l} (Abb. 9.7c), ein Flächenpol auf ..m zur tetragonalen Dipyramide {hhl} (Abb. 9.7d). Die 3 Formen {hk0}, {h0l}, {hhl} haben die Flächenzahl 8. Letztere ist nur $\frac{1}{2}$ der Flächenzahl der ditetragonalen Dipyramide. Die 3 Formen haben 1 Freiheitsgrad. Die einzelnen Formen bleiben erhalten, solange die Flächenpole auf der entsprechenden Seite (m) der asymmetrischen Flächeneinheit verbleiben.

Flächenpole auf den Ecken der asymmetrischen Flächeneinheit haben keinen Freiheitsgrad. Beim Einwirken der Symmetrieoperationen auf einen dieser Flächenpole entsteht mit der Flächensymmetrie m2m. das tetragonale Prisma {100} (Abb. 9.7e), mit m.m2 das tetragonale Prisma {110} (Abb. 9.7f), mit 4mm das Pinakoid {001} (Abb. 9.7g).

Die Formen {hk0}, {h0l}, {hhl}, {100}, {110}, {001} besitzen die in Abb. 9.7 angegebenen Flächensymmetrien >1 und sind deshalb spezielle Formen.

Abb. 9.9 zeigt ein Stereogramm mit den Flächenpolen der Kristallformen der Punktgruppe 4/mmm, der höchstsymmetrischen Punktgruppe im tetragonalen Kristallsystem. Die Flächenpole mit negativem Index l sind allerdings nicht dargestellt. Die ausgezogenen Linien begrenzen die 16 asymmetrischen Flächeneinheiten der Punktgruppe 4/mmm. Flächenpole, die auf einer Seite der asymmetrischen Flächeneinheit liegen, stehen stellvertretend für alle Flächen, deren Pole auf dieser Seite liegen. Flächenpole, die innerhalb einer asymmetrischen Flächeneinheit liegen, stehen für alle Flächen – es sind Flächen allgemeiner Lage – deren Pole im Inneren der asymmetrischen Flächeneinheit liegen. Sie ergeben in ihrer Gesamtheit die ditetragonale Dipyramide.

Verschiebt man die Flächenpole des ditetragonalen Prismas {hk0} (Abb. 9.8) um den gleichen Betrag in Richtung (001) und (00$\overline{1}$), so entsteht eine ditetragonale Dipyramide {hkl}. Die Indizierung der einzelnen Flächen dieser Form ergibt sich aus den {hk0} des ditetragonalen Prismas, wenn 0 durch l bzw. $\overline{1}$ ersetzt wird (Abb. 9.9). Die Indizierung aller Flächen der ditetragonalen Dipyramide kann aus dem Stereogramm in Abb. 9.9 abgelesen werden. Dies gilt entsprechend für die Flächen aller tetragonalen Formen.

Es gibt in 4/mmm n = 16 Flächenpole in allgemeiner und 2n + 2 = 34 Flächenpole in spezieller Lage, wenn jede Form nur einmal betrachtet wird. Diese Relation zwischen den Flächenzahlen der allgemeinen und den speziellen Formen gilt für die höchstsymmetrischen Punktgruppen jedes Kristallsystems mit Ausnahme von $\overline{1}$, 2/m und ($\overline{3}$ 2/m).

Bei der Ableitung der Punktgruppen eines Kristallsystems wurde so verfahren, dass aus der höchstsymmetrischen Punktgruppe die Untergruppen entwickelt wurden (Abschn. 9.1 „Die 32 Punktgruppen"). Eine vergleichbare Beziehung besteht auch zwischen der allgemeinen Kristallform der höchstsymmetrischen Punktgruppe und den allgemeinen Kristallformen der Untergruppen innerhalb des Kristallsystems. Ausgehend von dem Stereogramm der Kristallformen von 4/mmm in Abb. 9.9 soll die Verfahrensweise der Ableitung anhand der Punktgruppe 4mm erläutert werden.

Man lege Transparentpapier auf das Stereogramm in Abb. 9.9 und trage entsprechend der Achsenwahl die Symmetrieelemente der Punktgruppe 4mm (Abb. 7.10f) ein. Eine asymmetrische Flächeneinheit für diese Punktgruppe ist z. B. jener Bereich, der von den Verbindungslinien der Flächenpole (001), (100), (00$\overline{1}$) und (110) gebildet wird. Da die

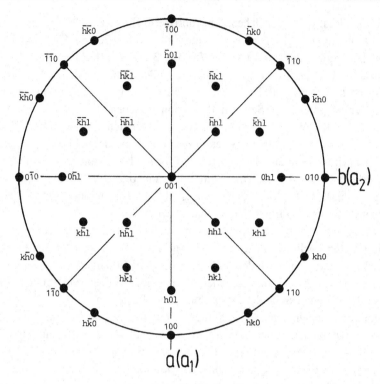

Abb. 9.9 Stereogramm der Flächenpole der Kristallformen der höchstsymmetrischen tetragonalen Punktgruppe 4/mmm. Das Stereogramm zeigt die Lage und Indizierung der Flächen aller tetragonalen Formen. Die Flächenpole mit negativem Index l sind nicht dargestellt. Das sphärische Dreieck mit den Eckpunkten (001), (100), (110) ist eine asymmetrische Flächeneinheit der Punktgruppe 4/mmm

Hälfte der asymmetrischen Flächeneinheit von 4mm zur Südhalbkugel gehört, ist sie in Abb. 9.10a kariert schraffiert dargestellt. Sie ist doppelt so groß wie die asymmetrische Flächeneinheit von 4/mmm und kommt durch Zusammenfassen von 2 asymmetrischen Flächeneinheiten von 4/mmm zustande.

Geht man auf dem Transparentpapier von einem allgemeinen Flächenpol (hkl) aus und lässt die Symmetrieoperationen von 4mm darauf einwirken, so erhält man insgesamt 8 Flächenpole, die einer ditetragonalen Pyramide {hkl} entsprechen (Abb. 9.10a 1). Der Flächenpol allgemeiner Lage (hk$\bar{l}$), der zur gleichen asymmetrischen Flächeneinheit von 4mm gehört, ergibt eine zweite ditetragonale Pyramide {hk$\bar{l}$} (Abb. 9.10a 2). Die ditetragonale Dipyramide als allgemeine Form von 4/mmm zerfällt in Bezug auf 4mm in zwei ditetragonale Pyramiden. *Eine Verdoppelung der Größe der asymmetrischen Flächeneinheit führt also zu einer Halbierung der Flächenzahl der allgemeinen Formen.*

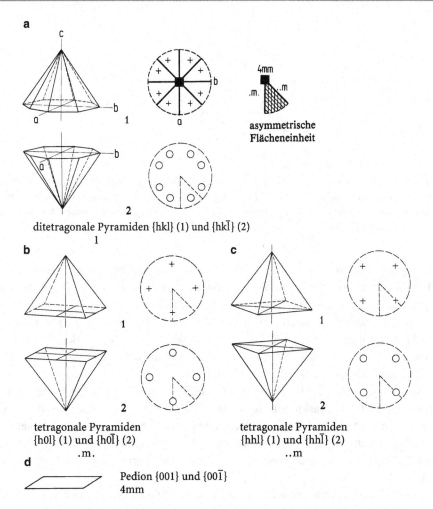

a

c

b
a   1

a   1

asymmetrische
Flächeneinheit

ditetragonale Pyramiden {hkl} (1) und {hk$\bar{l}$} (2)
1

b   **c**

1   1

2   2

tetragonale Pyramiden   tetragonale Pyramiden
{h0l} (1) und {h0$\bar{l}$} (2)   {hhl} (1) und {hh$\bar{l}$} (2)
      .m.   ..m
d

Pedion {001} und {00$\bar{1}$}
4mm

Abb. 9.10 Kristallformen der Punktgruppe 4mm, soweit sie von jenen der Punktgruppe 4/mmm in Abb. 9.7 abweichen, mit ihren Flächensymmetrien. Stereogramm der Symmetrieelemente mit asymmetrischer Flächeneinheit und Lage der Flächenpole der einzelnen Formen

Auf die gleiche Weise lassen sich die allgemeinen Formen der übrigen tetragonalen Punktgruppen ableiten. Die entsprechenden asymmetrischen Flächeneinheiten sind in Tab. 9.5 dargestellt.

Die allgemeine Form der Gruppe 4/m ist die tetragonale Dipyramide. Die beiden Flächenpole (hkl) und (h$\bar{k}$l) ergeben beim Einwirken der Symmetrieoperationen die tetragonalen Dipyramiden {hkl} und {h$\bar{k}$l}, die sich nur durch ihre Lage unterscheiden. In Abb. 9.11 sind die quadratischen Querschnitte von {hkl} und {h$\bar{k}$l} gekennzeichnet. Beide ergänzen sich zum mit ausgezogenen Linien dargestellten Querschnitt der ditetragonalen Dipyramide {hkl} von 4/mmm.

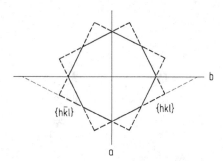

Abb. 9.11 Lage der quadratischen Querschnitte der tetragonalen Dipyramiden {hkl} und {h$\bar{k}$l} als allgemeine Formen der Punktgruppe 4/m. Beide ergänzen sich zum inneren *ausgezogenen* ditetragonalen Querschnitt der ditetragonalen Dipyramide. Entsprechendes gilt auch für die 4 tetragonalen Pyramiden {hkl}, {hk$\bar{l}$}, {h$\bar{k}$l} und {h$\bar{k}\bar{l}$} als allgemeine Formen von 4

Die allgemeine Form von $\bar{4}$2m ist das tetragonale Skalenoeder, von 422 das tetragonale Trapezoeder (Abb. 15.2b). Die Kombination von {hkl} und {h$\bar{k}$l} ergibt bei beiden Punktgruppen jeweils wieder die ditetragonale Dipyramide.

Die asymmetrische Flächeneinheit von 4 und $\bar{4}$ ist viermal so groß wie die von 4/mmm (Tab. 9.5). Dementsprechend zerfällt die ditetragonale Dipyramide in Bezug auf 4 in 4 tetragonale Pyramiden {hkl}, {hk$\bar{l}$}, {$\bar{h}$kl}, {h$\bar{k}\bar{l}$} und in Bezug auf $\bar{4}$ in 4 tetragonale Disphenoide {hkl}, {h$\bar{k}$l}, {khl}, {k$\bar{h}$l} (Abb. 15.2b 9).

Die speziellen Formen der Punktgruppe 4/mmm in Abb. 9.7 sind in Tab. 9.5 mit ihren Flächensymmetrien eingetragen. Man leite nun mithilfe des Stereogramms in Abb. 9.9 die Grenzformen und speziellen Formen der Punktgruppe 4mm ab. Geht man vom Flächenpol (hk0) aus, so entsteht wie bei 4/mmm das ditetragonale Prisma {hk0} (Abb. 9.7b). Das ditetragonale Prisma ist hier eine Grenzform der allgemeinen Form ditetragonale Pyramide {hkl}. Beide Formen haben die Flächensymmetrie 1 und die Flächenzahl 8.

Aus dem Flächenpol (h0l) entsteht bei Einwirken der Symmetrieoperationen von 4mm die tetragonale Pyramide {h0l} (Abb. 9.10b 1) mit der Flächensymmetrie .m. als spezielle Form. Auch {h0$\bar{l}$} ist eine tetragonale Pyramide (Abb. 9.10b 2). Beide Pyramiden unterscheiden sich nur durch ihre Lage. Sie ergeben als Kombination die tetragonale Dipyramide {h0l} der Gruppe 4/mmm. Das tetragonale Prisma {100} ist eine Grenzform der speziellen Form tetragonale Pyramide {h0l} (Flächensymmetrie .m., Flächenzahl 4).

Auch {hhl} und {hh$\bar{l}$} (Abb. 9.10c) sind tetragonale Pyramiden, sie besitzen die Flächensymmetrie ..m. Beide Formen ergeben als Kombination die tetragonale Dipyramide {hhl} der Gruppe 4/mmm. Das tetragonale Prisma {110} ist eine Grenzform der speziellen Form tetragonale Pyramide {hhl}. Der Flächenpol (001) entspricht der Form Pedion {001} mit der Flächensymmetrie 4mm. Alle Formen der Punktgruppe 4mm sind in Tab. 9.5 eingetragen.

Die speziellen Formen und Grenzformen der übrigen tetragonalen Punktgruppen können ebenfalls Tab. 9.5 entnommen werden. Man sieht, dass sich die Verhältnisse bei den niedersymmetrischen tetragonalen Punktgruppen sehr vereinfachen. Bei der Gruppe 4 ist neben der allgemeinen Form tetragonale Pyramide nur noch die Grenzform tetragonales Prisma und die spezielle Form Pedion vorhanden.

In Tab. 9.5 sind die allgemeinen Formen und ihre Grenzformen durch dick ausgezogene Linien von den speziellen Formen mit ihren Grenzformen abgetrennt. Die Strichelung teilt die allgemeinen Formen von ihren Grenzformen. Gleiche Formen mit gleicher Flächensymmetrie sind zusammengefasst. Dies gilt auch für die Tab. 9.6–9.8.

Bei der Angabe der Flächensymmetrie in Tab. 9.5 wird immer von einem dreigliedrigen Symbol der Punktgruppe ausgegangen, eingliedrige werden ergänzt, z. B. $4/m(1)(1)$. Daraus ergibt sich die Flächensymmetrie m.. für $\{hk0\}$ und 4.. für $\{001\}$. Gleiches gilt auch für die zwei- und eingliedrigen Symbole in den anderen Kristallsystemen, z. B. $3m(1)$, $23(1)$ usw.

Auf die gleiche Weise können nun auch die Kristallformen in den anderen Kristallsystemen abgeleitet werden. Im Folgenden sind für das hexagonale (trigonale), das kubische und das orthorhombische Kristallsystem die für die Ableitung der Kristallformen und z. T. für die Indizierung der Flächen notwendigen Hilfsmittel zusammengestellt, wie sie auch im tetragonalen Fall verwendet wurden. Die Kristallformen der einzelnen Kristallsysteme sind tabellarisch zusammengestellt. Abb. 15.2 enthält die 47 einfachen Formen. Die Namen der Kristallformen entsprechen den Angaben in den „Internationalen Tabellen" [18].

9.2.2 Kristallformen des hexagonalen (trigonalen) Kristallsystems

Man legt in den einzelnen Kristallsystemen für die Indizierung ein Achsenkreuz a, b, c zugrunde, das die Symmetrie im jeweiligen Kristallsystem berücksichtigt. Für das trigonale und hexagonale Kristallsystem ist es nun zweckmäßig, neben der kristallographischen c-Achse 3 gleichwertige Achsen a_1, a_2, a_3 (vgl. Abb. 7.22) zu verwenden und die Bravais-Miller-Indizes (hkil) zu bilden. Dabei bezieht sich i auf die a_3-Achse. Natürlich stehen h, k, i in einem bestimmten Zusammenhang: $h + k + i = 0$; also $h + k = \bar{i}$. Diese Beziehung kann aus Abb. 9.12 abgelesen werden.

Das hexagonale und das trigonale Kristallsystem müssen bezüglich der Kristallmorphologie gemeinsam behandelt werden, denn auch die trigonalen Kristallformen lassen sich aus der dihexagonalen Dipyramide, der allgemeinen Form der höchstsymmetrischen hexagonalen Punktgruppe $6/m\ 2/m\ 2/m$ ableiten. Man betrachte Abb. 9.12 und 9.13 und die Tab. 9.6. Die trigonalen und hexagonalen Kristallformen sind in Abb. 15.2c zusammengestellt.

Tab. 9.5 Kristallformen im tetragonalen Kristallsystem und ihre Flächensymmetrien

Punktgruppe	Asymmetrische Flächeneinheit und Flächensymmetrien	Spezielle Formen {hhl}	Spezielle Formen {h0l}	Allgemeine Formen {hkl} und Grenzformen	{hk0}	{100}	{110}	{001}
4/m 2/m 2/m (4/mmm)	4mm; .m; m.m2; m..; m2m.	Tetragonale Dipyramide ..m	Tetragonale Dipyramide .m.	Ditetragonale Dipyramide 1	Ditetragonales Prisma m..	Tetragonales Prisma m2m.	Tetragonales Prisma m.m2	Pinakoid 4mm
4mm	4mm; .m; .m.	Tetragonale Pyramide ..m	Tetragonale Pyramide .m.	Ditetragonale Pyramide 1	Ditetragonales Prisma 1	Tetragonales Prisma .m.	Tetragonales Prisma ..m	Pedion 4mm
4̄2m	2.mm; .m; .2.	Tetragonales Disphenoid ..m	Tetragonale Dipyramide 1	Tetragonales Skalenoeder 1	Ditetragonales Prisma 1	Tetragonales Prisma .2.	Tetragonales Prisma ..m	Pinakoid 2.mm
422	4..; ..2; .2.	Tetragonale Dipyramide 1	Tetragonale Dipyramide 1	Tetragonales Trapezoeder 1	Ditetragonales Prisma 1	Tetragonales Prisma .2.	Tetragonales Prisma ..2	Pinakoid 4..

Tab. 9.5 (Fortsetzung)

4/m	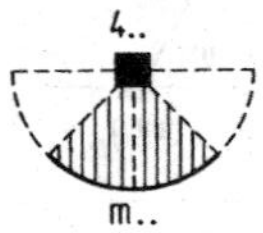	Tetragonale Dipyramide 1	Tetragonales Prisma m..	Pinakoid 4..
$\bar{4}$	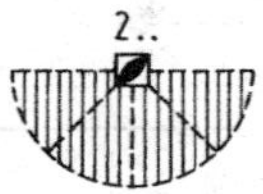	Tetragonales Disphenoid 1	Tetragonales Prisma 1	Pinakoid 2..
4	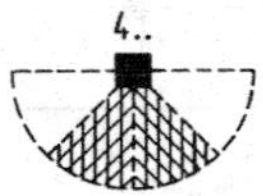	Tetragonale Pyramide 1	Tetragonales Prisma 1	Pedion 4..

Tab. 9.6 Kristallformen im hexagonalen (trigonalen) Kristallsystem und ihre Flächensymmetrien

Punktgruppe	Asymmetrische Flächeneinheit und Flächensymmetrien	Spezielle Formen {h0h̄l}	{hh2̄hl}	Allgemeine Formen {hkil} und Grenzformen	{hki0}	{112̄0}	{101̄0}	{0001}
6/m 2/m 2/m (6/mmm)	6mm; .m.; m2m; mm2; m..	Hexagonale Dipyramide .m.	Hexagonale Dipyramide ..m	Dihexagonale Dipyramide 1	Dihexagonales Prisma m..	Hexagonales Prisma m2m	Hexagonales Prisma mm2	Pinakoid 6mm
6̄m2	3m.; .m.; mm2; m..	Trigonale Dipyramide .m.	Hexagonale Dipyramide 1	Ditrigonale Dipyramide 1	Ditrigonales Prisma m..	Hexagonales Prisma m..	trigonales Prisma mm2	Pinakoid 3m.
3̄ 2/m (3̄m)	3m.; .m.; ..2	Rhomboeder .m.	Hexagonale Dipyramide 1	Ditrigonales Skalenoeder 1	Dihexagonales Prisma 1	Hexagonales Prisma .2.	Hexagonales Prisma .m.	Pinakoid 3m.
6mm	6mm; .m.; ..m; m..	Hexagonale Pyramide .m.	Hexagonale Pyramide ..m	Dihexagonale Pyramide 1	Dihexagonales Prisma 1	Hexagonales Prisma ..m	Hexagonales Prisma .m.	Pedion 6mm
622	6..; ..2; .2.	Hexagonale Dipyramide 1		Hexagonales Trapezoeder 1		Hexagonales Prisma .2.	Hexagonales Prisma ..2	Pinakoid 6..

Tab. 9.6 (Fortsetzung)

Punktgruppe	Stereogramm (Symmetrie)	Pyramide / Dipyramide / Trapezoeder / Rhomboeder	Prisma	Pinakoid / Pedion
6/m	6.., m..	Hexagonale Dipyramide 1	Hexagonales Prisma m..	Pinakoid 6..
6̄	3.., m..	Trigonale Dipyramide 1	Trigonales Prisma m..	Pinakoid 3..
3m	3m, m.	Trigonale Pyramide .m. / Hexagonale Pyramide 1 / Ditrigonale Pyramide 1	Trigonales Prisma .m. / Hexagonales Prisma 1 / Ditrigonales Prisma 1	Pedion 3m
32	3.., .2.	Rhombo-eder 1 / Trigonale Dipyramide 1 / Trigonales Trapezoeder 1	Trigonales Prisma .2. / Hexagonales Prisma 1	
3̄	3..	Rhomboeder 1	Ditrigonales Prisma 1	Pinakoid 3..
6	6..	Hexagonale Pyramide 1	Hexagonales Prisma 1	Pedion 6..
3	3..	Trigonale Pyramide 1	Trigonales Prisma 1	Pedion 3..

Tab. 9.7 Kristallformen im kubischen Kristallsystem und ihre Flächensymmetrien

Punktgruppe	Asymmetrische Flächeneinheit und Flächensymmetrien	Spezielle Formen {hkk} h>k	Spezielle Formen {hhk} h>k	Allgemeine Formen {hkl} und Grenzformen	{hk0}	{110}	{111}	{100}
4/m 3̄ 2/m (m3̄m)	.3m, m.m2, ..m, m.., 4m.m	Deltoidiko-sitetraeder .m	Tris-oktaeder .m	Hexakis-oktaeder 1	Tetrakis-hexaeder m..	Rhomben-dodekaeder m.m2	Oktaeder .3m	Würfel (Hexaeder) 4m.m
4̄3m	.3m, ..m, 2.mm	Tris-tetraeder .m	Deltoid-dodekaeder .m	Hexakis-tetraeder 1	Tetrakis-hexaeder 1	Rhomben-dodekaeder ..m	Tetraeder .3m	Würfel (Hexaeder) 2.mm
2/m 3̄ (m3̄)	.3., m.., 2m..	Deltoidiko-sitetraeder 1	Trisoktaeder 1	Disdodekaeder (Diploid) 1	Pentagon-dodekaeder m..	Rhomben-dodekaeder m..	Oktaeder .3.	Würfel (Hexaeder) 2m..
432	.3., ..2, 4..	Tris-tetraeder 1	Deltoiddo-dekaeder 1	Pentagonikosi-tetraeder (Gyroid) 1	Tetrakis-hexaeder 1	Rhomben-dodekaeder ..2	Oktaeder .3.	Würfel (Hexaeder) 4..
23	.3., 2..	Tris-tetraeder 1	Deltoiddo-dekaeder 1	tetraedr. Pentagon-dodekaeder (Tetartoid) 1	Pentagon-dodekaeder 1	Rhomben-dodekaeder 1	Tetraeder .3.	Würfel (Hexaeder) 2..

Tab. 9.8 Kristallformen im orthorhombischen Kristallsystem und ihre Flächensymmetrien

Punktgruppe	Asymmetrische Flächeneinheit und Flächensymmetrien	Spezielle Formen {h0l}	Spezielle Formen {0kl}	Allgemeine Formen {hkl} und Grenzformen	{hk0}	Spezielle Formen und Grenzformen {100}	{010}	{001}
2/m 2/m 2/m (mmm)	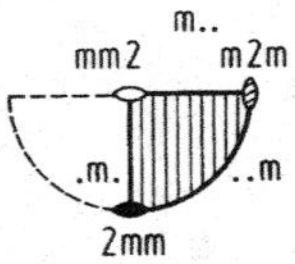 m.. m2m ..m / mm2 .m. 2mm	Rhombisches Prisma .m.	Rhombisches Prisma m..	Rhombische Dipyramide 1	Rhombisches Prisma ..m	Pinakoid 2mm	Pinakoid m2m	Pinakoid mm2
mm2	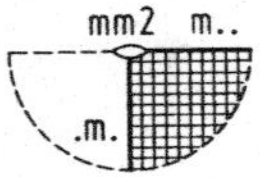 mm2 m.. / .m.	Doma .m.	Doma m..	Rhombische Pyramide 1	Rhombisches Prisma 1	Pinakoid .m.	Pinakoid m..	Pedion mm2
222	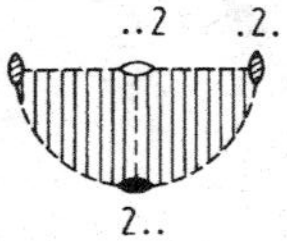 .2. ..2 / 2..	Rhombisches Prisma 1	Rhombisches Prisma 1	Rhombisches Disphenoid 1	Rhombisches Prisma 1	Pinakoid 2..	Pinakoid .2.	Pinakoid ..2

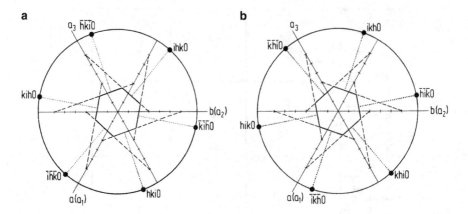

Abb. 9.12 Querschnitte der hexagonalen Prismen {hki0} (**a**) und {khi0} (**b**) in der Äquatorebene einer stereographischen Projektion mit den entsprechenden Flächenpolen und ihrer Indizierung. Die *gestrichelten Linien* dienen zum besseren Erkennen der Achsenabschnitte [(hki0) = (21$\bar{3}$0); (khi0) = (12$\bar{3}$0)]

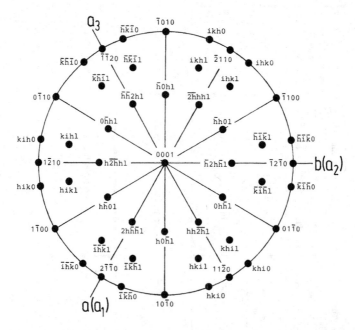

Abb. 9.13 Stereogramm der Flächenpole der Kristallformen der höchstsymmetrischen hexagonalen Punktgruppe 6/m 2/m 2/m. Das Stereogramm zeigt die Lage und Indizierung der Flächen aller hexagonalen und trigonalen Formen. Die Flächenpole mit negativem Index l sind nicht dargestellt. Das sphärische Dreieck mit den Eckpunkten (10$\bar{1}$0), (0001), (11$\bar{2}$0) ist eine asymmetrische Flächeneinheit der Punktgruppe 6/m 2/m 2/m

9.2.3 Kristallformen des kubischen Kristallsystems

Man betrachte Abb. 9.14 und 9.15 und Tab. 9.7. Die kubischen Kristallformen sind in Abb. 15.2d zusammengestellt.

Kristallformen sind für ein Kristallsystem spezifisch, wenn man nur die kubischen, hexagonalen (trigonalen) und tetragonalen Formen betrachtet und Pinakoid und Pedion nicht berücksichtigt werden.

9.2.4 Kristallformen des orthorhombischen, monoklinen und triklinen Kristallsystems

Die „rhombischen" Kristallformen sind in Abb. 15.2a zusammengestellt. Man betrachte die Abb. 9.16 und Tab. 9.8.

Die Verhältnisse im monoklinen Kristallsystem sind nun relativ einfach. Als allgemeine Formen treten das „rhombische" Prisma in 2/m, das Doma in m und das Sphenoid in 2 auf (Abb. 15.2a). Spezielle Formen bzw. Grenzformen sind Pinakoid und Pedion.

Im triklinen Kristallsystem gibt es in $\bar{1}$ nur das Pinakoid und in 1 das Pedion.

Die Symmetrie einer Kristallform kann man auf zwei unterschiedliche Arten betrachten: Eine tetragonale Pyramide kann durch die Symmetrieoperationen von 4 erzeugt werden (*erzeugende Symmetrie*). Wird aber die Symmetrie einer tetragonalen Pyramide bestimmt, so erhält man 4mm, die *Eigensymmetrie* der Kristallform. 4mm ist natürlich gleichzeitig auch erzeugende Symmetrie der tetragonalen Pyramide. In Tab. 9.9 sind Eigensymmetrie und erzeugende Symmetrien für alle tetragonalen Kristallformen zusammengestellt.

Kristalle werden häufig nicht nur durch eine Kristallform, sondern durch eine Kombination von Kristallformen begrenzt, die natürlich der gleichen Punktgruppe angehören müssen. Der Rutilkristall in Tab. 9.4 15 ist eine Kombination der Kristallformen tetragonale Dipyramide {111} und tetragonale Prismen {100} bzw. {110}.

Tab. 9.9 Eigensymmetrie und erzeugende Symmetrie der tetragonalen Kristallformen

	Eigensymmetrie	erzeugende Symmetrie
Tetragonale Pyramide	4mm	4, 4mm
Tetragonales Disphenoid	$\bar{4}$m	$\bar{4}$, $\bar{4}$2m
Tetragonales Prisma	4/mmm	4, $\bar{4}$, 4/m, 422, 4mm, $\bar{4}$2m, 4/mmm
Tetragonales Trapezoeder	422	422
Ditetragonale Pyramide	4mm	4mm
Tetragonales Skalenoeder	$\bar{4}$2m	$\bar{4}$2m
Tetragonale Dipyramide	4/mmm	4/m, 422, $\bar{4}$2m, 4/mmm
Ditetragonales Prisma	4/mmm	422, 4mm, $\bar{4}$2m, 4/mmm
Ditetragonale Dipyramide	4/mmm	4/mmm

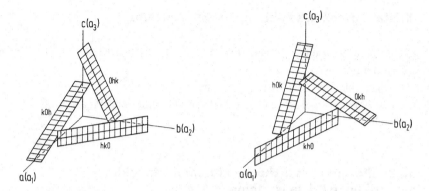

Abb. 9.14 Indizierung von kubischen Flächen, die der Form {hk0}(= {210}) angehören. Kippt man diese Flächen aus ihrer speziellen Lage so, dass ihre Pole in Richtung des Flächenpols (111) wandern, so erhält man Flächen mit der Indizierung {hkl}, die der Punktgruppe 4/m $\overline{3}$ 2/m angehören (vgl. Abb. 9.15)

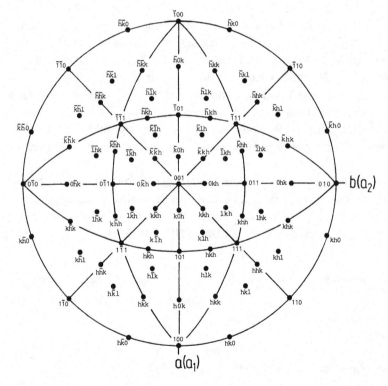

Abb. 9.15 Stereogramm der Flächenpole der Kristallformen der höchstsymmetrischen kubischen Punktgruppe 4/m $\overline{3}$ 2/m. Das Stereogramm enthält die Lage und Indizierung der Flächen aller kubischen Formen. (hk0) = (310), (hkk) = (311), (hhk) = (221), (hkl) = (321). Die Flächenpole mit negativem 3. Index, z. B. (11$\overline{1}$), sind nicht dargestellt. Das sphärische Dreieck mit den Eckpunkten (100), (110), (111) ist eine asymmetrische Flächeneinheit der Punktgruppe 4/m $\overline{3}$ 2/m

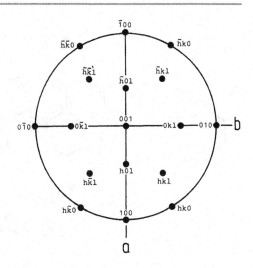

Abb. 9.16 Stereogramm der Flächenpole der Kristallformen der höchstsymmetrischen orthorhombischen Punktgruppe $2/m\,2/m\,2/m$. Das Stereogramm enthält die Lage und Indizierung der Flächen aller rhombischen Formen. Die Flächenpole mit negativem Index l sind nicht dargestellt. Das sphärische Dreieck mit den Eckpunkten (100), (010), (001) ist eine asymmetrische Flächeneinheit der Punktgruppe $2/m\,2/m\,2/m$

9.3 Molekülsymmetrie

Die Symmetrie und damit die Punktgruppen sind ein wichtiges Hilfsmittel zur Beschreibung von Molekülen[7]. Die Abb. 9.17a zeigt ein H_2O-Molekül, in das die Symmetrieelemente (2 Spiegelebenen und eine 2-zählige Drehachse) eingezeichnet sind. Das Molekül gehört der Punktgruppe mm2 (C_{2v}) an. Die Symmetrieelemente der Punktgruppe sind in ein Stereogramm in Abb. 9.17b eingetragen.

In Tab. 9.4 (linke Spalte) sind für die einzelnen Punktgruppen Molekülbeispiele angegeben. Die Moleküle sind z. T. in der aus der organischen Chemie bekannten Newman-Projektion dargestellt. In anderer Darstellung bedeutet eine sich verdickende Linie, dass der Baustein aus der Papierebene herausragt, eine gestrichelte oder sich verjüngende Linie, dass er unterhalb der Papierebene liegt. Die Stereogramme der Punktgruppen sind in der Regel der Zeichnung des Moleküls entsprechend angeordnet.

Abb. 9.17 Punktsymmetrie (mm2-C_{2v}) des H_2O-Moleküls (**a**); Stereogramm der Symmetrieelemente dieser Punktgruppe (**b**)

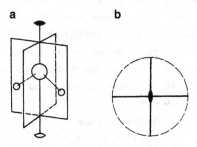

a   b

---

[7] Als Moleküle im weiteren Sinn werden nicht nur elektrisch neutrale, sondern auch geladene mehratomige Anordnungen bezeichnet.

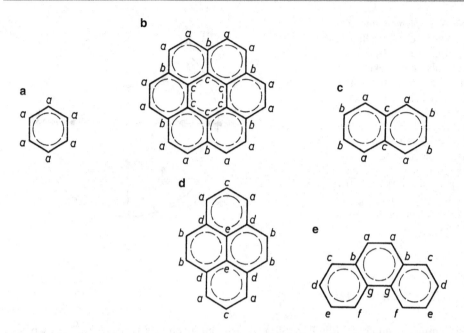

Abb. 9.18 Äquivalenz an Molekülen. Gleichwertige Atome sind mit dem gleichen Buchstaben, gleichwertige Bindungen durch dasselbe Buchstabenpaar gekennzeichnet, **a** Benzol und **b** Coronen ($6/mmm$–D_{6h}); **c** Naphthalin und **d** Pyren (mmm–D_{2h}); **e** Phenanthren ($mm2$–C_{2v})

Bei der Molekülsymmetrie spielen neben den 32 Punktgruppen der Kristallographie auch die *nichtkristallographischen Punktgruppen* eine Rolle (Abschn. 9.7).

Die Zugehörigkeit zu einer Punktgruppe bedeutet für ein Molekül, dass symmetrisch zueinander angeordnete Atome und Bindungen äquivalent sind. So sind alle C- und alle H-Atome des Benzolmoleküls C_6H_6 ($6/mmm$–D_{6h}), aber auch alle C−C- und C−H-Bindungen gleichwertig (Abb. 9.18a, vgl. auch Tab. 9.4 27). Auch das Coronen (Abb. 9.18b) gehört der Punktgruppe $6/mmm$ (D_{6h}) an. Die gleichwertigen Atome sind mit gleichen Buchstaben, gleichwertige Bindungen durch dasselbe Buchstabenpaar (a–a, a–b, b–c, c–c) gekennzeichnet. Entsprechende Betrachtungen sind am Naphthalin $C_{10}H_8$ und Pyren $C_{16}H_{10}$ (mmm–D_{2h}) (Abb. 9.18c und d) und am Phenanthren $C_{14}H_{10}$ ($mm2$–C_{2v}) (Abb. 9.18e) angestellt. Man erkennt die Äquivalenzverhältnisse besonders gut, wenn man die entsprechenden Stereogramme der Punktgruppen in Tab. 9.4 7, 9.4 8 und 9.4 27 auf Transparentpapier paust und das entsprechende Stereogramm über die Moleküle in Abb. 9.18 legt.

Im PF_5 ist der Phosphor von 5 Fluoratomen umgeben. In planarer Konfiguration in Form eines Pentagons wären alle F-Atome und alle P–F-Bindungen gleichwertig [Punktgruppe $\overline{10}m2$ (D_{5h}), Tab. 9.12.4]. Die F-Atome sind aber in Form einer trigonalen Dipyramide (Abb. 9.19), in deren Zentrum der Phosphor sitzt, angeordnet und besitzen damit

Abb. 9.19 Das PF₅-
Molekül (**a**) gehört der
Punktgruppe $\bar{6}$m2 (D_{3h}) (**b**) an.
Die F_a und F_b sind nur unter-
einander, aber nicht zueinander
gleichwertig

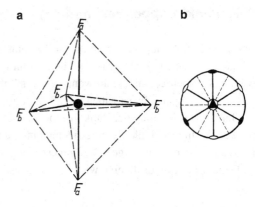

die Punktsymmetrie $\bar{6}$m2 (D_{3h}). Danach sind zwar die F_a- und F_b-Atome untereinander,
aber nicht zueinander gleichwertig.

Dreht man die CH_3-Radikale des Ethanmoleküls um die C–C-Bindung um 360° gegeneinander, so entstehen nacheinander eine Reihe von *Konformationen*, die in Abb. 9.20
dargestellt sind und unterschiedlichen Punktgruppen angehören. Als Konformationen bezeichnet man alle räumlichen Anordnungen von Atomen in einem Molekül, die durch
Drehung um eine Einfachbindung erzeugt werden.

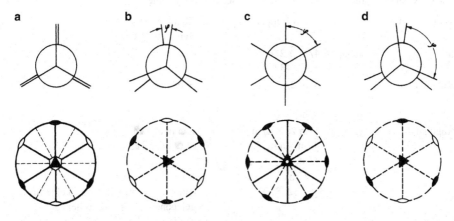

Abb. 9.20 Konformationen des Ethans: **a** verdeckte Konformation $\varphi = 0°$ (= 120° = 240°)
($\bar{6}$m2–D_{3h}); **b** schiefe Konformation 0° < φ < 60° bzw. (120° < φ < 180°) bzw. (240° <
φ < 300°) (32–D_3); **c** gestaffelte Konformation $\varphi = 60°$ (= 180° = 300°) ($\bar{3}$m–D_{3d}); **d** schiefe
Konformation 60° < φ < 120° bzw. (180° < φ < 240°) bzw. (300° < φ < 360°) (32–D_3). Die
schiefen Konformationen **b** und **d** sind enantiomorph

9.4 Punktgruppenbestimmung

Vor einer Punktgruppenbestimmung sollte man die Moleküle oder Kristalle einem der 7 Kristallsysteme zuordnen. Dazu ist die Erkenntnis der für ein Kristallsystem charakteristischen Symmetrieelemente notwendig, die in Tab. 9.4 9 angegeben sind und die man sich mit Hilfe der Symmetrieangaben in Tab. 9.11 auch selbst erarbeiten kann.

Bei der Bestimmung der Punktgruppe an Molekülen und Kristallen ist es i. Allg. nicht notwendig, mühsam alle Symmetrieelemente zu suchen. Mithilfe der Tab. 9.10 und 9.11 kann durch wenige, ganz gezielte Fragestellungen die Punktgruppe ermittelt werden.

Dabei ist es praktisch, eine wichtige Eigenschaft der Drehachsen zu berücksichtigen.

▶ Drehachsen sind polar, wenn ihre Eigenschaften in Richtung und Gegenrichtung ungleichwertig sind.

Dazu betrachte man die Pyramiden in Aufgabe 5.3. Jede Pyramide enthält eine Drehachse. Es ist klar erkennbar, dass die Drehachsen in Richtung und Gegenrichtung unterschiedlich und folglich polar sind. *Polare Drehachsen sind in den Symmetriegerüsten und Stereogrammen durch ein offenes und ein gefülltes Symbol begrenzt* (vgl. auch Abb. 7.8f– 7.13f).

Tab. 9.10 Charakteristische Symmetrieelemente der Kristallsysteme

Kristallsystem	Punktgruppen[a]	Charakteristische Symmetrieelemente
Kubisch	$4/m\,\overline{3}\,2/m$ $\overline{4}3m$, $4\underline{32}$, $2/m\overline{3}$, $2\underline{3}$	4 ▲
Hexagonal	$6/m\,2/m\,2/m$ $\overline{6}m2$, $\underline{6}mm$, $\underline{6}22$, $\underline{6}/m$, $\underline{\overline{6}}$, $\underline{6}$	● oder ◓
Tetragonal	$4/m\,2/m\,2/m$ $\overline{4}2m$, $\underline{4}mm$, $\underline{4}22$, $\underline{4}/m$, $\underline{\overline{4}}$, $\underline{4}$	1 ■ oder 1 ◪ (3 ■ oder 3 ◪ wären kubisch)
Trigonal	$\overline{3}\,2/m$ $\underline{3}m$, $\underline{32}$, $\underline{\overline{3}}$, $\underline{3}$	1 ▲ (Immer überprüfen, ob ⊥ 3 eine Spiegelebene, da $3/m \equiv \overline{6}$ hexagonal wäre)
Orthorhombisch	$2/m\,2/m\,2/m$ $mm\underline{2}$, $\underline{222}$	2 und/oder m in 3 orthogonalen Richtungen
Monoklin	$2/m$ $\underline{m}$, $\underline{2}$	2 und/oder m in einer Richtung
Triklin	$\overline{1}$ 1	Nur $\overline{1}$ oder 1

[a] Die charakteristischen Symmetrieelemente sind unterstrichen.

Tab. 9.11 Kristallsysteme, Punktgruppen, Blickrichtungen, Symmetrieabhängigkeit physikalischer Eigenschaften

Kristallsysteme	Punktgruppen			Symmetrieelemente[c]	Symmetrieelemente und Blickrichtungen[d]			Enantiomorphie	optische Aktivität	Piezoelektrizität	Pyroelektrizität	Laue-Gruppen
	Nr.	Sch[a]	H.-M.[b]		a	b	c					
Triklin $a \neq b \neq c$ $\alpha \neq \beta \neq \gamma$	1	C_1	1	$●_p$	–	–	–	+	+	+	+	
	2	C_i	$\bar{1}$	$\bar{1}$	–	–	–					$\bar{1}$
Monoklin $a \neq b \neq c$ $\alpha = \gamma = 90°$ $\beta > 90°$	3	C_2	2	$●_p$	–	2	–	+	+	+	+	
	4	C_s	m	m	–	m	–		(+)	+	+	2/m
	5	C_{2h}	2/m	$\perp m$ $\bar{1}$	–	2/m	–					
Orthorhombisch $a \neq b \neq c$ $\alpha = \beta = \gamma = 90°$	6	D_2	222	$●+ +$ $●$	2	2	2	+	+	+		
	7	C_{2v}	mm2	$m + m + ●_p$	m	m	2		(+)	+	+	mmm
	8	D_{2h}	mmm (2/m 2/m 2/m)	$(\perp m) + (\perp m) + (\perp m)$ $\bar{1}$	2/m	2/m	2/m					

Tab. 9.11 (Fortsetzung)

	C_4^{a}	4^b		$\bar{1}$	c	⟨100⟩	⟨110⟩					
Tetragonal $a = b \neq c$ $\alpha = \beta = \gamma = 90°$												
9	C_4	4	■$_p$		4	−	−	+	+	+	+	
10	S_4	$\bar{4}$	◪		$\bar{4}$	−	−		(+)	+	+	4/m
11	C_{4h}	4/m	■ $\perp$ m	$\bar{1}$	4/m	−	−		(+)	+		
12	D_4	422	■ + 2◆ + 2●		4	2	2	+	+	+	+	
13	C_{4v}	4mm	■$_p$ + 2m + 2m		4	m	m		+	+	+	4/mmm
14	D_{2d}	$\bar{4}2m$	◪ + 2◆ + 2m		$\bar{4}$	2	m		+	+	+	
15	D_{4h}	4/mmm (4/m 2/m 2/m)	(■ $\perp$ m) + 2(◆ $\perp$ m) + 2(● $\perp$ m)	$\bar{1}$	4/m	2/m	2/m		(+)	+	+	
					c	⟨100⟩						
Trigonal $a = b \neq c$ $\alpha = \beta = 90°$ $\gamma = 120°$												
16	C_3	3	▲$_p$		3	−	−	+	+	+	+	
17	C_{3i}	$\bar{3}$	▲	$\bar{1}$	$\bar{3}$	−	−		+	+		$\bar{3}$
18	D_3	32	▲ + 3◆$_p$		3	2	−	+	+	+	+	
19	C_{3v}	3m	▲$_p$ + 3m		3	m	−		+	+	+	$\bar{3}m$
20	D_{3d}	$\bar{3}m$ ($\bar{3}2/m$)	▲ + 3(◆ $\perp$ m)	$\bar{1}$	$\bar{3}$	2/m	−		+	+	+	

^{a} Schönflies-Symbole.

^{b} Hermann-Mauguin-Symbole (Internationale Symbole).

^{c} Die Ziffern geben nur die Anzahl der gleichwertigen Symmetrieelemente an, p bedeutet polar.

^{d} Parallel zu den Blickrichtungen sind die Drehachsen, Drehinversionsachsen und Normalen von m angeordnet.

Tab. 9.11 (Fortsetzung)

Spaltengruppe *Symmetrieelemente und Blickrichtungen*^{d} umfasst die Spalten $\bar{1}$, c, ⟨100⟩ und ⟨210⟩ (hexagonal) bzw. ⟨100⟩, ⟨111⟩, ⟨110⟩ (kubisch).

Kristallsysteme	Nr.	Sch^a	H.-M.^{b}	Symmetrieelemente^c	$\bar{1}$	c	⟨100⟩	⟨210⟩	Enantiomorphie	optische Aktivität	Piezoelektrizität	Pyroelektrizität	Laue-Gruppen
Hexagonal $a=b\neq c$ $\alpha=\beta=90°$ $\gamma=120°$	21	C$_6$	6	$\bullet_p$		6	–	–	+	+	+	+	
	22	C$_{3h}$	$\bar{6}$	$\bullet \equiv (\blacktriangle\perp m)$		$\bar{6}$	–	–		+	+		6/m
	23	C$_{6h}$	6/m	$\bullet\perp m$	$\bar{1}$	6/m	–	–					
	24	D$_6$	622	$\bullet + 3\bullet + 3\bullet$		6	2	2	+	+	+		
	25	C$_{6v}$	6mm	$\bullet_p + 3m + 3m$		6	m	m			+	+	6/mmm
	26	D$_{3h}$	$\bar{6}$m2	$\bullet + 3m + 3\bullet_p \,\vert\, \bullet \equiv (\blacktriangle\perp m)$		$\bar{6}$	m	2			+		
	27	D$_{6h}$	6/mmm (6/m 2/m 2/m)	$(\bullet\perp m)+3(\bullet\perp m)+3(\bullet\perp m)$	$\bar{1}$	6/m	2/m	2/m					
Kubisch $a=b=c$ $\alpha=\beta=\gamma=90°$						⟨100⟩	⟨111⟩	⟨110⟩					
	28	T	23	$3\bullet + 4\blacktriangle_p$		2	3	–	+	+	+		m$\bar{3}$
	29	T$_h$	m$\bar{3}$(2/m$\bar{3}$)	$3(\bullet\perp m)+4\blacktriangle$	$\bar{1}$	2/m	$\bar{3}$	–					
	30	O	432	$3\blacksquare + 4\blacktriangle + 6\bullet$		4	3	2	+	+			m$\bar{3}$m
	31	T$_d$	$\bar{4}$3m	$3\oslash + 4\blacktriangle_p + 6m$		$\bar{4}$	3	m		+	+		
	32	O$_h$	m$\bar{3}$m (4/m $\bar{3}$ 2/m)	$3(\blacksquare\perp m)+4\blacktriangle+6(\bullet\perp m)$	$\bar{1}$	4/m	$\bar{3}$	2/m					

^{a} Schönflies-Symbole.
^{b} Hermann-Mauguin-Symbole (Internationale Symbole).
^{c} Die Ziffern geben nur die Anzahl der gleichwertigen Symmetrieelemente an, p bedeutet polar.
^{d} Parallel zu den Blickrichtungen sind die Drehachsen, Drehinversionsachsen und Normalen von m angeordnet.

▶   Durch bestimmte Symmetrieoperationen wird die Polarität der Drehachsen X
    aufgehoben:

    • durch $\bar{1}$ in X
    • durch $m_{\perp x}$
    • durch $2_{\perp x}$

Fragestellungen bei der Punktgruppenbestimmung:

▶   1. Sind höherzählige Drehachsen (3, 4, 6) vorhanden?
    2. Sind (ist) die Drehachse(n) polar?
       oder
       Ist ein Inversionszentrum vorhanden?
       (Kristalle mit $\bar{1}$ zeichnen sich durch parallele Flächen aus; (Abb. 6.4)).

Die Punktgruppenbestimmung sei an 2 Beispielen erläutert:

Methanmolekül CH_4 (Tab. 9.4 31)
Es ist leicht erkennbar, dass in den C–H-Bindungen polare 3-zählige Achsen verlaufen.
Aufgrund der vier 3-zähligen Achsen kommt nur das kubische System in Frage, und dort
nur jene Punktgruppen mit polaren 3-zähligen Achsen[8]. Das sind die Punktgruppen 23
und $\bar{4}$3m (Tab. 9.11), die sich dadurch gravierend unterscheiden, dass nur $\bar{4}$3m Spiegelebenen enthält. Da auch im Methan Spiegelebenen leicht zu finden sind, bleibt für das
CH_4 nur die Punktgruppe $\bar{4}$3m (T_d) übrig.

Magnesiumkristall (Tab. 9.4 27)
Der Kristall enthält eine 6-zählige Drehachse, was auf das hexagonale Kristallsystem hin-
weist. Außerdem ist ein Inversionszentrum vorhanden. Diese beiden Bedingungen erfüllen
nur die Punktgruppen 6/m (C_{6h}) und 6/mmm (D_{6h}) in Tab. 9.11. Sie unterscheiden sich
durch m parallel zu 6 in 6/mmm (D_{6h}). Spiegelebenen parallel zu 6 sind am Kristall
erkennbar, folglich kann der Magnesiumkristall nur der Punktgruppe 6/mmm (D_{6h}) angehören.

Die Symmetriebestimmung an Kristallen ist nicht immer eindeutig. So kommt der
Würfel als Kristallform z. B. in allen 5 kubischen Punktgruppen vor (Tab. 9.7). Eine
Symmetriebestimmung am Würfel führt aber immer zur höchstsymmetrischen Punkt-
gruppe m$\bar{3}$m (O_h) (Tab. 9.4 32). Auch die Kristalle des Minerals Pyrit FeS_2 (m$\bar{3}$–T_d)
zeigen den Würfel als Kristallform. Die Würfelflächen sind aber oft charakteristisch ge-
rieft (Tab. 9.4 29) und gestatten so eine genaue Punktgruppenbestimmung.

Sonst kann man bei Mehrdeutigkeiten mithilfe von *Ätzfiguren* (Ätzgruben) die Symmetrie einer Kristallfläche und damit auch die des Gesamtkristalls bestimmen. Ätzfiguren

---

[8] Bei polaren Drehachsen ist in Tab. 9.11 hinter das graphische Symbol ein p gesetzt (z. B. ▲$_p$).

sind hochindizierte Lösungsflächen, die durch Anwendung von aggressiven Lösungsmitteln auf Kristallflächen entstehen. Der Nephelinkristall (Tab. 9.4 21) gehört aufgrund seiner Morphologie (hexagonales Prisma und Pinakoid) zur Punktgruppe 6/mmm (D_{6h}). Die Ätzfiguren reduzieren die Symmetrie bis zur Punktgruppe 6 (C_6), da die Symmetrie der Prismenflächen 1 ist.

9.5 Enantiomorphie

Die Punktgruppe 1 (C_1) ist *asymmetrisch*. Punktgruppen, die nur Drehachsen enthalten, nennt man *enantiomorph (chiral)*. Dies sind die Punktgruppen:

X:	2, 3, 4, 6	C_n:	C_2, C_3, C_4, C_6
X2:	222, 32, 422, 622	D_n:	D_2, D_3, D_4, D_6
X3:	23, 432		T, O

▶ **Definition** Asymmetrische und chirale Moleküle und Kristalle besitzen die gemeinsame Eigenschaft, dass die Moleküle bzw. Kristalle und ihr Spiegelbild sich nicht durch eine Drehung zur Deckung bringen lassen. Bild und Spiegelbild verhalten sich *enantiomorph*[9] zueinander.

In Abb. 6.9 und Tab. 9.4 3 und 9.4 18 sind enantiomorphe Moleküle bzw. Kristalle gezeigt. Enantiomorphe Moleküle nennt man auch *Enantiomere*.

9.6 Punktgruppen und physikalische Eigenschaften

Es soll an dieser Stelle auf einige physikalische Eigenschaften der Kristalle und Moleküle hingewiesen werden, die im engen Zusammenhang mit den Punktgruppen stehen bzw. deren Effekt auf bestimmte Symmetrieverhältnisse zurückzuführen ist.

9.6.1 Optische Aktivität

Unter optischer Aktivität versteht man die Eigenschaft von Kristallen und Molekülen, die Ebene des polarisierten Lichts zu drehen.

Optische Aktivität kann in den gleichen Punktgruppen vorkommen, in denen auch Enantiomorphie auftritt (vgl. Abschn. 9.5 „Enantiomorphie" und Tab. 9.11).

Man muss 2 Arten von optischer Aktivität, als Kristall- und als Moleküleigenschaft, unterscheiden.

---

[9] Enantiomorph = spiegelbildlich im Sinn von m.

9.6.1.1 Optische Aktivität als Kristalleigenschaft

Nur der Kristall ist optisch aktiv. Wird der Kristall aufgelöst oder geschmolzen, so geht diese Eigenschaft verloren. Als Beispiel wären hier das $MgSO_4 \cdot 7H_2O$, SiO_2 (Tiefquarz), $NaClO_3$ (Tab. 9.46, 9.418 und 9.428) zu nennen. Die genannten Kristallarten bilden enantiomorphe Kristalle aus, aber nicht nur die Morphologie, sondern auch die Kristallstrukturen verhalten sich spiegelbildlich zueinander. Die Linksformen drehen die Ebene des polarisierten Lichts nach links, die Rechtsformen um den gleichen Betrag nach rechts.

9.6.1.2 Optische Aktivität als Moleküleigenschaft

Hier sind die sich in Lösung befindenden asymmetrischen und chiralen Moleküle und die aus diesen Molekülen aufgebauten Kristalle optisch aktiv. Als typisches Beispiel dieser Art der optischen Aktivität kann die D- und L-Weinsäure (Tab. 9.43) angesehen werden.

Dagegen ist das Razemat der Weinsäure (Traubensäure) optisch inaktiv, weil die Kristalle der Traubensäure der Punktgruppe $\bar{1}$ (C_i) angehören. Auch die Moleküle der Mesoweinsäure ($\bar{1}$ (C_i), Tab. 9.42) sind inversionssymmetrisch und können nicht optisch aktiv sein.

Neben den 11 enantiomorphen Punktgruppen (Abschn. 9.5 „Enantiomorphie") kann optische Aktivität auch in Kristallen der Punktgruppen m, mm2, $\bar{4}$ und $\bar{4}2m$ gefunden werden (vgl. Tab. 9.11).

9.6.2 Piezoelektrizität

Den Effekt, dass bei mechanischer Beanspruchung (Druck, Zug) in bestimmten Richtungen auf Kristallen elektrische Ladungen entstehen, nennt man *Piezoelektrizität*. Er lässt sich an einer Quarzplatte [Punktgruppe 32 (D_3)], die senkrecht zu einer a-Achse bzw. polaren 2-zähligen Drehachse geschnitten ist, gut nachweisen (Abb. 9.21). Druck- bzw. Zugrichtung muss stets eine polare Achse sein. Bei polaren Achsen sind die Eigenschaften in paralleler und antiparalleler Richtung ungleichwertig. Richtung und Gegenrichtung werden also durch keine Symmetrieoperation ineinander überführt. Folglich liegen in Kristallen parallel zu polaren Achsen asymmetrische Ladungsverteilungen vor. Durch Druck in Richtung einer polaren Achse kommt es zu einer Verschiebung dieser asymmetrisch angeordneten positiv und negativ geladenen Bausteine in der Kristallstruktur. Die Vektoren der entstehenden elektrischen Dipole verlaufen parallel zur polaren Achse. Dies bedeutet, dass die Flächen der Quarzplatte, die senkrecht zur polaren Achse angeordnet sind, entgegengesetzt aufgeladen werden. Eine Dehnung in der polaren Richtung würde die Aufladung umkehren.

Piezoelektrizität kann nur in Kristallen auftreten, die polare Achsen besitzen. Polare Richtungen kommen nur in Punktgruppen ohne Inversionszentrum vor. Wie man Tab. 9.11 entnehmen kann, sind dies insgesamt 21 Punktgruppen. Davon muss die Punktgruppe 432 (O) gestrichen werden, weil ihre Symmetrie zu hoch ist, um diesen Effekt zu zeigen.

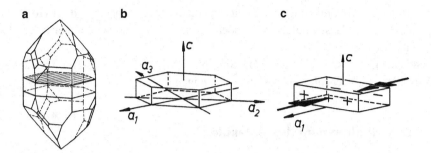

Abb. 9.21 Piezo-Effekt an einer Quarzplatte durch Druck in Richtung einer polaren Achse, hier parallel der a_1-Achse

Der Piezo-Effekt ist umkehrbar. Legt man ein elektrisches Feld in Richtung der polaren Achse an die Quarzplatte, so wird sie je nach Polung komprimiert oder gedehnt. Ein elektrisches Wechselfeld versetzt die Quarzplatten in Schwingungen.

Neben dem Quarz zeigen z. B. die folgenden Kristallarten den Piezo-Effekt: D- und L-Weinsäure (2–C_2; Tab. 9.4 3), Turmalin (3m–C_{3v}; Tab. 9.4 19), $NaClO_3$ (23–T; Tab. 9.4 28), ZnS (Zinkblende) ($\bar{4}$3m–T_d; Tab. 9.4 31).

Die Piezoelektrizität ist von großer technischer Bedeutung (z. B. Ultraschallgenerator, Lautsprecher, Mikrophon, Quarzuhr).

9.6.3 Pyroelektrizität

Unterzieht man einen Turmalinkristall (Tab. 9.4 19) einer Thermobehandlung, so kommt es an den polaren Enden des Kristalls zu einer elektrischen Aufladung. Bei einer Erwärmung wird der Bereich der positiven c-Achse positiv, der Bereich der negativen c-Achse negativ aufgeladen. Eine Abkühlung des Kristalls kehrt die Aufladung um. Dieser Effekt ist darauf zurückzuführen, dass die Kristallstruktur des Turmalins ein permanentes elektrisches Moment besitzt. Diese Aufladung wird aber nach einiger Zeit durch Ladungsträger aus der Umgebung des Kristalls kompensiert. Eine Temperaturänderung verändert die Größe des Dipolmoments.

Das elektrische Moment oder Dipolmoment ist ein Vektor. Deshalb kann Pyroelektrizität nur in Kristallen auftreten, die Punktgruppen angehören, deren Symmetrieelemente die Lage dieses Vektors nicht verändern. Der Vektor muss bei Einwirkung der Symmetrieelemente am Ort verbleiben. Es kommen die Punktgruppen in Frage, die nur eine Drehachse beinhalten: 2 (C_2); 3 (C_3); 4 (C_4); 6 (C_6) und solche, die außerdem parallel zu diesen Drehachsen m besitzen: mm2 (C_{2v}); 3m (C_{3v}); 4mm (C_{4v}); 6mm (C_{6v}). Der Vektor des Dipolmoments liegt in der Drehachse. Die Bedingungen für ein Dipolmoment erfüllen auch die Punktgruppen m (C_s) (für alle Richtungen in der Spiegelebene) und 1 (C_1) (für alle Richtungen im Raum), (vgl. Tab. 9.11).

Die Symmetrieverhältnisse gestatten nur eine qualitative Betrachtung der Pyroelektrizität. Über die Größe des Dipolmoments oder die Lage des positiven und negativen Pols kann nichts ausgesagt werden.

Rohrzucker $C_{12}H_{22}O_{11}$ (2–C_2) und Hemimorphit $Zn_4[(OH)_2/Si_2O_7]\cdot H_2O$ (mm2–C_{2v}) sind Kristallarten, die ebenfalls Pyroelektrizität zeigen.

9.6.4 Das Dipolmoment der Moleküle

Viele Moleküle besitzen eine ungleichmäßige Verteilung der Ladungen und bilden deshalb elektrische Dipole. Es besteht nun eine sich entsprechende Beziehung zwischen der Punktgruppe der Moleküle und dem Vektor des Dipolmoments, wie dies bei der Pyroelektrizität an Kristallen abgehandelt wurde (Abschn. 9.6.3 „Pyroelektrizität").

Dipolmessungen können einen wichtigen Hinweis auf die Gestalt eines Moleküls geben. Von den Molekülen des BF_3 und PF_3 hat nur das PF_3 ein Dipolmoment. AB_3-Moleküle besitzen in der Regel eine planare Anordnung in Form eines gleichseitigen Dreiecks mit A im Zentrum ($\bar{6}$m2–D_{3h}) oder eine pyramidale mit dem A-Atom als Spitze (3m–C_{3v}) (vgl. Tab. 9.4 19 und 9.4 26). Folglich ist die 1. Anordnung dem BF_3, die 2. dem PF_3 zuzuordnen.

9.7 Nichtkristallographische Punktgruppen

In diesem Kapitel werden die Punktgruppen ausführlich behandelt. Bisher wurden jedoch nur die wichtigsten, nämlich die 32 kristallographischen Punktgruppen beschrieben. Es gibt nun aber auch Punktgruppen, die als Kristallsymmetrien nicht auftreten können, weil sie 5-, 7-, 8- . . . ∞-zählige Drehachsen enthalten.

▶ **Definition** Punktgruppen, die mindestens eine Dreh- oder Drehinversionsachse enthalten, die nicht mit einem Raumgitter verträglich ist, nennt man nichtkristallographische Punktgruppen.

Quasikristalle weisen z. B. 5-,- 8-, 10- oder 12-zählige Drehachsen auf. Nichtkristallographische Punktgruppen spielen aber auch bei den Molekülsymmetrien eine Rolle.

Die linearen Moleküle CO, HCl und CN⁻, aber auch ein Kegel haben eine ∞-zählige Drehachse mit unendlich vielen Spiegelebenen parallel dazu: Punktgruppe ∞m (Tab. 9.12 1).

Die Symmetrie der linearen Moleküle O_2 und CO_2 und von Doppelkegel und Zylinder ist erheblich höher. Zur Symmetrie ∞m kommen hier noch eine Spiegelebene und unendlich viele 2-zählige Drehachsen senkrecht zur ∞-zähligen Achse hinzu. Dies führt zur Punktgruppe ∞/mm (Tab. 9.12 2).

Die Symmetrie des Schwefelmoleküls S_8 ist $\bar{8}$2m (Tab. 9.12 3).

Tab. 9.12 Einige nichtkristallographische Punktgruppen

Moleküle, Polyeder und andere geometrische Form	Nichtkristallographische Punktgruppen
1 CO, HCl, CN⁻ Kegel	Eine unendlichzählige Drehachse mit unendlich vielen Spiegelebenen parallel dazu $\infty m - C_{\infty v}$
2 H_2 O_2 Cl_2 CO_2 Doppelkegel Zylinder	Eine unendlichzählige Drehachse mit unendlich vielen Spiegelebenen parallel dazu und unendlich vielen 2-zähligen Drehachsen senkrecht und einer Spiegelebene senkrecht dazu $\infty/mm - D_{\infty h}$
3 S_8	$\bar{8}2m - D_{4d}$

Tab. 9.12 (Fortsetzung)

Moleküle, Polyeder und andere geometrische Form	Nichtkristallographische Punktgruppen
4 Ferrocen (verdeckte Konformation) Pentagonales Prisma	 $(\overline{10}m2) - D_{5h}$
5 Pentagondodekaeder Ikosaeder	 $\overline{5}32/m - I_h$

Tab. 9.13 Elemente der platonischen Körper

Platonische Körper (Polyeder)	Form der Flächen	Anzahl der			Punktgruppe	Symmetrie-Charakteristik
		Flächen f	Ecken e	Kanten k		
Tetraeder	Gleichseitiges Dreieck	4	4	6	$\bar{4}3m$	kristallo-graphisch
Oktaeder		8	6	12	$m\bar{3}m$	
Würfel	Quadrat	6	8	12		
Pentagon-dodekaeder	Regelmäßiges Fünfeck (Pentagon)	12	20	30	$\bar{\bar{5}}32/m$	nicht-kristallo-graphisch
Ikosaeder	Gleichseitiges Dreieck	20	12	30		

Das pentagonale Prisma hat die Symmetrie $\overline{10}m2$ (Tab. 9.12 4) und ist keine Kristallform!!! Alle Prismen, Pyramiden und Dipyramiden mit X > 6 sind keine Kristallformen, d. h. sie können nie die natürlichen Begrenzungsflächen von Kristallen bilden[10].

Die platonischen Körper werden dem Griechen Plato zugeschrieben.

▶ **Definition** Platonische Körper sind jene Polyeder, die von gleichen regelmäßigen Flächen begrenzt sind.

Nur drei der fünf platonischen Körper treten als Kristallformen auf, nämlich Tetraeder, Oktaeder und Würfel, siehe Übungsaufgaben 9.15 (13), (14), (15). Hinzu kommen die beiden nichtkristallographischen Polyeder, das Pentagondodekaeder und das Ikosaeder (Tab. 9.12 5). In Tab. 9.13 sind alle platonischen Polyeder mit ihren geometrischen Elementen (Anzahl der Flächen, Ecken, Kanten) aufgelistet.

Während das Tetraeder zur Punktgruppe $\bar{4}3m$, Oktaeder und Würfel zu $m\bar{3}m$ gehören, besitzen Pentagondodekaeder und Ikosaeder die Punktgruppe $\bar{5}\bar{3}2/m$. Das zugehörige Stereogramm zeigt Tab. 9.12 5. Es ist sicherlich lohnenswert, beide Polyeder zu bauen, wenn man die Symmetrieverhältnisse gut erfassen will (Abb. 15.9). Es ist leicht erkennbar,

---

[10] Die Definition der Kristallform als Menge von äquivalenten Flächen in Abschn. 9.2.1 ist nur mit dem Zusatz korrekt: Wenn die Äquivalenz durch 1, 2, 3, 4, 6, $\bar{1}$, m, $\bar{3}$, $\bar{4}$, $\bar{6}$ bewirkt wird. Das pentagonale Prisma (Tab. 9.12 4) besteht auch aus 5 äquivalenten Flächen und ist doch keine Kristallform!

dass in der stereographischen Projektion die Flächenpole des Pentagondodekaeders mit den 5-zähligen Achsen und die des Ikosaeders mit den 3-zähligen Achsen von $\overline{5}\,\overline{3}2/m$ zusammenfallen.

Man beachte, dass Oktaeder und Würfel einerseits sowie Pentagondodekaeder und Ikosaeder andererseits zueinander dual sind. Duale Polyeder haben die gleiche Anzahl von Kanten, während die Zahl der Flächen des einen Polyeders der Zahl der Ecken des anderen Polyeders entspricht (vgl. die Pfeile in Tab. 9.13).

Anhand der Angaben in Tab. 9.13 kann direkt die Gültigkeit der Euler'schen Polyederformel $f + e = k + 2$ überprüft werden.

Neben dem nichtkristallographischen Pentagondodekaeder mit den regelmäßigen Pentagonen gibt es noch die kubischen Kristallformen Pentagondodekaeder ($2/m\overline{3}$) und das tetraedrische Pentagondodekaeder (23) (Abb. 15.2d (37), (36) und 15.7).

9.8 Übungsaufgaben

Aufgabe 9.1
Polare Drehachsen (X_p)

a) Was versteht man unter einer polaren Drehachse?
b) Welche Symmetrieoperationen können die Polarität einer Drehachse aufheben? Die unten aufgeführten Pfeile sollen eine X-zählige polare Drehachse (X_p) veranschaulichen. Die Polarität wäre dann beseitigt, wenn durch eine Symmetrieoperation die Pfeilspitze zum andern Ende des Pfeils überführt würde. Zeichnen Sie die Lage der Symmetrieelemente ein, die dies bewirken können.

c) Wie sind die polaren Drehachsen in den Symmetriegerüsten und den Stereogrammen der Punktgruppen gekennzeichnet?

Aufgabe 9.2
Gibt es polare Drehinversionsachsen? Wenn ja, welche; wenn nein, warum nicht.

Aufgabe 9.3

Kombinieren Sie $1 + \bar{1}, 2 + \bar{1}, 3 + \bar{1}, 4 + \bar{1}, 6 + \bar{1}$. Welche Punktgruppen entstehen? Geben Sie deren Symbole an.

Aufgabe 9.4

Kombinieren Sie unter dem Winkel von $30°, 45°, 60°, 90°$

a) $2 + 2$
b) $m + m$
c) $2 + m$

Die Winkelangabe für m bezieht sich auf die Normale von m.

Führen Sie die Kombinationen in den in der folgenden Tabelle skizzierten stereographischen Projektionen durch. Welche Symmetrieelemente werden erzeugt? Welche Punktgruppen entstehen? Geben Sie deren Symbole an.

Zeichnen Sie die Stereogramme der Punktgruppen von Spalte A oder B oder C in die Spalte D und fügen Sie $\bar{1}$ hinzu. Welche neuen Punktgruppen entstehen? Geben Sie deren Symbole an.

Führen Sie bei allen Punktgruppen eine Achsenwahl durch und ordnen Sie die Punktgruppen den einzelnen Kristallsystemen zu.

Das Lösen dieses Aufgabenteils sollen die folgenden Symmetriesätze erleichtern:

a) Die Kombination von zwei 2-zähligen Achsen unter dem Winkel von $\frac{\varepsilon}{2}$ erzeugt eine Drehachse X mit der Zähligkeit $X = \frac{360°}{\varepsilon}$. X steht im Schnittpunkt der 2-zähligen Achsen auf der von den 2-zähligen Drehachsen gebildeten Ebene senkrecht.

b) Die Kombination von 2 Spiegelebenen unter dem Winkel von $\frac{\varepsilon}{2}$ erzeugt in der Schnittgeraden der m eine Drehachse X mit der Zähligkeit $X = \frac{360°}{\varepsilon}$.

c) Die Kombination einer 2-zähligen Drehachse mit einer Spiegelebene unter dem Winkel $\frac{\varepsilon}{2}$ erzeugt eine Drehinversionsachse $\bar{X}$ mit $\bar{X} = \frac{360°}{\varepsilon}$. $\bar{X}$ steht im Schnittpunkt der 2-zähligen Drehachsen und der Normalen von m auf der von den 2-zähligen Achsen und den Normalen von m gebildeten Ebene senkrecht.

Da nur $X = 1, 2, 3, 4, 6$ und $\bar{X} = 1, 2 \equiv m, \bar{3}, \bar{4}, \bar{6}$ auftreten können, ergeben sich für $\frac{\varepsilon}{2}$ nur die Winkel von $30°, 45°, 60°, 90°, 180°$.

Die Kombinationen unter einem Winkel von $180°$ sind in der Tabelle nicht berücksichtigt, führen zu 2, m, 2/m.

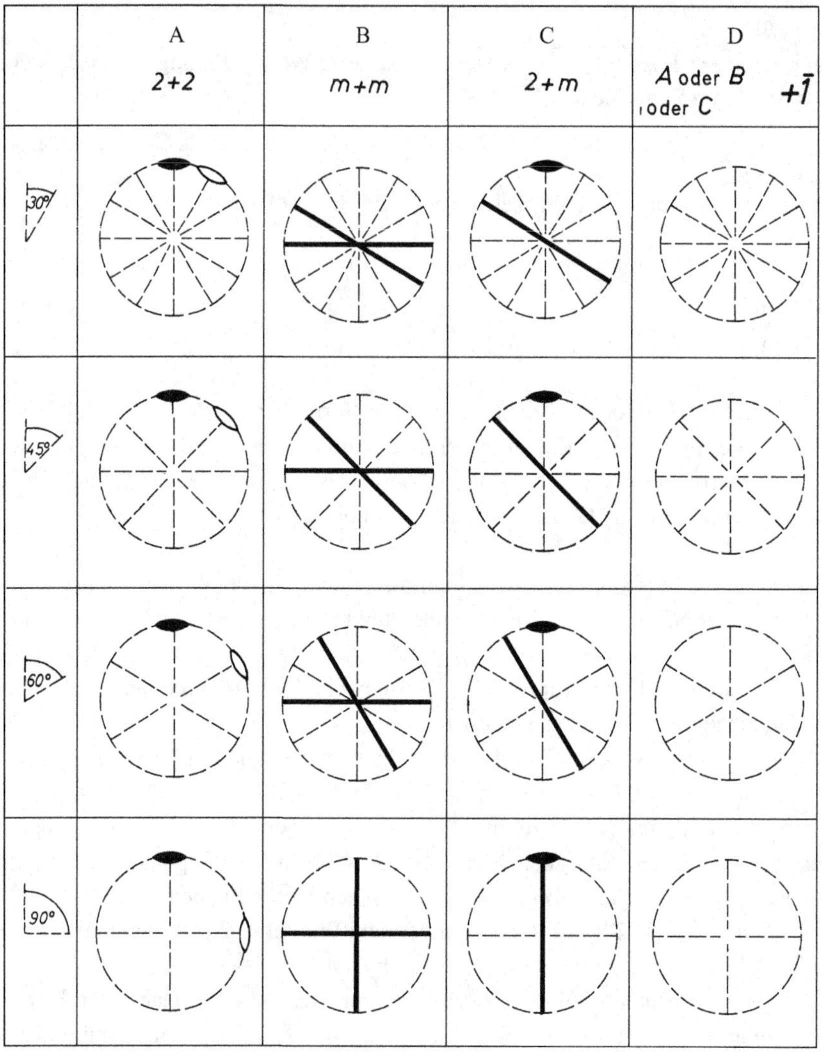

	A 2+2	B m+m	C 2+m	D A oder B ı oder C +$\overline{1}$
$\overline{30°}$				
$\overline{45°}$				
$\overline{60°}$				
$\overline{90°}$				

Aufgabe 9.5

Kombinieren Sie unter einem Winkel von 54°44′ (Winkel zwischen der Kantenrichtung und der Raumdiagonalen eines Würfels)

a) $2 + 3$
b) $\overline{4} + 3$
c) $4 + 3$

Führen Sie die Kombinationen in den in der folgenden Tabelle skizzierten stereographischen Projektionen durch und geben Sie die Symbole der entstandenen Punktgruppen

an. Zeichnen Sie die Stereogramme der Punktgruppen in E, F, G nochmals in H, I, K
und fügen Sie $\bar{1}$ hinzu. Geben Sie die Symbole der neu entstandenen Punktgruppen an.

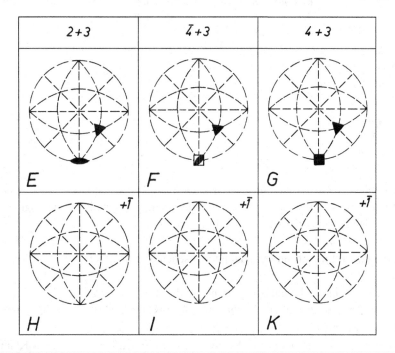

Aufgabe 9.6

Leiten Sie aus der höchstsymmetrischen Punktgruppe $\bar{3}\,2/m$ des trigonalen Kristallsystems die trigonalen Untergruppen ab.

Aufgabe 9.7

Malen Sie in Abb. 9.3 alle die Kreise der Punktgruppen, die zu einem Kristallsystem
gehören, mit der gleichen Farbe an.

Aufgabe 9.8

a) Woran erkennt man am Internationalen Symbol einer Punktgruppe die Zugehörigkeit zu einem Kristallsystem?
b) Nennen Sie die für ein Kristallsystem charakteristischen Punktsymmetrieelemente.
   Geben Sie – wenn notwendig – die Zahl dieser charakteristischen Symmetrieelemente bzw. ihre Anordnung zueinander an. Welche Positionen nehmen diese Symmetrieelemente im Internationalen Symbol ein? Geben Sie für jedes Kristallsystem
   ein Beispiel an.

Kristallsystem	Charakteristische Symme-trieelemente (evtl. Anzahl bzw. Anordnung zueinan-der)	Position der cha-rakteristischen Symmetrieelemente im Symbol			Beispiel
		1.	2.	3.	
Triklin					
Monoklin					
Orthorhombisch					
Tetragonal					
Trigonal					
Hexagonal					
Kubisch					

Aufgabe 9.9

Bestimmen Sie das Internationale Symbol der Punktgruppen, deren Stereogramme der Symmetrieelemente die folgenden Abbildungen zeigen.

a) Bestimmen Sie anhand der charakteristischen Symmetrieelemente die Kristallsysteme.

b) Zeichnen Sie die kristallographischen Achsen a, b, c unter Berücksichtigung der Symmetrierichtungen (Blickrichtungen) für das entsprechende Kristallsystem in die Stereogramme ein.

c) Geben sie das Internationale Symbol und das Schönflies-Symbol (in Klammern) an.

1)

2)

3)

4)

5)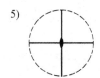

6)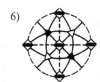

Aufgabe 9.10

Zeichnen Sie von den folgenden Punktgruppen das Stereogramm der Symmetrieelemente:

a) Bestimmen Sie das Kristallsystem.
b) Zeichnen Sie das entsprechende Achsenkreuz in die stereographische Projektion ein. Die c-Achse soll immer senkrecht zur Ebene der stereographischen Projektion verlaufen.
c) Analysieren Sie das Internationale Symbol der Punktgruppe bezüglich seiner Symmetrierichtungen (Blickrichtungen).
d) Zeichnen Sie nun aufgrund dieser Kenntnisse die Symmetrieelemente in das Stereogramm ein. Man beachte, dass die Dreh- und Drehinversionsachsen und die *Normalen* der Spiegelebenen[11] parallel zu den Symmetrierichtungen (Blickrichtungen) angeordnet sind.

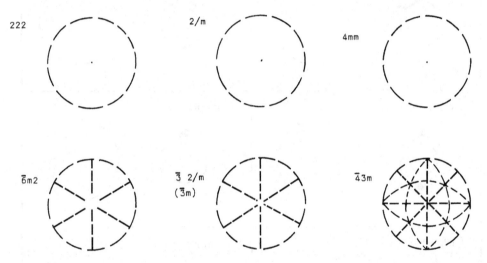

Aufgabe 9.11

Punktgruppenbestimmung. Bestimmen Sie die Punktgruppe der unten aufgeführten Moleküle und Ionen. Als Moleküle im weiteren Sinn werden nicht nur elektrisch neutrale, sondern auch geladene mehratomige Anordnungen betrachtet. Gehen Sie nach der in Abschn. 9.4 „Punktgruppenbestimmung" beschriebenen Bestimmungsmethode unter Verwendung der Tab. 9.11 vor. Geben Sie das Internationale Symbol und in Klammern auch das Schönflies-Symbol an. Zeichnen Sie die Symmetrieelemente in die stereographische Projektion ein.

---

[11] Bezieht man sich auf die Spiegelebenen, so sind sie senkrecht zu den Symmetrierichtungen (Blickrichtungen) angeordnet.

a) Welche Isomeren des Tetrachlorcyclobutans sind Enantiomere?
b) Welche Moleküle besitzen ein Dipolmoment?

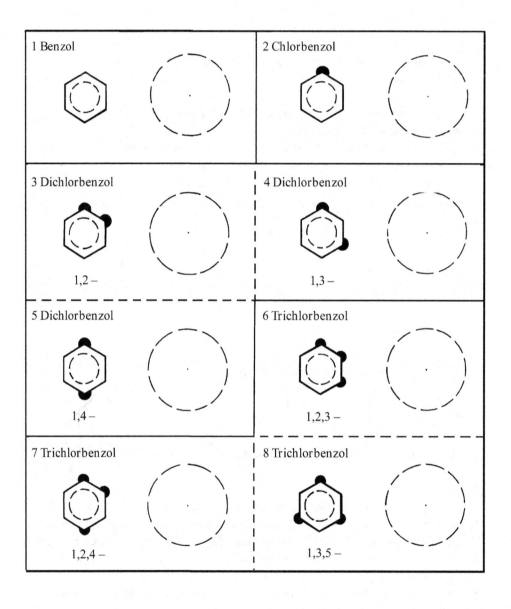

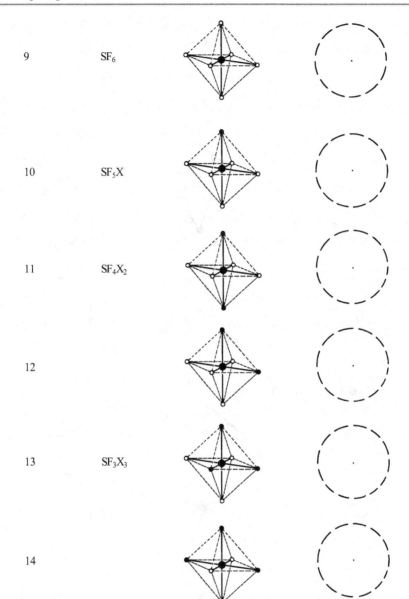

9	SF_6
10	SF_5X
11	SF_4X_2
12	
13	SF_3X_3
14	

15	Methan CH_4	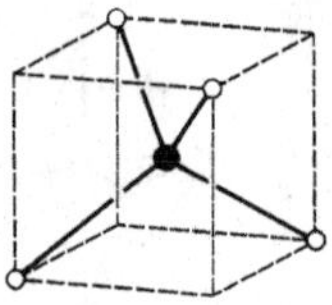	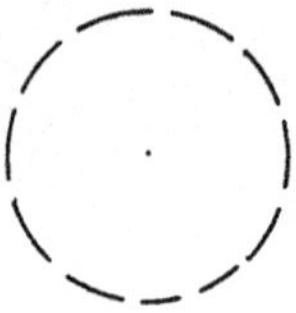
16	Methylchlorid CH_3Cl	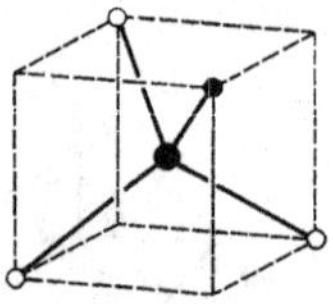	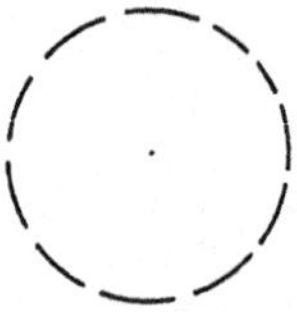
17	Methylenchlorid CH_2Cl_2	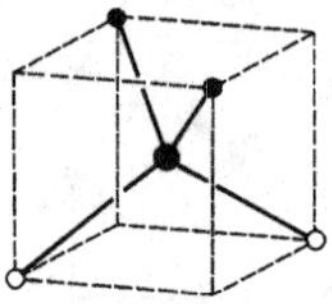	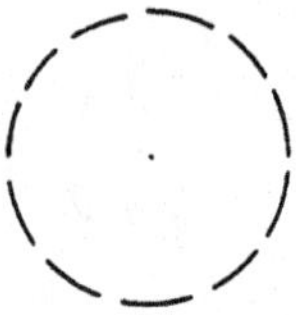
18	Chloroform $CHCl_3$	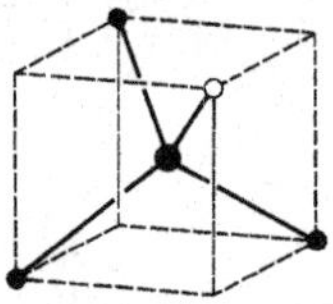	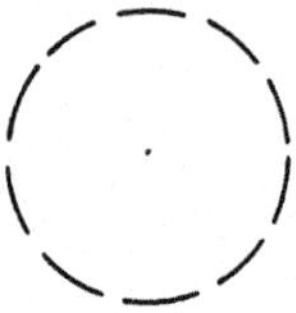
19	Tetrachlorkohlenstoff CCl_4	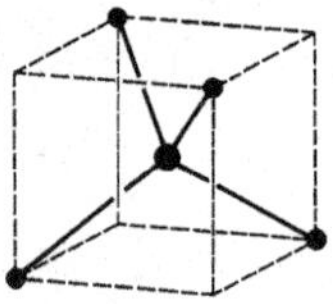	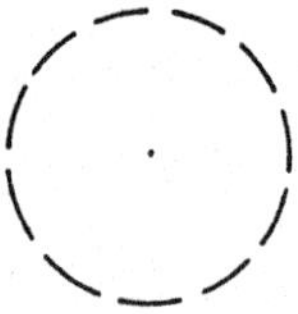
20	IO_3^- SeO_3^{--} AsO_3^{---}		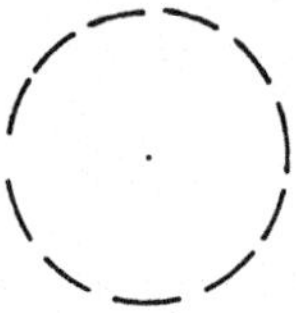
21	NO_3^- CO_3^{--}	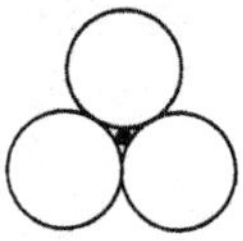	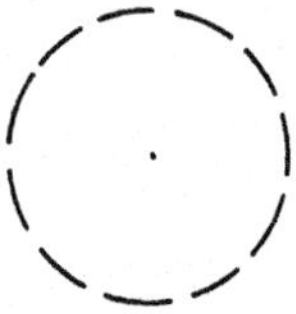

22   Cyclopropan
      C_3H_6

23   Monochlorcyclopropan
      C_3H_5Cl

24   Dichlorcyclopropan
      $C_3H_4Cl_2$

25

26

27

28   Trichlorcyclopropan
      $C_3H_3Cl_3$

29   Trichlorcyclopropan
          $C_3H_3Cl_3$

30

31

32

          Sesselform

Cyclohexan C_6H_{12}

33

          Wannenform

34   H_2O_2

35   H_2O

36	Cyclobutan C_4H_8		
37	Tetrachlorcyclobutan $C_4H_4Cl_4$		
38			
39			
40			
41			
42			

43   Tetrachlorcyclobutan
     $C_4H_4Cl_4$

44

45

46

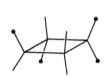

47

48

49

Aufgabe 9.12

Welche Aussagen bezüglich der räumlichen Anordnung der Molekülbausteine können Sie aus der Punktgruppensymmetrie der betreffenden Moleküle gewinnen?

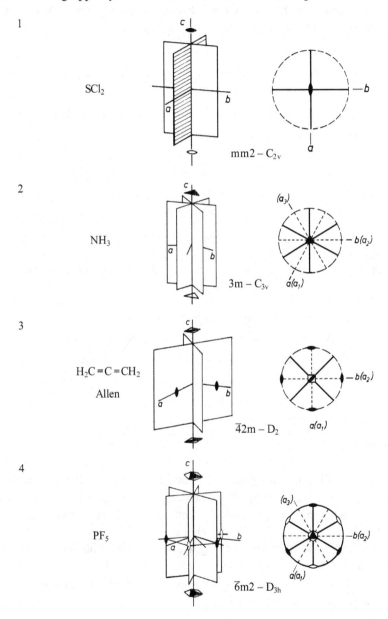

1   SCl_2 $mm2 - C_{2v}$

2   NH_3 $3m - C_{3v}$

3   $H_2C = C = CH_2$ Allen $\overline{4}2m - D_2$

4   PF_5 $\overline{6}m2 - D_{3h}$

Aufgabe 9.13

Drehen Sie die CH_2Cl-Radikale des 1. 2-Dichlorethan-Moleküls um die C–C-Bindung schrittweise bis zu 360° gegeneinander. Welche symmetrisch unterschiedlichen Konformationen entstehen? Geben Sie deren Punktgruppen an. Vergleichen Sie dazu die entsprechenden Verhältnisse beim Ethan in Abb. 9.20.

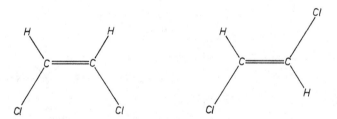

Aufgabe 9.14

Kann man beim Dichlorethen die cis- und trans-Form durch Dipolmessungen unterscheiden?

Aufgabe 9.15

a) Bestimmen Sie die Punktgruppe der unten aufgeführten Kristalle mithilfe der Tab. 9.11 unter Verwendung der Kristallmodelle (Abb. 15.5–15.7). Zeichnen Sie die Stereogramme der Symmetrieelemente. Geben Sie das Internationale Symbol und in Klammern das Schönflies-Symbol an.

b) Skizzieren Sie die Lage der kristallographischen Achsen im Stereogramm und im Kristall.

c) Markieren Sie nach Augenmaß die Lage der Flächenpole im Stereogramm (farbig).

d) Indizieren Sie die Kristallformen.

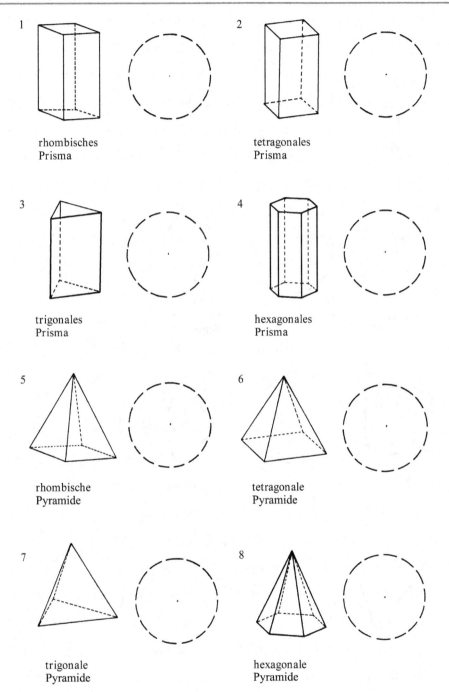

1 rhombisches
Prisma

2 tetragonales
Prisma

3 trigonales
Prisma

4 hexagonales
Prisma

5 rhombische
Pyramide

6 tetragonale
Pyramide

7 trigonale
Pyramide

8 hexagonale
Pyramide

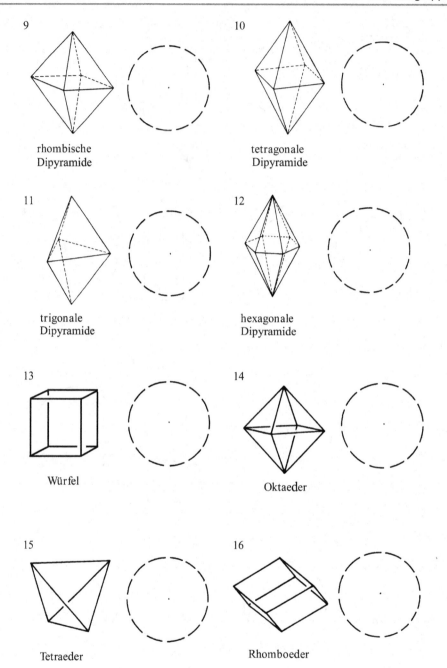

9
rhombische
Dipyramide

10
tetragonale
Dipyramide

11
trigonale
Dipyramide

12
hexagonale
Dipyramide

13
Würfel

14
Oktaeder

15
Tetraeder

16
Rhomboeder

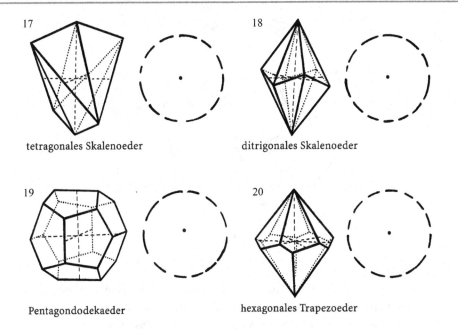

17 tetragonales Skalenoeder

18 ditrigonales Skalenoeder

19 Pentagondodekaeder

20 hexagonales Trapezoeder

Aufgabe 9.16

Welche Kristalle, die die in Aufgabe 9.15 gezeigten Kristallformen ausbilden, können den Piezo-Effekt zeigen? Schreiben Sie in das entsprechende Feld der Aufgabe 9.15: Piezo-E.

Aufgabe 9.17

Es gibt eine einfache Relation zwischen der Zahl der Flächen, Kanten und Ecken eines Polyeders. Geben Sie diese Beziehung an.

Aufgabe 9.18

Die Abbildung zeigt den Querschnitt eines ditetragonalen Prismas (*ausgezogen*) in der Äquatorebene einer stereographischen Projektion mit den entsprechenden Flächenpolen. Die gestrichelten Linien dienen dem besseren Erkennen der Achsenabschnitte.

a) Indizieren Sie alle Flächen der Kristallform {hk0} bzw. {210}.

b) Wenn Sie alle Flächen des ditetragonalen Prismas um den gleichen Winkelbetrag in Richtung positive und negative c-Achse neigen, so wandern die Flächenpole um einen entsprechenden Betrag von der Peripherie in Richtung [001] und [00$\bar{1}$]. Welche Kristallform entsteht? Indizieren Sie alle Flächen dieser Form.

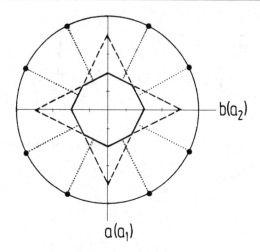

Die Abbildung zeigt den Querschnitt eines hexagonalen Prismas in der Äquatorebene einer stereographischen Projektion mit den entsprechenden Flächenpolen. Die gestrichelten Linien dienen zum besseren Erkennen der Achsenabschnitte.

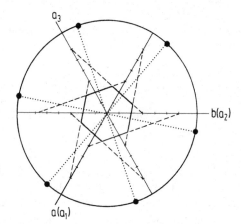

a) Indizieren Sie alle Flächen der Kristallform {hki0} bzw. {21$\bar{3}$0}.

b) Wenn sie alle Flächen des hexagonalen Prismas um den gleichen Winkelbetrag in Richtung positive und negative c-Achse neigen, so wandern die Flächenpole um einen entsprechenden Betrag von der Peripherie in Richtung [0001] und [000$\bar{1}$]. Welche Kristallform entsteht? Indizieren Sie alle Flächen dieser Form.

Aufgabe 9.20

Leiten Sie die Kristallformen der folgenden Punktgruppen ab.

1) $\bar{4}$2m	4) mm2	7) 3m
2) 4	5) 6/mmm	8) m$\bar{3}$m
3) mmm	6) 622	9) $\bar{4}$3m.

a) Bestimmen Sie mit Hilfe der charakteristischen Symmetrieelemente (Tab. 9.10) das Kristallsystem.

b) Verwenden Sie nun das Stereogramm der Flächenpole der Kristallformen der höchstsymmetrischen Punktgruppe des entsprechenden Kristallsystems: Orthorhombisch Abb. 9.16; tetragonal Abb. 9.9; hexagonal (trigonal) Abb. 9.13; kubisch Abb. 9.15.

c) Legen Sie Transparentpapier auf das Stereogramm und tragen Sie entsprechend der Lage der kristallographischen Achsen die Symmetrieelemente ein.

d) Markieren Sie die asymmetrische Flächeneinheit.

e) Zeichnen Sie zuerst die Flächenpole der allgemeinen Form ein. Wie heißt diese Form? Indizieren Sie alle Flächen dieser Form.

f) Gibt es Grenzformen der allgemeinen Form, so tragen Sie auch diese ein, nennen die Namen und die Indizierungen der Grenzformen.

g) Zeichen Sie nun die speziellen Formen und ihre Grenzformen (wenn vorhanden) ein. Nennen Sie die Namen und die Indizierungen der Formen. Geben Sie die Flächensymmetrien an. (Es ist sicherlich vorteilhaft, mehrere Transparentblätter zu verwenden!)

Aufgabe 9.21

In den *International Tables for Crystallography* Vol. A (10.) [18] sind z. B. in der Punktgruppe 4/m $\bar{3}$ 2/m die Kristallformen Deltoidikositetraeder mit {hhl}; |h| < |l| und Trisoktaeder mit {hhl}; |h| > |l| indiziert. In Tab. 9.7 ist dagegen die Indizierung {hkk} (Deltoidikositetraeder) und {hhk} (Trisoktaeder) angegeben. Erklären Sie den scheinbaren Widerspruch.

Aufgabe 9.22

Zu welchen speziellen Kristallformen gehören im hexagonalen (trigonalen) Kristallsystem Grenzformen?

Aufgabe 9.23

Der Tab. 9.7 kann entnommen werden, dass in {100}-Lage in allen 5 kubischen Punktgruppen der Würfel auftritt. Die höchste Flächensymmetrie von 4mm besitzen die Würfelflächen der Kristalle der Gruppe m$\bar{3}$m. Viele Würfelkristalle des Minerals Pyrit FeS$_2$ zeigen eine charakteristische Wachstumsstreifung parallel zu einer Würfelkante

(Tab. 9.4 29), die die Flächensymmetrie auf mm2 reduziert, was einer Kristallsymmetrie von $2/m\bar{3}$ entspricht.

a) Zeichnen Sie drei Würfel und schraffieren Sie die Würfelflächen in der Weise, dass die Punktsymmetrien auf $\bar{4}$3m, 432 und 23 sinken.

b) Wie weit reduzieren sich die Flächensymmetrien?

Die Raumgruppen

10.1 Gleitspiegelung und Schraubung

Die 32 Punktgruppen oder Kristallklassen sind die Symmetriegruppen von vielen Molekülen und den Kristallen, sofern bei letzteren nur die äußere Gestalt, die Morphologie, berücksichtigt wird. Die Raumgruppen sind nun nicht nur die Symmetriegruppen der Translationsgitter, sondern auch der Kristallstrukturen.

In Tab. 7.4 sind die Raumgruppensymbole der 14 Translationsgitter angegeben, aber das Raumgruppensymbol nennt i. Allg. nicht alle Symmetrieelemente, die in der Raumgruppe auftreten. Insbesondere sind in den Symmetriegerüsten vieler Raumgruppen noch Symmetrieelemente enthalten, die durch Koppelung von Spiegelung und Translation (I) und Drehung und Translation (II) entstehen (vgl. Abschn. 6.4 „Koppelung von Symmetrieoperationen" und Tab. 6.2):

I Im orthorhombischen C-Gitter liegt z. B. in $\frac{1}{4}$, y, z eine Ebene (– – –) mit der Eigenschaft, durch Spiegelung an ihr und nachfolgende Translation um $\frac{1}{2}\vec{b}$ den Gitterpunkt $0, 0, 0$ nach $\frac{1}{2}, \frac{1}{2}, 0$ zu überführen (Abb. 10.1a). Diese Symmetrieoperation nennt man *Gleitspiegelung*, das Element *Gleitspiegelebene* (b-Gleitspiegelebene).

II Im orthorhombischen I-Gitter liegt z. B. in $\frac{1}{4}, \frac{1}{4}$, z eine Achse (⌀) mit der Eigenschaft, durch Drehung um $180°$ und nachfolgende Translation um $\frac{1}{2}\vec{c}$ den Gitterpunkt $0, 0, 0$

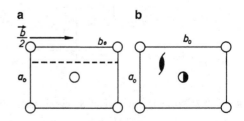

Abb. 10.1 Lage einer Gleitspiegelebene b im orthorhombischen C-Gitter (**a**); Lage einer 2-zähligen Schraubenachse in einem orthorhombischen I-Gitter (**b**), (◐ Gitterpunkt mit $z = \frac{1}{2}$)

© Springer-Verlag Berlin Heidelberg 2018
W. Borchardt-Ott, H. Sowa, *Kristallographie*, Springer-Lehrbuch,
https://doi.org/10.1007/978-3-662-56816-3_10

nach $\frac{1}{2}, \frac{1}{2}, \frac{1}{2}$ zu überführen (Abb. 10.1b). Diese Symmetrieoperation nennt man *Schraubung*, das Element *Schraubenachse* (2-zählig).

10.1.1 Gleitspiegelebenen

Gleitspiegelebenen entstehen durch Koppelung von

- Spiegelung und
- Translation um einen Vektor $\vec{g}$ parallel zur Gleitspiegelebene ($|\vec{g}|$ = *Gleitvektor*).

In Abb. 10.2 sind Gleitspiegel- und Spiegelebene in ihrer Wirkungsweise auf einen nicht in der Ebene liegenden Punkt einander gegenübergestellt.

Nach zweimaliger Ausführung der Operation erreicht man bei der Gleitspiegelung einen zum Ausgangspunkt identischen Punkt.

▶   Der Gleitvektor $\vec{g}$ ist immer die Hälfte einer Gittertranslation parallel zur Gleitspiegelebene, $|\vec{g}| = \frac{1}{2}|\vec{\tau}|$.

Die Gleitspiegelebenen leiten sich von den Spiegelebenen ab. Darum kann eine Gleitspiegelebene nur in solcher Orientierung vorkommen, in der auch Spiegelebenen auftreten können.

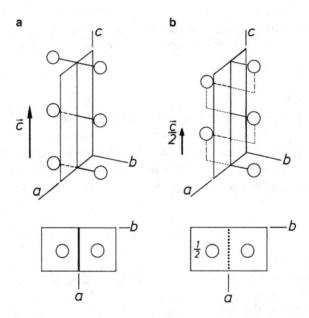

Abb. 10.2 Wirkungsweise einer Spiegelebene m (**a**) und einer Gleitspiegelebene c (**b**) auf einen Punkt in perspektivischer Darstellung und als Projektion auf (001)

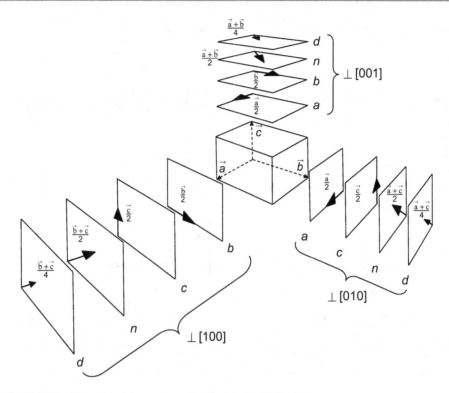

Abb. 10.3 Die Gleitspiegelebenen im orthorhombischen Kristallsystem

Im orthorhombischen Kristallsystem sind deshalb Gleitspiegelebenen nur parallel (100), (010), (001) möglich. Man vergleiche die Raumgruppe P2/m 2/m 2/m in Abb. 7.9d bzw. die Punktgruppe 2/m 2/m 2/m in Abb. 7.9e. Da der Gleitvektor $|\vec{g}|$ die Hälfte einer Gittertranslation parallel zur Gleitspiegelebene sein muss, kommen in orthorhombischen Raumgruppen z. B. parallel (100) nur Gleitspiegelebenen mit den Gleitvektoren $\frac{1}{2}|\vec{b}|$, $\frac{1}{2}|\vec{c}|$, $\frac{1}{2}|\vec{b}+\vec{c}|$ und $\frac{1}{4}|\vec{b}\pm\vec{c}|$ in Frage (Abb. 10.3), letztere nur in Raumgruppen mit A-flächenzentriertem Translationsgitter, da hier der Gleitvektor z. B. $\frac{1}{4}|\vec{b}+\vec{c}|$ die Hälfte einer Gittertranslation sein kann. Auch die parallel (010) und (001) möglichen Gleitspiegelebenen sind mit ihren Gleitvektoren in Abb. 10.3 angegeben.

Die Gleitspiegelebenen werden nach der Lage ihrer Gleitvektoren $\vec{g}$ zu den Gittervektoren $\vec{a}, \vec{b}, \vec{c}$ bezeichnet (vgl. Abschn. 15.2 „Symmetrieelemente"). Die Gleitspiegelebenen mit den axialen Gleitvektoren $\frac{1}{2}|\vec{a}|$, $\frac{1}{2}|\vec{b}|$, $\frac{1}{2}|\vec{c}|$ erhalten die Symbole **a** bzw. **b** bzw. **c**, die Gleitspiegelebenen mit den diagonalen Gleitvektoren $\frac{1}{2}|\vec{\tau}_1 + \vec{\tau}_2|$ das Symbol **n**, während die Gleitspiegelebenen mit $\frac{1}{4}|\vec{\tau}_1 \pm \vec{\tau}_2|$ als Gleitvektoren mit **d** (Diamantgleitspiegelebenen) bezeichnet werden, vgl. Abb. 10.3. In zentrierten Raumgruppen können Gleitspiegelebenen **e** auftreten, die durch zwei senkrecht aufeinander stehende Gleitvektoren gekennzeichnet sind (vgl. Abb. 10.4f).

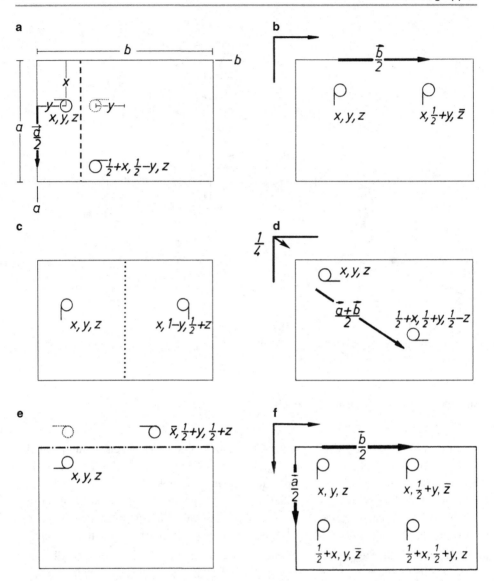

Abb. 10.4 Die Wirkungsweise von Gleitspiegelebenen auf einen Punkt. Sie ist nur an einer Gleitspiegelebene in der Projektion einer orthorhombischen Elementarzelle auf x, y, 0 dargestellt. **a** Gleitspiegelebene **a** in x, $\frac{1}{4}$, z; **b** Gleitspiegelebene **b** in x, y, 0; **c** Gleitspiegelebene **c** in x, $\frac{1}{2}$, z; **d** Gleitspiegelebene **n** in x, y, $\frac{1}{4}$ mit dem Gleitvektor $\frac{1}{2}|\vec{a} + \vec{b}|$; **e** Gleitspiegelebene **n** in 0, y, z mit dem Gleitvektor $\frac{1}{2}|\vec{b} + \vec{c}|$; **f** Gleitspiegelebene **e** in x, y, 0 mit den Gleitvektoren $\frac{1}{2}\vec{a}$ und $\frac{1}{2}\vec{b}$

Da die Gleitspiegelebenen bei den Raumgruppen eine große Rolle spielen, soll die Wirkungsweise einzelner Gleitspiegelebenen in der Projektion einer orthorhombischen Elementarzelle auf x, y, 0 erläutert werden. In den Projektionen (Abb. 10.4) ist immer nur eine Gleitspiegelebene dargestellt.

- In Abb. 10.4a ist eine **a**-Gleitspiegelebene in x, $\frac{1}{4}$, z eingezeichnet[1]. Die Spiegelung eines Punkts in x, y, z an dieser Gleitspiegelebene führt zu dem gepunktet dargestellten Zwischenpunkt in x, $\frac{1}{2}$ − y, z, auf den nun die Translation um $\frac{1}{2}\vec{a}$ einwirkt und den Punkt in $\frac{1}{2}$ + x, $\frac{1}{2}$ − y, z erzeugt.
- Die Gleitspiegelebene **b** in x, y, 0 (Abb. 10.4b) spiegelt den Punkt in x, y, z nach x, y, $\bar{z}$ (Zwischenpunkt), um ihn dann um $\frac{1}{2}\vec{b}$ nach x, $\frac{1}{2}$ + y, $\bar{z}$ zu verschieben.
- Die Gleitspiegelebene **c** in x, $\frac{1}{2}$, z (Abb. 10.4c) spiegelt den Punkt in x, y, z nach x, 1 − y, z (Zwischenpunkt), um ihn dann um $\frac{1}{2}\vec{c}$ nach x, 1 − y, $\frac{1}{2}$ + z zu translatieren.
- Die Gleitspiegelebene **n** in x, y, $\frac{1}{4}$ (Abb. 10.4d) liegt parallel zur a, b-Ebene, hat also den Gleitvektor $\frac{1}{2}|\vec{a} + \vec{b}|$. Sie spiegelt den Punkt in x, y, z nach x, y, $\frac{1}{2}$ − z (Zwischenpunkt), um ihn dann um $\frac{1}{2}(\vec{a} + \vec{b})$ nach $\frac{1}{2}$ + x, $\frac{1}{2}$ + y, $\frac{1}{2}$ − z zu verschieben.
- Die Gleitspiegelebene **n** in 0, y, z (Abb. 10.4e) mit dem Gleitvektor $\frac{1}{2}|\vec{b} + \vec{c}|$ spiegelt den Punkt in x, y, z nach $\bar{x}$, y, z (Zwischenpunkt), um ihn nun um $\frac{1}{2}(\vec{b} + \vec{c})$ nach $\bar{x}$, $\frac{1}{2}$ + y, $\frac{1}{2}$ + z zu translatieren.
- Die Gleitspiegelebene **e** in x, y, 0 spiegelt einen Punkt in x, y, z nach x, y, −z (Zwischenpunkt), um ihn dann durch den Gleitvektor $\frac{1}{2}\vec{a}$ nach $\frac{1}{2}$ + x, y, −z und durch den Gleitvektor $\frac{1}{2}\vec{b}$ nach x, $\frac{1}{2}$ + y, −z zu verschieben.

10.1.2 Schraubenachsen

Eine Schraubenachse entsteht durch Koppelung von

- Drehung um einen $\sphericalangle\varepsilon = \dfrac{360°}{X}$; (X = 2, 3, 4, 6) und
- Translation um einen Vektor $\vec{s}$ parallel zur Drehachse ($|\vec{s}|$ = *Schraubungsvektor*).

Bei den Drehachsen und Drehinversionsachsen war es gleichgültig, welcher Drehsinn verwendet wurde. Er muss bei den Schraubenachsen definiert werden:

Liegt in einem Rechtskoordinatensystem[2] X, Y, Z (Abb. 10.5) die Schraubenachse in Z, so dreht man im mathematisch positiven Sinn von X ausgehend in Richtung Y und verschiebt gleichzeitig vom Ursprung aus parallel zur positiven Z-Achse. Es entsteht eine *Rechtsschraube*: Bei einer Rechtsschraube weist der ausgestreckte Daumen der rechten

---

[1] Die graphischen Symbole der einzelnen Gleitspiegelebenen sind in Abschn. 15.2 „Symmetrieelemente" erläutert.

[2] Vgl. Abschn. 3.3 „Raumgitter".

Abb. 10.5 Der Drehsinn bei
Schraubenachsen

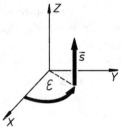

Abb. 10.6 Wirkungsweise
einer 6-zähligen Schraubenachse 6_1 auf einen außerhalb
der Achse gelegenen Punkt

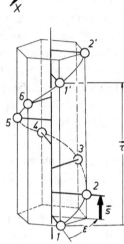

Hand in Richtung des Vektors $\vec{s}$, während die gebogenen Finger dieser Hand den Drehsinn angeben.

In Abb. 10.6 ist die Wirkungsweise einer 6-zähligen Schraubenachse ($\varepsilon = 60°$) auf
einen nicht auf der Achse gelegenen Punkt gezeigt. Die Punkte $1, 2, 3\ldots$ sind nach Art ei-
ner Wendeltreppe angeordnet. Nach X-facher Drehung (X = 6) um den $\sphericalangle \varepsilon(X \cdot \varepsilon = 360°)$
käme der Punkt 1 zum Ausgangspunkt zurück, wenn nicht der Schraubungsvektor $\vec{s}$ ein-
wirken würde. Inzwischen ist aber auch eine X-fache Translation $X \cdot \vec{s}$ erfolgt, und es wurde
der Punkt $1'$ erreicht, der zum Ausgangspunkt identisch ist. Der Vektor von 1 nach $1'$ muss
nicht *eine* Gittertranslation $\vec{\tau}$ betragen, sondern kann auch ein Vielfaches σ von $\vec{\tau}$ sein.

Dann ist

$$X|\vec{s}| = \sigma|\vec{\tau}| \tag{10.1}$$

$$|\vec{s}| = \frac{\sigma}{X}|\vec{\tau}| \tag{10.2}$$

Da $|\vec{s}| < |\vec{\tau}|$, ist $\sigma < X$ und kann die folgenden Werte annehmen:

$$\sigma = 0, \quad 1, \quad 2, \quad \ldots, \quad X-1,$$

$$\text{dann ist } |\vec{s}| = 0, \quad \frac{1}{X}|\vec{\tau}|, \quad \frac{2}{X}|\vec{\tau}|, \quad \ldots, \quad \frac{X-1}{X}|\vec{\tau}| \, .$$

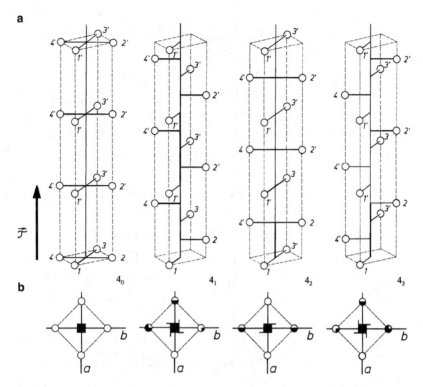

Abb. 10.7 Wirkungsweise einer 4-zähligen Drehachse und der 4-zähligen Schraubenachsen auf einen nicht auf der Achse gelegenen Punkt in perspektivischer Darstellung (**a**) und als Projektion auf x, y, 0 (**b**)

Abb. 10.8 Drehachsen und Schraubenachsen in ihrer Wirkungsweise auf einen außerhalb der Achse gelegenen Punkt. Die enantiomorphen Schraubenachsen 3_1–3_2, 6_1–6_5 und 6_2–6_4 sind nebeneinander gestellt; 4, 4_1, 4_2, 4_3 s. Abb. 10.7

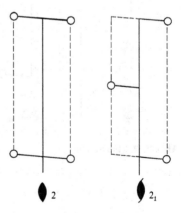

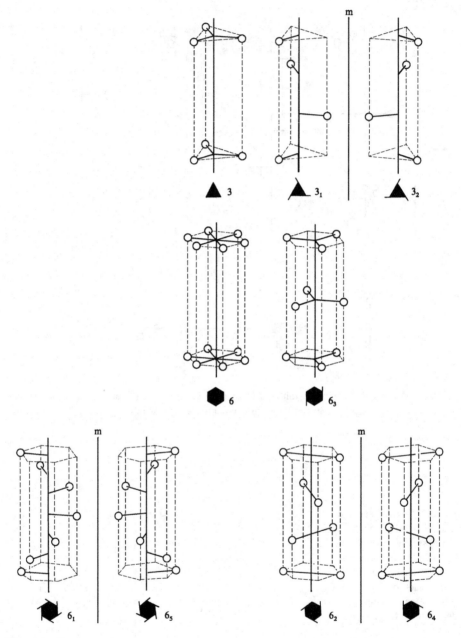

Abb. 10.8   (Fortsetzung)

Aufgrund ihres Schraubungsvektors $|\vec{s}| = \frac{\sigma}{X}|\vec{\tau}|$ bezeichnet man Schraubenachsen mit

$$X_\sigma = X_0, X_1, X_2, \ldots, X_{X-1}\ .$$

Für $X = 4$ ist $\sigma = 0, 1, 2, 3$. Daraus resultieren die Schraubenachsen 4_0 (4-zählige Drehachse); 4_1; 4_2; 4_3 mit den Schraubungsvektoren 0; $\frac{1}{4}|\vec{\tau}|$; $\frac{2}{4}|\vec{\tau}|$; $\frac{3}{4}|\vec{\tau}|$[3]. Die 4-zähligen Schraubenachsen sind mit der 4-zähligen Drehachse in Abb. 10.7 dargestellt. Durch Einwirken der 4-zähligen Schraubenachsen auf einen nicht auf der Achse gelegenen Punkt 1 werden die Punkte 2, 3 und 4 erzeugt. Daneben entstehen durch die Gittertranslation $\vec{\tau}$ die Punkte 1', 2', 3', 4'. Die Wirkungsweise der Schraubenachsen ergibt sich natürlich bereits aus der Anordnung der Punkte innerhalb einer Gittertranslation $\vec{\tau}$, die in Abb. 10.7b auch als Projektionen auf eine Ebene senkrecht zur Schraubenachse dargestellt sind. Betrachtet man die Punkte bei 4_1 und 4_3, so erkennt man, dass sie spiegelsymmetrisch (enantiomorph) zueinander angeordnet sind. Da 4_1 eine Rechtsschraube erzeugt, kann man sich die Punkte bei 4_3 auch auf einer Linksschraube mit $|\vec{s}'| = \frac{1}{4}|\vec{\tau}|$ angeordnet denken.

In Abb. 10.8 sind außer den 4-zähligen alle in Kristallen möglichen Dreh- und Schraubenachsen dargestellt (vgl. auch Abschn. 15.2 „Symmetrieelemente"). Davon sind 3_1–3_2, 4_1–4_3, 6_1–6_5, 6_2–6_4 enantiomorph zueinander.

Schraubenachsen können in Kristallen nur parallel zu solchen Richtungen auftreten, wo in den Punktgruppen Drehachsen entsprechender Zähligkeit vorhanden sind.

10.2 Die 17 Ebenengruppen

Die fünf zweidimensionalen Gitter oder Netzebenen (vgl. Kap. 7) lassen sich in vier verschiedenen Achsensystemen beschreiben.

Schiefwinkliges Achsensystem:

1. die schiefwinklige Netzebene mit einem Parallelogramm als Elementarmasche (Abb. 6.5 und 7.1c).

Rechtwinkliges Achsensystem:

2. die rechtwinklige Netzebene mit einer primitiven rechtwinkligen Elementarmasche (Abb. 7.2a und 7.6a),
3. die rechtwinklige Netzebene mit einer zentrierten rechtwinkligen Elementarmasche (Abb. 7.3b und 7.6b).

---

[3] Aus dem Symbol einer Schraubenachse kann der Schraubungsvektor abgeleitet werden, wenn man das Symbol reziprok als Bruch betrachtet, z. B. $4_1 \cong \frac{1}{4}$.

Quadratisches Achsensystem:

4. die quadratische Netzebene mit einer quadratischen Elementarmasche (Abb. 7.4a und
   7.6c).

Hexagonales Achsensystem:

5. die hexagonale Netzebene mit einem 120°-Rhombus als Elementarmasche (Abb. 7.5a
   und 7.6d).

Die zweidimensionalen Gitter werden zur Unterscheidung von den dreidimensionalen
Gittern durch kleine Buchstaben gekennzeichnet (p für primitiv und c für flächenzen-
triert). Die Bezeichnung einer Netzebene erfolgt anhand des Gitters und der auftretenden
Symmetrien in den verschiedenen Symmetrierichtungen. Die höchstzählige Drehung wird
zuerst genannt:

1. Eine schiefwinklige Netzebene enthält nur 2-zählige Drehpunkte, ihr Symmetriesym-
   bol ist p2.
2. Eine primitive rechtwinklige Netzebene enthält 2-zählige Drehpunkte und Spiegellini-
   en senkrecht zu $\vec{a}$ und $\vec{b}$, das Symbol lautet daher p2mm.
3. Analog lautet das Symbol für eine zentrierte rechtwinkelige Netzebene c2mm,
4. Eine quadratische Netzebene weist neben 4-zähligen Drehpunkten Spiegellinien senk-
   recht zu den symmetrisch äquivalenten Richtungen $\vec{a}$ und $\vec{b}$ und senkrecht zu $\langle 11 \rangle$ auf.
   Damit lautet das Symbol p4mm.
5. Eine hexagonale Netzebene enthält 6-zählige Drehpunkte und zwei symmetrisch nicht
   äquivalente Sätze von Spiegellinien senkrecht zu $\langle 10 \rangle$ und zu $\langle 21 \rangle$, was zu dem Symbol
   p6mm führt.

Die Netzebenen mit den Symbolen c2mm, p4mm und p6mm zeigen parallel zu den
Spiegellinien zusätzliche Gleitspiegellinien, die nicht im Symbol aufgeführt werden
(Tab. 10.1).

Die Punktgitter weisen jeweils die höchstmögliche Symmetrie auf. Besetzt man die
Gitterpunkte mit Motiven niedrigerer Symmetrie, so hat das gesamte zweidimensionale
Muster ebenfalls eine niedrigere Symmetrie als die zugehörige Netzebene (Abb. 10.9).
Insgesamt lassen sich so 17 verschiedene Symmetriegruppen für unendlich ausgedehnte
zweidimensional periodische Muster erzeugen – die 17 Ebenengruppen. Zweidimensionale Motive lassen sich mit den 10 zweidimensionalen kristallographischen Punktgruppen
beschreiben: 1, 2, 3, 4, 6, m, 2mm, 3m, 4mm und 6mm.

Tab. 10.1 listet die vier zweidimensionalen Achsensysteme sowie die zugehörigen Gitter und Ebenengruppen auf.

Tab. 10.1 Die 17 Ebenengruppen

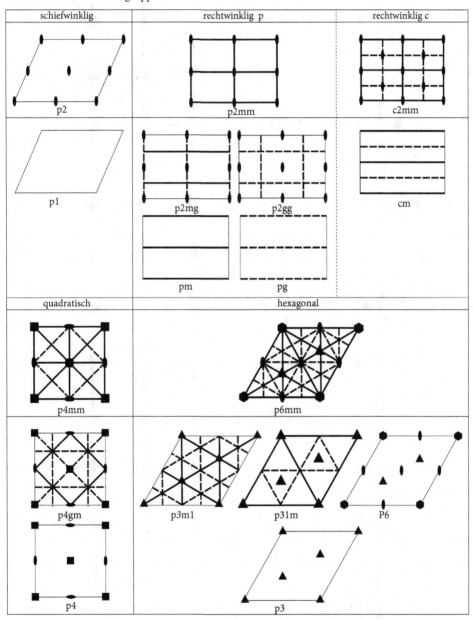

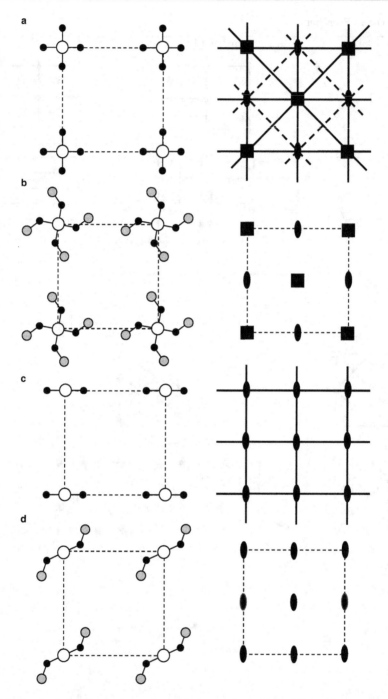

Abb. 10.9 Quadratische Elementarmasche: **a** Motive mit der höchstmöglichen Symmetrie 4mm auf den Gitterpunkten führen zur Ebenengruppe p4mm, **b** Motive mit der Symmetrie 4 zur Ebenengruppe p4, **c** mit der Symmetrie 2mm zu p2mm, **d** mit der Symmetrie 2 zu p2

10.3 Die 230 Raumgruppen

Aus den höchstsymmetrischen Punktgruppen eines jeden Kristallsystems waren die 32 Punktgruppen abgeleitet worden (vgl. Tab. 9.2). Bei den Raumgruppen soll entsprechend verfahren werden. Man geht von den höchstsymmetrischen Raumgruppen eines jeden Kristallsystems, den Symmetrien der 14 Translationsgitter, aus (vgl. Tab. 7.4) und sucht nach dem gleichen Schema wie oben die Untergruppen der Raumgruppen. Dabei ist zu berücksichtigen, dass aus Drehachsen Schraubenachsen und aus Spiegelebenen Gleitspiegelebenen werden können:

$$2 \quad \leftarrow \quad 2_1$$
$$3 \quad \leftarrow \quad 3_1, 3_2$$
$$4 \quad \leftarrow \quad 4_1, 4_2, 4_3$$
$$6 \quad \leftarrow \quad 6_1, 6_2, 6_3, 6_4, 6_5$$
$$m \quad \leftarrow \quad a, b, c, n, d, e$$

Stellvertretend für alle Kristallsysteme sollen nur die Raumgruppen im monoklinen Kristallsystem abgeleitet werden. Man geht von den beiden höchstsymmetrischen monoklinen Raumgruppen P2/m und C2/m (Abb. 10.10a) aus. Bei C2/m werden als Folge der C-Zentrierung a-Gleitspiegelebenen in x, $\frac{1}{4}$, z und x, $\frac{3}{4}$, z und 2_1 in $\frac{1}{4}$, y, 0; $\frac{1}{4}$, y, $\frac{1}{2}$; $\frac{3}{4}$, y, 0 und $\frac{3}{4}$, y, $\frac{1}{2}$ erzeugt.

Monokline Untergruppen der Punktgruppe 2/m sind m und 2. Von den Punktsymmetrieelementen kann 2 durch 2_1 und m durch eine Gleitspiegelebene ersetzt werden. Da m in (010) liegt, sind nur a-, c- oder n-Gleitspiegelebenen möglich (Abb. 10.11). Die Gleitspiegelebenen a und n lassen sich aber durch Änderung der Achsenwahl für die a- und c-Achse in c-Gleitspiegelebenen überführen (Abb. 10.11). Folglich müssen nur c-Gleitspiegelebenen berücksichtigt werden.[4]

Werden nun wechselseitig 2 und m durch 2_1 und c ersetzt, so ergeben sich die in Tab. 10.2 aufgeführten 13 monoklinen Raumgruppen als Untergruppen von P2/m und C2/m.

Die Symmetriegerüste der Raumgruppen sind in Korrespondenz zu Tab. 10.2 in Abb. 10.10 als Projektionen auf x, y, 0 zusammengestellt. Dabei symbolisieren C2/m und $C2_1$/m; C2/c und $C2_1$/c und C2 und $C2_1$ die gleiche Raumgruppe. Entsprechend kann man auch in den anderen Kristallsystemen verfahren und erhält dann insgesamt 230 Raumgruppen. Diese 230 Raumgruppen sind in der Tab. 10.3 – nach Kristallsystemen und Punktgruppen geordnet – zusammengestellt. Es werden nur die gekürzten Symbole angegeben. Überall sind die Korrespondenzen zwischen Punkt- und Raumgruppen erkennbar. Ersetzt man in einem Raumgruppensymbol die Schraubenachsen durch die entsprechenden Drehachsen, die Gleitspiegelebenen durch m und streicht den Translationstyp des

---

[4] Dies gilt nur für Gleitspiegelebenen anstelle von m. Für die C-Zentrierung des monoklinen Gitters in C2/m (Abb. 10.10a) ist natürlich parallel zu m eine a-Gleitspiegelebene unerlässlich.

a Raumgruppen der Punktgruppe 2/m

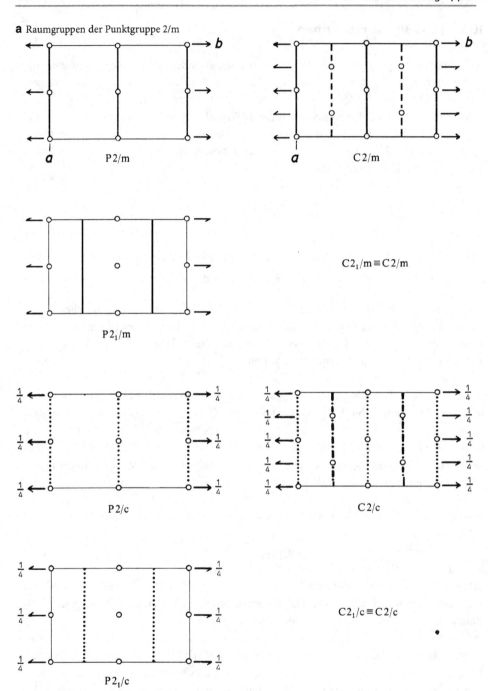

Abb. 10.10 Raumgruppen des monoklinen Kristallsystems als Projektionen auf x, y, 0. Die c-Achsen stehen nicht senkrecht auf der Projektionsebene, sondern unter einem Winkel $\beta \geq 90°$

b   Raumgruppen der Punktgruppe m

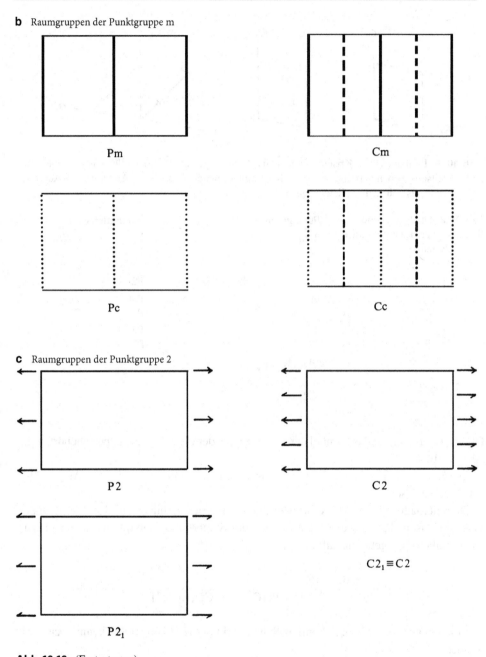

Pm

Cm

Pc

Cc

c   Raumgruppen der Punktgruppe 2

P 2

C 2

$C 2_1 \equiv C 2$

P 2_1

Abb. 10.10   (Fortsetzung)

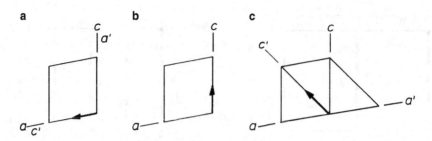

Abb. 10.11 Im monoklinen Kristallsystem sind a-Gleitspiegelebenen (**a**), c-Gleitspiegelebenen (**b**) und n-Gleitspiegelebenen (**c**) parallel zu (010) möglich. Bei entsprechender Änderung der Achsenwahl werden aus a- und n- c-Gleitspiegelebenen

Tab. 10.2 Die Punkt- und Raumgruppen des monoklinen Kristallsystems

Punktgruppen	Raumgruppen	
2/m	P2/m	C2/m
	P2$_1$/m	_[a]
	P2/c	C2/c
	P2$_1$/c	_[b]
m	Pm	Cm
	Pc	Cc
2	P2	C2
	P2$_1$	_[c]

[a] C2$_1$/m ≡ C2/m.
[b] C2$_1$/c ≡ C2/c.
[c] C2$_1$ ≡ C2.

Gitters, so erhält man das Symbol der Punktgruppe, der diese Raumgruppe angehört, vgl. Abschn. 10.4.

Es sei auch nochmals auf die Raumgruppen einiger Translationsgitter in Abb. 7.7d–7.13d hingewiesen.

Die internationalen Symbole bringen die Symmetrieverhältnisse in der Raumgruppe klar zum Ausdruck. Dagegen zählt die Schönflies-Symbolik nur die Raumgruppen, die zu einer Punktgruppe gehören, auf:

$$\text{z. B.} \quad \text{m(Cs) :}$$
$$\text{Pm(C}_s^1\text{), Pc(C}_s^2\text{), Cm(C}_s^3\text{), Cc(C}_s^4\text{).}$$

Aus diesem Grund wird die Schönflies-Symbolik in der Kristallographie kaum noch verwendet.

Tab. 10.3 Die 230 Raumgruppen

Kristallsystem	Punktgruppe	Raumgruppen			
Triklin	1	P1			
	$\bar{1}$	P$\bar{1}$			
Monoklin	2	P2	P2$_1$	C2	
	m	Pm	Pc	Cm	Cc
	2/m	P2/m	P2$_1$/m	C2/m	P2/c
		P2$_1$/c	C2/c		
Orthorhombisch	222	P222	P222$_1$	P2$_1$2$_1$2	P2$_1$2$_1$2$_1$
		C222$_1$	C222	F222	I222
		I2$_1$2$_1$2$_1$			
	mm2	Pmm2	Pmc2$_1$	Pcc2	Pma2
		Pca2$_1$	Pnc2	Pmn2$_1$	Pba2
		Pna2$_1$	Pnn2	Cmm2	Cmc2$_1$
		Ccc2	Amm2	Aem2	Ama2
		Aea2	Fmm2	Fdd2	Imm2
		Iba2	Ima2		
	mmm	Pmmm	Pnnn	Pccm	Pban
		Pmma	Pnna	Pmna	Pcca
		Pbam	Pccn	Pbcm	Pnnm
		Pmmn	Pbcn	Pbca	Pnma
		Cmcm	Cmce	Cmmm	Cccm
		Cmme	Ccce	Fmmm	Fddd
		Immm	Ibam	Ibca	Imma
Tetragonal	4	P4	P4$_1$	P4$_2$	P4$_3$
		I4	I4$_1$		
	$\bar{4}$	P$\bar{4}$	I$\bar{4}$		
	4/m	P4/m	P4$_2$/m	P4/n	P4$_2$/n
		I4/m	I4$_1$/a		
	422	P422	P42$_1$2	P4$_1$22	P4$_1$2$_1$2
		I4$_1$/a	P4$_2$2$_1$2	P4$_3$22	P4$_3$2$_1$2
		I422	I4$_1$22		
	4mm	P4mm	P4bm	P4$_2$cm	P4$_2$nm
		P4cc	P4nc	P4$_2$mc	P4$_2$bc
		I4mm	I4cm	I4$_1$md	I4$_1$cd
	$\bar{4}$2m	P$\bar{4}$2m	P$\bar{4}$2c	P$\bar{4}$2$_1$m	P$\bar{4}$2$_1$c
		P$\bar{4}$m2	P$\bar{4}$c2	P$\bar{4}$b2	P$\bar{4}$n2
		I$\bar{4}$m2	I$\bar{4}$c2	I$\bar{4}$2m	I$\bar{4}$2d
	4/mmm	P4/mmm	P4/mcc	P4/nbm	P4/nnc
		P4/mbm	P4/mnc	P4/nmm	P4/ncc
		P4$_2$/mmc	P4$_2$/mcm	P4$_2$/nbc	P4$_2$/nnm
		P4$_2$/mbc	P4$_2$/mnm	P4$_2$/nmc	P4$_2$/ncm
		I4/mmm	I4/mcm	I4$_1$/amd	I4$_1$/acd

Tab. 10.3 (Fortsetzung)

Kristallsystem	Punktgruppe	Raumgruppen			
Trigonal	3	P3	P3$_1$	P3$_2$	R3
	$\bar{3}$	P$\bar{3}$	R$\bar{3}$		
	32	P312	P321	P3$_1$12	P3$_1$21
		P3$_2$12	P3$_2$21	R32	
	3m	P3m1	P31m	P3c1	P31c
		R3m	R3c		
	$\bar{3}$m	P$\bar{3}$1m	P$\bar{3}$1c	P$\bar{3}$m1	P$\bar{3}$c1
		R$\bar{3}$m	R$\bar{3}$c		
Hexagonal	6	P6	P6$_1$	P6$_5$	P6$_2$
		P6$_4$	P6$_3$		
	$\bar{6}$	P$\bar{6}$			
	6/m	P6/m	P6$_3$/m		
	622	P622	P6$_1$22	P6$_5$22	P6$_2$22
		P6$_4$22	P6$_3$22		
	6mm	P6mm	P6cc	P6$_3$cm	P6$_3$mc
	$\bar{6}$m2	P$\bar{6}$m2	P$\bar{6}$c2	P$\bar{6}$2m	P$\bar{6}$2c
	6/mmm	P6/mmm	P6/mcc	P6$_3$/mcm	P6$_3$/mmc
Kubisch	23	P23	F23	I23	P2$_1$3
		I2$_1$3			
	m$\bar{3}$	Pm$\bar{3}$	Pn$\bar{3}$	Fm$\bar{3}$	Fd$\bar{3}$
		Im$\bar{3}$	Pa$\bar{3}$	Ia$\bar{3}$	
	432	P432	P4$_2$32	F432	F4$_1$32
		I432	P4$_3$32	P4$_1$32	I4$_1$32
	$\bar{4}$3m	P$\bar{4}$3m	F$\bar{4}$3m	I$\bar{4}$3m	P$\bar{4}$3n
		F$\bar{4}$3c	I$\bar{4}$3d		
	m$\bar{3}$m	Pm$\bar{3}$m	Pn$\bar{3}$n	Pm$\bar{3}$n	Pn$\bar{3}$m
		Fm$\bar{3}$m	Fm$\bar{3}$c	Fd$\bar{3}$m	Fd$\bar{3}$c
		Im$\bar{3}$m	Ia$\bar{3}$d		

10.4 Eigenschaften der Raumgruppen

Es ist absolut nicht notwendig, sich mit allen 230 Raumgruppen einzeln zu befassen, aber man sollte sich prinzipiell mit den Raumgruppen auseinandersetzen. Darum sollen die Eigenschaften der Raumgruppen an einigen Beispielen erläutert werden.

Das Symmetriegerüst der Raumgruppe Pmm2 ist in Abb. 10.12a als Projektion auf x, y, 0 dargestellt. Wählt man einen Punkt mit den Koordinaten x, y, z und lässt auf ihn die Symmetrieoperationen der Raumgruppe einwirken, so entstehen Punkte in x, $\bar{y}$, z; $\bar{x}$, y, z und $\bar{x}$, $\bar{y}$, z, aber z. B. auch die zu ihnen identischen in x, 1−y, z; 1−x, y, z und 1−x, 1−y, z.

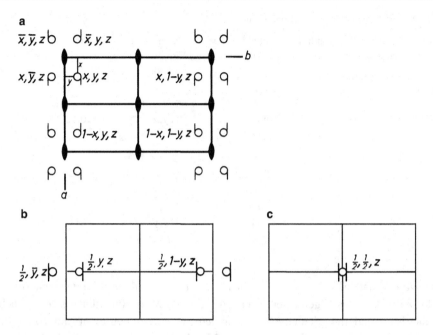

Abb. 10.12 Symmetriegerüst der Raumgruppe Pmm2 als Projektion auf x, y, 0 mit allgemeiner Punktlage x, y, z (**a**) und den speziellen Punktlagen $\frac{1}{2}$, y, z (**b**) und $\frac{1}{2}$, $\frac{1}{2}$, z (**c**)

▶ **Definition** Die Zahl äquivalenter Punkte in der Elementarzelle wird als Zähligkeit bezeichnet.

Die Punktlage in Abb. 10.12a wäre danach 4-zählig. Der Punkt x, y, z kann nun 3-dimensional beliebig verschoben werden z. B. in a-, b- oder c-Richtung; er besitzt also 3 Freiheitsgrade, und solange er nicht ein Punktsymmetrieelement erreicht, bleibt die Zähligkeit erhalten, auch wenn sich die Anordnung der Punkte zueinander ändert. Eine Punktlage mit diesen Eigenschaften nennt man eine *allgemeine* Punktlage. Sie ist asymmetrisch, was in Abb. 10.12a durch einen Strich am Kreis angedeutet werden soll[5].

▶ **Definition** Jede Raumgruppe hat eine allgemeine Punktlage. Punkte in allgemeiner Lage haben die Lagesymmetrie 1.

Verschiebt man den Punkt x, y, z zur Spiegelebene in $\frac{1}{2}$, y, z, so wandert auch der Punkt 1−x, y, z um den gleichen Betrag zur Spiegelebene hin. Auf der Spiegelebene vereinigen sich beide Punkte in dem Punkt $\frac{1}{2}$, y, z (Abb. 10.12b). Entsprechend gehen x, 1−y, z und 1−x, 1−y, z in $\frac{1}{2}$, 1−y, z über. Aus der 4-zähligen allgemeinen ist eine 2-zählige *spezielle*

---

[5] Diese geometrische Figur ist zwar nicht vollständig asymmetrisch, weil sie noch m parallel zur Projektionsebene enthält. Dieser „Grad der Asymmetrie" ist aber für das Verständnis der Verhältnisse in dieser Projektion ausreichend.

Tab. 10.4 Punktlagen der Raumgruppe Pmm2

Punktlage	Freiheits-grade	Zähligkeit	Punktsymmetrie (Lagesymmetrie)	Koordinaten äquivalenter Punkte	Abb.
Allgemein	3	4	1	$x, y, z; \bar{x}, \bar{y}, z;$ $x, \bar{y}, z; \bar{x}, y, z$	10.12a
Speziell	2	2	m	$\frac{1}{2}, y, z; \frac{1}{2}, \bar{y}, z$	10.12b
		2	m	$0, y, z; 0, \bar{y}, z$	
		2	m	$x, \frac{1}{2}, z; \bar{x}, \frac{1}{2}, z$	
		2	m	$x, 0, z; \bar{x}, 0, z$	
	1	1	mm2	$\frac{1}{2}, \frac{1}{2}, z$	10.12c
		1	mm2	$\frac{1}{2}, 0, z$	
		1	mm2	$0, \frac{1}{2}, z$	
		1	mm2	$0, 0, z$	

Punktlage entstanden. Die Zähligkeit einer speziellen Punktlage ist immer ein Bruchteil der Zähligkeit der allgemeinen Punktlage. Eine spezielle Punktlage ist nicht mehr asymmetrisch, sondern besitzt eine Punktsymmetrie (Lagesymmetrie), in Abb. 10.12b die Punktgruppe m. Diese spezielle Punktlage hat 2 Freiheitsgrade z. B. die b- und c-Richtung. Solange die Punktlage nur auf der Spiegelebene verbleibt, ändert sich die Zähligkeit nicht. Entsprechend würden sich auch Punkte auf den anderen Spiegelebenen in $x, 0, z; x, \frac{1}{2}, z;$ $0, y, z$ verhalten.

▶ **Definition** Punkte in spezieller Punktlage haben eine Lagesymmetrie höher als 1.

Wird nun der Punkt in $\frac{1}{2}, y, z$ zur 2-zähligen Achse in $\frac{1}{2}, \frac{1}{2}, z$ verschoben, so verschmelzen $\frac{1}{2}, y, z$ und $\frac{1}{2}, 1-y, z$ in $\frac{1}{2}, \frac{1}{2}, z$. Diese spezielle Punktlage besitzt nur noch 1 Freiheitsgrad. Die Symmetrie der Punktlage (Lagesymmetrie) steigt auf mm2, dagegen sinkt die Zähligkeit auf 1. Entsprechend wie die Punktlage $\frac{1}{2}, \frac{1}{2}, z$ würden sich auch $0, 0, z; \frac{1}{2}, 0, z; 0, \frac{1}{2}, z$ verhalten[6].

Die allgemeine und die speziellen Punktlagen der Raumgruppe Pmm2 sind in Tab. 10.4 zusammengestellt.

Eine weitere Raumgruppe der Punktgruppe mm2 ist Pna2$_1$ (Abb. 10.13). Das Symbol gibt darüber Auskunft, dass in einer orthorhombischen Elementarzelle senkrecht zur a-Achse n-Gleitspiegelebenen mit einem Gleitvektor $\frac{1}{2}|\vec{b} + \vec{c}|$, senkrecht zur b-Achse a-Gleitspiegelebenen und parallel zur c-Achse 2$_1$-Schraubenachsen angeordnet sind. Die in Abb. 10.13 eingetragene allgemeine Punktlage x, y, z ist ebenfalls 4-zählig. Verschiebt man den Punkt x, y, z zur a-Gleitspiegelebene in $x, \frac{1}{4}, z$, so ändert sich die Zähligkeit

---

[6] Es gibt natürlich auch Raumgruppen mit Punktlagen ohne Freiheitsgrad. Dies sind z. B. solche, die auf einem Inversionszentrum liegen (vgl. Tab. 10.5).

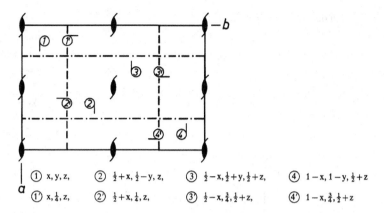

① x, y, z, ② ½+x, ½−y, z, ③ ½−x, ½+y, ½+z, ④ 1−x, 1−y, ½+z

①′ x, ¼, z, ②′ ½+x, ¼, z, ③′ ½−x, ¾, ½+z, ④′ 1−x, ¾, ½+z

Abb. 10.13 Symmetriegerüst der Raumgruppe Pna2₁ als Projektion auf x, y, 0 mit allgemeiner Punktlage x, y, z (1). Verschiebt man den Punkt in x, y, z auf die Gleitspiegelebene a in x, ¼, z (1′), so ändert sich die Zähligkeit nicht. Gleitspiegelebenen und Schraubenachsen reduzieren im Gegensatz zu den Punktsymmetrieelementen die Zähligkeit einer auf ihnen liegenden Punktlage nicht

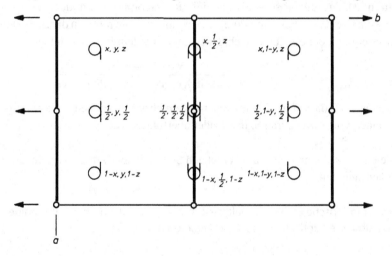

Abb. 10.14 Raumgruppe P2/m als Projektion auf x, y, 0 mit allgemeiner Punktlage x, y, z und speziellen Punktlagen auf m, 2 und 2/m

nicht. Es liegt keine spezielle Punktlage vor, denn Gleitspiegelebenen und Schraubenachsen reduzieren die Zähligkeit nicht. Die Raumgruppe Pna2₁ besitzt daher keine speziellen Punktlagen.

Abb. 10.14 zeigt die Raumgruppe P2/m als Projektion auf x, y, 0. Es sind eine allgemeine und spezielle Punktlagen auf m, 2 und 2/m eingetragen. Tab. 10.5 enthält Angaben über Freiheitsgrade, Zähligkeit und Punktsymmetrie der einzelnen Punktlagen. Man erkennt, dass mit sinkender Zähligkeit bzw. sinkenden Freiheitsgraden eine Erhöhung der Lagesymmetrie verbunden ist.

Tab. 10.5 Punktlagen der Raumgruppe P2/m

Punktlage		Freiheits-grade	Zähligkeit	Punkt-symmetrie (Lage-symmetrie)	Koordinaten äquivalenter Punkte
Allgemein		3	4	1	x, y, z $x, 1-y, z$ $1-x, y, 1-z$ $1-x, 1-y, 1-z$
Speziell		2	2	m	$x, \frac{1}{2}, z$ $1-x, \frac{1}{2}, 1-z$
		1	2	2	$\frac{1}{2}, y, \frac{1}{2}$ $\frac{1}{2}, 1-y, \frac{1}{2}$
		0	1	2/m	$\frac{1}{2}, \frac{1}{2}, \frac{1}{2}$

▶ **Definition** Die asymmetrische Einheit einer Raumgruppe ist ein kleinster Volumenteil der Elementarzelle, der bei Einwirkung aller Symmetrieoperationen die Elementarzelle als Ganzes ergibt, oder ein Teilbereich der Elementarzelle mit dem Volumen

$$V_{\text{asymmetrische Einheit}} = \frac{V_{\text{Elementarzelle}}}{\text{Zähligkeit der allgemeinen Punktlage}} \qquad (10.3)$$

und der Eigenschaft, dass keine 2 Punkte der asymmetrischen Einheit gleichwertig sind, d. h. durch eine Symmetrieoperation ineinander überführt werden.

Man vergleiche diese Definitionen auf der letzten Seite mit den Definitionen der asymmetrischen Flächeneinheit in Gl. 9.1.

▶   Eine asymmetrische Einheit enthält alle Informationen, die für die vollständige Beschreibung einer Kristallstruktur notwendig sind.

Die asymmetrische Einheit der Raumgruppe P2/m ist – wie man leicht nachvollziehen kann – durch $0 \leq x \leq \frac{1}{2}$; $0 \leq y \leq \frac{1}{2}$; $0 \leq z \leq 1$ formuliert. Ihr Volumen beträgt $\frac{1}{4}$ der Elementarzelle. Dabei ist die oben angegebene Gl. (10.3) erfüllt, da die Zähligkeit der allgemeinen Punktlage 4 ist.

In Abschn. 10.5 „International Tables for Crystallography" wird die tetragonale Raumgruppe P4$_2$/mnm besprochen. Die hexagonale Raumgruppe P6$_1$ mit allgemeiner Punktlage ist in Abb. 10.15 dargestellt.

Abb. 10.15a zeigt die Operation einer 6$_1$ in 0, 0, z auf einen asymmetrischen Punkt in x, y, z. Die Koordinatengebung für die einzelnen äquivalenten Punkte ist gut erkennbar. Die x, y-Koordinaten können entsprechend auch für 6, $\bar{6}$, 6$_2$, 6$_3$, 6$_4$, 6$_5$, 3, $\bar{3}$, 3$_1$, 3$_2$ verwendet werden! In **b** sind die äquivalenten Punkte von **a** durch Gittertranslation in die Elementarzelle verschoben. Aus der Anordnung der Punkte kann auf die 2$_1$ in $\frac{1}{2}, \frac{1}{2}, z$ und

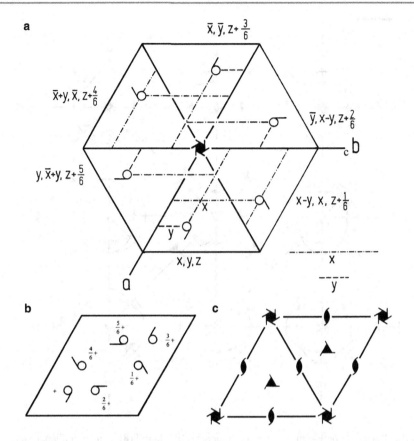

Abb. 10.15 Wirkungsweise einer 6_1-Schraubenachse in $0, 0, z$ auf einen Punkt in allgemeiner Lage x, y, z (**a**), Verschiebung der in **a** entstandenen Punkte durch Gittertranslation in die Elementarzelle (allgemeine Punktlage) (**b**), Raumgruppe $P6_1$ (**c**)

die 3_1 in $\frac{2}{3}, \frac{1}{3}, z$ und $\frac{1}{3}, \frac{2}{3}, z$ geschlossen werden. Die Symmetrieelemente der Raumgruppe $P6_1$ sind in **c** dargestellt.

Im Folgenden soll als Beispiel für das kubische Kristallsystem die Raumgruppe $P4/m\,\bar{3}\,2/m$ behandelt werden. Es ist die Raumgruppe des kubischen P-Gitters, die wir bereits in Abb. 7.13d kennen gelernt haben. Die Raumgruppe $P4/m\,\bar{3}\,2/m$ ist in Abb. 7.13d nur unvollständig dargestellt. Diese Darstellung war dort für die Herleitung der Symmetrieverhältnisse der Raumgruppe sehr zweckmäßig und ist außerdem für die Bearbeitung der Raumgruppe – wie wir später sehen werden – vollkommen ausreichend. Projektionen der Symmetriegerüste der kubischen Raumgruppen hat Buerger [10] entwickelt, die auch in die *International Tables for Crystallography*, Vol. A [18] übernommen wurden. Abb. 10.16 zeigt eine solche Projektion auf $x, y, 0$ der Raumgruppe $P4/m\,\bar{3}$ $2/m$. Um auch die in $\langle 110 \rangle$ und $\langle 111 \rangle$ liegenden Symmetrieelemente abbilden zu können,

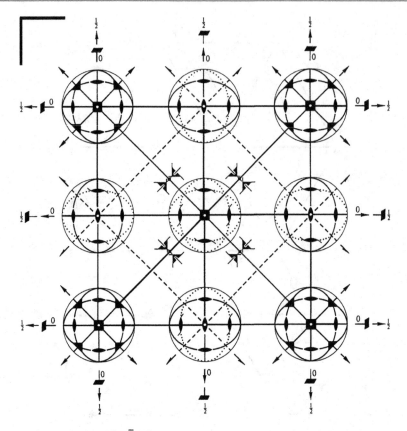

Abb. 10.16 Raumgruppe P4/m $\bar{3}$ 2/m, aus Buerger [10], Hahn [18] (mit freundlicher Genehmigung der IUCr, http://it.iucr.org)

verwendet Buerger *orthographische Projektionen*[7] und skizziert außerdem Dreh- und Schraubenachsen schräg. Es wäre nun für das Verständnis nicht nur sehr nützlich, sondern auch notwendig, Abb. 10.16 und Abb. 7.13d miteinander zu vergleichen.

Auch für diese kompliziert scheinende Raumgruppe P4/m $\bar{3}$ 2/m kann relativ einfach eine allgemeine Punktlage gezeichnet werden. In Abb. 10.17a ist ein Ausschnitt der kubischen Elementarzelle dargestellt. In der Raumdiagonalen x, x, x der kubischen Elementarzelle liegt eine 3-zählige Drehachse, die aber in Abb. 10.17a nicht eingezeichnet ist. Gehen wir von einem asymmetrischen Punkt in x, y, z (x = 0,3; y = 0,2; z = 0,1) aus und lassen die 3-zählige Achse einwirken, so erhalten wir äquivalente Punkte in z, x, y und y, z, x (Abb. 10.17a).

Abb. 10.17b zeigt eine Projektion dieser 3 Punkte auf x, y, 0. Wirkt die Spiegelebene in x, x, z auf die 3 Punkte ein, so entstehen insgesamt 6 äquivalente Punkte in Form

---

[7] Vgl. Abschn. 5.8 „Gnomonische und orthographische Projektion".

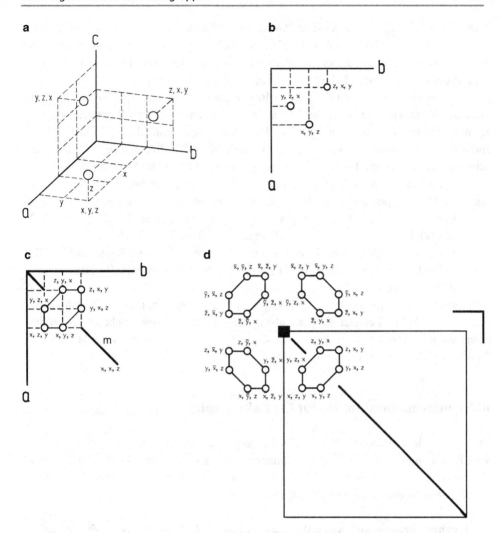

Abb. 10.17 Die 48-zählige allgemeine Punktlage der Raumgruppe P4/m $\bar{3}$ 2/m. **a** Wirkungsweise der 3-zähligen Drehachse in x, x, x (nicht eingezeichnet) auf einen allgemeinen Punkt in x, y, z mit x = 0,3; y = 0,2; z = 0,1 (Ausschnitt der Elementarzelle); **b** Projektion der äquivalenten Punkte in **a** auf x, y, 0; **c** Einwirkung von m in x, x, z auf die Punkte in **b** erzeugt 6 äquivalente Punkte in Form eines planaren Sechserrings; **d** Einwirken von 4 in 0, 0, z und m in x, y, 0 auf die äquivalenten Punkte in **c** führt zur 48-zähligen allgemeinen Punktlage. Die Koordinaten der Punkte, die durch m in x, y, 0 nach unten gespiegelt wurden, sind nicht vermerkt. Die 3. Koordinate jedes Tripels würde zusätzlich ein Minuszeichen erhalten

eines planaren Sechserrings (Abb. 10.17c). Wird nun noch die Wirkungsweise der 4-zähligen Drehachse in 0, 0, z berücksichtigt, so werden 4 Sechserringe von Punkten erzeugt (Abb. 10.17d). Die Spiegelebene in x, y, 0 spiegelt diese Ringe nach unten, und damit liegt die 48-zählige allgemeine Punktlage der Raumgruppe vor. Wenn nun jeweils die 3. Koordinate der Tripel in Abb. 10.17d zusätzlich ein Minuszeichen erhält, so ist auch die Koordinatenauflistung dieser 48-zähligen Punktlage vollständig. Diese 48 äquivalenten Punkte wurden nur durch die Symmetrien von $4/m\,\overline{3}\,2/m$ erzeugt!

Zwischen der Flächenzahl der allgemeinen Form einer Punktgruppe (Abschn. 9.2.1 „Kristallformen") und der Zähligkeit der allgemeinen Punktlage jener Raumgruppen, die zu dieser Punktgruppe gehören (vgl. Tab. 10.3), gibt es eine einfache Relation. Die Flächenzahl der allgemeinen Form ist gleich der Zähligkeit der allgemeinen Punktlage der Raumgruppen mit einem P-Gitter. Bei Raumgruppen mit C-, A- und I-Gitter ist die Zähligkeit der allgemeinen Punktlage zweifach, mit F-Gitter vierfach höher. Die allgemeine Form der Punktgruppe mm2 ist die rhombische Pyramide [vgl. Aufgabe 9.15 (5)] mit der Flächenzahl 4. Die Zähligkeiten der allgemeinen Punktlage sind z. B. 4 bei Pmm2 (Abb. 10.12a), Pna2$_1$ (Abb. 10.13); 8 bei Cmm2, Aba2, Imm2, Ima2; 16 bei Fmm2.

Enthält eine Punktgruppe ein Inversionszentrum, so sind auch alle Raumgruppen, die zu dieser Punktgruppe gehören, inversionssymmetrisch (vgl. die monoklinen Raumgruppen in Abb. 10.10a).

Gegeben sei eine Raumgruppe, z. B. P4$_2$/n 2$_1$/c 2/m. Streicht man das Translationsgitter im Symbol und ersetzt die Schraubenachse und die Gleitspiegelebenen durch die entsprechenden Punktsymmetrieelemente (4$_2$ → 4; 2$_1$ → 2; n, c → m), so erhält man die Punktgruppe, zu der die Raumgruppe gehört: 4/m 2/m 2/m.

10.5 International Tables for Crystallography

Viele wesentliche Angaben über die 230 Raumgruppen sind in den *International Tables for Crystallography*, Vol. A [18] zusammengestellt. Es ist sehr zweckmäßig, mit diesen Tabellen umgehen zu können. Welche Informationen sie enthalten, soll an der Raumgruppe P4$_2$/mnm erläutert werden (Abb. 10.18).

(1) Raumgruppensymbol (gekürzt), Schönflies-Symbol, Punktgruppe, Kristallsystem, Nummer der Raumgruppe, Raumgruppensymbol (vollständig).

(2) Projektion des Symmetriegerüsts der Raumgruppe auf x, y, 0; a weist in der Papierebene nach unten, b nach rechts, Nullpunkt liegt links oben, $\overline{1}$: 0 (z-Koordinate der Inversionszentren, in $\frac{1}{2}$ liegen natürlich auch $\overline{1}$) $\overline{4}$: $\frac{1}{4}$ (Inversionspunkt von $\overline{4}$ in $z = \frac{1}{4}$, $(\frac{3}{4})$; 4$_2$/m enthält $\overline{4}$).

(3) Projektion einer allgemeinen Punktlage auf x, y, 0; Achsenwahl wie in (2) ○ Punkt; ⊕ sind 2 übereinander liegende enantiomorphe Punkte, die durch m in x, y, 0 ineinander überführt werden. Sonst wird für einen allgemeinen Punkt ein Kreis ○ verwendet. ○ und ⊙ sind Punkte, die durch Drehinversion ($\overline{1}$, m = $\overline{2}$, $\overline{3}$, $\overline{4}$, $\overline{6}$) miteinander zur Deckung gebracht werden. Sie sind enantiomorph zueinander! ○ und ⊙ sind asymmetrisch (eine der Bedingungen für Enantiomorphie). Durch die Drehinversion $\overline{X}$

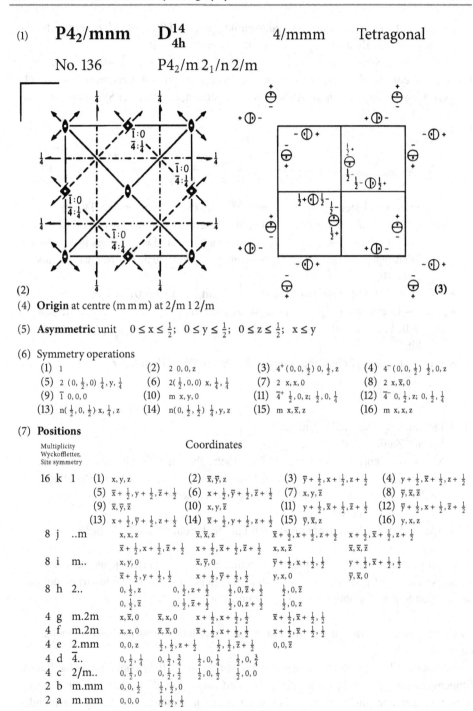

(1) **P4₂/mnm**   **D₄ₕ¹⁴**   4/mmm   Tetragonal

No. 136   P4₂/m 2₁/n 2/m

(2)   (3)

(4) **Origin** at centre (m m m) at 2/m 1 2/m

(5) **Asymmetric** unit $0 \leq x \leq \frac{1}{2}$; $0 \leq y \leq \frac{1}{2}$; $0 \leq z \leq \frac{1}{2}$; $x \leq y$

(6) Symmetry operations

(1) 1	(2) 2 0,0,z	(3) $4^+ (0,0,\frac{1}{2})$ $0,\frac{1}{2},z$	(4) $4^- (0,0,\frac{1}{2})$ $\frac{1}{2},0,z$
(5) 2 $(0,\frac{1}{2},0)$ $\frac{1}{4},y,\frac{1}{4}$	(6) $2(\frac{1}{2},0,0)$ x,$\frac{1}{4},\frac{1}{4}$	(7) 2 x,x,0	(8) 2 x,x̄,0
(9) 1̄ 0,0,0	(10) m x,y,0	(11) $\bar{4}^+$ $\frac{1}{2},0,z$; $\frac{1}{2},0,\frac{1}{4}$	(12) $\bar{4}^-$ 0,$\frac{1}{2}$,z; 0,$\frac{1}{2},\frac{1}{4}$
(13) n$(\frac{1}{2},0,\frac{1}{2})$ x,$\frac{1}{4}$,z	(14) n$(0,\frac{1}{2},\frac{1}{2})$ $\frac{1}{4}$,y,z	(15) m x,x̄,z	(16) m x,x,z

(7) **Positions**

Multiplicity
Wyckoffletter,   Coordinates
Site symmetry

16 k 1   (1) x,y,z   (2) x̄,ȳ,z   (3) $\bar{y}+\frac{1}{2},x+\frac{1}{2},z+\frac{1}{2}$ (4) $y+\frac{1}{2},\bar{x}+\frac{1}{2},z+\frac{1}{2}$
            (5) $\bar{x}+\frac{1}{2},y+\frac{1}{2},\bar{z}+\frac{1}{2}$ (6) $x+\frac{1}{2},\bar{y}+\frac{1}{2},\bar{z}+\frac{1}{2}$ (7) x,y,z̄   (8) ȳ,x̄,z̄
            (9) x̄,ȳ,z̄   (10) x,y,z̄   (11) $y+\frac{1}{2},\bar{x}+\frac{1}{2},z+\frac{1}{2}$ (12) $\bar{y}+\frac{1}{2},x+\frac{1}{2},\bar{z}+\frac{1}{2}$
            (13) $x+\frac{1}{2},\bar{y}+\frac{1}{2},z+\frac{1}{2}$ (14) $\bar{x}+\frac{1}{2},y+\frac{1}{2},z+\frac{1}{2}$ (15) ȳ,x̄,z   (16) y,x,z

8 j ..m   x,x,z   x̄,x̄,z $\bar{x}+\frac{1}{2},x+\frac{1}{2},z+\frac{1}{2}$ $x+\frac{1}{2},\bar{x}+\frac{1}{2},z+\frac{1}{2}$
               $\bar{x}+\frac{1}{2},x+\frac{1}{2},\bar{z}+\frac{1}{2}$ $x+\frac{1}{2},\bar{x}+\frac{1}{2},\bar{z}+\frac{1}{2}$ x,x,z̄   x̄,x̄,z̄

8 i m..   x,y,0   x̄,ȳ,0 $\bar{y}+\frac{1}{2},x+\frac{1}{2},\frac{1}{2}$ $y+\frac{1}{2},\bar{x}+\frac{1}{2},\frac{1}{2}$
               $\bar{x}+\frac{1}{2},y+\frac{1}{2},\frac{1}{2}$ $x+\frac{1}{2},\bar{y}+\frac{1}{2},\frac{1}{2}$ y,x,0   ȳ,x̄,0

8 h 2..   0,$\frac{1}{2}$,z   0,$\frac{1}{2}$,z+$\frac{1}{2}$ $\frac{1}{2}$,0,z̄+$\frac{1}{2}$ $\frac{1}{2}$,0,z̄
               0,$\frac{1}{2}$,z̄   0,$\frac{1}{2}$,z̄+$\frac{1}{2}$ $\frac{1}{2}$,0,z+$\frac{1}{2}$ $\frac{1}{2}$,0,z

4 g m.2m   x,x̄,0   x̄,x,0 $x+\frac{1}{2},x+\frac{1}{2},\frac{1}{2}$ $\bar{x}+\frac{1}{2},\bar{x}+\frac{1}{2},\frac{1}{2}$

4 f m.2m   x,x,0   x̄,x̄,0 $\bar{x}+\frac{1}{2},x+\frac{1}{2},\frac{1}{2}$ $x+\frac{1}{2},\bar{x}+\frac{1}{2},\frac{1}{2}$

4 e 2.mm   0,0,z $\frac{1}{2},\frac{1}{2},z+\frac{1}{2}$ $\frac{1}{2},\frac{1}{2},\bar{z}+\frac{1}{2}$ 0,0,z̄

4 d 4̄..   0,$\frac{1}{2},\frac{1}{4}$ 0,$\frac{1}{2},\frac{3}{4}$ $\frac{1}{2}$,0,$\frac{1}{4}$ $\frac{1}{2}$,0,$\frac{3}{4}$

4 c 2/m..   0,$\frac{1}{2}$,0   0,$\frac{1}{2},\frac{1}{2}$ $\frac{1}{2}$,0,$\frac{1}{2}$ $\frac{1}{2}$,0,0

2 b m.mm   0,0,$\frac{1}{2}$ $\frac{1}{2},\frac{1}{2}$,0

2 a m.mm   0,0,0 $\frac{1}{2},\frac{1}{2},\frac{1}{2}$

Abb. 10.18 Raumgruppe P4₂/mnm, aus *International Tables for Crystallography*, Vol. A [18] (mit freundlicher Genehmigung der IUCr)

entsteht ein Punkt, der zum Ausgangspunkt spiegelbildlich ist. Man vergleiche die Lösungen der Aufgabe 6.1a, rechte Spalte der ersten Tabelle.

Angabe der z-Koordinate: $+ = z;\ - = \bar{z};\ \frac{1}{2}+ = \frac{1}{2} + z;\ \frac{1}{2}- = \frac{1}{2} - z$.

(4) Hinweis auf die Nullpunktwahl, hier in $\bar{1}$ (Schnittpunkt von 3 zueinander senkrecht stehenden m). 2/m 1 2/m ist tetragonal zu verstehen; Abfolge der Symmetrierichtungen: c $\langle 100 \rangle$ $\langle 110 \rangle$.

(5) Asymmetrische Einheit:

$$V_{\text{asymmetrische Einheit}} = \frac{V_{\text{Elementarzelle}}}{\text{Zähligkeit der allgemeinen Punktlage}}\ , \quad \text{vgl. Gl. 10.3}$$

(6) Symmetrieoperationen der Raumgruppe. Sie sind durchnummeriert [(1)–(16)]: z. B.

- (3) 4^+ liegt in $0, \frac{1}{2}, z$ mit dem in Klammer gesetzten Schraubungsvektor $(0,0,\frac{1}{2}) = \frac{1}{2}|\vec{c}|$. Es liegt also eine 4_2-Schraubenachse vor. Das Pluszeichen steht für Drehung im mathematisch positiven Sinn, vgl. auch die Rechtsschraube in Abb. 10.5.

- (5) 2 ist eine 2_1-Schraubenachse in $\frac{1}{4}, y, \frac{1}{4}$ mit $|\vec{s}| = (0,\frac{1}{2},0) = \frac{1}{2}|\vec{b}|$.

- (12) $\bar{4}-$ ist eine 4-zählige Drehinversionsachse in $0, \frac{1}{2}, z$ mit einem Inversionspunkt in $0, \frac{1}{2}, \frac{1}{4}$. Das Minuszeichen weist auf einen mathematisch negativen Drehsinn hin.

- (14) n ist eine n-Gleitspiegelebene in $\frac{1}{4}, y, z$ mit dem Gleitvektor
$$(0, \tfrac{1}{2}, \tfrac{1}{2}) = \left| \frac{\vec{b} + \vec{c}}{2} \right|.$$

(7) Allgemeine und spezielle Punktlagen

1. Spalte: Zähligkeit der Punktlagen.
2. Spalte: Wyckoff-Bezeichnung; kleine Buchstaben für die einzelnen Punktlagen; der höchste Buchstabe (hier k) kennzeichnet die allgemeine Punktlage.
3. Spalte: Lagesymmetrie: Abfolge der Symmetrierichtungen: c $\langle 100 \rangle$ $\langle 110 \rangle$.
4. Spalte: Koordinaten der äquivalenten Punkte der einzelnen Punktlagen.

Die Nummerierung bei der allgemeinen Punktlage (oben) entspricht jener bei den Symmetrieoperationen (6). Es sind die Koordinaten angegeben, die beim Einwirken der entsprechenden Symmetrieoperation auf x, y, z entstehen.

Zu den orthorhombischen und monoklinen Raumgruppen muss noch etwas nachgetragen werden.

Im orthorhombischen Kristallsystem ist die Abfolge der Blickrichtungen in den Raumgruppensymbolen mit $\vec{a}$, $\vec{b}$, $\vec{c}$ festgelegt. Da sich diese drei Richtungen im orthorhombischen System aber nicht grundsätzlich unterscheiden, können sie beliebig miteinander vertauscht werden. Dafür gibt es sechs verschiedene Möglichkeiten, und folglich gibt es auch sechs verschiedene Aufstellungen für jede orthorhombische Raumgruppe. Das soll

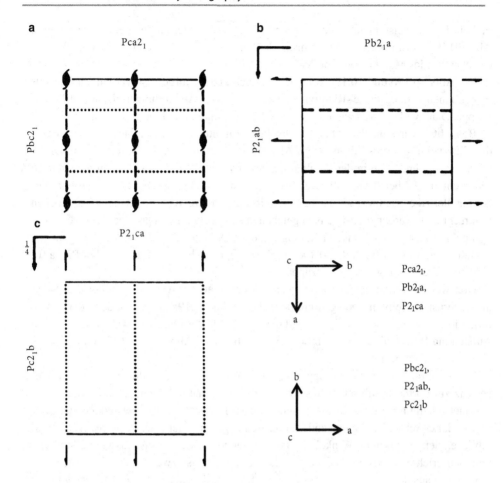

Abb. 10.19 Die sechs Aufstellungen der Raumgruppe Nr. 29 (Standardaufstellung Pca2₁) in den *International Tables for Crystallography*, Vol. A [18] (mit freundlicher Genehmigung der IUCr, http://it.iucr.org). Für drei Aufstellungen, nämlich Pca2₁, Pb2₁a und P2₁ca, gilt die übliche Achsenwahl (die a-Achse weist nach unten, die b-Achse nach rechts und die c-Achse aus der Papierebene heraus). Für die übrigen drei Aufstellungen Pbc2₁, P2₁ab und Pc2₁b müssen die Abbildungen (**a**), (**b**) und (**c**) um 90° gedreht betrachtet werden

hier für die Raumgruppe Nr. 29 der *International Tables for Crystallography*, Vol. A [18], deren Standardaufstellung[8] Pca2₁ ist, gezeigt werden.

Das Symmetriegerüst für die Standardaufstellung wird in drei Projektionen parallel zur c-, b- und a-Achse (Abb. 10.19a–c) gezeigt. In Abb. 10.19a weist – wie üblich – die a-Achse nach unten, die b-Achse nach rechts und die c-Achse aus der Papierebene heraus,

---

[8] Die Standardaufstellung einer RG ist diejenige Aufstellung, deren Symbol links oben in der Kopfzeile der Raumgruppenbeschreibung in den IT/A erscheint (Abb. 10.24).

in Abb. 10.19b weist $\vec{a}$ nach unten, $\vec{c}$ nach links und $\vec{b}$ aus der Papierebene heraus, und in Abb. 10.19c weist $\vec{b}$ nach rechts, $\vec{c}$ nach oben und $\vec{a}$ aus der Papierebene heraus. Daraus ergibt sich jedes Mal das Symbol Pca2_1.

Die Abb. 10.19b und 10.19c können aber auch anders aufgefasst werden, nämlich als Projektionen entlang der $\vec{c}'$-Richtungen zweier weiterer Aufstellungen derselben Raumgruppe. Dann verläuft $\vec{a}'$ – wie üblich – wieder nach unten und $\vec{b}'$ nach rechts.

Betrachten wir zunächst Abb. 10.19b: In Bezug auf die Standardaufstellung werden die Gittervektoren transformiert (vgl. Abschn. 10.6) zu $\vec{a}' = \vec{a}$, $\vec{b}' = -\vec{c}$, $\vec{c}' = \vec{b}$. Die c-Gleitspiegelebenen, die in der Standardaufstellung senkrecht zu $\vec{a}$ verlaufen, liegen auch senkrecht zu $\vec{a}'$, aber der Gleitvektor zeigt jetzt in $\vec{b}'$-Richtung. Die 2_1-Achsen, die vorher parallel zu $\vec{c}$ orientiert waren, verlaufen in $\vec{b}'$-Richtung, und die a-Gleitspiegelebenen senkrecht zu $\vec{b}$ werden zu a-Gleitspiegelebenen senkrecht zu $\vec{c}'$. Das Hermann-Mauguin-Symbol für diese Aufstellung der Raumgruppe Nr. 29 lautet also Pb2_1a. Mit dem gleichen Verfahren erhält man für Abb. 10.19c mit $\vec{a}' = -\vec{c}$, $\vec{b}' = \vec{b}$, $\vec{c}' = \vec{a}$ das Symbol P2_1ca für eine dritte Aufstellung der Raumgruppe.

Drei weitere Aufstellungen ergeben sich, wenn man die Abbildungen der drei Symmetriegerüste jeweils um 90° gedreht betrachtet. Abb. 10.19a entspricht dann der Transformation $\vec{a}' = \vec{b}$, $\vec{b}' = -\vec{a}$, $\vec{c}' = \vec{c}$ und das Symbol lautet Pbc2_1. In Abb. 10.19b ist die Aufstellung P2_1ab mit $\vec{a}' = -\vec{c}$, $\vec{b}' = -\vec{a}$, $\vec{c}' = \vec{b}$ und in Abb. 10.19c Pc2_1b mit $\vec{a}' = \vec{b}$, $\vec{b}' = \vec{c}$, $\vec{c}' = \vec{a}$ dargestellt.

Für die monoklinen Raumgruppen gibt es ganz analoge Abbildungen. Aber im Gegensatz zum orthorhombischen System existiert hier eine ausgezeichnete Richtung, die Symmetrierichtung. Sie verläuft – je nach Wahl der Elementarzelle – entweder entlang der b- oder der c-Achse. Die beiden anderen Achsen liegen in einer Ebene senkrecht dazu und schließen den monoklinen Winkel ein. Im vorliegenden Buch ist fast ausschließlich $\vec{b}$ die Symmetrierichtung. Als $\vec{a}$ und $\vec{c}$ werden dann üblicherweise zwei der drei kürzesten Gittervektoren aus der Ebene senkrecht zu $\vec{b}$ ausgewählt. Auf diese Weise ergeben sich drei Möglichkeiten eine Elementarzelle auszuwählen, welche für einen Teil der monoklinen Raumgruppen (C2, Pc, Cm, Cc, C2/m, P2/c, P2_1/c, C2/c) auch zu drei unterschiedlichen Symmetriebeschreibungen führen.

Dies wird am Beispiel der Raumgruppe Nr. 13 veranschaulicht. Bisher wurde nur das gekürzte Symbol für die monoklinen Raumgruppen verwendet. Das ausführliche Symbol bezieht sich auf alle drei Raumrichtungen $\vec{a}$, $\vec{b}$ und $\vec{c}$. Mit $\vec{b}$ als Symmetrierichtung schreibt man z. B. statt P2/c (gekürzt) P12/c1 (vollständig) und zeigt damit gleichzeitig, dass $\vec{a}$ und $\vec{c}$ keine Symmetrierichtungen sind. Zusätzlich zu den oben genannten Abbildungen (vgl. Abb. 10.20) gibt es in den *International Tables for Crystallography*, Vol. A [18] noch weitere, die jeweils vier Elementarzellen in einer Projektion parallel zur Symmetrierichtung zeigen (Abb. 10.21). Links ist das Symmetriegerüst dargestellt, rechts Punkte in allgemeiner Lage. Der monokline Winkel ist β, die b-Achse steht senkrecht auf der Papierebene. Der Ursprung ist in die Mitte gelegt. In der Raumgruppe Nr. 13 gibt es zweizählige Drehachsen parallel $\vec{b}$, senkrecht dazu Gleitspiegelebenen und außerdem Inversionszentren.

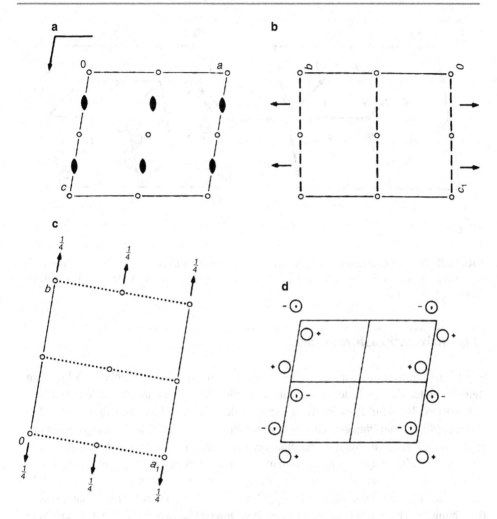

Abb. 10.20 Die drei Projektionen des Symmetriegerüsts der Raumgruppe Nr. 13 mit $\vec{b}$ als Symmetrierichtung in den *International Tables for Crystallography*, Vol. A [18] (Standardaufstellung P12/c1) parallel zur **a** $\vec{b}$-Richtung, **b** $\vec{a}$-Richtung und **c** $\vec{c}$-Richtung, **d** symmetrisch äquivalente Punkte in allgemeiner Lage (Projektion parallel $\vec{b}$). Eine „0" kennzeichnet jeweils den Ursprung. In (**b**) liegt die c-Achse und in (**c**) die a-Achse nicht in der Papierebene. Die in der Papierebene liegenden projizierten Richtungen sind mit c_p, bzw. a_p bezeichnet (Abbildungen mit freundlicher Genehmigung der IUCr)

Die Standardaufstellung erhält man bei Wahl der Achsen $\vec{a}_1$ und $\vec{c}_1$. Der Gleitvektor liegt parallel zur c-Achse, und das vollständige Raumgruppensymbol lautet P12/c1. Wählt man die Achsen $\vec{a}_2$ und $\vec{c}_2$, verläuft der Gleitvektor in diagonaler Richtung, und das Raumgruppensymbol ist nun P12/n1. Für die dritte Möglichkeit mit den Achsen $\vec{a}_3$ und $\vec{c}_3$ ergibt sich P12/a1.

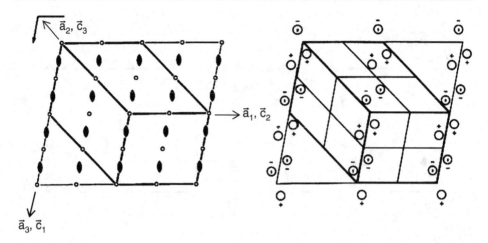

Abb. 10.21 Die drei Aufstellungen der Raumgruppe Nr. 13 mit $\vec{b}$ als Symmetrierichtung (Standard-aufstellung P12/c1) in den *International Tables for Crystallography*, Vol. A [18] (mit freundlicher Genehmigung der IUCr)

10.6 Achsentransformationen

Es gibt viele Gründe, warum man Kristallstrukturen miteinander vergleichen möchte. Zum Beispiel findet man in Datenbanken oft unterschiedliche Beschreibungen ein und der-selben Kristallstruktur. So wird die Symmetrie der Olivinstruktur (Raumgruppe Nr. 62) als Pmcn, Pbnm und Pnma beschrieben, wobei Pnma die Standardaufstellung der Raum-gruppe Nr. 62 darstellt. Auch für miteinander verwandte Strukturen werden häufig unter-schiedliche Aufstellungen in der Literatur verwendet. Bei einem Phasenübergang liegen zwei Kristallstrukturen derselben Verbindung mit unterschiedlicher Symmetrie vor. In vielen Fällen stehen dann die zugehörigen Raumgruppen in einer Gruppe-Untergruppe-Beziehung, wobei die beiden Elementarzellen unterschiedlich groß sein können. Man kann jedoch Strukturen nur dann vergleichen, wenn man analoge Elementarzellen verwen-det. In allen diesen Fällen ist es daher notwendig eine Transformation des Achsensystems vorzunehmen.

Die Achsen des neuen Systems beschreibt man anhand der ursprünglichen Achsen: $\vec{a}$, $\vec{b}$, $\vec{c}$ sollen die Basisvektoren des Ausgangskoordinatensystems sein, $\vec{a}'$, $\vec{b}'$, $\vec{c}'$ die des neuen Systems. Wenn beide Achsensysteme den gleichen Ursprung haben gilt

$$\vec{a}' = p_{11}\vec{a} + p_{21}\vec{b} + p_{31}\vec{c},$$

$$\vec{b}' = p_{12}\vec{a} + p_{22}\vec{b} + p_{32}\vec{c},$$

$$\vec{c}' = p_{13}\vec{a} + p_{23}\vec{b} + p_{33}\vec{c}.$$

Formal lässt sich dieser Zusammenhang mit Hilfe von Matrizen beschreiben. Die Koeffizienten p_{ij} der Gleichungen bilden die Spalten einer Matrix P:

$$(\vec{a}', \vec{b}', \vec{c}') = (\vec{a}, \vec{b}, \vec{c}) \begin{pmatrix} p_{11} & p_{12} & p_{13} \\ p_{21} & p_{22} & p_{23} \\ p_{31} & p_{32} & p_{33} \end{pmatrix} ; (\vec{a}', \vec{b}', \vec{c}') = (\vec{a}, \vec{b}, \vec{c})P$$

Hat das neue Koordinatensystem einen anderen Ursprung als das alte, so muss der Verschiebungsvektor $\vec{p} = p_1\vec{a} + p_2\vec{b} + p_3\vec{c}$ vom alten zum neuen Ursprung berücksichtigt werden:

$$(\vec{a}', \vec{b}', \vec{c}') = (\vec{a}, \vec{b}, \vec{c})P + \vec{p}$$

Für die umgekehrte Beziehung benötigt man die zu P inverse Matrix Q und den entgegengesetzten Verschiebungsvektor $\vec{q} = q_1\vec{a}' + q_2\vec{b}' + q_3\vec{c}'$:

$$(\vec{a}, \vec{b}, \vec{c}) = (\vec{a}', \vec{b}', \vec{c}')Q + \vec{q}$$

Die Atomkoordinaten im transformierten System lassen sich nun leicht aus den Ausgangskoordinaten berechnen:

$$\begin{pmatrix} x' \\ y' \\ z' \end{pmatrix} = Q \begin{pmatrix} x \\ y \\ z \end{pmatrix} + \mathbf{q}$$

Nähere Details findet man in den *International Tables for Crystallography*, Vol. A [18]. Achsentransformationen sollen anhand von zwei Beispielen gezeigt werden:

Beispiel 1

$\vec{a}$, $\vec{b}$, $\vec{c}$ seien die Basisvektoren einer Elementarzelle der orthorhombischen Raumgruppe Pba2. Die Struktur soll jedoch in der nicht konventionellen Aufstellung Pc2a mit $\vec{a}'$, $\vec{b}'$, $\vec{c}'$ beschrieben werden (siehe Abb. 10.22).

Für die beiden Basissysteme gelten die folgenden Beziehungen:

$$(\vec{a}', \vec{b}', \vec{c}') = (\vec{a}, \vec{b}, \vec{c}) \begin{pmatrix} 1 & 0 & 0 \\ 0 & 0 & 1 \\ 0 & \bar{1} & 0 \end{pmatrix}, \quad \text{also} \quad \vec{a}' = \vec{a}, \vec{b}' = -\vec{c}, \vec{c}' = \vec{b}$$

$$(\vec{a}, \vec{b}, \vec{c}) = (\vec{a}', \vec{b}', \vec{c}') \begin{pmatrix} 1 & 0 & 0 \\ 0 & 0 & \bar{1} \\ 0 & 1 & 0 \end{pmatrix}, \quad \text{also} \quad \vec{a} = \vec{a}', \vec{b} = \vec{c}', \vec{c} = -\vec{b}'$$

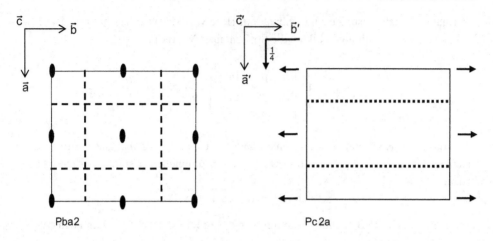

Pba2   Pc 2a

Abb. 10.22 Zwei Aufstellungen der Raumgruppe Nr. 32: Pba2 und Pc2a

Beispiel 2

$\vec{a}$, $\vec{b}$, $\vec{c}$ seien die Basisvektoren einer tetragonalen Elementarzelle. Die Struktur soll jedoch in einer größeren Zelle mit Hilfe der Vektoren $\vec{a}'$, $\vec{b}'$, $\vec{c}'$ beschrieben werden (Abb. 10.23).

$$(\vec{a}', \vec{b}', \vec{c}') = (\vec{a}, \vec{b}, \vec{c}) \begin{pmatrix} 1 & 1 & 0 \\ \bar{1} & 1 & 0 \\ 0 & 0 & 1 \end{pmatrix}, \quad \text{also} \quad \vec{a}' = \vec{a} - \vec{b}, \vec{b}' = \vec{a} + \vec{b}, \vec{c}' = \vec{c}$$

und im umgekehrten Fall:

$$(\vec{a}, \vec{b}, \vec{c}) = (\vec{a}', \vec{b}', \vec{c}') \begin{pmatrix} \frac{1}{2} & -\frac{1}{2} & 0 \\ \frac{1}{2} & \frac{1}{2} & 0 \\ 0 & 0 & 1 \end{pmatrix}, \quad \text{also} \quad \vec{a} = \frac{1}{2}\vec{a}' + \frac{1}{2}\vec{b}', \vec{b} = -\frac{1}{2}\vec{a}' + \frac{1}{2}\vec{b}', \vec{c} = \vec{c}'$$

Abb. 10.23 Beziehung zwischen zwei tetragonalen Koordinatensystemen

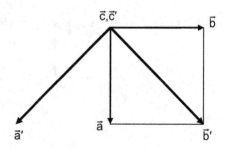

10.7 Raumgruppen und Kristallstruktur

In Kap. 4 „Die Kristallstruktur" wurde die *Kristallstruktur = Gitter + Basis* definiert. Dabei kann es sich nur um eine geometrische Beschreibung der Bausteinanordnung handeln. In Tab. 10.6A sind Gitter und Basis der Struktur des Rutils (TiO_2) angegeben. Aufgrund dieser Daten wurden das perspektivische Bild und die Projektion auf x, y, 0 in Abb. 10.24 gezeichnet.

Jede *Kristallstruktur* kann nun auch durch die *Raumgruppe und die Besetzung der einzelnen Punktlagen mit Bausteinen* beschrieben werden. Die Kristallstruktur des Rutils gehört zur Raumgruppe $P4_2/mnm$. Die Titanatome besetzen die Punktlage 2a, die Sauerstoffatome die Punktlage 4f mit x = 0,3 (vgl. *International Tables* in Abb. 10.18). Die Punktlage 2a bedeutet $0, 0, 0$; $\frac{1}{2}, \frac{1}{2}, \frac{1}{2}$ (2-zählig), die 4-zählige Punktlage 4f x, x, 0; $\frac{1}{2} + x, \frac{1}{2} - x, \frac{1}{2}$; $\frac{1}{2} - x, \frac{1}{2} + x, \frac{1}{2}$; $\bar{x}, \bar{x}, 0$ (Tab. 10.6B). $0, 0, 0$ und x, x, 0 (x = 0,3) liegen in der asymmetrischen Einheit der Raumgruppe $P4_2/mnm$ (Abb. 10.18). Setzt man nun 0,3 in die Koordinatentripel der Punktlage 4f ein, so ergeben sich die in Tab. 10.6A unter Basis angegebenen Koordinaten. Die Beschreibung einer Kristallstruktur mithilfe der Raumgruppe ist besonders dort, wo höherzählige Punktlagen besetzt werden,

Tab. 10.6 Beschreibung der Kristallstruktur des Rutils TiO_2

A		B	
Gitter	Basis	Raumgruppe	Punktlagen der Bausteine
Tetragonal P	T: $0, 0, 0$ $\frac{1}{2}, \frac{1}{2}, \frac{1}{2}$	$P4_2/mnm$	2a T: $0, 0, 0$ $\frac{1}{2}, \frac{1}{2}, \frac{1}{2}$
a = 4,59 Å c = 2,96 Å	O: $0,3; 0,3; 0$ $0,8; 0,2; \frac{1}{2}$ $0,2; 0,8; \frac{1}{2}$ $0,7; 0,7; 0$	a = 4,59 Å c = 2,96 Å	4f O: x, x, 0 $\frac{1}{2} + x, \frac{1}{2} - x, \frac{1}{2}$ $\frac{1}{2} - x, \frac{1}{2} + x, \frac{1}{2}$ x = 0,3 $\bar{x}, \bar{x}, 0$

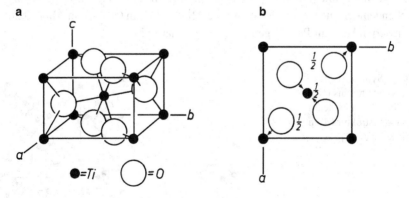

Abb. 10.24 Kristallstruktur des Rutils TiO_2, **a** perspektivisches Bild; **b** Projektion auf x, y, 0

viel einfacher als über die Basis. Außerdem ergibt sich die Beziehung gleichwertiger
Bausteine zueinander über die Symmetrieelemente der Raumgruppe. Dieser Zusammenhang ist für die Punktlagen mit Freiheitsgrad besonders wichtig. Jede Veränderung
von x (vgl. Punktlage 4f in Abb. 10.18) verändert die Lage aller Bausteine zueinander,
eine Vergrößerung von x hätte eine Verschiebung in Pfeilrichtung (Abb. 10.24b) zur
Folge.

10.8 Beziehungen zwischen Punkt- und Raumgruppen

Wie aus Tab. 10.3 hervorgeht, besteht bei Kristallen ein eindeutiger Zusammenhang zwischen der Punktgruppe der Morphologie und der Raumgruppe der Kristallstruktur. An einem Kristall können nur solche Kristallformen auftreten, die der Punktgruppe angehören,
die sich aus der Raumgruppe der Kristallstruktur ergibt. Zum Beispiel besitzt die Rutilstruktur (Abb. 10.24) die Raumgruppe $P4_2/mnm$, gehört also zur Punktgruppe $4/mmm$.
In der Punktgruppe $4/mmm$ sind nur die in Abb. 9.7 dargestellten Kristallformen möglich.
Am Kristall in Tab. 9.4 15 sind jedoch nur {111}, {110} und {100} ausgebildet.

Es gibt nur wenige Ausnahmen von dieser Korrespondenz zwischen Punkt- und Raumgruppen bei Kristallen. Diese Abweichungen sind auf Adsorptionseffekte beim Kristallwachstum zurückzuführen.

Tab. 10.7 enthält weitere Beziehungen zwischen Punkt- und Raumgruppen.

Auch die Moleküle sind durch Punktgruppen beschreibbar. Welche Rolle spielt aber die
Symmetrie der Moleküle, wenn sich gleichartige Moleküle zu einem Kristall zusammenlagern? In welcher Beziehung stehen die Punktgruppe der Moleküle und die Raumgruppe
des Kristalls? Das Hexamethylentetramin (Urotropin)-Molekül gehört der Punktgruppe
$\bar{4}3m$ (Abb. 10.25a) an. Die Urotropinmoleküle besetzen in der Raumgruppe $I\bar{4}3m$ der
Kristallstruktur (Abb. 10.25b) eine Punktlage mit der Lagesymmetrie $\bar{4}3m$. Hier besteht
also eine eindeutige Korrespondenz. Dies ist aber nicht die Regel!

Die Ethylenmoleküle [Punktgruppe $2/m2/m2/m$ (mmm), Abb. 10.26a] besetzen in der
entsprechenden Kristallstruktur [Raumgruppe $P2_1/n2_1/n2/m$ (Pnnm)] in Abb. 10.26b mit
ihren Schwerpunkten nur Punktlagen der Lagesymmetrie $2/m$.

Abb. 10.25 Symmetrie des
Hexamethylentetramins (Urotropin) $(CH_2)_6N_4$. **a** Molekül
$\bar{4}3m$, **b** Kristallstruktur $I\bar{4}3m$.
Nach Bijvoet et al. [5]

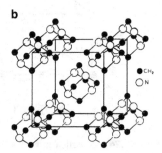

Tab. 10.7 Korrespondenzen zwischen Punktgruppen und Raumgruppen

Punktgruppe: Gruppe von Punktsymmetrieoperationen, bei denen mindestens 1 Punkt am Ort verbleibt. Alle Operationen, die Gittertranslation enthalten, sind ausgeschlossen	Raumgruppe: Gruppe von Symmetrieoperationen unter Einschluss der Gittertranslationen
1 $\bar{1}$ 2 m 3 $\bar{3}$ 4 $\bar{4}$ 6 $\bar{6}$	1 $\bar{1}$ 2 m 2_1; a, b, c, e, n 3 $\bar{3}$ $3_1, 3_2$ 4 $\bar{4}$ $4_1, 4_2, 4_3$ 6 $\bar{6}$ $6_1, 6_2, 6_3, 6_4, 6_5$ Gittertranslationen
a, b, c α, β, γ	a, b, c α, β, γ

Abfolge der Symmetrierichtungen (Blickrichtungen)
z. B.   4/m   2/m   2/m
           | | |
           c $\langle 100 \rangle$ $\langle 110 \rangle$
	Abfolge der Symmetrierichtungen (Blickrichtungen)
	z. B. $P4_2/m$ $2_1/n$ 2/m
	              | | |
	              c $\langle 100 \rangle$ $\langle 110 \rangle$

Allgemeine Form: Menge von äquivalenten Kristallflächen mit der Flächensymmetrie 1	Allgemeine Punktlage: Menge von äquivalenten Punkten mit der Lagesymmetrie 1
$F_{\text{asymmetrische Flächeneinheit}} = \dfrac{}{F_{\text{Kugeloberfläche}}}$	$V_{\text{asymmetrische Einheit}} = \dfrac{}{V_{\text{Elementarzelle}}}$
Flächenzahl der allgemeinen Form	Zähligkeit der allgemeinen Punktlage
Flächenzahl der allgemeinen Form der Punktgruppe	Zähligkeit der allgemeinen Punktlage aller Raumgruppen mit P-Translationsgitter, die der Punktgruppe angehören
Spezielle Form: Menge von äquivalenten Kristallflächen mit der Flächensymmetrie > 1	Spezielle Punktlage: Menge von äquivalenten Punkten mit der Lagesymmetrie > 1

Abb. 10.26 Symmetrie
des Ethylens, **a** Molekül
2/m2/m2/m, **b** Kristallstruktur $P2_1/n2_1/n2/m$

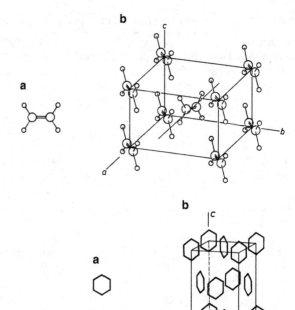

Abb. 10.27 Symmetrie des
Benzols, **a** Molekül 6/mmm,
b Kristallstruktur Pbca

Dagegen bilden die hochsymmetrischen Benzolmoleküle (Abb. 10.27a), die der Punktgruppe 6/mmm angehören, nur eine orthorhombische Kristallstruktur (Raumgruppe
Pbca), die in Abb. 10.27 dargestellt ist. Die Moleküle besetzen mit ihren Schwerpunkten
nur Punktlagen mit der Lagesymmetrie $\bar{1}$. Auch hier ist die Molekülsymmetrie höher als
die Kristallsymmetrie Pbca.

Die S_8-Moleküle (Tab. 9.12 3) sind der nichtkristallographischen Punktgruppe $\bar{8}2m$
(D_{4d}) zuzuordnen. Diese Moleküle lagern sich zu einer orthorhombischen Kristallstruktur
des Schwefels (Raumgruppe Fddd) zusammen.

Es gibt also keinen allgemeinen Zusammenhang zwischen Molekül- und Kristallsymmetrie. Welche Kristallstruktur sich ausbildet, hängt von vielen Faktoren ab, z. B. von den
Bindungsverhältnissen, der Form und den sich daraus ergebenden Packungen der Bausteine.

10.9 Übungsaufgaben

Aufgabe 10.1

Bestimmen Sie an den zweidimensionalen Strukturen:

a) Elementarzelle

b) Symmetrieelemente, beachten Sie besonders Gleitspiegelebenen.

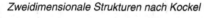

Zweidimensionale Strukturen nach Kockel

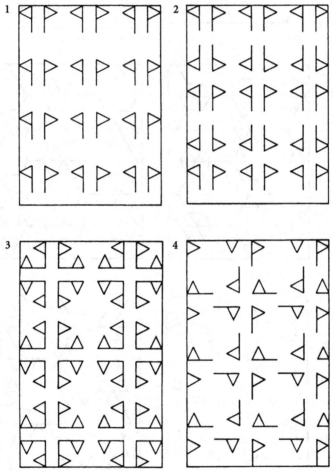

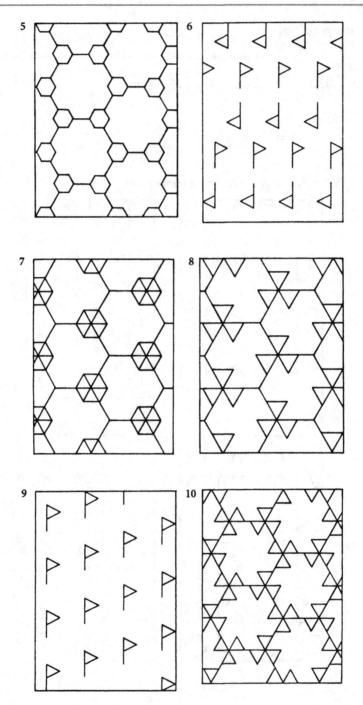

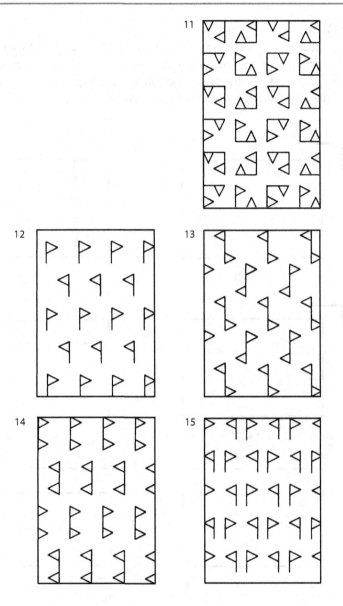

Die Raumgruppen

Gleitspiegelebenen und Schraubenachsen. In die Projektionen einer Elementarzelle auf x, y, 0 ist jeweils nur ein Symmetrieelement eingetragen. Lassen Sie dieses Symmetrieelement auf einen asymmetrischen Punkt (allgemeine Lage) in x, y, z einwirken und geben Sie die Koordinaten der äquivalenten Punkte an.

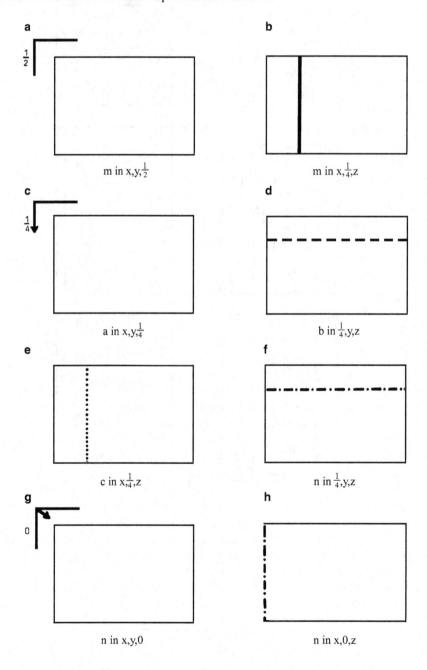

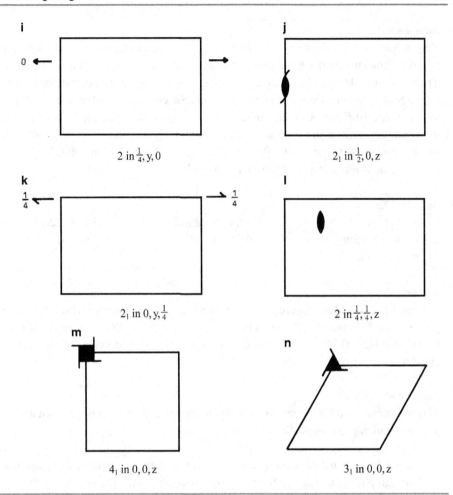

i

0

$2 \text{ in } \frac{1}{4}, y, 0$

j

$2_1 \text{ in } \frac{1}{2}, 0, z$

k

$\frac{1}{4}$ $\frac{1}{4}$

$2_1 \text{ in } 0, y, \frac{1}{4}$

l

$2 \text{ in } \frac{1}{4}, \frac{1}{4}, z$

m

$4_1 \text{ in } 0, 0, z$

n

$3_1 \text{ in } 0, 0, z$

Aufgabe 10.3

Die Abbildungen zeigen die Wirkungsweise einer Gleitspiegelebene und einer 2_1 auf einen Punkt. Die Punktanordnungen, die bei beiden Operationen entstehen, scheinen gleich zu sein. Diskutieren Sie diesen Widerspruch.

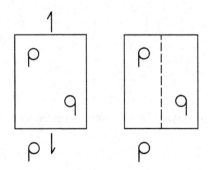

Aufgabe 10.4

Zeigen Sie, dass a) $C2_1/c \equiv C2/c$ b) $C2_1/m \equiv C2/m$ c) $C2_1 \equiv C2$ ist. Gehen Sie von den Projektionen der Raumgruppen a) $P2_1/c$ b) $P2_1/m$ c) $P2_1$ in Abb. 10.10 aus. Tragen Sie jeweils einen Punkt in x, y, z und in $x + \frac{1}{2}, y + \frac{1}{2}, z$ (C-Zentrierung) ein und lassen Sie die Symmetrieoperationen einwirken. Sie erhalten die allgemeine Punktlage von a) $C2_1/c$ b) $C2_1/m$ c) $C2_1$. Anhand der allgemeinen Punktlage können Sie nun die Gesamtsymmetrie der eben genannten Raumgruppen bestimmen. Vergleichen Sie unter Verwendung von Abb. 10.10 nun a) $C2_1/c$ mit $C2/c$, b) $C2_1/m$ mit $C2/m$, c) $C2_1$ mit $C2$. Eine Nullpunktsverschiebung ist möglich.

Aufgabe 10.5

Bestimmen Sie die Symmetrie des orthorhombischen C- und I-Gitters. Zeichnen Sie die Symmetrieelemente in eine Projektion des Gitters auf x, y, 0. Geben Sie die Raumgruppensymbole an.

Aufgabe 10.6

Zeichnen Sie auf Millimeterpapier die Projektion des Symmetriegerüsts der Raumgruppe Pmm2. Tragen Sie Punkte allgemeiner Lage mit den Koordinaten 0,1 0,1, 0,1; 0,1 0,4 0,1; 0,25, 0,25, 0,1; 0,4, 0,4, 0,1 ein und lassen Sie die Symmetrieoperationen einwirken.

Aufgabe 10.7

In den folgenden Abbildungen sind die Symmetriegerüste von Raumgruppen als Projektionen auf x, y, 0 dargestellt.

a) Tragen Sie einen Punkt allgemeiner Lage x, y, z in das Symmetriegerüst jeder Raumgruppe ein und lassen Sie die Symmetrieoperationen darauf einwirken.
b) Geben Sie die Koordinaten der äquivalenten Punkte an.
c) Wie groß ist die Zähligkeit der allgemeinen Punktlage?
d) Formulieren Sie das Raumgruppensymbol[9].
e) Nennen Sie – wenn vorhanden – eine spezielle Punktlage und deren Zähligkeit.

---

[9] Die graphischen Symbole der Symmetrieelemente sind in Abschn. 15.2 „Symmetrieelemente" erläutert.

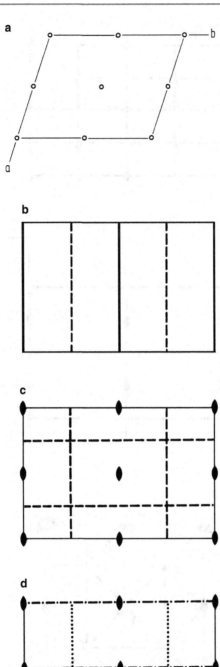

e

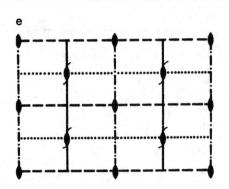

f

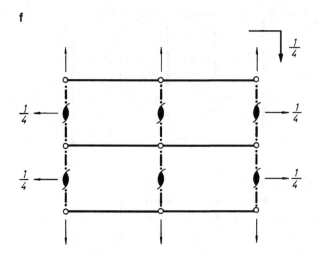

g

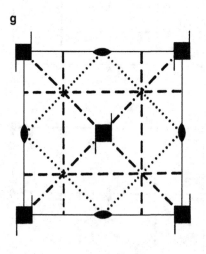

Aufgabe 10.8

Zeichnen Sie in Anlehnung an Abb. 10.15 in die Projektion einer hexagonalen Elementarzelle auf $x, y, 0$ in $0, 0, z$

a) eine 6_2

b) eine 6_3

1. Lassen Sie die Symmetrieoperationen auf einen Punkt allgemeiner Lage einwirken und geben Sie die Koordinaten der äquivalenten Punkte an.
2. Zeichnen Sie die weiteren Symmetrieelemente der Raumgruppe in die Elementarzelle ein.
3. Welche Symmetrieelemente sind in der 6_2 bzw. 6_3 enthalten?

Aufgabe 10.9

Gegeben ist die Raumgruppe P4/m $\bar{3}$ 2/m (Abb. 10.16 und 10.17). Zeichnen Sie in eine Projektion auf $x, y, 0$ die speziellen Punktlagen ein:

a) x, x, z

b) x, x, x

c) $x, 0, 0$

Geben Sie die Koordinaten der äquivalenten Punkte, die Zähligkeit und Lagesymmetrie der Punktlagen an.

Aufgabe 10.10

Zeichnen Sie eine allgemeine Punktlage der Raumgruppe P2/m $\bar{3}$. P2/m $\bar{3}$ ist eine Untergruppe von P4/m $\bar{3}$ 2/m. Gehen Sie von der Abb. 10.17 aus. $\bar{3}$ enthält $\bar{1}$, das in $0, 0, 0$ liegt. Damit ist die Anordnung der 2 und m gegeben.

Aufgabe 10.11

Zeichnen Sie einige Projektionen einer tetragonalen Elementarzelle auf $x, y, 0$. Tragen Sie die 16 Symmetrieoperationen der Raumgruppe P4$_2$/mnm [Abb. 10.18 (6)] in diese Projektionen ein und lassen Sie diese Operationen auf einen Punkt in x, y, z einwirken. Bestimmen Sie die neuen Punktkoordinaten.

Aufgabe 10.12

Zeichnen Sie eine Projektion des Symmetriegerüsts der Raumgruppen P2$_1$/c, Pna2$_1$, Pmna, Pbca, P422.

Aufgabe 10.13

Diskutieren Sie Pabc.

Aufgabe 10.14

Man besetze in den Raumgruppen $P\bar{1}$ (Abb. 7.7d), Pm und P2/m (Abb. 10.10), P2/m 2/m 2/m (Abb. 7.9d) die Punktlage $0, 0, 0$ mit dem Baustein A und eine allgemeine Punktlage $(x, y, z < \frac{1}{4})$, mit einem Baustein B.

a) Geben Sie den einzelnen Strukturen eine chemische Formel.
b) Wie groß ist Z (Zahl der Formeleinheiten/Elementarzelle)?
c) Beschreiben Sie die Gestalt der entstandenen Moleküle.
d) Bestimmen Sie die Punktsymmetrie dieser Moleküle.
e) Wie hoch ist die Symmetrie der Punktlage in der Raumgruppe, die die Moleküle als Ganzes einnehmen?

Aufgabe 10.15

Wie lauten die sechs Aufstellungen der Raumgruppe Nr. 30?

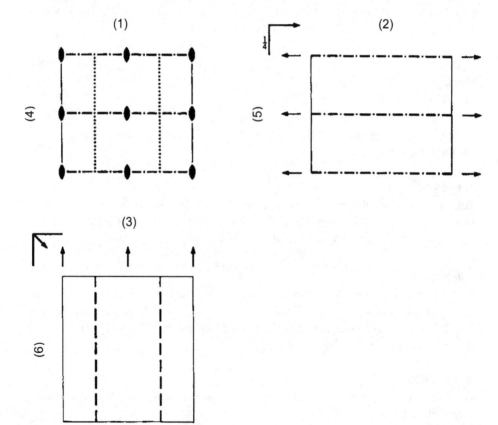

Aufgabe 10.16

Wie lauten die Raumgruppensymbole für die verschiedenen Aufstellungen der Raumgruppe Nr. 13, wenn $\vec{c}$ die Symmetrierichtung ist (Abbildungen mit freundlicher Genehmigung der IUCr)?

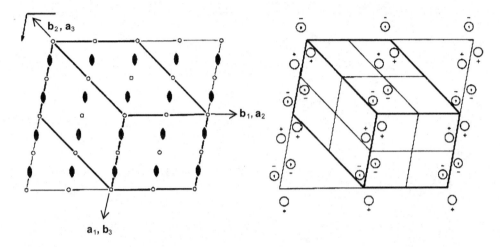

Symmetriegruppen

Im Zusammenhang mit den Punkt- und Raumgruppen wurden die Begriffe Gruppe, Untergruppe und Obergruppe verwendet, ohne dass gezeigt wurde, dass es sich dabei um Gruppen im mathematischen Sinn handelt. Dies soll nun nachgeholt werden. Dazu wird eine Darstellung der Symmetrieoperationen durch Matrizen bzw. Matrix-Vektor-Paare eingeführt.

11.1 Symmetrieoperationen in Matrizendarstellung

Wir wollen mit den Symmetrieoperationen der Punktgruppen beginnen. Auf Gleitspiegelungen und Schraubungen sowie Gitter-Translationen wird später eingegangen.

Die Orientierung der Symmetrieelemente wird im Folgenden mit Hilfe der kristallographischen Achsen a, b, c oder eines Richtungssymbols [uvw] beschrieben, weil für Ungeübte diese Bezeichnungsweise leichter verständlich ist. 4_c bedeutet z. B. eine 4-zählige Drehachse parallel c und $m_{[110]}$ eine Spiegelebene mit [110] als Normalenrichtung. Zusätzlich sind aber auch die Symbole aus den *International Tables for Crystallography* [18] angegeben.

Als Beispiel soll eine 3-zählige Drehachse betrachtet werden, die in der c-Achse verläuft. Abb. 11.1 zeigt diese Drehachse und die Gittervektoren $\vec{a}, \vec{b}, \vec{c}$ des Koordinatensystems in einer stereographischen Projektion. Mit dieser Drehachse sind 2 Symmetrieoperationen verknüpft, nämlich die 3-zähligen Drehungen 3_c^1 und 3_c^2, die in mathematisch positiver Richtung, also gegen den Uhrzeigersinn erfolgen. Die Drehung 3_c^2 bedeutet zweimaliges Ausführen von 3_c^1. 3_c^1 entspricht $3^+0, 0, z$ und 3_c^2 $3^-0, 0, z$. $3^-0, 0, z$ bedeutet eine Drehung in mathematisch negativer Richtung, also im Uhrzeigersinn.

Abb. 11.1 Überführung des Koordinatensystems $\vec{a}, \vec{b}, \vec{c}$ durch die 3-zählige Drehung 3_c^1 in $\vec{a}', \vec{b}', \vec{c}'$ und durch 3_c^2 in $\vec{a}'', \vec{b}'', \vec{c}''$, dargestellt in einer stereographischen Projektion ($\vec{c} = \vec{c}' = \vec{c}''$ in 3). Diese Operationen erzeugen aus (hkl) (ihl) und (kil)

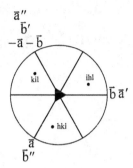

- 3_c^1 $(3^+0, 0, z)$ bildet den Vektor $\vec{a}$ auf den Vektor $\vec{a}' = \vec{b}$, den Vektor $\vec{b}$ auf $\vec{b}' = -\vec{a} - \vec{b}$ und den Vektor $\vec{c}$ auf $\vec{c}' = \vec{c}$ ab, d. h. es gilt:

$$a' = 0 \cdot \vec{a} + 1 \cdot \vec{b} + 0 \cdot \vec{c} \tag{11.1}$$

$$b' = -1 \cdot \vec{a} - 1 \cdot \vec{b} + 0 \cdot \vec{c} \tag{11.2}$$

$$c' = 0 \cdot \vec{a} + 0 \cdot \vec{b} + 1 \cdot \vec{c} \tag{11.3}$$

Dieser Zusammenhang lässt sich folgendermaßen in Matrix-Vektor-Schreibweise ausdrücken:

$$(\vec{a}', \vec{b}', \vec{c}') = (\vec{a}, \vec{b}, \vec{c}) \cdot \begin{pmatrix} 0 & \bar{1} & 0 \\ 1 & \bar{1} & 0 \\ 0 & 0 & 1 \end{pmatrix} = (\vec{a}, \vec{b}, \vec{c}) \cdot (M) \tag{11.4}$$

Dabei bilden die Koeffizienten der 3 Gleichungen die 3 Spalten der Matrix (M).

Ein Minuszeichen ist wie bei den kristallographischen Tripeln über die Zahl gesetzt.

- 3_c^2 $(3^-0, 0, z)$ überführt $\vec{a}$ in $\vec{a}'' = -\vec{a} - \vec{b}$, $\vec{b}$ in $\vec{b}'' = \vec{a}$ und $\vec{c}$ in $\vec{c}'' = \vec{c}$. Daraus ergibt sich eine 2. Matrix.

$$\begin{pmatrix} \bar{1} & 1 & 0 \\ \bar{1} & 0 & 0 \\ 0 & 0 & 1 \end{pmatrix} \tag{11.5}$$

Die beiden Matrizen sind zueinander invers, da ihre Multiplikation die Einheitsmatrix (E) ergibt:

$$\begin{pmatrix} 0 & \bar{1} & 0 \\ 1 & \bar{1} & 0 \\ 0 & 0 & 1 \end{pmatrix} \cdot \begin{pmatrix} \bar{1} & 1 & 0 \\ \bar{1} & 0 & 0 \\ 0 & 0 & 1 \end{pmatrix} = \begin{pmatrix} \bar{1} & 1 & 0 \\ \bar{1} & 0 & 0 \\ 0 & 0 & 1 \end{pmatrix} \cdot \begin{pmatrix} 0 & \bar{1} & 0 \\ 1 & \bar{1} & 0 \\ 0 & 0 & 1 \end{pmatrix} = \begin{pmatrix} 1 & 0 & 0 \\ 0 & 1 & 0 \\ 0 & 0 & 1 \end{pmatrix} \tag{11.6}$$

oder

$$(M) \cdot (M)^{-1} = (M)^{-1} \cdot (M) = (E) \tag{11.7}$$

Abb. 11.2 Operation einer 3_c^1 und 3_c^2 auf einen Punkt in x, y, z

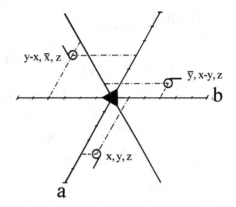

Wir wollen nun die Symmetrieoperationen 3_c^1 und 3_c^2 auf einen Punkt mit den Koordinaten x, y, z einwirken lassen:

- 3_c^1 $(3^+0, 0, z)$ bildet den Punkt x, y, z auf den Punkt $\bar{y}$, x − y, z ab. Stellt man das Koordinatentripel als Spaltenvektor dar, dann ergibt sich der folgende Zusammenhang:

$$(M) \cdot \begin{pmatrix} x \\ y \\ z \end{pmatrix} = \begin{pmatrix} 0 & \bar{1} & 0 \\ 1 & \bar{1} & 0 \\ 0 & 0 & 1 \end{pmatrix} \cdot \begin{pmatrix} x \\ y \\ z \end{pmatrix} = \begin{pmatrix} 0 \cdot x - 1 \cdot y + 0 \cdot z \\ 1 \cdot x - 1 \cdot y + 0 \cdot z \\ 0 \cdot x + 0 \cdot y + 1 \cdot z \end{pmatrix} = \begin{pmatrix} -y \\ x - y \\ z \end{pmatrix} \rightarrow \bar{y}, x - y, z$$

(11.8)

- 3_c^2 $(3^-0, 0, z)$ überführt den Punkt x, y, z in den Punkt y − x, $\bar{x}$, z, und es gilt entsprechend:

$$\begin{pmatrix} \bar{1} & 1 & 0 \\ \bar{1} & 0 & 0 \\ 0 & 0 & 1 \end{pmatrix} \cdot \begin{pmatrix} x \\ y \\ z \end{pmatrix} = \begin{pmatrix} -x + y \\ -x \\ z \end{pmatrix} \rightarrow y - x, \bar{x}, z \qquad (11.9)$$

Der Spaltenvektor der Punktkoordinaten steht rechts von der Matrix.

In Abb. 11.2 sind die 3 Punkte in ein hexagonales Koordinatensystem eingetragen. Sie entsprechen der allgemeinen Lage in der Punktgruppe 3.

Auch die Indizes der Flächen, die zur Fläche (hkl) in Bezug auf die beiden 3-zähligen Drehungen 3_c^1 und 3_c^2 gleichwertig sind, lassen sich mit Hilfe der Matrizen (M) und $(M)^{-1}$ berechnen. Dabei ist jedoch zu beachten, dass die Matrizen (M) und $(M)^{-1}$ ihre Rollen vertauschen: die Matrix $(M)^{-1}$ beschreibt jetzt die Drehung der Fläche (hkl) gegen den Uhrzeigersinn, während die Matrix (M) der Drehung der Fläche im Uhrzeigersinn entspricht.

- $3_c^1 \ (3^+ 0, 0, z)$

$$(hkl) \cdot (M)^{-1} = (hkl) \cdot \begin{pmatrix} \bar{1} & 1 & 0 \\ \bar{1} & 0 & 0 \\ 0 & 0 & 1 \end{pmatrix} \qquad (11.10)$$

$$= (h \cdot \bar{1} + k \cdot \bar{1} + 1 \cdot 0, h \cdot 1 + k \cdot 0 + 1 \cdot 0, h \cdot 0 + k \cdot 0 + 1 \cdot 1)$$
$$= (-h - k, h, l)$$
$$\rightarrow (\bar{h} + \bar{k}hl) = (ihl)$$

- $3_c^2 \ (3^- 0, 0, z)$

$$(hkl) \cdot (M^{-1}) = (hkl) \cdot \begin{pmatrix} 0 & \bar{1} & 0 \\ 1 & \bar{1} & 0 \\ 0 & 0 & 1 \end{pmatrix} \qquad (11.11)$$

$$= (h \cdot 0 + k \cdot 1 + 1 \cdot 0, h \cdot \bar{1} + k \cdot \bar{1} + 1 \cdot 0, h \cdot 0 + k \cdot 0 + 1 \cdot 1)$$
$$= (k, -h - k, l)$$
$$\rightarrow (k\bar{h} + \bar{k}l) = (kil)$$

Der Zeilenvektor der Flächenindizes steht links von der Matrix.

Die 3 Flächenpole, die die Kristallform trigonale Pyramide bilden, sind ebenfalls in Abb. 11.1 eingetragen. Man vergleiche auch Abb. 9.13.

In Kap. 6 „Das Symmetrieprinzip" wurde gezeigt, dass es in allen kristallographischen Punktgruppen nur 10 unterschiedliche Arten von Symmetrieoperationen gibt. Man muss jedoch 64 Fälle unterscheiden, wenn man alle möglichen Orientierungen der Symmetrieelemente in Bezug auf die kristallographischen Achsensysteme berücksichtigt und die Operationen der Drehung und Drehinversion einzeln zählt.

Diese 64 Fälle werden in Tab. 11.1 beschrieben. Die 1. Spalte enthält eine Nummerierung, in der 2. Spalte sind die Symmetrieoperationen symbolisiert. Die Orientierung einer Dreh- oder Drehinversionsachse bzw. einer Spiegelebenennormalen wird entweder durch eine kristallographische Achse a, b oder c oder durch ein Richtungssymbol [uvw] ausgedrückt. Zusätzlich wird die Lage eines Symmetrieelements in der 3. Spalte wie in den *International Tables for Crystallography* (I.T.) [18] durch Koordinaten beschrieben. Sind mit einem bestimmten Symmetrieelement mehrere Symmetrieoperationen verknüpft, werden diese in Tab. 11.1 nacheinander aufgeführt. An erster Stelle steht immer die Drehung gegen den Uhrzeigersinn bzw. die Drehinversion, die sich aus einer Drehung gegen den Uhrzeigersinn ableitet. Diese Symmetrieoperation ist durch die Hochzahl 1 bzw. durch ein $^+$ im I.T.-Symbol gekennzeichnet. Die Hochzahl n bedeutet, dass die ursprüngliche Symmetrieoperation n mal ausgeführt werden soll. Als letztes steht jeweils die Gegenoperation zur ursprünglichen Symmetrieoperation. Für eine 4-zählige Drehachse parallel zur c-Richtung findet man entsprechend 4_c^1 bzw. $4^+ 0, 0, z$ (Nr. 49), $4_c^2 \equiv 2_c$ bzw. 2

Tab. 11.1 Matrizen und inverse Matrizen der Punktsymmetrieoperationen, die entsprechenden Koordinaten der zu x, y, z äquivalenten Punkte und die entsprechenden Miller-Indizes der zu (hkl) äquivalenten Flächen

Symmetrieoperation Nr.	I.T.		Koordinatensystem	(M)	$(M) \cdot \begin{pmatrix} x \\ y \\ z \end{pmatrix}$	$(M)^{-1}$	$(hkl) \cdot (M)^{-1}$
1	1	1	a | c	$\begin{pmatrix} 1&0&0 \\ 0&1&0 \\ 0&0&1 \end{pmatrix}$	x, y, z		hkl
2	$\bar{1}$	$\bar{1}$		$\begin{pmatrix} \bar{1}&0&0 \\ 0&\bar{1}&0 \\ 0&0&\bar{1} \end{pmatrix}$	$\bar{x}, \bar{y}, \bar{z}$		$\bar{h}\bar{k}\bar{l}$
3	2_a	$2\ x,0,0$	o t c	$\begin{pmatrix} 1&0&0 \\ 0&\bar{1}&0 \\ 0&0&\bar{1} \end{pmatrix}$	$x, \bar{y}, \bar{z}$		$h\bar{k}\bar{l}$
4			h	$\begin{pmatrix} 1&\bar{1}&0 \\ 0&\bar{1}&0 \\ 0&0&\bar{1} \end{pmatrix}$	$x-y, \bar{y}, \bar{z}$		$h\bar{h}+\bar{k}\bar{l}$
5	2_b	$2\ 0,y,0$	m o t c	$\begin{pmatrix} \bar{1}&0&0 \\ 0&1&0 \\ 0&0&\bar{1} \end{pmatrix}$	$\bar{x}, y, \bar{z}$		$\bar{h}k\bar{l}$
6			h	$\begin{pmatrix} \bar{1}&0&0 \\ \bar{1}&1&0 \\ 0&0&\bar{1} \end{pmatrix}$	$\bar{x}, y-x, \bar{z}$	$= (M)$	$\bar{h}+\bar{k}k\bar{l}$
7	2_c	$2\ 0,0,z$	m o t h c	$\begin{pmatrix} \bar{1}&0&0 \\ 0&\bar{1}&0 \\ 0&0&1 \end{pmatrix}$	$\bar{x}, \bar{y}, z$		$\bar{h}\bar{k}l$
8	$2_{[110]}$	$2\ x,x,0$	t h c	$\begin{pmatrix} 0&1&0 \\ 1&0&0 \\ 0&0&\bar{1} \end{pmatrix}$	$y, x, \bar{z}$		$kh\bar{l}$
9	$2_{[1\bar{1}0]}$	$2\ x,\bar{x},0$	t r h c	$\begin{pmatrix} 0&\bar{1}&0 \\ \bar{1}&0&0 \\ 0&0&\bar{1} \end{pmatrix}$	$\bar{y}, \bar{x}, \bar{z}$		$\bar{k}\bar{h}\bar{l}$
10	$2_{[101]}$	$2\ x,0,x$	c	$\begin{pmatrix} 0&0&1 \\ 0&\bar{1}&0 \\ 1&0&0 \end{pmatrix}$	$z, \bar{y}, x$		$l\bar{k}h$
11	$2_{[\bar{1}01]}$	$2\ \bar{x},0,x$	r c	$\begin{pmatrix} 0&0&\bar{1} \\ 0&\bar{1}&0 \\ \bar{1}&0&0 \end{pmatrix}$	$\bar{z}, \bar{y}, \bar{x}$		$\bar{l}\bar{k}h$

Tab. 11.1 (Fortsetzung)

Symmetrieoperation			Koordinatensystem	(M)	$(M)\cdot\begin{pmatrix}x\\y\\z\end{pmatrix}$	$(M)^{-1}$	$(hkl)\cdot(M)^{-1}$
Nr.		I.T.					
12	$2_{[011]}$	$2\ 0,x,x$	c	$\begin{pmatrix}\bar1&0&0\\0&0&1\\0&1&0\end{pmatrix}$	$\bar x,z,y$		$\bar h l k$
13	$2_{[01\bar1]}$	$2\ 0,x,\bar x$	r c	$\begin{pmatrix}\bar1&0&0\\0&0&\bar1\\0&\bar1&0\end{pmatrix}$	$\bar x,\bar z,\bar y$		$\bar h\bar l\bar k$
14	$2_{[210]}$	$2\ 2x,x,0$		$\begin{pmatrix}1&0&0\\1&\bar1&0\\0&0&\bar1\end{pmatrix}$	$x,x-y,\bar z$		$h+k\bar k\bar l$
15	$2_{[120]}$	$2\ x,2x,0$	h	$\begin{pmatrix}\bar1&1&0\\0&1&0\\0&0&\bar1\end{pmatrix}$	$y-x,y,\bar z$		$\bar h h+k\bar l$
16	m_a	$m\ 0,y,z$	o t c	$\begin{pmatrix}\bar1&0&0\\0&1&0\\0&0&1\end{pmatrix}$	$\bar x,y,z$		$\bar h k l$
17		$m\ x,2x,z$	h	$\begin{pmatrix}\bar1&1&0\\0&1&0\\0&0&1\end{pmatrix}$	$y-x,y,z$		$\bar h h+k l$
18	m_b	$m\ x,0,z$	m o t c	$\begin{pmatrix}1&0&0\\0&\bar1&0\\0&0&1\end{pmatrix}$	$x,\bar y,z$	$=(M)$	$h\bar k l$
19		$m\ 2x,x,z$	h	$\begin{pmatrix}1&0&0\\1&\bar1&0\\0&0&1\end{pmatrix}$	$x,x-y,z$		$h+k\bar k l$
20	m_c	$m\ x,y,0$	m o t h c	$\begin{pmatrix}1&0&0\\0&1&0\\0&0&\bar1\end{pmatrix}$	$x,y,\bar z$		$h k\bar l$
21	$m_{[110]}$	$m\ x,\bar x,z$	t h c	$\begin{pmatrix}0&\bar1&0\\\bar1&0&0\\0&0&1\end{pmatrix}$	$\bar y,\bar x,z$		$\bar k\bar h l$
22	$m_{[1\bar10]}$	$m\ x,x,z$	t r h c	$\begin{pmatrix}0&1&0\\1&0&0\\0&0&1\end{pmatrix}$	y,x,z		$k h l$
23	$m_{[101]}$	$m\ \bar x,y,x$	c	$\begin{pmatrix}0&0&\bar1\\0&1&0\\\bar1&0&0\end{pmatrix}$	$\bar z,y,\bar x$		$\bar l k\bar h$

Tab. 11.1 (Fortsetzung)

Symmetrieoperation			Koordinaten-system	(M)	$(M) \cdot \begin{pmatrix} x \\ y \\ z \end{pmatrix}$	$(M)^{-1}$	$(hkl) \cdot (M)^{-1}$
Nr.		I.T.					
24	$m_{[\bar{1}01]}$	m x, y, x	r c	$\begin{pmatrix} 0\,0\,1 \\ 0\,1\,0 \\ 1\,0\,0 \end{pmatrix}$	z, y, x		lkh
25	$m_{[011]}$	m x, y, $\bar{y}$	c	$\begin{pmatrix} 1\,0\,0 \\ 0\,0\,\bar{1} \\ 0\,\bar{1}\,0 \end{pmatrix}$	x, $\bar{z}$, $\bar{y}$		h$\bar{l}\bar{k}$
26	$m_{[01\bar{1}]}$	m x, y, y	r c	$\begin{pmatrix} 1\,0\,0 \\ 0\,0\,1 \\ 0\,1\,0 \end{pmatrix}$	x, z, y	= (M)	hlk
27	$m_{[210]}$	m 0, y, z		$\begin{pmatrix} \bar{1}\,0\,0 \\ \bar{1}\,1\,0 \\ 0\,0\,1 \end{pmatrix}$	$\bar{x}$, y – x, z		$\bar{h} + \bar{k}$kl
28	$m_{[120]}$	m x, 0, z		$\begin{pmatrix} 1\,\bar{1}\,0 \\ 0\,\bar{1}\,0 \\ 0\,0\,1 \end{pmatrix}$	x – y, $\bar{y}$, z		h$\bar{h}$ + $\bar{k}$l
29	3^1_c	3^+ 0, 0, z	h	$\begin{pmatrix} 0\,\bar{1}\,0 \\ 1\,\bar{1}\,0 \\ 0\,0\,1 \end{pmatrix}$	$\bar{y}$, x – y, z	$\begin{pmatrix} \bar{1}\,1\,0 \\ \bar{1}\,0\,0 \\ 0\,0\,1 \end{pmatrix}$	$\bar{h} + \bar{k}$hl
30	3^2_c	3^- 0, 0, z		$\begin{pmatrix} \bar{1}\,1\,0 \\ \bar{1}\,0\,0 \\ 0\,0\,1 \end{pmatrix}$	y – x, $\bar{x}$, z	$\begin{pmatrix} 0\,\bar{1}\,0 \\ 1\,\bar{1}\,0 \\ 0\,0\,1 \end{pmatrix}$	k$\bar{h}$ + $\bar{k}$l
31	$3^1_{[111]}$	3^+ x, x, x	r c	$\begin{pmatrix} 0\,0\,1 \\ 1\,0\,0 \\ 0\,1\,0 \end{pmatrix}$	z, x, y	$\begin{pmatrix} 0\,1\,0 \\ 0\,0\,1 \\ 1\,0\,0 \end{pmatrix}$	lhk
32	$3^2_{[111]}$	3^- x, x, x		$\begin{pmatrix} 0\,1\,0 \\ 0\,0\,1 \\ 1\,0\,0 \end{pmatrix}$	y, z, x	$\begin{pmatrix} 0\,0\,1 \\ 1\,0\,0 \\ 0\,1\,0 \end{pmatrix}$	klh
33	$3^1_{[1\bar{1}\bar{1}]}$	3^+ x, $\bar{x}$, $\bar{x}$		$\begin{pmatrix} 0\,0\,\bar{1} \\ \bar{1}\,0\,0 \\ 0\,1\,0 \end{pmatrix}$	$\bar{z}$, $\bar{x}$, y	$\begin{pmatrix} 0\,\bar{1}\,0 \\ 0\,0\,1 \\ \bar{1}\,0\,0 \end{pmatrix}$	$\bar{l}$hk
34	$3^2_{[1\bar{1}\bar{1}]}$	3^- x, $\bar{x}$, $\bar{x}$	c	$\begin{pmatrix} 0\,\bar{1}\,0 \\ 0\,0\,1 \\ \bar{1}\,0\,0 \end{pmatrix}$	$\bar{y}$, z, $\bar{x}$	$\begin{pmatrix} 0\,0\,\bar{1} \\ \bar{1}\,0\,0 \\ 0\,1\,0 \end{pmatrix}$	k$\bar{l}\bar{h}$
35	$3^1_{[\bar{1}1\bar{1}]}$	3^+ $\bar{x}$, x, $\bar{x}$		$\begin{pmatrix} 0\,0\,1 \\ \bar{1}\,0\,0 \\ 0\,\bar{1}\,0 \end{pmatrix}$	z, $\bar{x}$, $\bar{y}$	$\begin{pmatrix} 0\,\bar{1}\,0 \\ 0\,0\,\bar{1} \\ 1\,0\,0 \end{pmatrix}$	l$\bar{h}\bar{k}$
36	$3^2_{[\bar{1}1\bar{1}]}$	3^- $\bar{x}$, x, $\bar{x}$		$\begin{pmatrix} 0\,\bar{1}\,0 \\ 0\,0\,\bar{1} \\ 1\,0\,0 \end{pmatrix}$	$\bar{y}$, $\bar{z}$, x	$\begin{pmatrix} 0\,0\,1 \\ \bar{1}\,0\,0 \\ 0\,\bar{1}\,0 \end{pmatrix}$	$\bar{k}\bar{l}$h

Tab. 11.1 (Fortsetzung)

Symmetrieoperation			Koordinatensystem	(M)	$(M)\cdot\begin{pmatrix}x\\y\\z\end{pmatrix}$	$(M)^{-1}$	$(hkl)\cdot(M)^{-1}$
Nr.		I.T.					
37	$3^1_{[\bar1\bar11]}$	$3^+\ \bar x,\bar x,x$	c	$\begin{pmatrix}0&0&\bar1\\1&0&0\\0&\bar1&0\end{pmatrix}$	$\bar z,x,\bar y$	$\begin{pmatrix}0&1&0\\0&0&\bar1\\\bar1&0&0\end{pmatrix}$	$\bar ih\bar k$
38	$3^2_{[\bar1\bar11]}$	$3^-\ \bar x,\bar x,x$		$\begin{pmatrix}0&1&0\\0&0&\bar1\\\bar1&0&0\end{pmatrix}$	$y,\bar z,\bar x$	$\begin{pmatrix}0&0&\bar1\\1&0&0\\0&\bar1&0\end{pmatrix}$	$k\bar i\bar h$
39	$\bar3^1_c$	$\bar3^+\ 0,0,z$		$\begin{pmatrix}0&1&0\\\bar1&1&0\\0&0&\bar1\end{pmatrix}$	$y,y-x,\bar z$	$\begin{pmatrix}1&\bar1&0\\1&0&0\\0&0&\bar1\end{pmatrix}$	$h+k\,\bar h\bar i$
(30)	$\bar3^2_c\equiv3^2_c$	$3^-\ 0,0,z$					
(2)	$\bar3^3_c\equiv\bar1$	$\bar1$	h				
(29)	$\bar3^4_c\equiv3^1_c$	$3^+\ 0,0,z$					
40	$\bar3^5_c$	$\bar3^-\ 0,0,z$		$\begin{pmatrix}1&\bar1&0\\1&0&0\\0&0&\bar1\end{pmatrix}$	$x-y,x,\bar z$	$\begin{pmatrix}0&1&0\\\bar1&1&0\\0&0&\bar1\end{pmatrix}$	$\bar kh+k\bar i$
41	$\bar3^1_{[111]}$	$\bar3^+\ x,x,x$		$\begin{pmatrix}0&0&\bar1\\\bar1&0&0\\0&\bar1&0\end{pmatrix}$	$\bar z,\bar x,\bar y$	$\begin{pmatrix}0&\bar1&0\\0&0&\bar1\\\bar1&0&0\end{pmatrix}$	$\bar i\bar h\bar k$
(32)	$\bar3^2_{[111]}\equiv3^2_{[111]}$	$3^-\ x,x,x$					
(2)	$\bar3^3_{[111]}\equiv\bar1$	$\bar1$	r c				
(31)	$\bar3^4_{[111]}\equiv3^1_{[111]}$	$3^+\ x,x,x$					
42	$\bar3^5_{[111]}$	$\bar3^-\ x,x,x$		$\begin{pmatrix}0&\bar1&0\\0&0&\bar1\\\bar1&0&0\end{pmatrix}$	$\bar y,\bar z,\bar x$	$\begin{pmatrix}0&0&\bar1\\\bar1&0&0\\0&\bar1&0\end{pmatrix}$	$\bar k\bar i\bar h$
43	$\bar3^1_{[1\bar1\bar1]}$	$\bar3^+\ x,\bar x,\bar x$		$\begin{pmatrix}0&0&1\\1&0&0\\0&\bar1&0\end{pmatrix}$	$z,x,\bar y$	$\begin{pmatrix}0&1&0\\0&0&\bar1\\1&0&0\end{pmatrix}$	$lh\bar k$
(34)	$\bar3^2_{[1\bar1\bar1]}\equiv3^2_{[1\bar1\bar1]}$	$3^-\ x,\bar x,\bar x$					
(2)	$\bar3^3_{[1\bar1\bar1]}\equiv\bar1$	$\bar1$	c				
(33)	$\bar3^4_{[1\bar1\bar1]}\equiv3^1_{[1\bar1\bar1]}$	$3^+\ x,\bar x,\bar x$					
44	$\bar3^5_{[1\bar1\bar1]}$	$\bar3^-\ x,\bar x,\bar x$		$\begin{pmatrix}0&1&0\\0&0&\bar1\\1&0&0\end{pmatrix}$	$y,\bar z,x$	$\begin{pmatrix}0&0&1\\1&0&0\\0&\bar1&0\end{pmatrix}$	kih

Tab. 11.1 (Fortsetzung)

Symmetrieoperation			Koordinatensystem	(M)	$(M) \cdot \begin{pmatrix} x \\ y \\ z \end{pmatrix}$	$(M)^{-1}$	$(hkl) \cdot (M)^{-1}$
Nr.		I.T.					
45	$3^1_{[\bar{1}1\bar{1}]}$	3^+ $\bar{x}, x, \bar{x}$		$\begin{pmatrix} 0 & 0 & \bar{1} \\ 1 & 0 & 0 \\ 0 & 1 & 0 \end{pmatrix}$	$\bar{z}, x, y$	$\begin{pmatrix} 0 & 1 & 0 \\ 0 & 0 & 1 \\ \bar{1} & 0 & 0 \end{pmatrix}$	$\dot{\bar{1}}hk$
(36)	$\bar{3}^2_{[\bar{1}1\bar{1}]} \equiv 3^2_{[\bar{1}1\bar{1}]}$	3^- $\bar{x}, x, \bar{x}$					
(2)	$\bar{3}^3_{[\bar{1}1\bar{1}]} \equiv \bar{1}$	$\bar{1}$					
(35)	$\bar{3}^4_{[\bar{1}1\bar{1}]} \equiv 3^1_{[\bar{1}1\bar{1}]}$	3^+ $\bar{x}, x, \bar{x}$					
46	$\bar{3}^5_{[\bar{1}1\bar{1}]}$	3^- $\bar{x}, x, \bar{x}$	c	$\begin{pmatrix} 0 & 1 & 0 \\ 0 & 0 & 1 \\ \bar{1} & 0 & 0 \end{pmatrix}$	$y, z, \bar{x}$	$\begin{pmatrix} 0 & 0 & \bar{1} \\ 1 & 0 & 0 \\ 0 & 1 & 0 \end{pmatrix}$	$kl\bar{h}$
47	$3^1_{[\bar{1}\bar{1}1]}$	3^+ $\bar{x}, \bar{x}, x$		$\begin{pmatrix} 0 & 0 & 1 \\ \bar{1} & 0 & 0 \\ 0 & 1 & 0 \end{pmatrix}$	$z, \bar{x}, y$	$\begin{pmatrix} 0 & \bar{1} & 0 \\ 0 & 0 & 1 \\ 1 & 0 & 0 \end{pmatrix}$	$l\bar{h}k$
(38)	$\bar{3}^2_{[\bar{1}\bar{1}1]} \equiv \bar{3}^2_{[\bar{1}\bar{1}1]}$	3^- $\bar{x}, \bar{x}, x$					
(2)	$\bar{3}^3_{[\bar{1}\bar{1}1]} \equiv \bar{1}$	$\bar{1}$					
(37)	$\bar{3}^4_{[\bar{1}\bar{1}1]} \equiv 3^1_{[\bar{1}\bar{1}1]}$	3^+ $\bar{x}, \bar{x}, x$					
48	$\bar{3}^5_{[\bar{1}\bar{1}1]}$	3^- $\bar{x}, \bar{x}, x$		$\begin{pmatrix} 0 & \bar{1} & 0 \\ 0 & 0 & 1 \\ 1 & 0 & 0 \end{pmatrix}$	$\bar{y}, z, x$	$\begin{pmatrix} 0 & 0 & 1 \\ \bar{1} & 0 & 0 \\ 0 & 1 & 0 \end{pmatrix}$	$\bar{k}lh$
49	4^1_c	4^+ $0, 0, z$		$\begin{pmatrix} 0 & \bar{1} & 0 \\ 1 & 0 & 0 \\ 0 & 0 & 1 \end{pmatrix}$	$\bar{y}, x, z$	$\begin{pmatrix} 0 & 1 & 0 \\ \bar{1} & 0 & 0 \\ 0 & 0 & 1 \end{pmatrix}$	$\bar{k}hl$
(7)	$4^2_c \equiv 2_c$	2 $0, 0, z$	t c				
50	4^3_c	4^- $0, 0, z$		$\begin{pmatrix} 0 & 1 & 0 \\ \bar{1} & 0 & 0 \\ 0 & 0 & 1 \end{pmatrix}$	$y, \bar{x}, z$	$\begin{pmatrix} 0 & \bar{1} & 0 \\ 1 & 0 & 0 \\ 0 & 0 & 1 \end{pmatrix}$	$k\bar{h}l$
51	4^1_a	4^+ $x, 0, 0$		$\begin{pmatrix} 1 & 0 & 0 \\ 0 & 0 & \bar{1} \\ 0 & 1 & 0 \end{pmatrix}$	$x, \bar{z}, y$	$\begin{pmatrix} 1 & 0 & 0 \\ 0 & 0 & 1 \\ 0 & \bar{1} & 0 \end{pmatrix}$	$h\dot{1}k$
(3)	$4^2_a \equiv 2_a$	2 $x, 0, 0$	c				
52	4^3_a	4^- $x, 0, 0$		$\begin{pmatrix} 1 & 0 & 0 \\ 0 & 0 & 1 \\ 0 & \bar{1} & 0 \end{pmatrix}$	$x, z, \bar{y}$	$\begin{pmatrix} 1 & 0 & 0 \\ 0 & 0 & \bar{1} \\ 0 & 1 & 0 \end{pmatrix}$	$hl\bar{k}$

Tab. 11.1 (Fortsetzung)

Symmetrieoperation			Koordinaten-system	(M)	$(M)\cdot\begin{pmatrix}x\\y\\z\end{pmatrix}$	$(M)^{-1}$	$(hkl)\cdot(M)^{-1}$
Nr.		I.T.					
53	4_b^1	$4^+\ 0,y,0$		$\begin{pmatrix}0\ 0\ 1\\0\ 1\ 0\\\bar1\ 0\ 0\end{pmatrix}$	$z,y,\bar x$	$\begin{pmatrix}0\ 0\ \bar1\\0\ 1\ 0\\1\ 0\ 0\end{pmatrix}$	$lk\bar h$
(5)	$4_b^2\equiv2_b$	$2\ 0,y,0$	c				
54	4_b^3	$4^-\ 0,y,0$		$\begin{pmatrix}0\ 0\ \bar1\\0\ 1\ 0\\1\ 0\ 0\end{pmatrix}$	$\bar z,y,x$	$\begin{pmatrix}0\ 0\ 1\\0\ 1\ 0\\\bar1\ 0\ 0\end{pmatrix}$	$\bar lkh$
55	$\bar4_c^1$	$\bar4^+\ 0,0,z$		$\begin{pmatrix}0\ 1\ 0\\\bar1\ 0\ 0\\0\ 0\ \bar1\end{pmatrix}$	$y,\bar x,\bar z$	$\begin{pmatrix}0\ \bar1\ 0\\1\ 0\ 0\\0\ 0\ \bar1\end{pmatrix}$	$kh\bar l$
(7)	$\bar4_c^2\equiv2_c$	$2\ 0,0,z$	t c				
56	$\bar4_c^3$	$\bar4^-\ 0,0,z$		$\begin{pmatrix}0\ \bar1\ 0\\1\ 0\ 0\\0\ 0\ \bar1\end{pmatrix}$	$\bar y,x,\bar z$	$\begin{pmatrix}0\ 1\ 0\\\bar1\ 0\ 0\\0\ 0\ \bar1\end{pmatrix}$	$\bar kh\bar l$
57	$\bar4_a^1$	$\bar4^+\ x,0,0$		$\begin{pmatrix}\bar1\ 0\ 0\\0\ 0\ 1\\0\ \bar1\ 0\end{pmatrix}$	$\bar x,z,\bar y$	$\begin{pmatrix}\bar1\ 0\ 0\\0\ 0\ \bar1\\0\ 1\ 0\end{pmatrix}$	$\bar hlk$
(3)	$\bar4_a^2\equiv2_a$	$2\ x,0,0$					
58	$\bar4_a^3$	$\bar4^-\ x,0,0$	c	$\begin{pmatrix}\bar1\ 0\ 0\\0\ 0\ \bar1\\0\ 1\ 0\end{pmatrix}$	$\bar x,\bar z,y$	$\begin{pmatrix}\bar1\ 0\ 0\\0\ 0\ 1\\0\ \bar1\ 0\end{pmatrix}$	$\bar hlk$
59	$\bar4_b^1$	$\bar4^+\ 0,y,0$		$\begin{pmatrix}0\ 0\ \bar1\\0\ \bar1\ 0\\1\ 0\ 0\end{pmatrix}$	$\bar z,\bar y,x$	$\begin{pmatrix}0\ 0\ 1\\0\ \bar1\ 0\\\bar1\ 0\ 0\end{pmatrix}$	$\bar lkh$
(5)	$\bar4_b^2\equiv2_b$	$2\ 0,y,0$					
60	$\bar4_b^3$	$\bar4^-\ 0,y,0$		$\begin{pmatrix}0\ 0\ 1\\0\ \bar1\ 0\\\bar1\ 0\ 0\end{pmatrix}$	$z,\bar y,\bar x$	$\begin{pmatrix}0\ 0\ \bar1\\0\ \bar1\ 0\\1\ 0\ 0\end{pmatrix}$	$lk\bar h$

Tab. 11.1 (Fortsetzung)

Symmetrieoperation Nr.	I.T.	Koordinatensystem	(M)	$(M) \cdot \begin{pmatrix} x \\ y \\ z \end{pmatrix}$	$(M)^{-1}$	$(hkl) \cdot (M)^{-1}$
61 6_c^1	6^+ 0, 0, z		$\begin{pmatrix} 1 & \bar{1} & 0 \\ 1 & 0 & 0 \\ 0 & 0 & 1 \end{pmatrix}$	$x - y, x, z$	$\begin{pmatrix} 0 & 1 & 0 \\ \bar{1} & 1 & 0 \\ 0 & 0 & 1 \end{pmatrix}$	$\bar{k}h + kl$
(29) $6_c^2 \equiv 3_c^1$	3^+ 0, 0, z					
(7) $6_c^3 \equiv 2_c$	2 0, 0, z	h				
(30) $6_c^4 \equiv 3_c^2$	3^- 0, 0, z					
62 6_c^5	6^- 0, 0, z		$\begin{pmatrix} 0 & 1 & 0 \\ \bar{1} & 1 & 0 \\ 0 & 0 & 1 \end{pmatrix}$	$y, y - x, z$	$\begin{pmatrix} 1 & \bar{1} & 0 \\ 1 & 0 & 0 \\ 0 & 0 & 1 \end{pmatrix}$	$h + k\bar{h}l$
63 $\bar{6}_c^1$	$\bar{6}^+$ 0, 0, z		$\begin{pmatrix} \bar{1} & 1 & 0 \\ \bar{1} & 0 & 0 \\ 0 & 0 & \bar{1} \end{pmatrix}$	$y - x, \bar{x}, \bar{z}$	$\begin{pmatrix} 0 & \bar{1} & 0 \\ 1 & \bar{1} & 0 \\ 0 & 0 & \bar{1} \end{pmatrix}$	$k\bar{h} + \bar{k}\bar{l}$
(29) $\bar{6}_c^2 \equiv 3_c^1$	3^+ 0, 0, z					
(20) $\bar{6}_c^3 \equiv m_c$	m x, y, 0	h				
(30) $\bar{6}_c^4 \equiv 3_c^2$	3^- 0, 0, z					
64 $\bar{6}_c^5$	6^- 0, 0, z		$\begin{pmatrix} 0 & \bar{1} & 0 \\ 1 & \bar{1} & 0 \\ 0 & 0 & \bar{1} \end{pmatrix}$	$\bar{y}, x - y, \bar{z}$	$\begin{pmatrix} \bar{1} & 1 & 0 \\ \bar{1} & 0 & 0 \\ 0 & 0 & \bar{1} \end{pmatrix}$	$\bar{h} + \bar{k}h\bar{l}$

$0, 0, z$ (Nr. 7) und 4_c^3 bzw. $4^-0, 0, z$ (Nr. 50). Dem Nacheinanderausführen von Symmetrieoperationen entspricht das Produkt der zugehörigen Matrizen. Die Matrix der zuerst ausgeführten Symmetrieoperation steht in einem solchen Produkt immer rechts.

$$4_c^1 \cdot 4_c^1 = 4_c^2 \equiv 2_c \quad (11.12)$$

$$\begin{pmatrix} 0 & \bar{1} & 0 \\ 1 & 0 & 0 \\ 0 & 0 & 1 \end{pmatrix} \cdot \begin{pmatrix} 0 & \bar{1} & 0 \\ 1 & 0 & 0 \\ 0 & 0 & 1 \end{pmatrix} = \begin{pmatrix} \bar{1} & 0 & 0 \\ 0 & \bar{1} & 0 \\ 0 & 0 & 1 \end{pmatrix}$$

$$4_c^1 \cdot 4_c^2 = 4_c^3 \quad (11.13)$$

$$\begin{pmatrix} 0 & \bar{1} & 0 \\ 1 & 0 & 0 \\ 0 & 0 & 1 \end{pmatrix} \cdot \begin{pmatrix} \bar{1} & 0 & 0 \\ 0 & \bar{1} & 0 \\ 0 & 0 & 1 \end{pmatrix} = \begin{pmatrix} 0 & 1 & 0 \\ \bar{1} & 0 & 0 \\ 0 & 0 & 1 \end{pmatrix}$$

$$4_c^1 \cdot 4_c^3 = 4_c^4 \equiv 1 \quad (11.14)$$

$$\begin{pmatrix} 0 & \bar{1} & 0 \\ 1 & 0 & 0 \\ 0 & 0 & 1 \end{pmatrix} \cdot \begin{pmatrix} 0 & 1 & 0 \\ \bar{1} & 0 & 0 \\ 0 & 0 & 1 \end{pmatrix} = \begin{pmatrix} 1 & 0 & 0 \\ 0 & 1 & 0 \\ 0 & 0 & 1 \end{pmatrix}$$

Die 5. Spalte enthält die Matrix (M), welche die betrachtete Symmetrieoperation in den Koordinatensystemen beschreibt, die in der 4. Spalte angegeben sind [a triklin (anorthic), m monoklin, o orthorhombisch, t tetragonal, h hexagonal/trigonal, r rhomboedrisch, c kubisch]. In der 6. Spalte sind die Koordinaten des Punkts aufgeführt, der mit Hilfe der betrachteten Symmetrieoperation aus x, y, z hervorgeht. Die zu (M) inverse Matrix $(M)^{-1}$ ist in der 7. Spalte tabelliert. In der letzten Spalte findet man die Indizes derjenigen Fläche, welche durch die betrachtete Symmetrieoperation aus (hkl) erzeugt wird.

Im Folgenden werden Schraubungen und Gleitspiegelungen betrachtet. Diese Symmetrieoperationen setzen sich jeweils aus einer Drehung bzw. Spiegelung und einer anschließenden Translation zusammen. In der Matrix-Vektor-Schreibweise wird eine solche Symmetrieoperation durch die Matrix (M) der entsprechenden Drehung bzw. Spiegelung und den Schraubungsvektor $\vec{s}$ bzw. Gleitvektor $\vec{g}$ dargestellt. Im Fall einer reinen Translation ist (M) die Einheitsmatrix (E).

4_1-Schraubenachse in $0, 0, z$

$$4^1_c \qquad\qquad\qquad \vec{s} \tag{11.15}$$

$$(4_1)^1_c \quad \begin{pmatrix} 0 & \bar{1} & 0 \\ 1 & 0 & 0 \\ 0 & 0 & 1 \end{pmatrix} \cdot \begin{pmatrix} x \\ y \\ z \end{pmatrix} + \begin{pmatrix} 0 \\ 0 \\ \frac{1}{4} \end{pmatrix} = \begin{pmatrix} -y \\ x \\ z + \frac{1}{4} \end{pmatrix} \quad \to \bar{y}, x, z + \tfrac{1}{4}$$

$$4^2_c \equiv 2_c \qquad\qquad\qquad 2\vec{s} \tag{11.16}$$

$$(4_1)^2_c \quad \begin{pmatrix} \bar{1} & 0 & 0 \\ 0 & \bar{1} & 0 \\ 0 & 0 & 1 \end{pmatrix} \cdot \begin{pmatrix} x \\ y \\ z \end{pmatrix} + \begin{pmatrix} 0 \\ 0 \\ \frac{1}{2} \end{pmatrix} = \begin{pmatrix} -x \\ -y \\ z + \frac{1}{2} \end{pmatrix} \quad \to \bar{x}, \bar{y}, z + \tfrac{1}{2}$$

$$4^3_c \qquad\qquad\qquad 3\vec{s} \tag{11.17}$$

$$(4_1)^3_c \quad \begin{pmatrix} 0 & 1 & 0 \\ \bar{1} & 0 & 0 \\ 0 & 0 & 1 \end{pmatrix} \cdot \begin{pmatrix} x \\ y \\ z \end{pmatrix} + \begin{pmatrix} 0 \\ 0 \\ \frac{3}{4} \end{pmatrix} = \begin{pmatrix} y \\ -x \\ z + \frac{3}{4} \end{pmatrix} \quad \to y, \bar{x}, z + \tfrac{3}{4}$$

$$4^4_c \equiv 1 \qquad\qquad\qquad 4\vec{s} \tag{11.18}$$

$$(4_1)^4_c \quad \begin{pmatrix} 1 & 0 & 0 \\ 0 & 1 & 0 \\ 0 & 0 & 1 \end{pmatrix} \cdot \begin{pmatrix} x \\ y \\ z \end{pmatrix} + \begin{pmatrix} 0 \\ 0 \\ 1 \end{pmatrix} = \begin{pmatrix} x \\ y \\ z + 1 \end{pmatrix} \quad \to x, y, z + 1$$

Das viermalige Nacheinanderausführen dieser 4-zähligen Schraubung entspricht einer Translation parallel zur Schraubenachse.

a-Gleitspiegelebene in $x, 0, z$

$$m^1_b \qquad\qquad\qquad \vec{g} \tag{11.19}$$

$$a^1 \quad \begin{pmatrix} 1 & 0 & 0 \\ 0 & \bar{1} & 0 \\ 0 & 0 & 1 \end{pmatrix} \cdot \begin{pmatrix} x \\ y \\ z \end{pmatrix} + \begin{pmatrix} \frac{1}{2} \\ 0 \\ 0 \end{pmatrix} = \begin{pmatrix} x + \frac{1}{2} \\ -y \\ z \end{pmatrix} \quad \to x + \tfrac{1}{2}, \bar{y}, z$$

$$m^2_b \equiv 1 \qquad\qquad\qquad 2\vec{g} \tag{11.20}$$

$$a^2 \quad \begin{pmatrix} 1 & 0 & 0 \\ 0 & 1 & 0 \\ 0 & 0 & 1 \end{pmatrix} \cdot \begin{pmatrix} x \\ y \\ z \end{pmatrix} + \begin{pmatrix} 1 \\ 0 \\ 0 \end{pmatrix} = \begin{pmatrix} x + 1 \\ y \\ z \end{pmatrix} \quad \to x + 1, y, z$$

n-Gleitspiegelebene in 0, y, z

$$m_a^1 \qquad\qquad \vec{g} \qquad\qquad\qquad (11.21)$$

$$n^1 \begin{pmatrix} \bar{1} & 0 & 0 \\ 0 & 1 & 0 \\ 0 & 0 & 1 \end{pmatrix} \cdot \begin{pmatrix} x \\ y \\ z \end{pmatrix} + \begin{pmatrix} 0 \\ \frac{1}{2} \\ \frac{1}{2} \end{pmatrix} = \begin{pmatrix} -x \\ y + \frac{1}{2} \\ z + \frac{1}{2} \end{pmatrix} \to \bar{x}, y + \tfrac{1}{2}, z + \tfrac{1}{2}$$

$$m_a^2 \equiv 1 \qquad\qquad 2\vec{g} \qquad\qquad\qquad (11.22)$$

$$n^2 \begin{pmatrix} 1 & 0 & 0 \\ 0 & 1 & 0 \\ 0 & 0 & 1 \end{pmatrix} \cdot \begin{pmatrix} x \\ y \\ z \end{pmatrix} + \begin{pmatrix} 0 \\ 1 \\ 1 \end{pmatrix} = \begin{pmatrix} x \\ y + 1 \\ z + 1 \end{pmatrix} \to x, y + 1, z + 1$$

Dem zweimaligen Ausführen einer Gleitspiegelung entspricht immer eine Gitter-Translation parallel zur Gleitspiegelebene.

Falls ein Symmetrie-Element nicht den Koordinatenursprung 0, 0, 0 schneidet, so muss dieser Sachverhalt durch einen weiteren Vektor, den Lagenvektor $\vec{l}$, berücksichtigt werden, der von der Lage des Symmetrie-Elementes in Bezug auf das Achsenkreuz abhängt. Normalerweise werden $\vec{l}$ und der Schraubungsvektor $\vec{s}$ bzw. der Gleitvektor $\vec{g}$ zu einem Vektor $\vec{v}$ zusammengefasst.

2 in $\frac{1}{2}, \frac{1}{4}, z$

$$2_c \qquad\qquad \vec{l} \qquad\qquad\qquad (11.23)$$

$$\begin{pmatrix} \bar{1} & 0 & 0 \\ 0 & \bar{1} & 0 \\ 0 & 0 & 1 \end{pmatrix} \cdot \begin{pmatrix} x \\ y \\ z \end{pmatrix} + \begin{pmatrix} 1 \\ \frac{1}{2} \\ 0 \end{pmatrix} = \begin{pmatrix} \bar{x} + 1 \\ \bar{y} + \frac{1}{2} \\ z \end{pmatrix} \to 1 - x, \tfrac{1}{2} - y, z$$

a in x, $\frac{1}{4}, z$

$$m_b \qquad\qquad \vec{g} \qquad \vec{l} \qquad\qquad\qquad \vec{v} \qquad (11.24)$$

$$\begin{pmatrix} 1 & 0 & 0 \\ 0 & \bar{1} & 0 \\ 0 & 0 & 1 \end{pmatrix} \cdot \begin{pmatrix} x \\ y \\ z \end{pmatrix} + \begin{pmatrix} \frac{1}{2} \\ 0 \\ 0 \end{pmatrix} + \begin{pmatrix} 0 \\ \frac{1}{2} \\ 0 \end{pmatrix} = \begin{pmatrix} 1 & 0 & 0 \\ 0 & \bar{1} & 0 \\ 0 & 0 & 1 \end{pmatrix} \cdot \begin{pmatrix} x \\ y \\ z \end{pmatrix} + \begin{pmatrix} \frac{1}{2} \\ \frac{1}{2} \\ 0 \end{pmatrix}$$

$$= \begin{pmatrix} x + \frac{1}{2} \\ \bar{y} + \frac{1}{2} \\ z \end{pmatrix} \to \tfrac{1}{2} + x, \tfrac{1}{2} - y, z$$

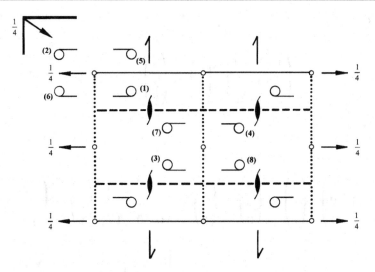

Abb. 11.3 Raumgruppe $P2_1/b2/c2_1/n$ mit einer allgemeine Punktlage (1) x, y, z (2) $\bar{x}, \bar{y}, \bar{z}$ (3) $\frac{1}{2} + x, \frac{1}{2} - y, \bar{z}$ (4) $\frac{1}{2} - x, \frac{1}{2} + y, z$ (5) $\bar{x}, y, \frac{1}{2} - z$ (6) $x, \bar{y}, \frac{1}{2} + z$ (7) $\frac{1}{2} - x, \frac{1}{2} - y, \frac{1}{2} + z$ (8) $\frac{1}{2} + x, \frac{1}{2} + y, \frac{1}{2} - z$

2_1 in $\frac{1}{4}, y, \frac{1}{4}$

$$
\underset{2_b}{\begin{pmatrix} \bar{1} & 0 & 0 \\ 0 & 1 & 0 \\ 0 & 0 & \bar{1} \end{pmatrix}} \cdot \begin{pmatrix} x \\ y \\ z \end{pmatrix} + \underset{\vec{s}}{\begin{pmatrix} 0 \\ \frac{1}{2} \\ 0 \end{pmatrix}} + \underset{\vec{t}}{\begin{pmatrix} \frac{1}{2} \\ 0 \\ \frac{1}{2} \end{pmatrix}} = \begin{pmatrix} \bar{1} & 0 & 0 \\ 0 & 1 & 0 \\ 0 & 0 & \bar{1} \end{pmatrix} \cdot \begin{pmatrix} x \\ y \\ z \end{pmatrix} + \underset{\vec{v}}{\begin{pmatrix} \frac{1}{2} \\ \frac{1}{2} \\ \frac{1}{2} \end{pmatrix}}
\tag{11.25}
$$

$$
= \begin{pmatrix} \bar{x} + \frac{1}{2} \\ y + \frac{1}{2} \\ \bar{z} + \frac{1}{2} \end{pmatrix} \rightarrow \frac{1}{2} - x, \frac{1}{2} + y, \frac{1}{2} - z
$$

Im Folgenden sind die Koordinaten der acht äquivalenten Punkte der allgemeinen Punktlage der Raumgruppe $P2_1/b2/c2_1/n$ mit Hilfe von Matrizen berechnet (vgl. auch Abb. 11.3):

$P2_1/b2/c2_1/n$

1. 1

$$
\overset{1}{\begin{pmatrix} 1 & 0 & 0 \\ 0 & 1 & 0 \\ 0 & 0 & 1 \end{pmatrix}} \cdot \begin{pmatrix} x \\ y \\ z \end{pmatrix} = \begin{pmatrix} x \\ y \\ z \end{pmatrix} \rightarrow x, y, z
\tag{11.26}
$$

2. $\bar{1}$ in $0, 0, 0$

$$\bar{1} \tag{11.27}$$

$$\begin{pmatrix} \bar{1} & 0 & 0 \\ 0 & \bar{1} & 0 \\ 0 & 0 & \bar{1} \end{pmatrix} \cdot \begin{pmatrix} x \\ y \\ z \end{pmatrix} = \begin{pmatrix} \bar{x} \\ \bar{y} \\ \bar{z} \end{pmatrix} \quad \rightarrow \bar{x}, \bar{y}, \bar{z}$$

3. 2_1 in $x, \frac{1}{4}, 0$

$$\overset{2_a}{} \qquad\qquad \overset{\vec{s}}{} \quad \overset{\vec{t}}{} \tag{11.28}$$

$$\begin{pmatrix} 1 & 0 & 0 \\ 0 & \bar{1} & 0 \\ 0 & 0 & \bar{1} \end{pmatrix} \cdot \begin{pmatrix} x \\ y \\ z \end{pmatrix} + \begin{pmatrix} \frac{1}{2} \\ 0 \\ 0 \end{pmatrix} + \begin{pmatrix} 0 \\ \frac{1}{2} \\ 0 \end{pmatrix} = \begin{pmatrix} 1 & 0 & 0 \\ 0 & \bar{1} & 0 \\ 0 & 0 & \bar{1} \end{pmatrix} \cdot \begin{pmatrix} x \\ y \\ z \end{pmatrix} + \begin{pmatrix} \frac{1}{2} \\ \frac{1}{2} \\ 0 \end{pmatrix}$$

$$= \begin{pmatrix} x + \frac{1}{2} \\ \bar{y} + \frac{1}{2} \\ \bar{z} \end{pmatrix} \rightarrow \frac{1}{2} + x, \frac{1}{2} - y, \bar{z}$$

4. b-Gleitspiegelebene in $\frac{1}{4}, y, z$

$$\overset{m_a}{} \qquad\qquad \overset{\vec{g}}{} \quad \overset{\vec{t}}{} \tag{11.29}$$

$$\begin{pmatrix} \bar{1} & 0 & 0 \\ 0 & 1 & 0 \\ 0 & 0 & 1 \end{pmatrix} \cdot \begin{pmatrix} x \\ y \\ z \end{pmatrix} + \begin{pmatrix} 0 \\ \frac{1}{2} \\ 0 \end{pmatrix} + \begin{pmatrix} \frac{1}{2} \\ 0 \\ 0 \end{pmatrix} = \begin{pmatrix} \bar{1} & 0 & 0 \\ 0 & 1 & 0 \\ 0 & 0 & 1 \end{pmatrix} \cdot \begin{pmatrix} x \\ y \\ z \end{pmatrix} + \begin{pmatrix} \frac{1}{2} \\ \frac{1}{2} \\ 0 \end{pmatrix}$$

$$= \begin{pmatrix} \bar{x} + \frac{1}{2} \\ y + \frac{1}{2} \\ z \end{pmatrix} \rightarrow \frac{1}{2} - x, \frac{1}{2} + y, z$$

5. 2 in $0, y, \frac{1}{4}$

$$\overset{2_b}{} \qquad\qquad\qquad \overset{\vec{t}}{} \tag{11.30}$$

$$\begin{pmatrix} \bar{1} & 0 & 0 \\ 0 & 1 & 0 \\ 0 & 0 & \bar{1} \end{pmatrix} \cdot \begin{pmatrix} x \\ y \\ z \end{pmatrix} + \begin{pmatrix} 0 \\ 0 \\ \frac{1}{2} \end{pmatrix} = \begin{pmatrix} \bar{x} \\ y \\ \bar{z} + \frac{1}{2} \end{pmatrix} \quad \rightarrow \bar{x}, y, \frac{1}{2} - z$$

6. c-Gleitspiegelebene in $x, 0, z$

$$\overset{m_b}{} \qquad\qquad\qquad \overset{\vec{g}}{} \tag{11.31}$$

$$\begin{pmatrix} 1 & 0 & 0 \\ 0 & \bar{1} & 0 \\ 0 & 0 & 1 \end{pmatrix} \cdot \begin{pmatrix} x \\ y \\ z \end{pmatrix} + \begin{pmatrix} 0 \\ 0 \\ \frac{1}{2} \end{pmatrix} = \begin{pmatrix} x \\ \bar{y} \\ z + \frac{1}{2} \end{pmatrix} \quad \rightarrow x, \bar{y}, \frac{1}{2} + z$$

7. 2_1 in $\frac{1}{4}, \frac{1}{4}, z$

$$
\begin{array}{cccc}
2_c & \vec{s} & \vec{\imath} & \vec{v} \quad (11.32)
\end{array}
$$

$$
\begin{pmatrix} \bar{1} & 0 & 0 \\ 0 & \bar{1} & 0 \\ 0 & 0 & 1 \end{pmatrix} \cdot \begin{pmatrix} x \\ y \\ z \end{pmatrix} + \begin{pmatrix} 0 \\ 0 \\ \frac{1}{2} \end{pmatrix} + \begin{pmatrix} \frac{1}{2} \\ \frac{1}{2} \\ 0 \end{pmatrix} = \begin{pmatrix} \bar{1} & 0 & 0 \\ 0 & \bar{1} & 0 \\ 0 & 0 & 1 \end{pmatrix} \cdot \begin{pmatrix} x \\ y \\ z \end{pmatrix} + \begin{pmatrix} \frac{1}{2} \\ \frac{1}{2} \\ \frac{1}{2} \end{pmatrix}
$$

$$
= \begin{pmatrix} \bar{x} + \frac{1}{2} \\ \bar{y} + \frac{1}{2} \\ z + \frac{1}{2} \end{pmatrix} \rightarrow \tfrac{1}{2} - x, \tfrac{1}{2} - y, \tfrac{1}{2} + z
$$

8. n-Gleitspiegelebene in $x, y, \frac{1}{4}$

$$
\begin{array}{cccc}
m_c & \vec{g} & \vec{\imath} & \vec{v} \quad (11.33)
\end{array}
$$

$$
\begin{pmatrix} 1 & 0 & 0 \\ 0 & 1 & 0 \\ 0 & 0 & \bar{1} \end{pmatrix} \cdot \begin{pmatrix} x \\ y \\ z \end{pmatrix} + \begin{pmatrix} \frac{1}{2} \\ \frac{1}{2} \\ 0 \end{pmatrix} + \begin{pmatrix} 0 \\ 0 \\ \frac{1}{2} \end{pmatrix} = \begin{pmatrix} 1 & 0 & 0 \\ 0 & 1 & 0 \\ 0 & 0 & \bar{1} \end{pmatrix} \cdot \begin{pmatrix} x \\ y \\ z \end{pmatrix} + \begin{pmatrix} \frac{1}{2} \\ \frac{1}{2} \\ \frac{1}{2} \end{pmatrix}
$$

$$
= \begin{pmatrix} x + \frac{1}{2} \\ y + \frac{1}{2} \\ \bar{z} + \frac{1}{2} \end{pmatrix} \rightarrow \tfrac{1}{2} + x, \tfrac{1}{2} + y, \tfrac{1}{2} - z
$$

11.2 Eigenschaften einer Gruppe

Eine Punkt- oder eine Raumgruppe (allgemein: eine Symmetriegruppe) ist eine Menge von Symmetrieoperationen, welche eine Gruppe im mathematischen Sinn bilden. Deshalb müssen auch die 4 sog. Gruppenaxiome erfüllt sein:

▶ **Definition** Führt man 2 Symmetrieoperationen einer Gruppe nacheinander aus, so entspricht das Ergebnis immer einer Symmetrieoperation aus der gleichen Gruppe. Das Nacheinanderausführen der Drehungen $2_{[110]}$ und 2_a aus der Punktgruppe 422 ergibt z. B. die Drehung 4_c^3, welche ebenfalls zu 422 gehört:

$$
\begin{array}{ccccc}
2_a & \cdot & 2_{[110]} & = & 4_c^3
\end{array}
$$

$$
\begin{pmatrix} 1 & 0 & 0 \\ 0 & \bar{1} & 0 \\ 0 & 0 & \bar{1} \end{pmatrix} \cdot \begin{pmatrix} 0 & 1 & 0 \\ 1 & 0 & 0 \\ 0 & 0 & \bar{1} \end{pmatrix} = \begin{pmatrix} 0 & 1 & 0 \\ \bar{1} & 0 & 0 \\ 0 & 0 & 1 \end{pmatrix}
$$

Zu jeder Symmetriegruppe gehört die Symmetrieoperation einzählige Drehung oder identische Abbildung 1. Sie bildet das Einselement der Gruppe. Die Verknüpfung (Multiplikation) irgendeiner Symmetrieoperation mit der identischen Abbildung lässt die Symmetrieoperation immer unverändert.

Beispiele:

$$2_{[110]} \cdot 1 = 1 \cdot 2_{[110]} = 2_{[110]} \ , \quad 3_c^1 \cdot 1 = 1 \cdot 3_c^1 = 3_c^1 \ , \quad m_a \cdot 1 = 1 \cdot m_a = m_a \ .$$

In einer Symmetriegruppe existiert zu jeder Symmetrieoperation auch die entgegengesetzte (inverse) Symmetrieoperation. Die Multiplikation dieser beiden Symmetrieoperationen ergibt die identische Abbildung.

Beispiele:

$$4_c^1 \cdot 4_c^3 = 4_c^3 \cdot 4_c^1 = 1 \quad (4^+ \cdot 4^- = 4^- \cdot 4^+ = 1),$$
$$2_{[110]} \cdot 2_{[110]} = 1 \ , \quad m_a \cdot m_a = 1 \ , \quad \bar{1} \cdot \bar{1} = 1 \ .$$

Im Fall einer 2-zähligen Drehung, einer Spiegelung oder einer Inversion stimmen die ursprüngliche und die inverse Symmetrieoperation überein.

Bei der Verknüpfung von Symmetrieoperationen ist immer das Assoziativgesetz erfüllt:

Beispiele:

$$(m_a \cdot m_b) \cdot m_c = m_a \cdot (m_b \cdot m_c)$$
$$2_c \quad \cdot m_c = m_a \cdot \quad 2_a \quad = \bar{1}$$
$$(4_c^1 \cdot m_{[110]}) \cdot 2_c = 4_c^1 \cdot (m_{[110]} \cdot 2_c)$$
$$m_b \quad \cdot 2_c = 4_c^1 \cdot \quad m_{[1\bar{1}0]} \quad = m_a \ .$$

▶   Die Symmetrieoperationen einer Gruppe bilden die Elemente dieser Gruppe.
     Die Anzahl der Elemente einer Gruppe nennt man die Ordnung der Gruppe.

Die Punktgruppe 422 besteht aus den Elementen $4_c^1, 4_c^2 \equiv 2_c, 4_c^3, 2_a, 2_b, 2_{[110]}, 2_{[1\bar{1}0]}$ und 1. Sie hat dementsprechend die Ordnung 8. $2/m$ mit den Elementen $2, m, \bar{1}$ und 1 hat die Ordnung 4. Die Ordnung einer Punktgruppe entspricht immer der Flächenzahl der allgemeinen Form dieser Punktgruppe (422: tetragonales Trapezoeder, 8 Flächen, Ordnung 8; $2/m$: rhombisches Prisma, 4 Flächen, Ordnung 4).

In manchen Gruppen gilt zusätzlich das Kommutativgesetz. Dann hat die Reihenfolge der Gruppenelemente keinen Einfluss auf das Ergebnis der Multiplikation.

Beispiel: $2/m\ 2/m\ 2/m$

$$m_a \cdot m_b = m_b \cdot m_a = 2_c \ , \quad 2_a \cdot 2_b = 2_b \cdot 2_a = 2_c \quad \text{usw.}$$

Eine solche Gruppe wird als Abelsche Gruppe bezeichnet.

▶   **Definition** Von einer Untergruppe G' einer Gruppe G spricht man, wenn eine Teilmenge G' der Elemente von G – für sich allein betrachtet – die Gruppenaxiome erfüllt. G heißt dann auch Obergruppe von G'.

Es gibt Symmetriegruppen mit einer endlichen und mit einer unendlichen Zahl von Elementen.

Gruppen endlicher Ordnung
Hierzu gehören die kristallographischen Punktgruppen. Als Gruppenelemente treten nur die Punktsymmetrieoperationen auf, d. h. Inversionen, Drehungen, Drehinversionen und Spiegelungen. Ihre Ordnungen liegen zwischen 1 (Punktgruppe 1) und 48 ($4/m\,\bar{3}\,2/m$). Außerdem treten folgende Ordnungen auf:

2	($\bar{1}, 2, m$)
3	(3)
4	($4, \bar{4}, 2/m, 222, mm2$)
6	($\bar{3}, 6, \bar{6}, 32, 3m$)
8	($2/m2/m2/m, 4/m, 422, 4mm, \bar{4}2m$)
12	($\bar{3}2/m, 6/m, 622, 6mm, \bar{6}m2, 23$)
16	$4(4/m2/m2/m)$
24	($6/m2/m2/m, 2/m\bar{3}, 432, \bar{4}3m$)

Die Unter- und Obergruppenbeziehungen zwischen den kristallographischen Punktgruppen sind in Abb. 9.3 dargestellt.

Gruppen unendlicher Ordnung
Hierzu gehören alle Raumgruppen. Ihre Gruppenelemente sind Punktsymmetrieoperationen, Translationen, Schraubungen und Gleitspiegelungen. Jede Raumgruppe enthält Translationen in 3 linear unabhängigen Richtungen. Durch wiederholte Anwendung einer Translation, einer Schraubung oder einer Gleitspiegelung kann man aus einem Ausgangspunkt beliebig viele neue Punkte erzeugen. Diese Eigenschaft unterscheidet solche Symmetrieoperationen von den Punktsymmetrieoperationen.

Alle Translationen einer Raumgruppe bilden zusammen eine Untergruppe der Raumgruppe, die sog. *Translationenuntergruppe*. Die Translationen allein genügen also den Gruppenaxiomen. Darüber hinaus gilt für Translationen immer das Kommutativgesetz, d. h. für das Nacheinanderausführen zweier Translationen ist die Reihenfolge beliebig. Die Translationenuntergruppen der Raumgruppen sind also Abelsche Gruppen. Die Raumgruppen selbst (außer P1) und die komplizierteren Punktgruppen sind dagegen keine Abelschen Gruppen.

11.3 Ableitung einiger Punktgruppen

In Kap. 9 „Die Punktgruppen" wurden die Punktgruppen als Untergruppen aus den höchstsymmetrischen Gruppen jedes Kristallsystems abgeleitet, z. B. 2, m, $\bar{1}$, 1 aus 2/m. In den Aufgaben 9.4 und 9.5 erfolgte die Ableitung synthetisch durch Kombinationen von Symmetrieelementen unter charakteristischen Winkeln. Dies ist natürlich auch rechnerisch möglich. Es soll an einigen Beispielen gezeigt werden:

Aufgabe 9.4A

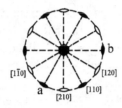

Kombination $2 + 2$ unter $\sphericalangle 30°$

a) $\qquad 2_{[210]} \qquad \cdot \qquad 2_a \qquad = \qquad 6_c^1$

$$\begin{pmatrix} 1 & 0 & 0 \\ 1 & \bar{1} & 0 \\ 0 & 0 & \bar{1} \end{pmatrix} \cdot \begin{pmatrix} 1 & \bar{1} & 0 \\ 0 & \bar{1} & 0 \\ 0 & 0 & \bar{1} \end{pmatrix} = \begin{pmatrix} 1 & \bar{1} & 0 \\ 1 & 0 & 0 \\ 0 & 0 & 1 \end{pmatrix}$$

b) $6_c^2 (\equiv 3_c^1) \cdot 2_a = 2_{[110]}$

c) $6_c^3 (\equiv 2_c) \cdot 2_a = 2_{[120]}$

d) $6_c^4 (\equiv 3_c^2) \cdot 2_a = 2_b$

e) $6_c^5 \cdot 2_a = 2_{[1\bar{1}0]}$

Es ist die Punktgruppe 622 entstanden, vgl. Stereogramm.

Aufgabe 9.4B

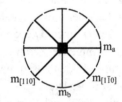

Kombination $m + m$ unter $\sphericalangle 45°$

a) $\qquad m_a \qquad \cdot \qquad m_{[1\bar{1}0]} \qquad = \qquad 4_c^1$

$$\begin{pmatrix} \bar{1} & 0 & 0 \\ 0 & 1 & 0 \\ 0 & 0 & 1 \end{pmatrix} \cdot \begin{pmatrix} 0 & 1 & 0 \\ 1 & 0 & 0 \\ 0 & 0 & 1 \end{pmatrix} = \begin{pmatrix} 0 & \bar{1} & 0 \\ 1 & 0 & 0 \\ 0 & 0 & 1 \end{pmatrix}$$

b) $4_c^2 (\equiv 2_c) \cdot m_a = m_b$

c) $4_c^1 \cdot m_a = m_{[110]}$

Dies führt zur Punktgruppe 4mm, vgl. Stereogramm.

Aufgabe 9.4C

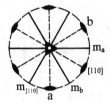

Kombination $2 + m$ unter $\sphericalangle 30°$

a) 2_a · m_b $=$ $\bar{3}_c^1$

$$\begin{pmatrix} 1 & \bar{1} & 0 \\ 0 & \bar{1} & 0 \\ 0 & 0 & \bar{1} \end{pmatrix} \cdot \begin{pmatrix} 1 & 0 & 0 \\ 1 & \bar{1} & 0 \\ 0 & 0 & 1 \end{pmatrix} = \begin{pmatrix} 0 & 1 & 0 \\ \bar{1} & 1 & 0 \\ 0 & 0 & \bar{1} \end{pmatrix}$$

b) $\bar{3}_c^2 (\equiv 3_c^2) \cdot 2_a = 2_b$
c) $\bar{3}_c^4 (\equiv 3_c^1) \cdot 2_a = 2_{[110]}$
d) $\bar{3}_c^3 (\equiv \bar{1}) \cdot 2_a = m_a$
e) $\bar{3}_c^3 (\equiv \bar{1}) \cdot 2_{[110]} = m_{[110]}$

Es ist $\bar{3}2/m$ entstanden, vgl. Stereogramm.

Aufgabe 9.4D

Kombination $2 + 2$ unter $\sphericalangle 90° + \bar{1}$

a) 2_a · 2_b $=$ 2_c

$$\begin{pmatrix} 1 & 0 & 0 \\ 0 & \bar{1} & 0 \\ 0 & 0 & \bar{1} \end{pmatrix} \cdot \begin{pmatrix} \bar{1} & 0 & 0 \\ 0 & 1 & 0 \\ 0 & 0 & \bar{1} \end{pmatrix} = \begin{pmatrix} \bar{1} & 0 & 0 \\ 0 & \bar{1} & 0 \\ 0 & 0 & 1 \end{pmatrix}$$

Dies wäre 222, vgl. Abb. 7.9f

b) $2_a \cdot \bar{1} = m_a$
$2_b \cdot \bar{1} = m_b$
$2_c \cdot \bar{1} = m_c$

Jetzt ist $2/m\ 2/m\ 2/m$ entstanden, vgl. Abb. 7.9e

Aufgabe 9.5E

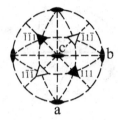

Kombination $2 + 3$ unter $\sphericalangle 54° \, 44'$

a) $\qquad 2_a \qquad\cdot\qquad 3^1_{[111]} \qquad = \qquad 3^1_{[\bar{1}1\bar{1}]}$

$$\begin{pmatrix} 1 & 0 & 0 \\ 0 & \bar{1} & 0 \\ 0 & 0 & \bar{1} \end{pmatrix} \cdot \begin{pmatrix} 0 & 0 & 1 \\ 1 & 0 & 0 \\ 0 & 1 & 0 \end{pmatrix} = \begin{pmatrix} 0 & 0 & 1 \\ \bar{1} & 0 & 0 \\ 0 & \bar{1} & 0 \end{pmatrix}$$

b) $3^1_{[111]} \cdot 3^1_{[\bar{1}1\bar{1}]} = 3^2_{[1\bar{1}\bar{1}]}$

c) $3^1_{[111]} \cdot 3^1_{[1\bar{1}\bar{1}]} = 3^2_{[\bar{1}\bar{1}1]}$

d) $3^1_{[111]} \cdot 3^2_{[\bar{1}\,\bar{1}1]} = 2_b$

e) $3^1_{[111]} \cdot 3^2_{[1\bar{1}\,\bar{1}]} = 2_c$

Diese Kombinationen führen zur Punktgruppe 23, vgl. Stereogramm.

Aufgabe 9.5H

Kombination $2 + 3$ unter $\sphericalangle 54° \, 44' + \bar{1}$ oder $23 + \bar{1}$

a) $\quad 2_a \cdot \bar{1} = m_a$

$\quad 2_b \cdot \bar{1} = m_b$

$\quad 2_c \cdot \bar{1} = m_c$

b) $\qquad 3^1_{[111]} \qquad\cdot\qquad \bar{1} \qquad = \qquad \bar{3}^1_{[111]}$

$$\begin{pmatrix} 0 & 0 & 1 \\ 1 & 0 & 0 \\ 0 & 1 & 0 \end{pmatrix} \cdot \begin{pmatrix} \bar{1} & 0 & 0 \\ 0 & \bar{1} & 0 \\ 0 & 0 & \bar{1} \end{pmatrix} = \begin{pmatrix} 0 & 0 & \bar{1} \\ \bar{1} & 0 & 0 \\ 0 & \bar{1} & 0 \end{pmatrix} \qquad \text{usw.}$$

Es ist $2/m\bar{3}$ entstanden, vgl. Abb. 7.13f.

11.4 Gruppentafeln

Will man sich einen Überblick über den Aufbau und die Eigenschaften einer endlichen Gruppe verschaffen, so kann man eine Gruppentafel anfertigen. Dazu werden alle Produkte von je 2 Gruppenelementen in ein quadratisches Schema eingetragen. Abb. 11.4

Abb. 11.4 Gruppentafeln der Punktgruppen der Ordnung 4, **a** 2/m, **b** 222, **c** mm2, **d** 4, **e** $\bar{4}$

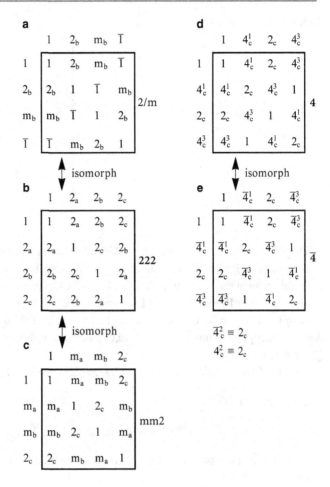

zeigt die Gruppentafeln für die 5 Punktgruppen der Ordnung 4. Jedes Element tritt in jeder Spalte und Zeile einer Gruppentafel genau einmal auf. Die Gruppentafeln in Abb. 11.4 sind symmetrisch in Bezug auf die Diagonale von links oben nach rechts unten, d. h. in diesen Gruppen kommt es bei der Multiplikation ihrer Elemente nicht auf die Reihenfolge an. Diese Gruppen sind also Abelsche Gruppen.

Abb. 11.5 zeigt die Gruppentafel von 3m. Diese ist nicht symmetrisch, und 3m ist entsprechend auch keine Abelsche Gruppe. Für die richtige Interpretation der Gruppentafel muss daher vereinbart werden, in welcher Reihenfolge die Symmetrieoperationen eines Produkts auf ein Objekt angewendet werden sollen. Im vorliegenden Fall soll zuerst immer die Symmetrieoperation ausgeführt werden, die in der obersten Zeile der Gruppentafel steht, und danach die Symmetrieoperation, die in der linken Spalte aufgeführt ist.

Abb. 11.5 Gruppentafel der
Punktgruppe 3m

	1	3^1_c	3^2_c	m_a	m_b	$m_{[110]}$
1	1	3^1_c	3^2_c	m_a	m_b	$m_{[110]}$
3^1_c	3^1_c	3^2_c	1	$m_{[110]}$	m_a	m_b
3^2_c	3^2_c	1	3^1_c	m_b	$m_{[110]}$	m_a
m_a	m_a	m_b	$m_{[110]}$	1	3^1_c	3^2_c
m_b	m_b	$m_{[110]}$	m_a	3^2_c	1	3^1_c
$m_{[110]}$	$m_{[110]}$	m_a	m_b	3^1_c	3^2_c	1

3m

Die Gruppentafeln von 2/m, 222 und mm2 (Abb. 11.4) sind analog aufgebaut: Würde
man darin die 4 Symmetrieoperationen jeweils durch a, b, c und d bezeichnen, dann wären
die 3 Tafeln nicht mehr zu unterscheiden. Endliche Gruppen, deren Gruppentafeln bei pas-
send festgelegter Reihenfolge der Elemente in diesem Sinn übereinstimmen, werden als
isomorphe Gruppen bezeichnet. Isomorphe Gruppen haben immer die gleiche Ordnung.
Auch die Gruppen 4 und $\overline{4}$ (Abb. 11.4d,e) sind isomorph zueinander, nicht aber zu 2/m,
222 und mm2.

Aus den Gruppentafeln in Abb. 11.4 lassen sich einige Beziehungen direkt ablesen:

- 2/m (Abb. 11.4a)

$$2 \cdot 2 = 1 , \quad m \cdot m = 1 , \quad \overline{1} \cdot \overline{1} = 1$$

2, m und $\overline{1}$ sind also zu sich selbst invers. Auch der Symmetriesatz I (Abschn. 7.2)
ergibt sich direkt:

$$2_b \cdot m_b = \overline{1} , \quad 2_b \cdot \overline{1} = m_b , \quad m_b \cdot \overline{1} = 2_b$$

- 222 (Abb. 11.4b)
  Es gilt:

$$2_a \cdot 2_b = 2_c , \quad 2_a \cdot 2_c = 2_b \quad \text{usw.}$$

- mm2 (Abb. 11.4c)
  Der Symmetriesatz II ist direkt ablesbar:

$$m_a \cdot m_b = 2_c , \quad m_a \cdot 2_c = m_b \quad \text{usw.}$$

- 3m (Abb. 11.5)

$$m_a \cdot m_b = 3^1_c$$

11.5 Gruppen – Untergruppen – Obergruppen

11.5.1 Gruppe-Untergruppe-Beziehungen

Im Zusammenhang mit Phasenübergängen, Zwillingsbildungen und zum Erkennen von Strukturverwandtschaften ist nicht nur die Raumgruppe interessant, in der eine Verbindung kristallisiert, sondern auch die Ober- und Untergruppen dieser Raumgruppe. Die Angaben hierzu sind ebenfalls in den *International Tables for Crystallography*, Vol. A [18] aufgeführt und sollen hier kurz an einfachen Beispielen erläutert werden. Die Untergruppen sind unterteilt in translationengleiche (I) und klassengleiche (II) Untergruppen. Außerdem wird zwischen isomorphen (IIc) und nicht-isomorphen Untergruppen (I, IIa und IIb) unterschieden. Eine isomorphe Untergruppe gehört entweder zum gleichen oder zum enantiomorphen Raumgruppentyp wie die Ausgangsraumgruppe. Der Raumgruppentyp der Ausgangsgruppe und einer nicht-isomorphen Untergruppe sind dagegen verschieden.

Beispiel: P4bm Nr. 100

Maximal non-isomorphic subgroups

I   [2] P411(P4, 75) $1; 2; 3; 4$

      [2] P21m(Cmm2, 35) $1; 2; 7; 8$

      [2] P2m1(Pmm2, 25) $1; 2; 5; 6$

IIa   none

IIb   [2] $P4_2mc(c' = 2c)$ (106); [2] P4cc($c' = 2c$) (104); [2] $P4_2nm(c' = 2c)$ (102)

Maximal isomorphic subgroups of lowest index

IIc   [2] P4bm($c' = 2c$) (100); [9] P4bm($a' = 3a, b' = 3b$) (100)

Minimal non-isomorphic supergroups

I   [2] P4/nbm (125); [2] P4/mbm (127)

II   [2] C4mm (P4mm, 99); [2] I4cm (108)

Es sind nur maximale Untergruppen gelistet, d. h. solche Untergruppen, die von der Ausgangsgruppe aus erreicht werden, ohne dass es eine Zwischengruppe gibt. In eckigen Klammern ist der Index der Untergruppe in der Gruppe angegeben. Er wird berechnet, indem man die Anzahl der gleichwertigen Punkte allgemeiner Lage pro Elementarzelle für die Gruppe durch die entsprechende Zahl für die Untergruppe teilt.

Das Hermann-Mauguin-Symbol der Untergruppe in der Liste bezieht sich auf das Koordinatensystem der Ausgangsgruppe, in Klammern sind die konventionelle Bezeichnung der Untergruppe sowie ihre Raumgruppennummer angegeben. Eine Raumgruppe besitzt nur endlich viele nicht-isomorphe maximale Untergruppen, welche vollständig tabelliert sind. Die Anzahl der maximalen isomorphen Untergruppen einer Raumgruppe ist dagegen immer unendlich.

11.5.1.1   Translationengleiche Untergruppen

Die maximalen translationengleichen Untergruppen findet man im Block I. Beim Übergang zur Untergruppe bleiben alle Translationen der Raumgruppe erhalten, d. h. die primitive Elementarzelle bleibt gleich groß, aber die Kristallklasse ändert sich. Der Bravais-Typ kann sich ebenfalls ändern. Für jede Untergruppe ist angeführt, welche der Symmetrieoperationen der Ausgangsraumgruppe erhalten bleiben.

Beispiel: Pmmm Nr. 47

I   [2] Pmm2 (25) $1; 2; 7; 8$
      [2] Pm2m (Pmm2, 25) $1; 3; 6; 8$
      [2] P2mm (Pmm2, 25) $1; 4; 6; 7$
      [2] P222 (16) $1; 2; 3; 4$
      [2] P112/m (P2/m, 10) $1; 2; 5; 6$
      [2] P12/m1 (P2/m, 10) $1; 3; 5; 7$
      [2] P2/m11 (P2/m, 10) $1; 4; 5; 8$

Symmetrieoperationen

$$(1)\ 1 \qquad (2)\ 2 \quad 0,0,z \quad (3)\ 2 \quad 0,y,0 \quad (4)\ 2 \quad x,0,0$$
$$(5)\ \bar{1} \quad 0,0,0 \quad (6)\ m \quad x,y,0 \quad (7)\ m \quad x,0,z \quad (8)\ m \quad 0,y,z$$

Eine Kristallstruktur mit der Raumgruppe Pmmm kann ebene Moleküle um den Ursprung in $z = 0$ mit der Lagesymmetrie mmm enthalten (Abb. 11.6).

Durch leichte Deformationen oder Drehungen der Moleküle erniedrigt sich die Symmetrie, d. h. ein Teil der Symmetrieoperationen von Pmmm geht verloren. Die neue Raumgruppe ist dann eine Untergruppe von Pmmm (Abb. 11.7).

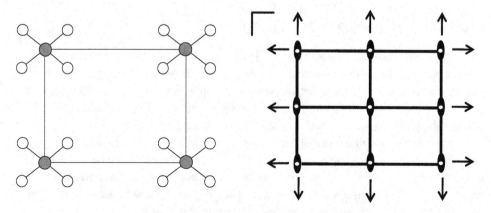

Abb. 11.6 Kristallstruktur mit der Symmetrie Pmmm mit ebenen Molekülen in $z = 0$

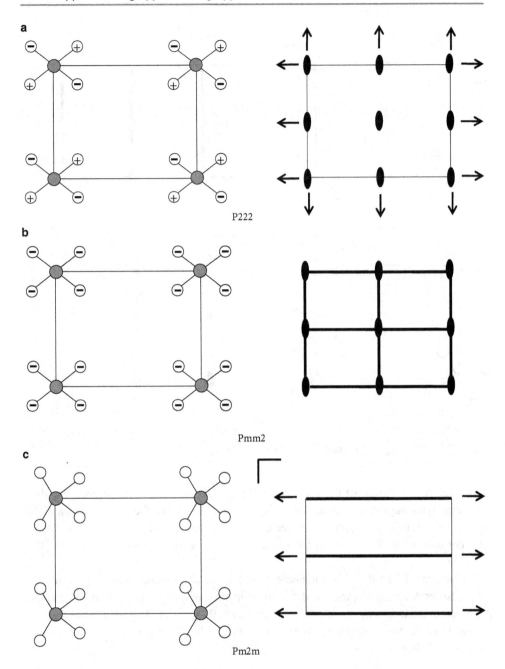

Abb. 11.7 Translationengleiche Untergruppen von Pmmm. **a** P222, **b** Pmm2, **c** Pm2m. + und −
geben Atompositionen mit z > 0 bzw. z < 0 an

d

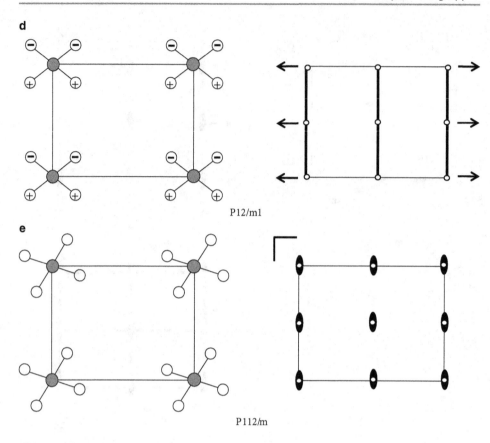

P12/m1

e

P112/m

Abb. 11.7 (Fortsetzung) **d** P12/m1, **e** P112/m

In allen diesen Fällen ist die Elementarzelle der Untergruppe exakt so groß wie die der Ausgangsraumgruppe Pmmm. Im Falle eines realen Phasenübergangs werden sich die absoluten Längen der Gitterparameter des Kristalls jedoch geringfügig ändern. Auch wird der monokline Winkel beim Übergang in eine monokline Struktur etwas von 90° abweichen.

Betrachten wir nun die Lagesymmetrie der Atome und die Punktlagen, welche sie besetzen. In der Ausgangsstruktur mit der Raumgruppe Pmmm (Abb. 11.6) befindet sich das Zentralatom im Ursprung; es hat die Koordinaten $0, 0, 0$ und die Lagesymmetrie mmm. Alle anderen Atome sind symmetrisch äquivalent und liegen in der Spiegelebene senkrecht zur c-Achse in $z = 0$:

Pmmm: 1 a   mmm $0, 0, 0$
        4 y   ..m $x, y, 0$

Bei einer Auslenkung der weiß dargestellten Atome in z-Richtung entsprechend Abb. 11.7a gehen alle Spiegelebenen verloren und die Symmetrie reduziert sich zu P222.

P222:   1 a   222 $0, 0, 0$
         4 u   1 x, y, z

Deformationen des Moleküls entsprechend Abb. 11.7b oder c führen jeweils zum Raumgruppentyp Pmm2. In beiden Fällen gehen aber unterschiedliche Spiegelebenen und zweizählige Achsen von Pmmm verloren. Im ersten Fall resultiert die Standardaufstellung Pmm2. Da bei dieser Raumgruppe der Nullpunkt in z-Richtung nicht durch Symmetrie ausgezeichnet ist, besetzt das Zentralatom die Punktlage 0,0,z und der z-Parameter dieser Atome kann auf $z = 0$ festgelegt werden.

Pmm2:   1 a   mm2 $0,0,z$ mit $z = 0$
         4 i   1 x, y, z

Im zweiten Fall bleiben die zweizähligen Achsen parallel zur b-Achse erhalten; das Hermann-Mauguin-Symbol lautet hier dementsprechend Pm2m. Die weiß dargestellten Atome liegen weiterhin in der Spiegelebene senkrecht zu **c** bei $z = 0$. Sie sind aber nicht mehr alle symmetrisch äquivalent:

Pm2m: 1 a   m2m $0,y,0$ mit $y = 0$
         2 g   ..m $x_1, y_1, 0$
         2 g   ..m $x_2, y_2, 0$

Pm2m entspricht einer Nicht-Standardbeschreibung der Raumgruppe Pmm2. Will man diese Struktur in der Standardaufstellung beschreiben, müssen die Achsen transformiert werden. Mit $\vec{a}' = \vec{c}, \vec{b}' = \vec{a}, \vec{c}' = \vec{b}$ erhält man dann

Pmm2:   1 a   mm2 $0, 0, z$
         2 g   m.. $0, y_1, z_1$
         2 g   m.. $0, y_2, z_2$

Drehungen des Moleküls um die ursprüngliche b- (Abb. 11.7d) bzw. c-Achse (Abb. 11.7e) führen zu monoklinen Strukturen:

P12/m1:   1 a   2/m $0, 0, 0$
          4 o   1 x, y, z

P112/m: 1 a   2/m $0, 0, 0$
          2 m   m $x_1, y_1, 0$
          2 m   m $x_2, y_2, 0$

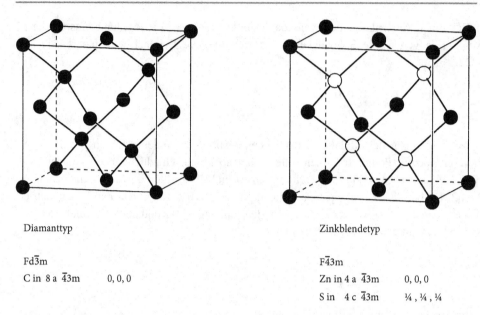

Diamanttyp   Zinkblendetyp

Fd$\bar{3}$m   F$\bar{4}$3m

C in 8 a $\bar{4}$3m   0, 0, 0   Zn in 4 a $\bar{4}$3m   0, 0, 0

                                                                 S in 4 c $\bar{4}$3m   ¼ , ¼ , ¼

Abb. 11.8 Die Kristallstrukturen von Diamant und Zinkblende

Die oben betrachteten Beispiele zeigen, dass beim Übergang zu einer Untergruppe für die Punktlagen zwei unterschiedliche Fälle auftreten. Entweder nimmt die Lagesymmetrie der Atome ab und die Zähligkeit der Punktlage bleibt gleich – dies betrifft das Atom im Ursprung sowie die anderen Atome in den Untergruppen P222, Pmm2 und P12/m1 – oder die Lagesymmetrie bleibt erhalten und die Punktlage spaltet auf, wie es bei den weiß dargestellten Atomen in Pm2m und P112/m der Fall ist. Durch die Reduzierung der Lagesymmetrie ist es möglich, dass Punktlagen Freiheitsgrade bekommen, die in der Obergruppe nicht vorhanden sind. Dies betrifft die Position 1a in Pmm2 und Pm2m und die Positionen der anderen Atome in P222, Pmm2 und P12/m1. Ganz allgemein kann beim Übergang von einer Gruppe zu einer Untergruppe aber auch sowohl die Lagesymmetrie abnehmen als auch die Punktlage zerfallen.

Auch durch das Ersetzen von einer Atomsorte durch mindestens zwei kann man zu einer translationengleichen Untergruppe gelangen. Ein Beispiel hierfür sind Diamant- und Zinkblendestruktur (Abb. 11.8).

F$\bar{4}$3m ist eine translationengleiche Untergruppe von Fd$\bar{3}$m vom Index 2. Die Lagesymmetrie bleibt in diesem Fall erhalten, die Punktlage spaltet auf.

11.5.1.2   Klassengleiche Untergruppen

Bei einem Übergang zu einer klassengleichen Untergruppe (Typ II) ändert sich die Kristallklasse nicht, sondern es gehen Translationen verloren. Die klassengleichen Untergruppen werden weiter unterteilt in drei Blöcke (IIa, IIb und IIc).

Block IIa

Untergruppen im Block IIa gibt es nur für zentrierte Raumgruppen. Die zentrierenden Translationen sind in der Untergruppe nicht mehr oder nur noch zum Teil vorhanden. Die Größe der Elementarzelle bezogen auf das ursprüngliche Koordinatensystem ändert sich jedoch nicht.

Beispiel: I$\bar{4}$2m, Nr. 121

IIa [2] P$\bar{4}2_1$c (114) $1; 2; 3; 4; (5; 6; 7; 8) + \left(\frac{1}{2}, \frac{1}{2}, \frac{1}{2}\right)$

[2] P$\bar{4}2_1$m (113) $1; 2; 7; 8; (3; 4; 5; 6) + \left(\frac{1}{2}, \frac{1}{2}, \frac{1}{2}\right)$

[2] P$\bar{4}$2c (112) $1; 2; 5; 6; (3; 4; 7; 8) + \left(\frac{1}{2}, \frac{1}{2}, \frac{1}{2}\right)$

[2] P$\bar{4}$2m (111) $1; 2; 3; 4; 5; 6; 7; 8$

Symmetrieoperationen

$(0, 0, 0)+$

(1) 1	(2) 2 0, 0, z	(3) $\bar{4}^+$ 0, 0, z; 0, 0, 0	(4) $\bar{4}^-$ 0, 0, z; 0, 0, 0
(5) 2 0, y, 0	(6) 2 x, 0, 0	(7) m x, $\bar{x}$, z	(8) m x, x, z

$\left(\frac{1}{2}, \frac{1}{2}, \frac{1}{2}\right)+$

(1) 1	(2) $2\left(0, 0, \frac{1}{2}\right)$ $\frac{1}{4}, \frac{1}{4}, z$	(3) $\bar{4}^+\frac{1}{2}, 0, z;$ $\frac{1}{2}, 0, \frac{1}{4}$
(4) $\bar{4}^-0, \frac{1}{2}, z;$ $0, \frac{1}{2}, \frac{1}{4}$	(5) $2\left(0, \frac{1}{2}, 0\right)$ $\frac{1}{4}, y, \frac{1}{4}$	(6) $2\left(\frac{1}{2}, 0, 0\right)$ $x, \frac{1}{4}, \frac{1}{4}$
(7) c $x + \frac{1}{2}, \bar{x}, z$	(8) $n\left(\frac{1}{2}, \frac{1}{2}, \frac{1}{2}\right)$ x, x, z	

Es sind wieder alle maximalen Untergruppen und die Symmetrieoperationen, die in der jeweiligen Untergruppe erhalten bleiben, aufgeführt. Die Zahlen in Klammern beziehen sich dabei auf den 2. Satz von Symmetrieoperationen $\left(\left(\frac{1}{2}, \frac{1}{2}, \frac{1}{2}\right) +\right)$ der zentrierten Ausgangsgruppe.

Ein ganz einfaches Beispiel für eine solche Gruppe-Untergruppe-Beziehung ist die Beziehung zwischen dem Wolfram-Typ, der einem kubisch innenzentrierten Gitter entspricht, und dem CsCl-Typ (Abb. 11.9). Auch hier bleibt die Lagesymmetrie erhalten, aber die Punktlage spaltet auf.

Block IIb

Bei den Untergruppen, die im Block IIb gelistet sind, fallen ebenfalls Translationen weg, aber hier ist die konventionelle Elementarzelle im Vergleich zur Ausgangsraumgruppe vergrößert. Die vervielfachten Gittervektoren sind nach dem Hermann-Mauguin-Symbol der Untergruppe in Klammern angegeben.

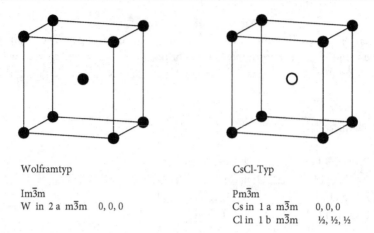

Wolframtyp

Im$\bar{3}$m
W in 2 a m$\bar{3}$m   0, 0, 0

CsCl-Typ

Pm$\bar{3}$m
Cs in 1 a m$\bar{3}$m   0, 0, 0
Cl in 1 b m$\bar{3}$m   ½, ½, ½

Abb. 11.9 Die Kristallstrukturen von Wolfram und CsCl

Beispiel: Pmm2, Nr. 25

IIb [2] Pma2 ($\vec{a}' = 2\vec{a}$) (28); [2] Pbm2 ($\vec{b}' = 2\vec{b}$) (Pma2, 28); [2] Pcc2 ($\vec{c}' = 2\vec{c}$) (27); [2] Pmc2$_1$ ($\vec{c}' = 2\vec{c}$) (26); [2] Pcm2$_1$ ($\vec{c}' = 2\vec{c}$) (Pmc2$_1$, 26); [2] Aem2 ($\vec{b}' = 2\vec{b}$, $\vec{c}' = 2\vec{c}$) (39); [2] Amm2 ($\vec{b}' = 2\vec{b}$, $\vec{c}' = 2\vec{c}$) (38); [2] Bme2 ($\vec{a}' = 2\vec{a}$, $\vec{c}' = 2\vec{c}$)(Aem2, 39); [2] Bmm2 ($\vec{a}' = 2\vec{a}$, $\vec{c}' = 2\vec{c}$) (Amm2, 38); [2] Cmm2 ($\vec{a}' = 2\vec{a}$, $\vec{b}' = 2\vec{b}$) (35); [2] Fmm2 ($\vec{a}' = 2\vec{a}$, $\vec{b}' = 2\vec{b}$, $\vec{c}' = 2\vec{c}$) (42)

Symmetrieoperationen

(1) 1   (2) 2   0, 0, z   (3) m   x, 0, z   (4) m   0, y, z

Für den Block IIb sind keine Angaben dazu gemacht, welche Symmetrieoperationen in der Untergruppe erhalten bleiben. Ein Eintrag kann für mehrere gleichartige Untergruppen stehen, die dasselbe Raumgruppensymbol haben und für die die metrischen Bedingungen bezogen auf die Ausgangsraumgruppe die gleichen sind.

Als Beispiel sei hier Pmm2 mit seinen Untergruppen vom Typ Pma2 ($\vec{a}' = 2\vec{a}$) gezeigt:

Ein Molekül im Ursprung der Elementarzelle mit den Gittervektoren $\vec{a}$, $\vec{b}$, $\vec{c}$ besitze die Lagesymmetrie mm2 (Abb. 11.10).

Zwei der Liganden sollen nun so durch andere Atome ersetzt werden, dass die Untergruppe Pma2 entsteht. Das kann auf unterschiedliche Weise geschehen (vgl. Abb. 11.11 und 11.12):

In Abb. 11.11 ist der a-Gitterparameter im Vergleich zu Pmm2 verdoppelt. Aus den Spiegelebenen senkrecht zu $\vec{b}$ sind a-Gleitspiegelebenen geworden. Die zweizähligen Drehachsen in 0, 0, z und 0, $\frac{1}{2}$, z sind verloren gegangen, ebenso die Spiegelebene in $\frac{1}{2}$, y, z (beides bezogen auf die Elementarzelle von Pmm2). Die Moleküle haben die Lagesymmetrie m.. Da aber in der Standardbeschreibung von Pma2 der Ursprung der Elementarzelle in einer zweizähligen Drehachse und nicht in einer Spiegelebene liegt, muss

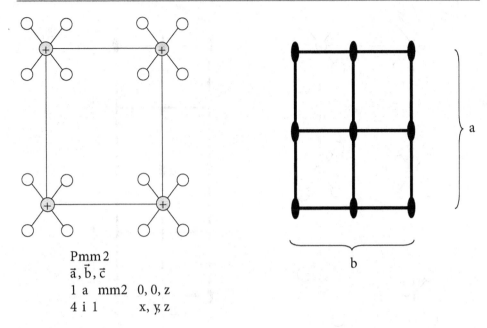

Pmm2
$\vec{a}, \vec{b}, \vec{c}$
1 a mm2   0, 0, z
4 i 1   x, y, z

Abb. 11.10 Kristallstruktur mit der Symmetrie Pmm2 mit pyramidalen Molekülen um den Ursprung. + gibt Atompositionen mit z > 0 an

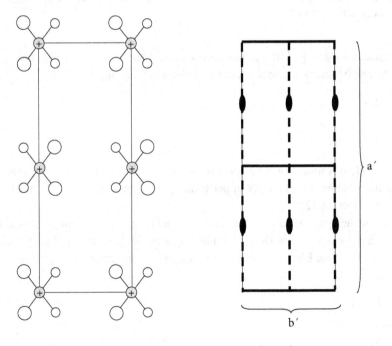

Abb. 11.11 Klassengleiche Untergruppe Pma2 mit $\vec{a}' = 2\vec{a}$, $\vec{b}' = \vec{b}$, $\vec{c}' = \vec{c}$ von Pmm2. + gibt Atompositionen mit z > 0 an

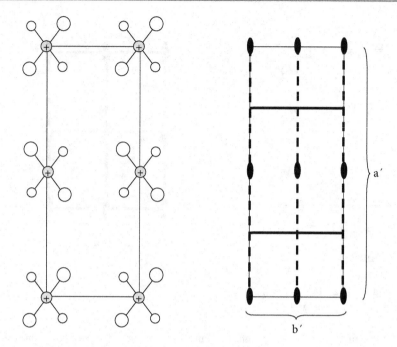

Abb. 11.12 Klassengleiche Untergruppe Pma2 mit $\vec{a}' = 2\vec{a}$, $\vec{b}' = \vec{b}$, $\vec{c}' = \vec{c}$ von Pmm2 + gibt Atompositionen mit z > 0 an

der Nullpunkt noch um $\left(-\frac{1}{4}, 0, 0\right)$ verschoben werden (bezogen auf die Elementarzelle von Pma2). Die Atome besetzen also die folgenden Punktlagen:

2 c m.. $\frac{1}{4}, y, z$
4 d 1 x_1, y_1, z_1
4 d 1 x_2, y_2, z_2

Durch eine andere Anordnung der zwei Atomsorten für die Liganden kann man eine andere Struktur erhalten, die ebenfalls in der Raumgruppe Pma2 mit $\vec{a}' = 2\vec{a}$ beschrieben werden kann (Abb. 11.12).

Wieder sind die Spiegelebenen senkrecht zu $\vec{b}$ zu a-Gleitspiegelebenen geworden. Diesmal sind aber die zweizähligen Drehachsen in $\frac{1}{2}, 0, z$ und $\frac{1}{2}, \frac{1}{2}, z$ und die Spiegelebenen in $0, y, z$ (bezogen auf die Elementarzelle von Pmm2) verloren gegangen. Die Atome besetzen hier die folgenden Punktlagen:

2 a   ..2 $0, 0, z$
4 d   1 x_1, y_1, z_1
4 d   1 x_2, y_2, z_2

Die Lagesymmetrie des Moleküls (..2) ist also eine andere als im ersten Fall (m..).

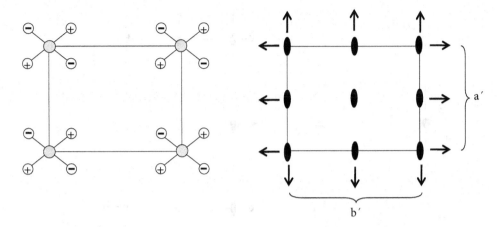

Abb. 11.13 Kristallstruktur mit der Symmetrie P222 mit verzerrt tetraedrischen Molekülen um den Ursprung. + und − geben Atompositionen mit z > 0 bzw. z < 0 an

Maximale isomorphe Untergruppen vom kleinsten Index
Der Block IIc nennt isomorphe klassengleiche Untergruppen. Das sind Untergruppen, die dem gleichen Raumgruppentyp wie die Ausgangsgruppe angehören oder enantiomorph dazu sind. Die Anzahl solcher Untergruppen ist unendlich, daher sind nur die maximalen Untergruppen vom kleinsten Index angegeben.

Beispiel: P222, Nr. 16

IIc [2] P222 ($\vec{a}' = 2\vec{a}$ or $\vec{b}' = 2\vec{b}$ or $\vec{c}' = 2\vec{c}$) (16)

Isomorphe Untergruppen vom Index 2 können eine in $\vec{a}$- oder $\vec{b}$- oder $\vec{c}$-Richtung verdoppelte Elementarzelle haben. Wie im Falle der Untergruppen in Block IIb kann ein Eintrag wieder mehrere Untergruppen symbolisieren.

Eine Verbindung kristallisiere mit der Symmetrie P222 (Abb. 11.13). Die Atome besetzen die Punktlagen

1 a	222	$0, 0, 0$
4 u	1	x, y, z

Die Hälfte der Zentralatome soll durch Atome einer anderen Sorte ersetzt werden (Abb. 11.14).

Aus der Ausgangsraumgruppe P222 sind die zweizähligen Drehachsen in $\frac{1}{2}, 0, z$; $\frac{1}{2}, \frac{1}{2}, z$; $\frac{1}{2}, y, 0$ und $\frac{1}{2}, y, \frac{1}{2}$ verloren gegangen. Die Atome besetzen die Punktlagen:

1 a	222	$0, 0, 0$
1 b	222	$\frac{1}{2}, 0, 0$

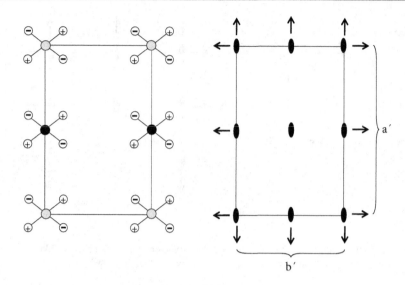

Abb. 11.14 Isomorphe Untergruppe P222 mit $\vec{a}' = 2\vec{a}$, $\vec{b}' = \vec{b}$, $\vec{c}' = \vec{c}$ von P222. + und − geben Atompositionen mit z > 0 bzw. z < 0 an

4 u   1 x_1, y_1, z_1
4 u   1 x_2, y_2, z_2

Tauscht man dagegen die Hälfte der Ligandenatome entsprechend Abb. 11.15 aus, gehen die zweizähligen Drehachsen in $0, 0, z$; $0, \frac{1}{2}, z$; $0, y, 0$ und $0, y, \frac{1}{2}$ aus der Ausgangsraumgruppe P222 verloren. Da der Ursprung in der Standardaufstellung im Schnittpunkt der zweizähligen Achsen liegt, muss der Nullpunkt um $\left(-\frac{1}{4}, 0, 0\right)$ verschoben werden, und die Atome besetzen nun die folgenden Positionen:

2 i   2.. $x, 0, 0$
4 u   1 x_1, y_1, z_1
4 u   1 x_2, y_2, z_2

Der x-Parameter des Zentralatoms beträgt in diesem Fall also $x = \frac{1}{4}$.

11.5.2 Gruppe-Obergruppe-Beziehungen

In den *International Tables for Crystallography*, Vol. A [18] sind die Informationen zu den Obergruppen einer Raumgruppe nicht so ausführlich wie die Angaben zu den Untergruppen. Es wird nur zwischen translationengleichen (I) und klassengleichen (II) Obergruppen unterschieden, wobei isomorphe Obergruppen nicht berücksichtigt werden. Nur die minimalen Obergruppen sind aufgelistet, d. h. diejenigen Obergruppen, die von der

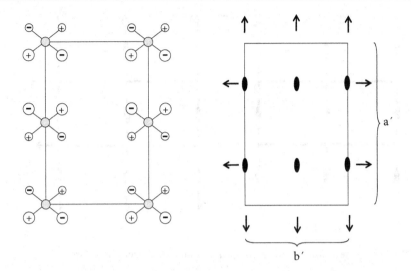

Abb. 11.15 Isomorphe Untergruppe P222 mit a' = 2a, b' = b, c' = c von P222. + und − geben Atompositionen mit z > 0 bzw. z < 0 an

Ausgangsgruppe aus erreicht werden, ohne dass es eine Zwischengruppe gibt. In eckigen Klammern ist der Index der Gruppe in der Obergruppe angegeben.

11.5.2.1 Translationengleiche Obergruppen

Stimmen eine Raumgruppe und eine ihrer Obergruppen in ihren primitiven Elementarzellen (d. h. in allen ihren Translationen) überein, dann handelt es sich um eine translationengleiche Obergruppe. Die Kristallklasse der Obergruppe ist dann eine Obergruppe der Kristallklasse der Gruppe. Anders als bei den Untergruppen wird hier aber nur das konventionelle Hermann-Mauguin-Symbol der Obergruppe genannt. Um die Obergruppe in ihrer korrekten Orientierung in Bezug auf die Basisvektoren der Ausgangsgruppe zu erhalten, muss daher in manchen Fällen noch eine Achsentransformation durchgeführt werden. Ein Eintrag kann mehrere Obergruppen symbolisieren, wenn diese dasselbe Raumgruppensymbol haben.

Beispiel: Pma2, Nr. 28

Minimale nicht isomorphe Obergruppen:

I   [2] Pccm (49); [2] Pmma (51); [2] Pmna (53); [2] Pbcm (57)

Sucht man für die aufgeführten Gruppen jeweils nach der Untergruppe Pma2, so findet man

für Pccm: Pc2m (Pma2) und P2cm (Pma2)
für Pmma: Pm2a (Pma2)

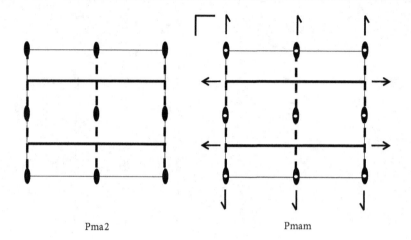

Pma2   Pmam

Abb. 11.16 Symmetriegerüste der Raumgruppe Pma2 und ihrer Obergruppe Pmam

für Pmna: Pm2a (Pma2)
für Pbcm: P2cm (Pma2)

Bezogen auf das Koordinatensystem von Pma2 tritt also keine der Obergruppen in ihrer Standardbeschreibung auf. In allen Fällen ist eine Achsentransformation notwendig. Die Raumgruppe Nr. 51 heißt z. B. Pmma in ihrer konventionellen Aufstellung, als Obergruppe von Pma2 und bezogen auf deren Basissystem ist ihr Herrmann-Mauguin-Symbol aber Pmam (Abb. 11.16).

11.5.2.2 Klassengleiche Obergruppen

Eine klassengleiche Obergruppe gehört zur gleichen Kristallklasse wie die Ausgangs-raumgruppe. Ihre primitive Elementarzelle ist immer kleiner als die der Ausgangsgruppe. Es treten zuzätzliche Translationen auf. Die konventionellen Elementarzellen beider Grup-pen können gleich groß sein, falls die Obergruppe zentriert ist.

Beispiel: P$\bar{4}$c2, Nr. 116

Minimale nicht isomorphe Obergruppen:

II   [2] C$\bar{4}$c2 (P$\bar{4}$2c, 112); [2] I$\bar{4}$c2 (120); [2] P$\bar{4}$m2($\vec{c}' = 1/2\vec{c}$) (115)

Um diese Beziehungen zu verstehen, geht man am besten von der jeweiligen Ober-gruppe aus.

P$\bar{4}$c2 ist eine klassengleiche Untergruppe der Gruppe C$\bar{4}$c2, wobei die C-Zentrierung verloren geht. C$\bar{4}$c2 ist jedoch das Symbol für eine nicht konventionelle Aufstellung der Raumgruppe P$\bar{4}$2c. Sind $\vec{a}'$, $\vec{b}'$, $\vec{c}'$ die Basisvektoren von P$\bar{4}$2c, so sind die Basisvektoren

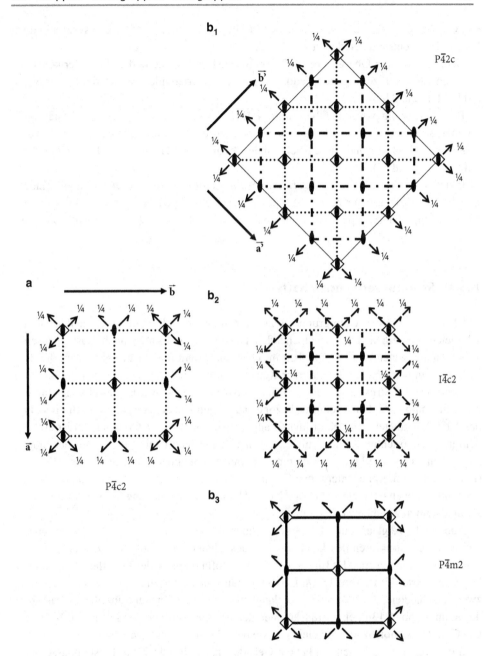

Abb. 11.17 Symmetriegerüste **a** der Raumgruppe P$\overline{4}$c2 und ihrer Obergruppen **b₁** P$\overline{4}$2c (es sind vier Elementarzellen dargestellt) **b₂** I$\overline{4}$c2 und **b₃** P$\overline{4}$m2

von C$\bar{4}$c2 $\vec{a} = \vec{a}' - \vec{b}'$, $\vec{b} = \vec{a}' + \vec{b}'$, $\vec{c} = \vec{c}'$ (Abb. 11.17a und b$_1$). Die Basisvektoren der Gruppe P$\bar{4}$c2 entsprechen denen von C$\bar{4}$c2.

Geht man von der Obergruppe I$\bar{4}$c2 zur Gruppe P$\bar{4}$c2, so bleibt die Größe der konventionellen Elementarzelle gleich, jedoch gehen die zentrierenden Translationen verloren (Abb. 11.17a und b$_2$).

Beim Übergang von der Obergruppe P$\bar{4}$m2 zur Gruppe P$\bar{4}$c2 verdoppelt sich der c-Gitterparameter. Aus den Spiegelebenen werden c-Gleitspiegelebenen und die zweizähligen Drehachsen und die 2$_1$-Schraubenachsen in der Höhe z = 0 verschwinden (Abb. 11.17a und b$_3$).

In der neuesten Ausgabe der *International Tables for Crystallography* Vol. A [2] findet man keine Angaben mehr zu Untergruppen und Obergruppen. Ausführliche Informationen zu Gruppe-Untergruppe-Beziehungen gibt es im Vol. A1 der *International Tables for Crystallography* [54].

11.5.3   Strukturverwandtschaften

Mit Hilfe von Gruppe-Untergruppe-Beziehungen lassen sich Strukturverwandtschaften sehr leicht aufzeigen. Die entsprechenden Darstellungen werden auch Bärnighausen-Stammbäume genannt [4]. Ganz oben im Diagramm steht die Ausgangsstruktur, die die höchste Symmetrie aufweist, darunter Ketten von maximalen Untergruppen bis hin zur Raumgruppe der Struktur mit der niedrigsten Symmetrie. Es werden jeweils die Raumgruppensymbole, die Gittervektoren bezogen auf diejenigen der Ausgangsstruktur und die besetzten Punktlagen samt Koordinaten angegeben. Im Beispiel (Abb. 11.18) ist außerdem noch die orientierte Lagesymmetrie genannt. Für jede Untergruppe wird der Index angegeben und vermerkt, ob es sich um eine translationengleiche (t), eine klassengleiche (k) oder eine isomorphe Untergruppe (i) handelt. Bei Verwendung der Standardaufstellung der Raumgruppen kann zusätzlich noch eine Ursprungsverschiebung notwendig sein, die ebenfalls mit angegeben werden muss.

Abb. 11.18 zeigt anhand von Gruppe-Untergruppe-Beziehungen die Verwandschaft zwischen den Strukturen des Diamants und des Chalkopyrits CuFeS$_2$: Diamant kristallisiert in der Raumgruppe Fd$\bar{3}$m mit den Kohlenstoffatomen in der Punktlage 8 a mit der Lagesymmetrie $\bar{4}$3m (Abb. 11.18a). Ersetzt man nun formal die eine Atomsorte durch zwei verschiedene, z. B. Zn und S, gelangt man zur Struktur der Zinkblende ZnS mit der Raumgruppe F$\bar{4}$3m, einer translationengleichen Untergruppe von Fd$\bar{3}$m mit Index 2. Die Gittertranslationen sind die gleichen wie beim Diamant, und auch die Lagesymmetrie $\bar{4}$3m der Atome ist erhalten geblieben. Geändert hat sich jedoch die Kristallklasse und es sind jetzt natürlich zwei Punktlagen besetzt (Abb. 11.18b). Zur Beschreibung der Verwandtschaft zwischen Diamant und Chalkopyrit sind zwei weitere Zwischenschritte im Untergruppendiagramm notwendig. I$\bar{4}$m2 ist eine translationengleiche Untergruppe von F$\bar{4}$3m mit Index 3 (Abb. 11.18c). Die Kristallklasse erniedrigt sich von $\bar{4}$3m zu $\bar{4}$m2 und

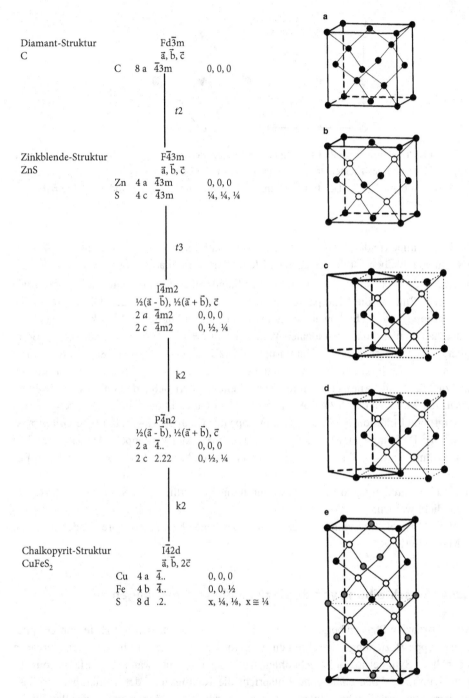

Diamant-Struktur Fd$\bar{3}$m
C $\vec{a}, \vec{b}, \vec{c}$
  C 8 a $\bar{4}$3m 0, 0, 0

      $t2$

Zinkblende-Struktur F$\bar{4}$3m
ZnS $\vec{a}, \vec{b}, \vec{c}$
  Zn 4 a $\bar{4}$3m 0, 0, 0
  S 4 c $\bar{4}$3m ¼, ¼, ¼

      $t3$

    I$\bar{4}$m2
   ½($\vec{a} - \vec{b}$), ½($\vec{a} + \vec{b}$), $\vec{c}$
   2 a $\bar{4}$m2 0, 0, 0
   2 c $\bar{4}$m2 0, ½, ¼

      $k2$

    P$\bar{4}$n2
   ½($\vec{a} - \vec{b}$), ½($\vec{a} + \vec{b}$), $\vec{c}$
   2 a $\bar{4}$.. 0, 0, 0
   2 c 2.22 0, ½, ¼

      $k2$

Chalkopyrit-Struktur I$\bar{4}$2d
CuFeS$_2$ $\vec{a}, \vec{b}, 2\vec{c}$
  Cu 4 a $\bar{4}$.. 0, 0, 0
  Fe 4 b $\bar{4}$.. 0, 0, ½
  S 8 d .2. x, ¼, ⅛, x ≅ ¼

Abb. 11.18 Gruppe-Untergruppe-Beziehungen zeigen die Verwandtschaft zwischen den Strukturen von Diamant und Chalkopyrit CuFeS$_2$. **a** Diamant-Struktur, **b** Zinkblende-Struktur, **c** RG I$\bar{4}$m2, **d** RG P$\bar{4}$n2, **e** Chalkopyrit-Struktur

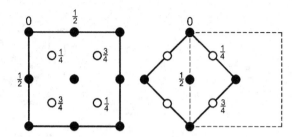

Abb. 11.19 Projektionen parallel zu $\vec{c}$ einer Elementarzelle der Zinkblende-Struktur in der Raumgruppe $F\bar{4}3m$ und der Elementarzelle in den Untergruppe $I\bar{4}m2$ und $P\bar{4}22$ mit $\vec{a}_t = \frac{1}{2}(\vec{a}_c - \vec{b}_c)$, $\vec{b}_t = \frac{1}{2}(\vec{a}_c + \vec{b}_c)$, $\vec{c}_t = \vec{c}_c$. Der Index c kennzeichnet die kubischen, der Index t die tetragonalen Gittervektoren

die Lagesymmetrie der Atome verringert sich ebenfalls zu $\bar{4}m2$. Obwohl alle Translationen erhalten bleiben, ist die tetragonale Elementarzelle mit $\vec{a}_t = \frac{1}{2}(\vec{a}_c - \vec{b}_c)$, $\vec{b}_t = \frac{1}{2}(\vec{a}_c + \vec{b}_c)$, $\vec{c}_t = \vec{c}_c$ (Abb. 11.19) von $I\bar{4}m2$ in der Standardbeschreibung nur halb so groß wie die von $F\bar{4}3m$. Für die Gitterparameter gilt: $c_t = c_c$ und $a_t = \frac{1}{2}\sqrt{2}a_c$. Diese tetragonale Untergruppe ermöglicht Abweichungen von der idealen kubischen Metrik, d. h. das Achsenverhältnis muss nicht den idealen Wert von $c_t/a_t = 1/(\frac{1}{2}\sqrt{2}) = \sqrt{2}$ aufweisen. Beim Übergang zur klassengleichen Untergruppe $P\bar{4}n2$ von $I\bar{4}m2$ (Abb. 11.18d) nimmt die Lagesymmetrie für die betrachteten Punktlagen weiter ab, nämlich zu $\bar{4}..$ für die Kationen und zu 2.22 für die Anionen, an ihren Zähligkeiten ändert sich jedoch nichts. Der weitere Ersatz der Kationen durch zwei Atomsorten – hier Cu und Fe – führt zur klassengleichen Untergruppe $I\bar{4}2d$ von $P\bar{4}n2$, der Raumgruppe der Chalkopyrit-Strukur. Die Gittertranslation in $\vec{c}$-Richtung ist im Vergleich zur Diamant-Struktur verdoppelt (Abb. 11.18e). Die Lagesymmetrie $\bar{4}..$ bleibt für alle Kationen erhalten, aber ihre Punktlage spaltet auf. Für die Schwefelatome reduziert sich die Lagesymmetrie zu $.2.$, d. h. die Schwefelatome besitzen einen Freiheitsgrad $\left(x, \frac{1}{4}, \frac{1}{8}\right)$, wodurch unterschiedliche Cu-S- und Fe-S-Abstände ermöglicht werden.

Viele Beispiele für Symmetriebeziehungen zwischen Kristallstrukturen findet man z. B. in Müller [34].

11.5.4 Beschreibung von displaziven Phasenübergängen

Auch displazive Phasenübergänge (Abschn. 12.7.2.1) lassen sich mit Hilfe von Gruppe-Untergruppe-Beziehungen beschreiben. Die Hochtemperaturphase besitzt normalerweise die höhere Symmetrie. Beim Abkühlen tritt eine Phasenumwandlung auf, die mit einem Symmetrieabbau einhergeht. Entspricht die Raumgruppe der Tieftemperaturphase einer translationengleichen Untergruppe vom Index 2, so können sich Kristallzwillinge (Abschn. 14.3) bilden, ein Index von 3 führt zu Drillingen und ein Index von 4 zu Viera   b

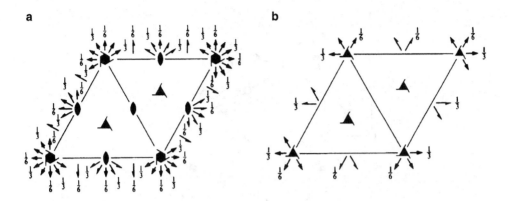

Abb. 11.20 Symmetriegerüste der Raumgruppen **a** $P6_222$ und **b** $P3_221$ (mit freundlicher Genehmigung der IUCr)

lingen. Die „verloren gegangenen" Symmetrieoperationen überführen die einzelnen Zwillingsindividuen ineinander.

Als Beispiel für eine Zwillingsbildung sei der translationengleiche Phasenübergang vom Index 2 von Hochquarz (β-Quarz, Abb. 11.21a) zu Tiefquarz (α-Quarz, Abb. 11.21b, c) bei 573 °C genannt. Hochquarz kristallisiert in der Raumgruppe $P6_222$ (Abb. 11.20a), Tiefquarz in $P3_221$ (Abb. 11.20b). Beim Phasenübergang drehen sich die SiO_4-Tetraeder um die zweizähligen Drehachsen in den $\langle 100 \rangle$-Richtungen. Bei Raumtemperatur beträgt der Drehwinkel ca. 16°. Da es zwei mögliche Drehrichtungen gibt, entstehen Zwillinge (Abb. 11.21b). Die 6_2-Achse wird dabei zu einer 3_2-Achse reduziert, d. h. die Drehung um 180° entfällt, und die zweizähligen Drehachsen parallel zu $\vec{c}$ gehen verloren. Die Zwillingsindividuen können durch eine 180°-Drehung um [001] ineinander überführt werden. Solche Zwillinge nennt man Dauphiné-Zwillinge. Die zweizählige Drehachse in Richtung [001] ist das **Zwillingselement**. Man beachte, dass in der Standardbeschreibung der International Tables der Koordinatenursprung von $P3_221$ gegenüber dem von $P6_222$ um $\left(0, 0, -\frac{1}{3}\right)$ verschoben ist (Abb. 11.20, 11.22). Um den Zusammenhang zur Hochquarzstruktur zu zeigen, ist die Tiefquarzstruktur (Abb. 11.21) gegenüber ihrer Standardbeschreibung um $\left(0, 0, \frac{1}{3}\right)$ verschoben dargestellt.

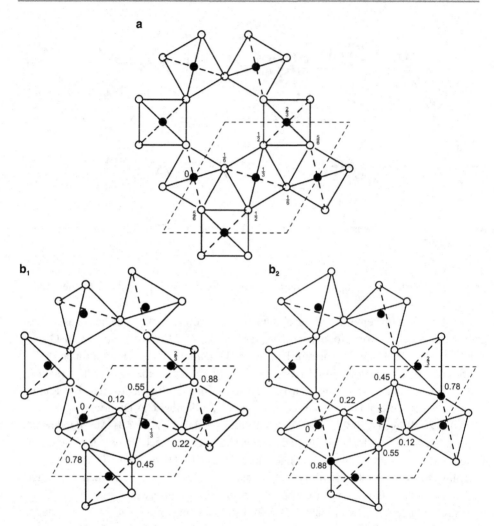

Abb. 11.21 Projektionen auf (0001) **a** der Hochquarzstruktur, **b₁** und **b₂** der Strukturen der entstehenden Tiefquarzzwillinge (zu den z-Parametern wurde jeweils 1/3 addiert)

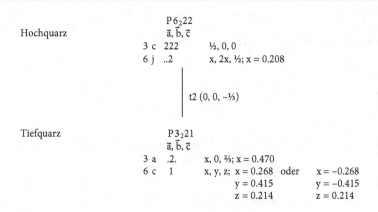

Abb. 11.22 Symmetriebeziehung zwischen Hoch- und Tiefquarz

11.6 Übungsaufgaben

Aufgabe 11.1

Formulieren Sie die Matrizen für die folgenden Symmetrieoperationen:

a) $\bar{1}$
b) 2_b
c) $m_{[210]}$
d) $3_{[111]}$
e) $\bar{4}_b^1$
f) 6_c^1

Geben Sie an, für welche Koordinatensysteme die Matrizen Geltung haben.

Aufgabe 11.2

Wie heißen die inversen Matrizen von $\bar{1}, 2_c, m_{[110]}$?

Aufgabe 11.3

In diesem Lehrbuch wird im monoklinen Kristallsystem immer die 1. Aufstellung $(2, m \to b)$ verwendet. Gelten die Matrizen in Tab. 11.1 auch für die 2. Aufstellung $(2, m \to c)$?

Aufgabe 11.4

Multiplizieren Sie die Matrizen von

a) $2_a, m_{[110]}$
b) $3^1_c, m_c$
c) $4^1_c, \bar{1}$

Welche Symmetrieoperationen und welche Punktgruppen entstehen?

Aufgabe 11.5

Beweisen Sie durch Matrizenmultiplikation der Symmetrieoperationen den Symmetriesatz I.

Aufgabe 11.6

Geben Sie die Symmetrieoperationen der Punktgruppe $\bar{4}2m$ an. Wie groß ist die Ordnung der Gruppe? Berechnen Sie für diese Symmetrieoperationen die zu (hkl) äquivalenten Flächen. Welche Kristallform bilden die errechneten Flächen? Vergleichen Sie die Flächenindizes mit den Angaben in Abb. 9.9.

Aufgabe 11.7

Zeigen Sie, dass 3m und 32 isomorph sind. Ist 32 eine Abelsche Gruppe?

Aufgabe 11.8

Eine Verbindung kristallisiert in der Raumgruppe P4/mmm. Die Atomsorte A besetzt die Punktlage 1a 4/mmm 0, 0, 0. Die Atomsorte B befindet sich auf der Position 4 l m2m   x, 0, 0.

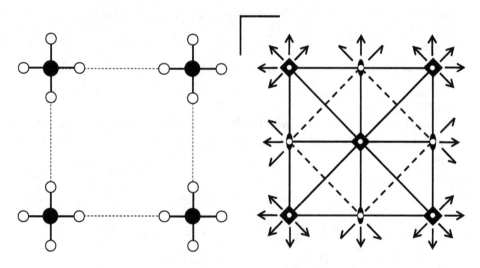

Deformieren oder drehen Sie die Moleküle so, dass folgende maximale Untergruppen entstehen. Zeichnen Sie die Symmetrieelemente ein und geben Sie die Lagesymmetrie und die Koordinaten der Atome an.

P4mm

P$\bar{4}$m2

A:

A:

B:

B:

P$\bar{4}$/m

Pmmm

A:

A:

B:

B:

Welche Raumgruppe ergibt sich, wenn abwechselnd jedes zweite A-Atom in $\vec{a}$- und $\vec{b}$-Richtung durch eine andere Atomsorte ersetzt wird?

A$_1$:
A$_2$:

B:

Grundbegriffe der Kristallchemie

Die Kristallchemie behandelt die Kristallstrukturen der Elemente und chemischen Verbindungen und versucht, die Gesetzmäßigkeiten aufzuzeigen, warum es unter bestimmten Bedingungen zur Bildung bestimmter Strukturen kommt. Man ist heute nur bei einfachen Strukturen in der Lage, aus den Eigenschaften der Bausteine auf die Kristallstruktur zu schließen.

Ein Konzept zur Diskussion von Kristallstrukturen ist die Betrachtung von Kugelpackungen. Dabei werden die Bausteine (Atome und Ionen) als starre Kugeln angesehen, die sich zu Packungen zusammenlagern. Goldschmidt und Laves gehen von 3 Bauprinzipien aus.

▶
- *Prinzip der dichten Packungen:* Die Bausteine streben in den Kristallstrukturen jene Ordnung an, die den Raum am dichtesten ausfüllt.
- *Symmetrieprinzip:* Die Bausteine in den Kristallstrukturen streben jene Ordnung an, die die höchstmögliche Symmetrie besitzt.
- *Wechselwirkungsprinzip:* Die Bausteine in den Kristallstrukturen streben jene Ordnung an, die die höchstmögliche Koordination besitzt (Abschn. 12.1 „Koordination"), in der die Bausteine also mit möglichst vielen Bausteinen benachbart sind und mit ihnen in Wechselwirkung treten können.

Einen wichtigen Faktor in der Kristallchemie stellt die chemische Bindung dar. Sie bewirkt den Zusammenhalt der Bausteine in den Kristallstrukturen. Welche Bindungskräfte auftreten, hängt von der Art der Bausteine ab und dem Zustand, in dem sie sich befinden. Die Bindung beruht auf den Wechselwirkungen zwischen den Elektronenhüllen der Atome. Man unterscheidet:

- *Metallbindung*
- *Van-der-Waals-Bindung*

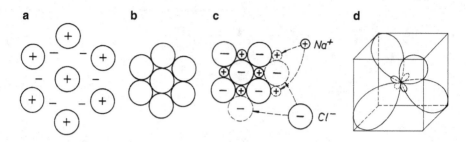

Abb. 12.1 Schematische Darstellung der Kristallbindungen. **a** *Metallbindung*. Die Metallatome geben Valenzelektronen an die sie umgebende Elektronenwolke ab. Die negativ geladene Elektronenwolke verknüpft einerseits die positiv geladenen Atomrümpfe und schirmt sie gleichzeitig voreinander ab. **b** *Van-der-Waals-Bindung*. Sie entsteht durch Schwankungen in den Ladungsverteilungen der Atome und ist extrem schwach. Die Atome und Moleküle streben eine dichte Packung an. **c** *Ionenbindung*. Die positiv und negativ geladenen Ionen werden in einem Ionenkristall durch elektrostatische Kräfte zusammengehalten. **d** *Atombindung*. Die 4 sp³-Orbitale des Kohlenstoffs in der Diamantstruktur

- *Ionenbindung (heteropolare Bindung)*
- *Atombindung (kovalente Bindung)*

Sie sind in Abb. 12.1 schematisch dargestellt. Diese Bindungstypen kommen nur selten rein vor. In sehr vielen Fällen liegen Mischbindungen vor; darum können die genannten Bindungen nur als Grenzfälle betrachtet werden.

Es kann nicht die Aufgabe dieses Lehrbuchs sein, in die Bindungstheorie einzuführen. Deshalb soll sich hier – was die Bindungstheorie betrifft – auf einige wesentliche und für das weitere Verständnis notwendige Aussagen beschränkt werden.

Die oben genannten Bauprinzipien sind bei den Strukturen mit Metall- und Ionenbindung gut realisiert. Dies gilt auch z. T. für die Molekülstrukturen (Van-der-Waals-Bindung). Bei den Strukturen mit kovalenter Bindung ist das Prinzip der dichten Packungen und der hohen Koordination kaum erfüllt. Dies liegt mit an der Natur der kovalenten Bindung (gerichtete Bindung!).

12.1 Koordination

Für die Kristallchemie spielen neben der Gesamtgeometrie der Atomanordnung die unmittelbaren Nachbarschaftsverhältnisse der Strukturbestandteile eine große Rolle, weil sich hier die Größenverhältnisse der Bausteine und die Bindungskräfte in erster Linie äußern.

▶ **Definition** *Man bezeichnet die* Zahl der nächsten, untereinander gleichartigen Nachbarn um einen Zentralbaustein als *Koordinationszahl* und das durch die Verbindungslinien der gleichartigen Bausteine um den Zentralbaustein gebildete Polyeder als *Koordinationspolyeder.*

Tab. 12.1 Wichtige Koordinationspolyeder

		Koordinations-schema	Koordinations-polyeder		R_A/R_X^a	Beispiele
a	[12]			Kuboktaeder	1	Kubisch dichteste Kugelpackung (Cu, Ne usw.)
b	[12]			Disheptaeder	1	Hexagonal dichteste Kugelpackung (Mg, He usw.)
c	[8]			Hexaeder	0,73	$Cs^{[8]}Cl$ $Ca^{[8]}F_2$
d	[6]			Trigonales Prisma	0,53	$Mo^{[6]}S_2$
e	[6]			Oktaeder	0,41	$Na^{[6]}Cl$ $Ti^{[6]}O_2$ $Pt^{[6]}Cl_6^{2-}$
f	[4]			Planare [4]-Koordination	0,41	$Pt^{[4]}Cl_4^{2-}$
g	[4]			Tetraeder	0,23	$Zn^{[4]}S$ $Si^{[4]}O_2$ $S^{[4]}O_4^{2-}$
h	[3]			Planare [3]-Koordination	0,15	$C^{[3]}O_3^{2-}$ $N^{[3]}O_3^{-}$

[a] Grenzwert des Radienquotienten R_A/R_X unter der Voraussetzung, dass sich die kugelförmigen Bausteine X des Polyeders berühren und der kugelförmige Zentralbaustein A genau in der gebildeten Lücke sitzt (vgl. Abschn. 12.4 „Ionenstrukturen").

In Tab. 12.1 sind wichtige Koordinationspolyeder zusammengestellt und Beispiele angegeben. Man setzt die Koordinationszahl in eckigen Klammern als Index in die chemische Formel der Kristallstruktur und gibt damit der Formel eine zusätzliche kristallchemische Information.

Die Koordinationspolyeder haben im Idealfall eine hohe Punktsymmetrie. Der Begriff Koordinationspolyeder ist aber nicht so scharf definiert wie die Kristallform (Abschn. 9.2.1 „Kristallformen"). Die um den Zentralbaustein gelagerten gleichartigen Nachbarbausteine müssen nicht im Sinn der Symmetrie äquivalent zueinander sein. Sonst könnten das Hexaeder (m$\overline{3}$m), Oktaeder (m$\overline{3}$m) und Tetraeder ($\overline{4}$3m) nur in Kristallen des kubischen Kristallsystems vorkommen. Die Koordinationspolyeder sind jedoch häufig mehr oder weniger stark verzerrt. Das Hexaeder im kubischen CsI (Abb. 4.4) und das Oktaeder im NaCl (Abb. 12.17) sind regelmäßig angeordnet, dagegen ist das Oktaeder im tetragonalen Rutil (Abb. 10.24) verzerrt (vgl. Aufgabe 12.10).

12.2　Metallstrukturen

Die Metallbindung kann man sich vereinfacht in der Weise vorstellen, dass die Metallatome Valenzelektronen an die sie umgebende Elektronenwolke abgeben (Abb. 12.1a). Die negativ geladene Elektronenwolke verknüpft einerseits die positiv geladenen Atomrümpfe (keine Ionen!) und schirmt sie gleichzeitig voreinander ab. Die Bindungskräfte sind ungerichtet und in allen Richtungen gleich groß.

Man ordnet den Metallatomen eine Kugelgestalt zu. Jeder Baustein wird versuchen, sich mit möglichst vielen der gleichartigen Bausteine zu umgeben. Dies kann mit 12 nächsten Nachbarn in 2 geometrischen Anordnungen (Koordinationspolyedern) geschehen (Abb. 12.2a und 12.3a)[1].

Betrachtet man diese Koordinationspolyeder als Wachstumskeime, so entstehen beim Wachstum daraus Kristalle mit 2 Kristallstrukturen, deren Bausteine schichtweise angeordnet sind (Abb. 12.2b und 12.3b). Die Strukturen unterscheiden sich nur in der Schichtabfolge:

	•		•
	A		•
I	C	II	A
	B		B
	A		A

In die Struktur I kann man eine kubische Elementarzelle (kubisches F-Gitter), in die Struktur II eine hexagonale Elementarzelle legen (Abb. 12.2c und 12.3c).

Man nennt die Struktur I *eine kubisch dichteste Kugelpackung (Cu-Typ)*, die Struktur II *eine hexagonal dichteste Kugelpackung (Mg-Typ)*. Strukturbeschreibungen für die beiden

---

[1] Vgl. auch Tab. 12.1a und b.

Abb. 12.2 Kubisch dichteste Kugelpackung (Cu-Typ).
a Koordinationspolyeder
[12] (Kuboktaeder) in perspektivischer Darstellung der
Schwerpunkte der Bausteine
und als Projektion der kugelförmigen Bausteine auf
eine Schichtebene. **b** Kristallstruktur. Die einzelnen parallel
(111) angeordneten Schichten
mit der Abfolge ABCA ...
sind gekennzeichnet. **c** Die
aus den Schwerpunkten der
Kugeln gebildete Elementarzelle (kubisches F-Gitter). Die
Zugehörigkeit der Punkte zu
den einzelnen Schichten ist
erkennbar

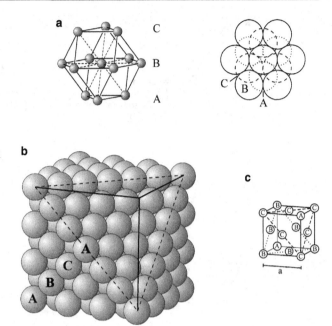

dichtesten Kugelpackungen enthält Tab. 12.2. Dort sind auch weitere Vertreter angegeben.
Es gibt Metalle, die in beiden Strukturtypen auftreten, z. B. Co.

Die Bausteine des Cu-Typs sind translatorisch gleichwertig (identisch). Beim Mg-Typ
sind die A-Bausteine in den Schichten ebenfalls translatorisch gleichwertig, gleiches gilt
für die B-Bausteine. Die A-und B-Bausteine sind dagegen zueinander nur gleichwertig.
Man betrachte dazu auch die Angaben der Punktlagen in Tab. 12.2.

Kennt man die Gitterparameter, so lassen sich die Radien der Bausteine berechnen
(Atomradien). Die Diagonale der in Abb. 12.2b skizzierten quadratischen (100)-Ebene
der kubischen Elementarzelle ist 4 Kugelradien (B–2C–A) lang. Folglich ist $R = \frac{1}{4} \cdot a\sqrt{2}$.
Beim Mg-Typ ist $R = \frac{1}{2} \cdot a$ (vgl. Abb. 12.3b,c).

Mit gleichgroßen Würfeln oder Quadern kann man einen Raum vollständig ausfüllen.
Mit Kugeln ist dies nicht möglich. In den Strukturen der beiden dichtesten Kugelpackungen gibt es spezifische Hohlräume, die man Lücken nennt. Sie werden von 4 Bausteinen
in Tetraederanordnung (*Tetraederlücke*) oder 6 Bausteinen in Oktaederanordnung (*Oktaederlücke*) gebildet (Abb. 12.4) und entsprechen natürlich der Tetraeder- und der Oktaederkoordination (Tab. 12.1). Es gibt genauso viele Oktaederlücken wie es Kugeln gibt
und doppelt so viele Tetraederlücken.

▶ **Definition** *Die Raumerfüllung P (Packungsdichte) ist das Verhältnis der Volumina
der in der Elementarzelle enthaltenen Bausteine zum Volumen der Elementarzelle.*

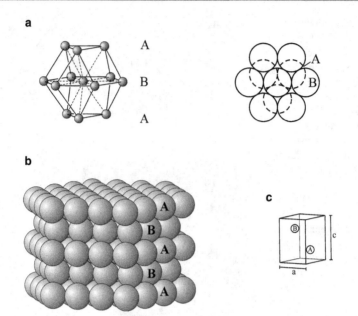

Abb. 12.3 Hexagonal dichteste Kugelpackung (Mg-Typ). **a** Koordinationspolyeder [12] (Disheptaeder) in perspektivischer Darstellung der Schwerpunkte der Bausteine und als Projektion der kugelförmigen Bausteine auf die Schichtebene. **b** Kristallstruktur, die einzelnen parallel (0001) angeordneten Schichten mit der Abfolge ABA … sind gekennzeichnet. **c** Die zugehörige Elementarzelle. Die Zugehörigkeit der Punkte zu den einzelnen Schichten ist erkennbar

Abb. 12.4 a Tetraeder-lücken [4] und **b** Oktaeder-lücken [6] der dichtesten Kugelpackungen

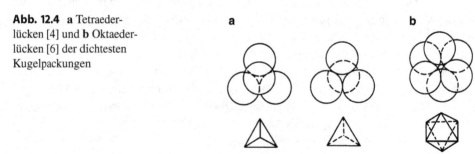

Sind die Bausteine gleich große Kugeln, so kann man formulieren:

$$P = \frac{Z \cdot \frac{4}{3}\pi R^3}{V_{EZ}} \qquad (12.1)$$

Bei der Berechnung der Packungsdichte P der kubisch dichtesten Kugelpackung geht man von der Radienformel $R = \frac{1}{4}a\sqrt{2}$ aus und erhält daraus den Gitterparameter $a = \frac{4R}{\sqrt{2}}$ und $V_{EZ} = \left(\frac{4R}{\sqrt{2}}\right)^3$. Da $Z = 4$ ist, ergibt sich eine Packungsdichte von $\frac{\sqrt{2}}{6}\pi = 0{,}74$. Die entsprechende Berechnung bei der hexagonal dichtesten Kugelpackung führt zum

Tab. 12.2 Daten der 3 wichtigsten Metallstrukturtypen Cu, Mg, W und vom α-Po

	Cu Kubisch dichteste Kugelpackung	Mg Hexagonal dichteste Kugelpackung	W	α-Po
Gitter + Basis	Kubisch F $0,0,0$	Hexagonal P $\frac{1}{3},\frac{2}{3},\frac{1}{4}$	Kubisch I $0,0,0$	Kubisch P $0,0,0$
Raumgruppe + Besetzung der Punktlagen	F4/m $\bar{3}$ 2/m 4a $0,0,0$	P6$_3$/m 2/m 2/c 2c $\frac{1}{3},\frac{2}{3},\frac{1}{4}$; $\frac{2}{3},\frac{1}{3},\frac{3}{4}$	I4/m $\bar{3}$ 2/m 2a $0,0,0$	P4/m $\bar{3}$ 2/m 1a $0,0,0$
Koordinations- polyeder, -zahl	Kuboktaeder [12]	Disheptaeder [12]	Hexaeder [8]	Oktaeder [6]
Atomradien	$\frac{1}{4}a\sqrt{2}$	$\frac{1}{2}a$	$\frac{1}{4}a\sqrt{3}$	$\frac{1}{2}a$
Packungsdichte	0,74	0,74	0,68	0,52
Weitere Vertreter	Ag, Au Ni, Al Pt, Ir Pb, Rh	Mg (1,62) Ni (1,63) Ti (1,59) Zr (1,59) Be (1,56) Zn (1,86)	Mo, V Ba, Na Zr, Fe	–

gleichen Ergebnis. Die Raumerfüllung ist bei beiden dichtesten Kugelpackungen gleich groß.

Für die hexagonal dichteste Kugelpackung kann das ideale $\frac{c}{a}$-Verhältnis berechnet werden (c_0 ist die Höhe von 2 Koordinationstetraedern der Kantenlänge $2R = a_0$, deren Spitzen sich berühren, vgl. Abb. 12.3c). Daraus ergibt sich ein Wert für $\frac{c}{a} = \frac{2}{3}\sqrt{6} = 1,63$. In Tab. 12.2 sind die $\frac{c}{a}$-Werte für mehrere Metalle angegeben. Sie schwanken zwischen 1,63 und 1,56. Der Wert für Zn ist erheblich höher.

Neben den beiden dichtesten Kugelpackungen kristallisieren Metalle auch im *W-Typ* (Anordnung wie in einem kubischen I-Gitter) (Abb. 12.5). Die Raumdiagonalen der Elementarzelle bilden 4 Kugelradien, d. h. $R = \frac{1}{4}a \cdot \sqrt{3}$. Die Packungsdichte des W-Typs beträgt $\frac{\sqrt{3}}{8} \cdot \pi = 0,68$, die Koordinationszahl ist [8] (Koordinationspolyeder: Hexaeder).

Eine Anordnung von Metallbausteinen nach dem Prinzip eines kubischen P-Gitters ist nur beim α-Po (Abb. 3.1; Tab. 12.2) realisiert (Packungsdichte: 0,52; Koordinationszahl [6]; Koordinationspolyeder Oktaeder).

Betrachtet man die Daten der dichtesten Kugelpackungen, so sind die aufgeführten Bauprinzipien sehr gut erfüllt:

- Die Packungsdichte ist mit 0,74 die höchste für gleich große kugelförmige Bausteine.
- F4/m $\bar{3}$ 2/m ist eine der höchstsymmetrischen kubischen Raumgruppen, P6$_3$/m 2/m 2/c ist eine der höchstsymmetrischen hexagonalen Raumgruppen.
- Die [12] ist die höchstmögliche Koordination für gleich große Bausteine.

Abb. 12.5 Kristallstruktur des
Wolframs unter Berücksichtigung der Größenverhältnisse
der Bausteine (**a**), nur der
Schwerpunkte der Baustei-
ne (**b**)

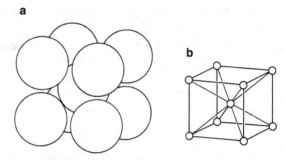

Beim W-Typ ist die Packungsdichte mit 0,68 und die Koordinationszahl mit [8] geringer
als bei den dichtesten Kugelpackungen, während die Symmetrie mit I4/m $\overline{3}$ 2/m auch
sehr hoch ist.

Das α-Po hat noch eine hohe Symmetrie (P4/m $\overline{3}$ 2/m), aber Packungsdichte und Koordinationszahl sind mit 0,52 bzw. [6] sehr gering. Das sind sicherlich die Gründe dafür,
dass das α-Po der einzige Vertreter für diese Struktur ist.

Die Metalle besitzen viele charakteristische Eigenschaften, die sich durch den strukturellen Aufbau und die Bindungskräfte erklären lassen:

Elektrische und thermische Leitfähigkeit
Metalle leiten den elektrischen Strom und die Wärme gut. Diese Eigenschaften beruhen
darauf, dass die Elektronen der Elektronenwolke zwischen den Atomrümpfen frei beweg-
lich sind.

Plastische Verformung
Die plastische Verformung ist auf Gleitprozesse parallel zu dichtgepackten Ebenen zurückzuführen. Diese Eigenschaft ist besonders bei den Metallen mit kubisch dichtester
Kugelpackung ausgeprägt, da als Gleitebenen 4 äquivalente (111)-Ebenen wirksam werden können. Diese Metalle sind besonders weich, dehn- und hämmerbar. Gold kann z. B.
zu einer dünnen Folie ausgehämmert werden, die das Licht schwach grün durchscheinen
lässt. Kristalle mit hexagonal dichtester Kugelpackung der Bausteine sind weniger gut
verformbar, da sie nur eine Gleitebene parallel (0001) besitzen. Kristalle des Wolfram-
Strukturtyps sind noch spröder.

12.3 Edelgas- und Molekülstrukturen

Bei den *Edelgas-* und *Molekülstrukturen* treten *Van-der-Waals-Kräfte* als Bindungen zwischen den Kristallbausteinen auf. Diese Bindungen sind extrem schwach. Dies findet
seinen Ausdruck in tiefen Schmelzpunkten, z. B. Neon: −248,7 °C; Ethylen: −170 °C;
Benzol: 5,5 °C; Salol: 43 °C.

Den Edelgasatomen kann auch eine Kugelgestalt zugeordnet werden (Edelgaskonfiguration der Elektronen). Da die Bindung wie bei den Metallen ungerichtet ist, kommen als Strukturtypen wieder dichteste Kugelpackungen in Frage:

- *Kubisch dichteste Kugelpackung* (vgl. Abb. 12.2)
  Ne, Ar, Kr, Xe, Rn
- *Hexagonal dichteste Kugelpackung* (vgl. Abb. 12.3)
  He

Molekülstrukturen sind dadurch gekennzeichnet, dass die Bindungen in den Molekülen sehr stark, zwischen den Molekülen aber nur schwach sind. Molekülstrukturen besitzen vor allem Verbindungen der organischen Chemie [Ausnahmen sind z. B. Schwefel (vgl. S_8-Molekül in Tab. 9.12 3) oder C_{60} (s. unten)].

Drei Molekülstrukturen hatten wir mit Uroropin, Ethylen und Benzol (Abb. 10.25–10.27) schon in Abschn. 10.8 kennen gelernt. Wie aus Abschn. 10.8 „Beziehungen zwischen Punkt- und Raumgruppen" zu entnehmen war, gibt es keinen allgemeinen Zusammenhang zwischen der Symmetrie der Bausteine und der Kristallsymmetrie. Die Moleküle haben zwar keine Kugelgestalt, aber auch sie streben in den Kristallstrukturen möglichst dichte Packungen an. Die Urotropinstruktur (Abb. 10.25) hat z. B. eine Packungsdichte von 0,72. In der CO_2-Struktur besetzen die C-Atome die Positionen einer kubisch dichtesten Kugelpackung, die linearen Moleküle sind parallel $\langle 111 \rangle$ ausgerichtet.

Da die Bindungen zwischen den Molekülen nur schwach ist, ist es nahe liegend, dass die Kristallisationsfreudigkeit der organischen Verbindungen nicht hoch ist, aber die überwiegende Zahl der organischen Verbindungen kann kristallisiert werden.

Es gibt Kristalle mit „Riesenmolekülen" und Elementarzellen mit sehr großen Gitterparametern:

- Vitamin B_{12}: $C_{63}H_{88}N_{14}O_{14}PCo$, $P2_12_12_1$, a $=$ 25,33 Å; b $=$ 22,32 Å; c $=$ 15,92 Å; $Z = 4$
- Pepsin: hexagonal a $=$ 67 Å; c $=$ 154 Å; $Z = 12$; M $\sim$ 40 000

Die *Fullerene* sind Moleküle, die nur Kohlenstoff enthalten. Der wohl wichtigste Vertreter ist das C_{60}. Hier bilden die C-Atome einen fast kugelförmigen Käfig, der aus 20 Sechser- und 12 Fünferringen besteht. Die Anordnung entspricht dem Aufbau eines Fußballs (Abb. 12.6a). Das Molekül hat die Symmetrie der nichtkristallographischen Punktgruppe $\bar{5}\,\bar{3}2/m$–I_h (Abb. 12.6b). Es gibt zwei unterschiedlich lange C–C-Bindungen. Die Bindungsabstände zwischen zwei Sechsecken sind kürzer als die zwischen einem Fünf- und einem Sechseck.

Die C_{60}-Moleküle kristallisieren in der kubisch dichtesten Kugelpackung.

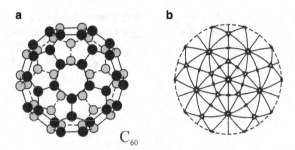

Abb. 12.6 Das C_{60}-Molekül bildet einen fast kugelförmigen Käfig mit 20 Sechser- und 12 Fünferringen (**a**), Atome aus der oberen Hälfte des Moleküls sind *schwarz* dargestellt, die aus der unteren
Hälfte *grau* (**b**); Stereogramm der nichtkristallographischen Punktgruppe $\bar{5}\,\bar{3}2/m(I_h)$ des Moleküls

12.4 Ionenstrukturen

In Ionenkristallen sind die Bausteine negativ und positiv geladene Ionen, und die Verknüpfung erfolgt durch *Coulomb-Kräfte*, die ungerichtet sind, also in jede Richtung wirksam
werden können. Die Stärke der Bindung K hängt von der Ladung der Ionen e und ihrem
Abstand d voneinander ab:

$$\text{Coulomb-Gesetz:} \quad K = \frac{e_1 \cdot e_2}{d^2} \tag{12.2}$$

Jedes Kation wird versuchen, sich mit möglichst vielen Anionen zu umgeben, die Anionen ziehen nun ihrerseits Kationen an (Abb. 12.1c). Die Ausbildung der Ionenstrukturen
ist also ebenfalls ein Packungsproblem, aber es liegen hier unterschiedlich geladene Bausteine vor, die in der Regel unterschiedlich groß sind. Je nach dem Verhältnis der Radien
von R_A (Kation) zu R_X (Anion) – dem *Radienquotienten* R_A/R_X – können sich bestimmte Koordinationspolyeder (vgl. Tab. 12.1) und im Endeffekt bestimmte Kristallstrukturen
ausbilden (Abschn. 12.4.2–12.4.4).

12.4.1 Ionenradien

Auch die Ionen werden als Kugeln betrachtet. Es werden die effektiven Ionenradien nach
Shannon und Prewitt [43] und Shannon [44] verwendet.

Die Größe der Bausteine hängt nicht nur von der Kernladung und der Zahl der Elektronen ab, sondern auch von der Koordinationszahl, der Ladung und dem Spinzustand.

- Innerhalb einer Vertikalreihe des Periodensystems nimmt der Ionenradius als Folge der
  größer werdenden Elektronenzahl mit steigender Kernladung zu (alle Werte beziehen

Tab. 12.3 Kernladung und Ionenradien

Na$^+$	Mg^{2+}	Al^{3+}	Si^{4+}	P^{5+}	S^{6+}	Cl^{7+}
0,99 Å	0,57 Å	0,39 Å	0,40 Å	0,17 Å	0,12 Å	0,08 Å

Tab. 12.4 Ladung und Ionenradius

Ti^{2+}	Ti^{3+}	Ti^{4+}	Cr^{2+}	Cr^{3+}	Cr^{4+}
0,86 Å	0,67 Å	0,61 Å	0,80 Å	0,62 Å	0,55 Å

Tab. 12.5 Koordinationszahl und Ionenradius von Ca^{2+}

KZ	6	7	8	9	10	12
Radius	1,00 Å	1,06 Å	1,12 Å	1,18 Å	1,23 Å	1,34 Å

Tab. 12.6 Spinzustand und Ionenradius

Fe^{2+} LS	Fe^{2+} HS	Mn^{2+} LS	Mn^{2+} HS
0,61 Å	0,78 Å	0,67 Å	0,83 Å

sich auf eine Koordinationszahl [6]).

$$Li^+ = 0,76 \,Å \qquad F^- = 1,33 \,Å$$
$$Na^+ = 1,02 \,Å \qquad Cl^- = 1,81 \,Å$$
$$K^+ = 1,38 \,Å \qquad Br^- = 1,96 \,Å$$
$$Rb^+ = 1,52 \,Å \qquad I^- = 2,20 \,Å$$
$$Cs^+ = 1,67 \,Å$$

- Bei gleicher Elektronenkonfiguration in der Hülle bewirkt ein Ansteigen der Kernladung eine Verkleinerung des Ionenradius (Tab. 12.3, die Werte gelten für eine Koordinationszahl [4]).
- Beim selben Element sinken die Ionenradien mit zunehmender positiver Ladung: vgl. z. B. Titan oder Chrom in Tab. 12.4 (die Werte gelten für eine Koordinationszahl [6]).
- Der Kationenradius nimmt mit steigender Koordinationszahl zu, wie das Beispiel Ca^{2+} zeigt (Tab. 12.5).
- Auswirkungen des Spinzustandes auf die Größe des Ionenradius zeigt Tab. 12.6 (Die Werte gelten für die Koordinationszahl [6]). Die Ionenradien für den High-spin-Zustand (HS) sind deutlich größer als für den Low-spin-Zustand (LS).

12.4.2 Oktaederkoordination [6]

Das *Koordinationspolyeder Oktaeder* ist in Tab. 12.1e dargestellt. Es soll der Grenzwert des Radienquotienten R$_A$/R$_X$ in diesem Polyeder unter der Voraussetzung bestimmt werden, dass sich die kugelförmigen Anionenbausteine X des Polyeders berühren und der

Abb. 12.7 Schnitt durch ein
Koordinationsoktaeder [6]

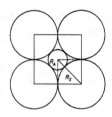

kugelförmige Zentralbaustein A genau in die gebildete Lücke passt[2]. Abb. 12.7 zeigt einen
Schnitt durch ein solches Oktaeder. Es ist $R_A + R_X = R_X \cdot \sqrt{2}$ und $R_A/R_X = \sqrt{2} - 1 =$
0,41. Die Oktaederanordnung ist nur stabil, wenn R_A/R_X gleich oder größer als 0,41 ist
(Abb. 12.8a,b). Ein Schnitt durch eine instabile Oktaederkoordination ist in Abb. 12.8c
gezeigt.

Die Oktaederkoordination ist beim $Na^{[6]}Cl$-Typ (Abb. 12.9 und 12.17) und beim Rutil
(Abb. 10.24) realisiert. Der NaCl-Typ kann auch als kubisch dichteste Kugelpackung
der Anionen angesehen werden, in deren Oktaederlücken die Kationen sitzen. Beim
LiCl ($R_A/R_X = 0{,}43$) wird der ideale Radienquotient für die Oktaederkoordination
(Abb. 12.8b) angenähert erreicht. Dagegen hat NaCl einen Radienquotienten von 0,54
(Abb. 12.8a).

Der Spinelltyp $Mg^{[4]}Al_2^{[6]}O_4$ ist als kubisch dichteste Kugelpackung der Sauerstoffbau-
steine aufzufassen. Die Mg^{2+} sitzen in Tetraeder-, die Al^{3+} in Oktaederlücken. Nun stellt
sich die Frage, wie viel Tetraeder- und wie viel Oktaederlücken von Bausteinen besetzt
sind.

Betrachtet man die NaCl-Struktur als kubisch dichteste Kugelpackung der Cl^--Ionen
(Abb. 12.9), so erkennt man, dass in allen Oktaederlücken Na^+-Ionen sitzen. Im NaCl ist
das Verhältnis $Cl^- : Na^+ = 1 : 1$, d. h. ein Baustein (Cl^-) der kubisch dichtesten Kugelpackung steht in Beziehung zu einer Oktaederlücke (Na^+). In Abb. 12.10 ist auch der
„Antifluorittyp" dargestellt. Die Schwefelbausteine bilden eine kubisch dichteste Kugel-

a

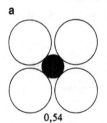

0,54

b

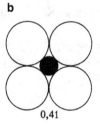

0,41

c

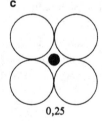

0,25

Abb. 12.8 Schnitte durch Koordinationsoktaeder mit Angabe der Radienquotienten R_A/R_X. Die
Anordnungen in (**a**) und (**b**) sind stabil, **b** Idealfall mit $R_A/R_X = 0{,}41$, die Anordnung in (**c**) ist
instabil

―――――――――――――

[2] Alle R_A/R_X-Werte in Tab. 12.1 sind solche Grenzwerte.

Abb. 12.9 Na[6]Cl-Typ,
Fm$\bar{3}$m,
Gitter: cF,
Basis: Na+ $0, 0, 0$; Cl− $\frac{1}{2}, 0, 0$

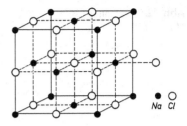

packung aus (Abb. 12.10a). Die Li-Bausteine besetzen alle Tetraederlücken. Im Li$_2$S ist das Verhältnis Li+ : S^{2+} = 2 : 1, d. h. ein Baustein der kubisch dichtesten Kugelpackung (S) steht in Beziehung zu 2 Tetraederlücken (Li). Die Relation, dass es genauso viele Oktaederlücken wie Kugeln gibt und doppelt so viele Tetraederlücken, gilt für alle dichtesten Kugelpackungen.

Kommen wir nun auf den Spinelltyp Mg[4]Al$_2^{[6]}$O$_4$ zurück, so sind $\frac{1}{8}$ der Tetraeder-lücken mit Mg^{2+} und $\frac{1}{2}$ der Oktaederlücken mit Al^{3+} besetzt.

Im Ni[6]As-Typ (P6$_3$/mmc) sind die As-Bausteine als hexagonal dichteste Kugelpa-ckung angeordnet, die Ni-Bausteine besetzen alle Oktaederlücken (Ni : As = 1 : 1, Abb. 12.18). Die O-Bausteine des Korundtyps Al$_2^{[6]}$O$_3$ bilden eine hexagonal dichteste Kugelpackung. Die Al-Bausteine sitzen in Oktaederlücken. Nach der oben abgeleiteten Relation sind nur $\frac{2}{3}$ der Oktaederlücken besetzt. Da im Korund jede 3. Oktaederlücke leer bleibt, aber alle Oktaederlücken gleichwertig sind, bedeutet dies eine Symmetrieerniedri-gung auf R$\bar{3}$c. Korund ist also trigonal. Beim NiAs bleibt die Symmetrie der hexagonal dichtesten Kugelpackung (P6$_3$/mmc) erhalten.

Auch die Sauerstoffionen im Forsterit Mg$_2^{[6]}$Si[4]O$_4$ bauen eine hexagonal dichteste Ku-gelpackung auf. Darin besetzen die Si-Bausteine $\frac{1}{8}$ der Tetraeder- und die Mg-Bausteine $\frac{1}{2}$ der Oktaederlücken. Die Symmetrie erniedrigt sich auf Pnma.

Die Bausteine in den Tetraeder- bzw. Oktaederlücken sind nicht statistisch verteilt, sondern liegen in den Strukturen geordnet vor.

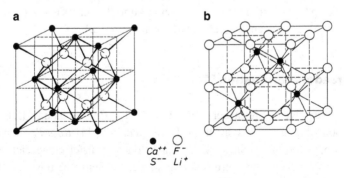

Abb. 12.10 Fluorittyp Ca[8]F$_2$ oder „Antifluorittyp" z. B. Li$_2^{[4]}$S RG: Fm$\bar{3}$m, Gitter: cF, Basis: Ca^{2+} oder S^{2-} $0, 0, 0$, F− oder Li+ $\frac{1}{4}, \frac{1}{4}, \frac{1}{4}$; $\frac{3}{4}, \frac{1}{4}, \frac{1}{4}$ (**a**), Fluorittyp mit F− in $0, 0, 0$ zur besseren Kenn-zeichnung der Hexaederkoordination (**b**)

Abb. 12.11 Schnitt parallel
(110) durch ein Koordinationshexaeder [8] (vgl. Abb. 4.4a)

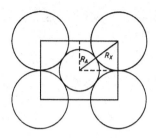

12.4.3 Hexaederkoordination [8]

Steigt der Radienquotient an, so sollte es formal einen Übergang zum Koordinationspolyeder trigonales Prisma (Tab. 12.1d; $R_A/R_X = 0{,}53$) geben. Bei Ionenstrukturen erfolgt der
Übergang gleich zur [8]-*Koordination (Hexaeder)* (vgl. Tab. 12.1c). Anhand Abb. 12.11,
die einen Schnitt parallel (110) durch das Hexaeder zeigt (vgl. Abb. 4.4), kann der Grenzwert von R_A/R_X für die Hexaederkoordination bestimmt werden: $R_A + R_X = R_X \cdot \sqrt{3}$
und $R_A/R_X = \sqrt{3} - 1 = 0{,}73$.

Damit ergibt sich für die Oktaederkoordination ein Bereich von $0{,}41 < R_A/R_X < 0{,}73$,
für die Hexaederkoordination $> 0{,}73$.

Die Hexaederkoordination kommt beim $Cs^{[8]}Cl$-Typ und beim Fluorittyp $Ca^{[8]}F_2$
(Abb. 12.10) vor. Das $Cs^{[8]}I$ (Abb. 4.4) mit dem Radienquotienten von 0,79 gehört zum
$Cs^{[8]}Cl$-Typ.

In Abb. 12.10b ist die CaF_2-Struktur so gezeichnet, dass ein F^--Baustein in $0, 0, 0$
liegt. Jetzt ist die Hexaederkoordination der Ca^{2+} besser erkennbar. Es ist nur jede 2.
Hexaederlücke durch Ca^{2+} besetzt. Eine entsprechende Anordnung haben auch die Cl^--
Bausteine im CsCl-Typ, hier ist aber jede Hexaederlücke durch Cs^+ gefüllt. Im Fluorittyp
kristallisieren SrF_2, BaF_2, $SrCl_2$, $BaCl_2$, UO_2 usw., aber auch eine Reihe von Alkalisul-
fiden, z. B. Li_2S, Na_2S, K_2S usw. Wie sich schon aus der Formel ergibt, müssen bei den
Sulfiden die Positionen der Kationen und Anionen vertauscht sein, d. h. S-Bausteine besetzen die Ca-Positionen, die Alkalimetalle die F-Positionen. Man nennt diese Struktur
den „Antifluorittyp". Die S-Bausteine bilden eine kubisch dichteste Kugelpackung, die
Alkalimetallbausteine besetzen alle Tetraederlücken (Abb. 12.10a).

12.4.4 Tetraederkoordination [4]

Das Koordinationspolyeder Tetraeder zeigt Tab. 12.1g. Entsprechende Betrachtungen
über Radienquotienten lassen sich auch für die *tetraedrische* [4]-*Koordination* anstellen.
Das Koordinationstetraeder ist in Abb. 12.12a in einen Würfel eingezeichnet. Abbildung 12.12b zeigt dagegen unter Berücksichtigung der Größenverhältnisse der Bausteine

Abb. 12.12 Koordinationstetraeder $A^{[4]}X_4$, das in einen Würfel eingezeichnet ist (**a**); (110)-Schnitt durch das Koordinationstetraeder als Kugelpackung (**b**)

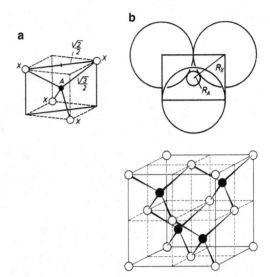

Abb. 12.13 $Zn^{[4]}S$-Struktur (Zinkblendetyp), $F\bar{4}3m$; Gitter: cF, Basis: S $0, 0, 0$ Zn $\frac{1}{4}, \frac{1}{4}, \frac{1}{4}$

einen Schnitt parallel (110) durch Würfel und Tetraeder. Es ist $(R_A + R_X)/R_X = \sqrt{3}/\sqrt{2}$[3] und $R_A/R_X = \sqrt{3/2} - 1 = 0,225$.

Damit ergibt sich für die Tetraederkoordination ein Stabilitätsbereich von $0,225 < R_A/R_X < 0,41$. Wichtige Vertreter sind der *Zinkblendetyp* $Zn^{[4]}S$ (Abb. 12.13), der *Wurtzittyp* $Zn^{[4]}S$ (Abb. 12.14) und alle $Si^{[4]}O_2$-Modifikationen (außer Stishovit). SiO_2-Strukturen zeigen Abb. 12.15 und 12.24. Die SiO_4-Tetraeder sind über die Ecken zu einer Gerüststruktur verknüpft. Der Radienquotient des SiO_2 beträgt 0,19.

In Tab. 12.7 sind einige AX- und AX_2-Verbindungen – nach Strukturtypen geordnet – unter Angabe des Radienquotienten zusammengefasst. Die Übereinstimmung von Theorie und Realität ist zufrieden stellend, wenn man berücksichtigt, dass bei der Ableitung der Grenzradienquotienten die Ionen als starre Kugeln betrachtet wurden.

Abb. 12.14 Wurtzittyp $Zn^{[4]}S$, $P6_3mc$, Gitter: hP, Basis: S $0, 0, 0; \frac{2}{3}, \frac{1}{3}, \frac{1}{2}$ Zn $0, 0, \frac{1}{2} + z; \frac{2}{3}, \frac{1}{3}, z$ $z \sim \frac{3}{8}$

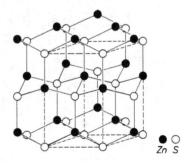

Zn S

---

[3] $R_A + R_X$ ist die Hälfte der Raumdiagonalen des Würfels ($\frac{1}{2}\sqrt{3}$), R_X die Hälfte der Flächendiagonale des Würfels ($\frac{1}{2}\sqrt{2}$).

Tab. 12.7 Strukturen und Radienquotienten einiger AX- und AX₂-Verbindungen

R_A/R_X	AX Cs[8]Cl-Typ >0,73		AX Na[6]Cl-Typ 0,73–0,41				AX Zn[4]S-Typen 0,225–0,41		AX₂ Fluorittyp Ca[8]F₂ >0,73		AX₂ Rutiltyp Ti[6]O₂ 0,73–0,41		AX₂ A[4]X₂-Typen 0,225–0,41	
	CsCl	0,96	BaO	0,96	PbSe	0,60	AgI	0,45	BaF₂	1,08	PdF₂	0,66	Zn(OH)₂	0,45
	CsBr	0,89	AgF	0,86	SrSe	0,60	ZnO	0,43	PbF₂	0,98	MnF₂	0,64	ZnCl₂	0,33
	TlCl	0,88	EuO	0,84	AgBr	0,59	CuCl	0,33	SrF₂	0,96	VF₂	0,61	ZnBr₂	0,31
	TlBr	0,81	RbCl	0,84	EuSe	0,59	ZnS	0,33	EuF₂	0,95	FeF₂	0,60	BeF₂	0,21
	CsI	0,79	SrO	0,84	NaCl	0,56	CdS	0,32	HgF₂	0,87	CoF₂	0,57	GeS₂	0,21
	TlI	0,72	RbBr	0,78	CaS	0,54	CuBr	0,31	CaF₂	0,85	ZnF₂	0,57	Be(OH)₂	0,20
			KCl	0,76	PbTe	0,54	ZnSe	0,30	PoO₂	0,78	PbO₂	0,57	GeSe₂	0,20
			BaS	0,73	EuTe	0,53	CdSe	0,29	ThO₂	0,76	MgF₂	0,55	SiO₂	0,19
			CaO	0,71	NaBr	0,52	CuI	0,27	PaO₂	0,73	NiF₂	0,53	BeCl₂	0,15
			KBr	0,70	CaSe	0,51	ZnTe	0,27	UO₂	0,72	SnO₂	0,51	SiS₂	0,14
			RbI	0,69	MgO	0,51	CdTe	0,26	BkO₂	0,71	RuO₂	0,46	SiSe₂	0,13
			BaSe	0,68	NiO	0,49	MgTe	0,26	NpO₂	0,71	IrO₂	0,46		
			CdO	0,68	NaI	0,46	BeO	0,20	CeO₂	0,70	TiO₂	0,44		
			PbS	0,65	CaTe	0,45	BeS	0,15	PrO₂	0,70	RhO₂	0,44		
			AgCl	0,64	LiCl	0,42	BeSe	0,14	PuO₂	0,70	VO₂	0,43		
			SrS	0,64	LiBr	0,39	BeTe	0,12	SrCl₂	0,70	CrO₂	0,40		
			EuS	0,64	MgS	0,39			CmO₂	0,69	GeO₂	0,39		
			KI	0,63	MgSe	0,36			CdF₂	0,69	MnO₂	0,39		
			BaTe	0,61	LiI	0,35			AmO₂	0,69				
									TbO₂	0,64				

Abb. 12.15 Struktur des Hoch-
cristobalits $Si^{[4]}O_2$, $Fd\bar{3}m$

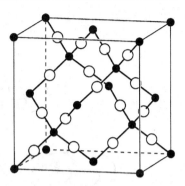

Die beiden $Zn^{[4]}S$-Strukturen tendieren hinsichtlich der Bindungsverhältnisse schon stark zur kovalenten Bindung. Wenn man nur die Geometrie betrachtet, so nehmen die S-Bausteine in der Zinkblendestruktur die Position einer kubisch dichtesten Kugelpackung, in der Wurtzitstruktur die Positionen einer hexagonal dichtesten Kugelpackung ein. Die Zn-Bausteine besetzen in beiden Strukturen die Hälfte der Tetraederplätze.

Wie sind nun die oben genannten Bauprinzipien der Kristalle für die Ionenstrukturen realisiert?

- Die Symmetrie der Ionenstrukturen tendiert zu hochsymmetrischen Raumgruppen, z. B. CsCl: $P4/m\,\bar{3}\,2/m$; NaCl und CaF_2: $F4/m\,\bar{3}\,2/m$. Strukturen, deren Anionen sich aus den hochsymmetrischen dichtesten Kugelpackungen aufbauen, behalten deren Raumgruppen, wenn die Lücken einer Art vollständig besetzt sind, z. B. $Na^{[6]}Cl$: $F4/m\,\bar{3}\,2/m$ (Abb. 12.9). Bei unvollständiger Besetzung kann es zur Symmetrieerniedrigung kommen, z. B. $Al_2^{[6]}O_3$: $P6_3/mmc \rightarrow R\bar{3}c$.
- Die Packungsdichte der Ionenstrukturen ist in der Regel hoch: CsCl-Typ ($R_A/R_X = 0{,}73$) $= 0{,}73$; NaCl-Typ ($R_A/R_X = 0{,}41$) $= 0{,}79$. Sie sinkt bei vorgegebenem Koordinationspolyeder mit steigendem Radienquotienten, bei der NaCl-Struktur ($R_A/R_X = 0{,}56$, vgl. Abb. 12.8a) auf $0{,}65$.
- Die bei Ionenstrukturen allgemein genannten Koordinationszahlen [8], [6], [4] sind vom Radienquotienten abhängig und z. T. relativ klein. Das Bild ändert sich jedoch, wenn nur die Koordinationsverhältnisse der Anionen zueinander betrachtet werden: z. B. NaCl und Al_2O_3: [12]-Koordination.

Abschließend sollte noch die Verknüpfung von Koordinationspolyedern in Ionenstrukturen betrachtet werden. Eine Verknüpfung über Ecken ist besonders günstig. Gemeinsame Kanten und besonders gemeinsame Flächen bei Koordinationspolyedern verringern die Stabilität der Kristallstruktur. Diese Wirkung ist umso größer, je höher die Ladung und je kleiner die Koordinationszahl des Kations ist (*3. Pauling-Regel*). In Abb. 12.16 ist die Verknüpfung von 2 Tetraedern bzw. von 2 Oktaedern über 1 Ecke, 1 Kante und 1 Fläche dargestellt. Setzt man den Abstand der Kationen der eckenverknüpften Koordinationspolyeder gleich 1, so geben die Zahlenwerte in Abb. 12.16 das Absinken der Abstände bei

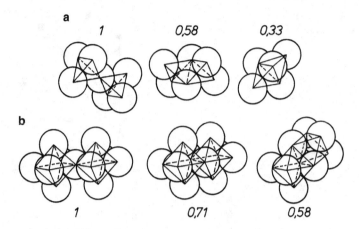

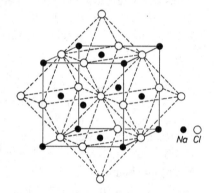

Abb. 12.16 Verknüpfung von 2 Tetraedern (**a**) und 2 Oktaedern (**b**) über 1 Ecke, 1 Kante, 1 Fläche. Die Zahlenwerte veranschaulichen die Kationenabstände, aus Pauling [37]

Abb. 12.17 NaCl-Struktur mit den kantenverknüpften Koordinationsoktaedern, alle Kanten gehören zu 2 Oktaedern

der Kanten- und Flächenverknüpfung an, das bei den Tetraedern (0,58; 0,33) größer ist als bei den Oktaedern (0,71; 0,58). Je kleiner der Abstand der Kationen wird, umso mehr steigt die Coulomb-Abstoßung. Dies führt zum Sinken der Stabilität in den Strukturen. Der Abstoßungseffekt steigt bei höhergeladenen Kationen an.

Die SiO_4^{4-}-Tetraeder der zahlreichen Silikatstrukturen und der SiO_2-Strukturen sind eckenverknüpft (vgl. die $Si^{[4]}O_2$-Strukturen in Abb. 12.15 und 12.24). Es gibt nur wenige Ausnahmen, z. B. Stishovit $Si^{[6]}O_2$ mit Rutilstruktur. Im CaF_2-Typ (Abb. 12.10b) sind die Koordinationshexaeder kantenverknüpft.

Im NaCl-Typ und dem NiAs-Typ sind die Kationen oktaederkoordiniert. Die Koordinationen sind in Abb. 12.17 und 12.18 in die Strukturen eingezeichnet. Beim NaCl sind die Oktaeder kanten-, beim NiAs flächenverknüpft.

Ein Vergleich von $Na^{[6]}Cl$ und $Cs^{[8]}Cl$ fällt zugunsten von NaCl aus, da das Cs^+ eine Hexaederkoordination besitzt und alle Würfelflächen miteinander verknüpft sind.

Abb. 12.18 $Ni^{[6]}As$-Typ, $P6_3/mmc$. Gitter: hP, Basis: As $0, 0, 0; \frac{2}{3}, \frac{1}{3}, \frac{1}{2}$ Ni $\frac{1}{3}, \frac{2}{3}, \frac{1}{4}$; $\frac{1}{3}, \frac{2}{3}, \frac{3}{4}$ in perspektivischer Darstellung (**a**) und als Projektion auf (0001) (**b**). Die $NiAs_6$-Oktaeder sind flächenverknüpft

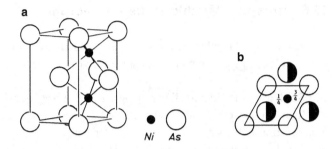

Die Koordinationsoktaeder in der Rutilstruktur (Abb. 10.24) sind über 2 Kanten verknüpft. Man erkennt dies gut, wenn man sich die Elementarzelle nach oben und nach unten fortgesetzt denkt. Es gibt mit Brookit und Anatas 2 weitere TiO_2-Strukturen, deren Koordinationsoktaeder 3 bzw. 4 Kanten gemeinsam haben. Danach sollte die Rutilstruktur die stabilste TiO_2-Struktur sein. Sie hat im Gegensatz zu Brookit und Anatas viele Vertreter.

12.5 Kovalente Strukturen

Die kovalente Bindung tritt im Diamanten auf und soll an der Diamantstruktur – die nur aus C-Atomen besteht – erläutert werden. Die äußerste Schale des Kohlenstoffatoms ist mit $2s^2 2p^2$-Elektronen besetzt. Im angeregten Zustand befindet sich jedoch je 1 Elektron im 2s-Orbital und in den $2p_x$-, $2p_y$-, $2p_z$-Orbitalen. Daraus werden 4 neue sp^3-Hybrid-Orbitale gebildet, die nach den Ecken eines Tetraeders (Abb. 12.1d) ausgerichtet sind. Jedes C-Atom kann maximal 4 C-Atome an sich binden. Dies führt zur Ausbildung einer Kristallstruktur, die aus Einzeltetraedern besteht (Abb. 12.19) und die gleiche geometrische Anordnung besitzt wie der Zinkblendetyp in Abb. 12.13. Jedes C-Atom ist tetraedrisch von 4 C-Atomen umgeben.

Hier ist die Vorstellung von sich berührenden Kugeln nicht mehr sinnvoll, da man aufgrund der gerichteten Bindung von sich überlappenden Bereichen der Atome ausgehen muss (Kalotten). Die Packungsdichte der C-Atome in der Diamantstruktur ist nicht groß.

Die Bindung im Diamanten ist außerordentlich stark. Daraus resultiert die sehr hohe Härte.

Abb. 12.19 Diamantstruktur, $Fd\bar{3}m$
Gitter: cF,
Basis C $0, 0, 0; \frac{1}{4}, \frac{1}{4}, \frac{1}{4}$

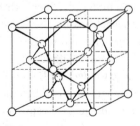

12.6   Isotypie – Mischkristalle – Isomorphie

▶ **Definition**   Kristallarten, die in der gleichen Kristallstruktur kristallisieren, gehören einem Strukturtyp an. Man nennt sie auch isotyp.

Ein Strukturtyp und damit die Isotypie ist in der Regel charakterisiert durch die gleiche Raumgruppe, eine analoge chemische Summenformel, durch Form und Verband der Koordinationspolyeder, wie sie sich aus der entsprechenden Besetzung der Punktlagen ergeben. Die absolute Größe der Bausteine spielt keine Rolle, auch nicht die Bindungsverhältnisse: NaCl–PbS (Ionen- bzw. Metallbindung) oder Cu–Ar (Metall- bzw. Van-der-Waals-Bindung).

Die Verwandtschaft zwischen isotypen Strukturen wird größer, wenn sich Bausteine in diesen isotypen Strukturen gegenseitig ersetzen können. Dazu soll das folgende Experiment durchgeführt werden. Gegeben sind je ein Einkristall der isotypen Strukturen Ag und Au. Sie werden fest aneinandergepresst und auf Temperaturen erwärmt, die weit unter den Schmelzpunkten beider Metalle liegen. Aufgrund der Diffusion wandern Ag-Atome in den Goldkristall und besetzen dort frei gewordene Au-Positionen, bzw. Au-Atome wandern in den Silberkristall und besetzen dort frei gewordene Ag-Positionen. Dieser Diffusionsprozess kann so weit gehen, dass schließlich in lokalen Bereichen eine Zusammensetzung Ag : Au = 1 : 1 erreicht wird. Der Einkristallcharakter der Ausgangskristalle geht bei diesem Prozess wahrscheinlich verloren. In kleineren Bereichen treten sicherlich Verhältnisse auf, wie sie in Abb. 12.20 dargestellt sind. Der obere Abbildungsteil mit dem zusammengelagerten Ag- und Au-Kristall soll die Anfangs-, der untere die Endsituation veranschaulichen. Die Ag- und die Au-Atome sind nach dem Diffusionsprozess auf der Punktlage statistisch verteilt.

▶ **Definition**   Kristalle, in denen eine oder mehrere Punktlagen von 2 oder mehreren verschiedenen Bausteinen besetzt sind, nennt man Mischkristalle.

Der gegenseitige Austausch von Bausteinen in Kristallen wird als *Diadochie* bezeichnet.

Den Mischkristallcharakter in einer Kristallstruktur kann man auch an der chemischen Formel erkennen. Diadoche Bausteine stellt man in der chemischen Formel nebeneinander und trennt sie durch ein Komma. Die Formel Ag,Au würde den genannten Mischkristall beschreiben. K(Cl,Br) wäre ein Mischkristall mit den diadochen Bausteinen Cl^- und Br^-. In den Olivinen $(Mg,Fe)_2SiO_4$ bilden die Sauerstoffionen eine hexagonal dichteste Kugelpackung. Die diadochen Mg^{2+}- und Fe^{2+}-Ionen sind statistisch auf bestimmte Oktaederlücken verteilt.

Mischkristallbildung ist umso günstiger, je ähnlicher die Bindungsverhältnisse sind und je weniger die Radien der diadochen Bausteine voneinander abweichen. Ein Richtwert für mögliche Mischkristallbildung sind Abweichungen der Radien bis zu 15 %. Silber und Gold sind lückenlos mischbar ($r_{Ag} = 1,44$ Å, $r_{Au} = 1,44$ Å; Abweichungen $\Delta \sim 0$), man kann also Mischkristalle mit jedem Mischungsverhältnis darstellen. Ag,Au-Mischkristalle

Abb. 12.20 Aneinandergepresste Ag- und Au-Kristalle (**a**), durch Diffusion aus den Ag- und Au-Kristallen entstandener Ag,Au-Mischkristall (**b**). Es ist nur je eine x, y, 0-Ebene dargestellt

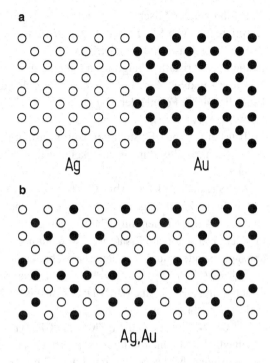

werden in der Regel durch sehr langsames Abkühlen einer entsprechenden zusammengesetzten Schmelze hergestellt.

Kupfer und Gold sind nur bei höheren Temperaturen lückenlos mischbar (r_{Cu} = 1,28 Å; Δ = 11 %). Bei langsamer Abkühlung können sich aus Cu,Au-Mischkristallen geordnete Strukturen bilden, die *Überstrukturen* genannt werden. Die Überstrukturen Cu_3Au und CuAu zeigt Abb. 12.21. Man beachte, dass CuAu nicht mehr kubisch, sondern tetragonal ist.

Auch Gold und Nickel sind bei höheren Temperaturen lückenlos mischbar (Δ = 14 %). Bei tieferen Temperaturen entmischen die entstandenen Mischkristalle in Ni-reiche und Au-reiche Mischkristalle. Diese Entmischung kann so weit gehen, dass nur noch Ni und Au nebeneinander vorliegen.

Abb. 12.21 Die CuAu-Struktur (**a**) und die Cu_3Au-Struktur (**b**) als Überstrukturen der Cu,Au-Mischkristalle

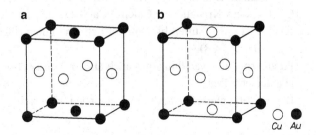

Erfolgt bei der Mischkristallbildung nur ein direkter Ersatz der diadochen Bausteine, so spricht man von *Substitutionsmischkristallen*.

Die Plagioklase sind Mischkristalle der Endglieder $NaAlSi_3O_8$ und $CaAl_2Si_2O_8$. Hier ist die Mischkristallbildung nur durch eine gekoppelte Substitution der diadochen Paare Na^+, Ca^{2+} und Si^{4+}, Al^{3+} möglich. Man beachte den entsprechenden Ladungsausgleich! Eine allgemeine Formel der Plagioklase wäre $(Na_{1-x}Ca_x)[Al_{1+x}Si_{3-x}O_8]$ für $0 \leq x \leq 1$ (0: Albit; 1: Anorthit).

Tritt bei isotypen Kristallarten Mischkristallbildung auf, so spricht man von *Isomorphie*. Mischkristallbildung ist aber kein Kriterium für Isotypie, wie die folgenden Beispiele zeigen.

$Zn^{[4]}S$ (Zinkblendetyp, Abb. 12.13) und FeS ($Ni^{[6]}As$-Typ, Abb. 12.18) sind also nicht isotyp. In der Zinkblende ist eine (Zn,Fe)-Diadochie bis zu ca. 20 % möglich. Fe und Zn sind als 2-wertige Ionen mit 0,74 Å gleich groß! Eine (Fe,Zn)-Diadochie ist im FeS nicht möglich. Der diadoche Ersatz ist also nicht nur von der Größe der diadochen Bausteine abhängig, sondern auch von den Eigenschaften der Kristallstrukturen.

$Ag^{[6]}Br$ (NaCl-Typ) und $Ag^{[4]}I$ (Zinkblendetyp) zeigen eine begrenzte Mischkristallbildung. Im AgBr ist eine (Br,I)-Diadochie bis zu 70 % möglich, die (I,Br)-Diadochie im AgI ist nur sehr gering.

$Li^{[6]}Cl$ (NaCl-Typ) und $Mg^{[6]}Cl_2$ [$CdCl_2$-Typ (Schichtstruktur)] haben nicht nur unterschiedliche Kristallstrukturen, sondern auch unterschiedliche chemische Formeln. Die Cl^--Bausteine beider Strukturen bilden kubisch dichteste Kugelpackungen. Li^+ und Mg^{2+} besetzen in ihren Strukturen Oktaederlücken. Im LiCl sind alle Oktaederlücken besetzt, beim $MgCl_2$ nur jede 2. Lücke. Bei der Mischkristallbildung besetzt 1 Mg eine Li-Position im LiCl und bewirkt die Bildung einer Leerstelle, während 1 Li eine Mg-Position, das 2. eine leere Oktaederlücke im $MgCl_2$ einnimmt.

12.7 Polymorphie

Viele feste chemische Substanzen können bei gleicher chemischer Zusammensetzung unter verschiedenen thermodynamischen Bedingungen in verschiedenen Kristallstrukturen auftreten. Diese Erscheinung wird als *Polymorphie* bezeichnet.

Nickel kristallisiert im $Cu^{[12]}$- und $Mg^{[12]}$-Typ, Zirkonium im $Mg^{[12]}$- und $W^{[8]}$Typ, $Zn^{[4]}S$ im Zinkblende- bzw. Wurtzittyp (Abb. 12.13 und 12.14).

$CaCO_3$ kann Kristalle im Calcit-, $Ca^{[6]}CO_3$ und im Aragonittyp $Ca^{[9]}CO_3$ aufbauen. Die $CaCO_3$-Strukturen bilden natürlich eine unterschiedliche Morphologie aus (vgl. Tab. 9.4 20 und 9.4 8).

Polymorphe Umwandlungen – auch als Strukturtransformationen bezeichnet – laufen ganz unterschiedlich ab.

Buerger [9] unterscheidet die im Folgenden dargestellten Transformationen.

Abb. 12.22 Dilatative Umwandlung in erster Koordination. Der $Cs^{[8]}Cl$-Typ (**a**) wird durch Dilatation in einer Raumdiagonale des Würfels in den $Na^{[6]}Cl$-Typ (**b**) überführt. (Nach Buerger [9])

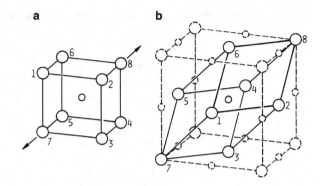

12.7.1 Transformationen in erster Koordination

Bei der Umwandlung ändert sich die Koordinationszahl, also die Anordnung der nächsten Nachbarn. Es wird eine neue Struktur mit veränderter Koordinationszahl aufgebaut.

12.7.1.1 Dilatative Umwandlungen

Das $Cs^{[8]}Cl$ wandelt sich oberhalb von 445°C in den $Na^{[6]}Cl$-Typ um. Die CsCl-Struktur (Abb. 12.22a) kann durch Dilatation in Richtung einer Raumdiagonale des Würfels in den NaCl-Typ (Abb. 12.22b) überführt werden. Aus der Würfelanordnung der Cl^--Bausteine – ein Würfel ist ein spezielles Rhomboeder mit einem 90°-Winkel – entsteht eine Rhomboederanordnung der Cl^--Bausteine mit einem 60°-Winkel. Eine rhomboedrische P-Elementarzelle mit a = 60° entspricht dem kubischen F-Gitter (vgl. Fußnote 9 in Kap. 7). Die Bausteine verschieben sich nur, die Cs^+-Ionen verlieren dabei 2 ihrer Nachbarn, aus der Hexaeder- entsteht die Oktaederkoordination.

12.7.1.2 Rekonstruktive Umwandlungen

$Ca^{[9]}CO_3$ (Aragonit) wandelt sich bei 400°C in $Ca^{[6]}CO_3$ (Calcit) um. Die Koordinationszahl sinkt von [9] auf [6]. Die Bindungen zwischen den Ca^{2+} und CO_3^{2-} werden aufgebrochen und wieder neu geknüpft. Ein anderes Beispiel für diese Transformation wäre die Umwandlung von Zr vom $Mg^{[12]}$- zum $W^{[8]}$-Typ. Rekonstruktive Umwandlungen sind sehr träge.

In Tab. 12.8 sind Vertreter des Calcit- und Aragonittyps mit den Radien ihrer Kationen aufgeführt. Der Radius des Ca^{2+}-Ions scheint ein Grenzradius für beide Strukturtypen zu sein. Die Kationen mit kleineren Radien passen gut in die [6]-Lücken des Calcittyps, während die Kationen mit größeren Radien besser die [9]-Lücken des Aragonittyps füllen. Die Ca^{2+}-Ionen können beide Strukturtypen aufbauen. Durch Temperaturerhöhung kann $Ca^{[9]}CO_3$ (Aragonit) in $Ca^{[6]}CO_3$ (Calcit) überführt werden, während bei Druckerhöhung aus Calcit Aragonit entsteht.

Tab. 12.8 Das Auftreten des Calcit- und Aragonittyps in Abhängigkeit vom Kationenradius

Strukturtyp	Formel	Kationenradius [Å]	Koordinationszahl
Calcit	$MgCO_3$	0,72	[6]
	$ZnCO_3$	0,74	
	$FeCO_3$	0,78	
	$MnCO_3$	0,83	
	$CdCO_3$	0,95	
	$CaCO_3$	1,00	
Aragonit	$CaCO_3$	1,18	[9]
	$SrCO_3$	1,31	
	$PbCO_3$	1,35	
	$BaCO_3$	1,57	

Man kann diese Beziehung auch allgemeiner in der folgenden Regel formulieren:

▶ Mit steigender Temperatur sinkt die Koordinationszahl; mit steigendem Druck steigt die Koordinationszahl.

12.7.2 Transformationen in 2. Koordination

Die Anordnung der nächsten Nachbarn (Koordination) bleibt erhalten. Es treten nur Veränderungen bei den übernächsten Nachbarn auf. In Abb. 12.23 sind die Verhältnisse dieser Umwandlungen schematisch dargestellt. Die 3 gezeichneten Strukturen bestehen aus planaren AB_4-Polyedern, die unterschiedlich verknüpft sind.

12.7.2.1 Displazive Umwandlungen

Sie können durch den Übergang von (a) nach (b) in Abb. 12.23 veranschaulicht werden. Die Polyeder führen nur eine Drehbewegung durch, Bindungen werden nicht unterbrochen. Die Bindungswinkel A–B–A $\neq$ 180° in (a) werden in (b) gleich 180°. Die Dichte sinkt und die Symmetrie steigt.

Die Tief- und Hochquarzstrukturen $Si^{[4]}O_2$ sind 3-dimensionale Gerüste von SiO_4-Tetraedern, die über die Ecken miteinander verknüpft sind. Im Rechtstiefquarz[4] ($P3_221$) sind die Tetraeder parallel zur c-Achse spiralförmig entsprechend einer 3_2-Schraubenachse, im Rechtshochquarz ($P6_222$) entsprechend einer 6_2-Schraubenachse angeordnet (vgl. auch Abschn. 11.6). Eine Projektion beider Strukturen auf (0001) zeigt Abb. 12.24a,b. Bei der Temperatur von 573 °C erfolgt die displazive Umwandlung von Tief- zu Hochquarz und umgekehrt. Die beiden Strukturen sind ähnlich, nur die Tetraeder sind geringfügig gegeneinander verdreht. Bei der Umwandlung von Tief- zu Hochquarz sinkt die Dichte von 2,65 auf 2,53 g cm^{-3} (600 °C).

---

[4] Siehe auch Tab.9.4 18.

Abb. 12.23 Transformationen
in 2. Koordination an Strukturen aus planaren
AB$_4$-Polyedern:
displaziv a ↔ b;
rekonstruktiv b ↔ c, nach
Buerger [9]

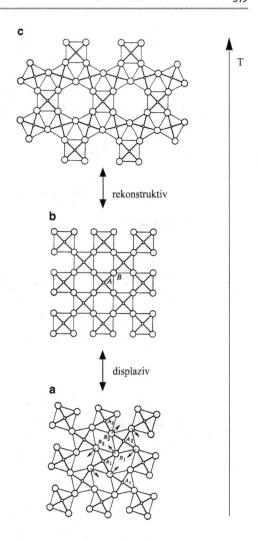

12.7.2.2 Rekonstruktive Umwandlungen

Sie sind durch den Übergang b nach c in Abb. 12.23 gekennzeichnet. Die Bindungen
zwischen den Koordinationspolyedern in b müssen aufgebrochen werden, damit aus den
Viererringen die Struktur mit den Sechserringen in c aufgebaut werden kann.

Wird Hochquarz über eine Temperatur von 870 °C hinaus erwärmt, so erfolgt eine rekonstruktive Umwandlung zum Hochtridymit (P6$_3$/mmc, Abb. 12.24c). Die Struktur des
Tridymits besteht aus Sechserringen von SiO$_4$-Tetraedern, die senkrecht zur c-Achse übereinander gelagert sind. Auch die Zinkblende-Wurtzit-Umwandlung ist rekonstruktiv.

Die displaziven Umwandlungen laufen bei geringem Energieaufwand relativ
schnell ab, während die rekonstruktiven bei höherem Energieaufwand sehr träge sind.

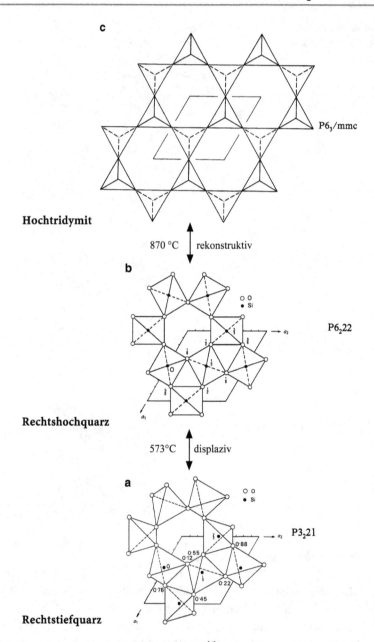

Abb. 12.24 Transformation in 2. Koordination an $Si^{[4]}O_2$-Strukturen als Projektionen auf (0001): **a** ↔ **b**: displaziv – Rechtstiefquarz ($P3_221$) ↔ Rechtshochquarz ($P6_222$); **b** ↔ **c**: rekonstruktiv – Rechtshochquarz ($P6_222$) ↔ Hochtridymit ($P6_3/mmc$); **a, b** Strukturen aus Schulz u. Tscherry [40]

12.7.3 Transformationen durch Ordnung-Unordnung

Kupfer und Gold sind bei höheren Temperaturen lückenlos mischbar. Im Cu,Au-Misch-kristall sind die Punktlagen statistisch von Cu und Au besetzt (Unordnung). Beim Ab-kühlen tritt ein Ordnungseffekt durch Bildung der Überstrukturen CuAu und Cu_3Au ein (Abb. 12.20 und 12.21; vgl. auch Abschn. 12.6 „Isotypie – Mischkristalle – Isomorphie").

12.7.4 Transformationen durch Änderung des Bindungscharakters

Kohlenstoff kommt als Diamant (Abb. 12.19), Graphit (Abb. 12.25) und C_{60} (Molekül in Abb. 12.6a) vor. Die Bindung im Diamant ist kovalent. Im Graphit und im C_{60} sind die C-Atome in den Baugruppen (Schichten bzw. kugelförmigen Käfigen) kovalent gebunden, während zwischen den Baugruppen Van-der-Waals-Kräfte bestehen. Transformationen dieser Art sind sehr träge.

In der Graphitstruktur sind die Kohlenstoffatome schichtförmig in Sechserringen an-geordnet. Koordinationspolyeder ist hier die planare [3]-Koordination (Tab. 12.1h). Die Stapelung der Schichten kann in einer Zweier- und in einer Dreierperiode (Abb. 12.25) erfolgen. Man erhält 2 Strukturen, die sich nur durch eine unterschiedliche Stapelfolge der Schichten unterscheiden. Diesen Spezialfall der Polymorphie nennt man *Polytypie*. In diese polytypen Strukturen kann man eine hexagonale und eine rhomboedrische Ele-mentarzelle hineinlegen, und man bezeichnet sie deshalb als 2H- bzw. 3R-Polytype des Graphits.

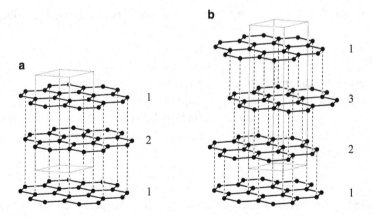

Abb. 12.25 Die polytypen Graphitstrukturen **a** 2H mit einer Schichtabfolge 1 2 1 ..., **b** 3R mit einer Schichtabfolge 1 2 3 1 ...

12.8   Informationen über Kristallstrukturen

In diesem Kapitel sind nur einige, aber sehr wichtige Kristallstrukturen abgehandelt und auch jene Fakten, die notwendig sind, um die Literatur über die Kristallstrukturen „lesen" zu können. Die entsprechend „älteren" Werke sind im Literaturverzeichnis unter [28, 29, 47–49, 55] aufgeführt. Aber die Zahl der bestimmten Kristallstrukturen geht in die Hunderttausende. Um diese riesige Datenflut bewältigen zu können und alles zu vereinfachen, wurden Datenbanken errichtet. Es sollen nur drei genannt werden:

1. ICSD (Inorganic Crystal Structure Database, FIZ Karlsruhe + NIST)
2. CSD (Cambridge Structural Data Base, CCDC Cambrigde UK)
3. COD (Crystallography Open Database); www.crystallography.net

Die Benutzung der Datenbanken ist mit Ausnahme der COD-Datenbank gebührenpflichtig. In den entsprechenden Universitätsinstituten wird man den Studierenden sicherlich weiterhelfen.

12.9   Übungsaufgaben

Aufgabe 12.1

Berechnen Sie den Radienquotienten R_A/R_X für das Koordinationspolyeder trigonales Prisma [6] und die planare [3]-Koordination (vgl. Tab. 12.1).

Aufgabe 12.2

Geben Sie eine Beschreibung der folgenden Strukturen bezüglich *Gitter + Basis:*

a) α-Polonium (kubisches P-Gitter). Vgl. Abb. 3.1
b) Wolfram (kubisches I-Gitter). Vgl. Abb. 12.5
c) Magnesium (hexagonal dichteste Kugelpackung). Vgl. Abb. 12.3
d) Kupfer (kubisch dichteste Kugelpackung). Vgl. Abb. 12.2
e) Zeichnen Sie von der Mg-Struktur eine Projektion auf (0001) (4 Elementarzellen). Suchen Sie in der Struktur die charakteristischen Symmetrieelemente, die die Hexagonalität bewirken.

Aufgabe 12.3

Berechnen Sie die Radien der Kristallbausteine der in Aufgabe 12.2 genannten Strukturen aus den Gitterparametern:

a) α-Po, a = 3,35 Å,
b) W, a = 3,16 Å,
c) Mg, a = 3,21 Å, c = 5,21 Å,
d) Cu, a = 3,61 Å.

Aufgabe 12.4

Berechnen Sie das ideale c/a Verhältnis für die hexagonal dichteste Kugelpackung.

Aufgabe 12.5

Die Raumfüllung (Packungsdichte) ist das Verhältnis des von den Kristallbausteinen einer Elementarzelle eingenommen Volumens zum Volumen der Elementarzelle, vgl. Gl. 12.1.

Berechnen Sie die Raumerfüllung bei

a) der α-Polonium-Struktur (cP-Gitter),
b) dem Wolfram-Typ (cI-Gitter),
c) der hexagonal dichtesten Kugelpackung,
d) der kubisch dichtesten Kugelpackung.

Aufgabe 12.6

Diamantstruktur

Gitter: cF, a $= 3{,}57\,\text{Å}$, Basis: C $0, 0, 0$; $\frac{1}{4}, \frac{1}{4}, \frac{1}{4}$

a) Zeichnen Sie eine Projektion der Struktur auf x, y, 0. Skizzieren Sie die C–C-Bindungen durch farbige, sich nach unten verjüngende Linien (im Bereich $0 < z < \frac{1}{2}$ grün, im Bereich $\frac{1}{2} < z < 1$ rot).

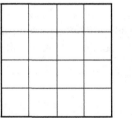

Bausteine mit

○ $z = 0$

◑ $z = \frac{1}{4}$

◑ $z = \frac{1}{2}$

◕ $z = \frac{3}{4}$

b) Berechnen Sie die Länge der C–C-Bindung.
c) Wie groß ist Z?
d) Beschreiben Sie die Struktur.
e) Vergleichen Sie die Diamantstruktur mit der Zinkblende (ZnS)-Struktur (Abb. 12.13).

Aufgabe 12.7

Graphit(2H)-Struktur

Gitter: hP, a $= 2{,}46\,\text{Å}$, c $= 6{,}70\,\text{Å}$, Basis: C $0, 0, 0$; $0, 0, \frac{1}{2}$; $\frac{2}{3}, \frac{1}{3}, 0$; $\frac{1}{3}, \frac{2}{3}, \frac{1}{2}$

a) Zeichnen Sie eine Projektion von 4 Elementarzellen auf x, y, 0. Verbinden Sie die nächsten C-Bausteine mit der gleichen z-Koordinate durch farbige Linien ($z = 0$ grün, $z = \frac{1}{2}$ rot).

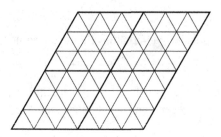

b) Berechnen Sie die Länge der C–C-Bindung.

c) Wie groß ist Z?

d) Beschreiben Sie die Struktur. Wie groß ist der Schichtabstand?

e) Berechnen Sie die Dichte von Diamant und Graphit. Diskutieren Sie das Ergebnis.

Aufgabe 12.8

LiCl (NaCl-Typ; a $= 5{,}13$ Å) besitzt eine kubisch dichteste Kugelpackung der Cl^--Bausteine ($R_A/R_X = 0{,}42$). Berechnen Sie die Ionenradien von Cl^- und Li^+ und die Packungsdichte der LiCl-Struktur.

Aufgabe 12.9

Zeichnen Sie eine x, y, 0-Ebene der NaCl- (a $= 5{,}64$ Å), der LiCl- (a $= 5{,}13$ Å) und der RbF-Struktur (a $= 5{,}64$ Å). Die Ionenradien sind in Abschn. 12.4.1 zu finden.

Aufgabe 12.10

Berechnen Sie die Ti–O-Abstände im Koordinationsoktaeder der Rutilstruktur (vgl. Tab. 10.6). Welche Abstände sind äquivalent und damit gleich groß?

Aufgabe 12.11

Pyritstruktur (FeS_2)

a) Raumgruppe $Pa\overline{3}$ ($P2_1/a\ \overline{3}$)

   Fe: 4 a $\overline{3}$ $0,0,0; 0,\frac{1}{2},\frac{1}{2}; \frac{1}{2},0,\frac{1}{2}; \frac{1}{2},\frac{1}{2},0$

   S: 8 c 3 $x,x,x; \frac{1}{2}+x, \frac{1}{2}-x, \overline{x}; \overline{x}, \frac{1}{2}+x, \frac{1}{2}-x; \frac{1}{2}-x, \overline{x}, \frac{1}{2}+x;$

   $\overline{x}, \overline{x}, \overline{x}; \frac{1}{2}-x, \frac{1}{2}+x, x; x, \frac{1}{2}-x, \frac{1}{2}+x; \frac{1}{2}+x, x, \frac{1}{2}-x.$ $x = 0{,}386$

b) Gitterparameter a $= 5{,}41$ Å

1. Zeichnen Sie die Struktur als Projektion auf x, y, 0 (a $= 10$ cm).

2. Beschreiben Sie die Struktur.

3. Wie groß ist Z?

4. Berechnen Sie den kürzesten Fe–S- und S–S-Abstand.

5. Zeichnen Sie die Symmetrieelemente in die Projektion ein.

Aufgabe 12.12

An einer NH_4–Hg–Cl-Verbindung wurde bestimmt:

a) Raumgruppe P4/mmm
b) Gitterparameter a = 4,19 Å, c = 7,94 Å
c) Punktlagen: Hg: 1a   0, 0, 0

NH_4:   1d $\frac{1}{2}, \frac{1}{2}, \frac{1}{2}$

Cl(1):   1c $\frac{1}{2}, \frac{1}{2}, 0$

Cl(2):   2g $\pm (0, 0, z) z = 0,3$

1. Zeichnen Sie eine Projektion der Struktur auf 0, y, z (1 Å = 1 cm).
2. Geben Sie der Verbindung eine chemische Formel. Wie groß ist Z?
3. Geben Sie die Koordinationsverhältnisse an (Koordinationspolyeder, -zahlen).
4. Berechnen Sie die kürzesten Hg–Cl- und NH_4–Cl-Abstände.
5. Unter welcher Bedingung gilt die unter a) genannte Raumgruppe?

Aufgabe 12.13

Kristallstruktur des $BaSO_4$

a) Raumgruppe: Pnma mit den Punktlagen
$4c: \pm(x, \frac{1}{2}, z; \frac{1}{2} + x, \frac{1}{4}, \frac{1}{2} - z)$
$8d: \pm(x, y, z; \bar{x}, \frac{1}{2} + y, \bar{z}; \frac{1}{2} + x, \frac{1}{2} - y, \frac{1}{2} - z; \frac{1}{2} - x, \bar{y}, \frac{1}{2} + z)$
b) Gitterparameter: a = 8,87 Å, b = 5,45 Å, c = 7,15 Å
c) Besetzung der Punktlagen

Baustein	Punktlage	x	y	z
Ba	4c	0,18	$\frac{1}{4}$	0,16
S	4c	0,06	$\frac{1}{4}$	0,70
O(1)	4c	−0,09	$\frac{1}{4}$	0,61
O(2)	4c	0,19	$\frac{1}{4}$	0,54
O(3)	8d	0,08	0,03	0,81

1. Zeichnen Sie eine Projektion der Struktur auf x, 0, z.
2. Wie groß ist Z?
3. Bestimmen Sie die Koordinationsverhältnisse O um S.

Röntgenographische Untersuchungen an Kristallen

13

Da die Wellenlänge der Röntgenstrahlen und die Gitterparameter der Kristalle von der gleichen Größenordnung sind, können die Röntgenstrahlen an Kristallgittern gebeugt werden. Dieser 1912 von *Max von Laue* entdeckte Beugungseffekt begründete die moderne Kristallographie. Erst von diesem Zeitpunkt an war es möglich, die Strukturen der Kristalle zu bestimmen.

Es soll hier nur auf eine Röntgenmethode – das *Debye-Scherrer-Verfahren* – eingegangen werden, weil sie in den Naturwissenschaften eine wichtige Untersuchungsmethode darstellt. Außerdem wird kurz skizziert, wie man eine Kristallstruktur bestimmen kann.

Was die Röntgenstrahlen und ihre Eigenschaften betrifft, sei auf Lehrbücher der Physik verwiesen.

13.1 Braggsche Gleichung

Die Beugung der Röntgenstrahlen an Kristallen kann formal auch als Reflexion der Röntgenstrahlen an Netzebenenscharen angesehen werden. Auf eine Netzebenenschar, deren Ebenen im gleichen Abstand d in paralleler Lage aufeinander folgen, trifft ein paralleler monochromatischer[1] Röntgenstrahl unter dem Glanzwinkel θ auf (Abb. 13.1). Die Strahlen I und II werden in A_1 und B reflektiert, und es kommt zur Interferenz. Die Strahlen haben jenseits von A_1 einen Gangunterschied $\Gamma = BA_1 - A_1B' = BA_3 - BC = CA_3$, da $BA_1 = BA_3$ und $B'A_1 = BC$ ist. Dann ist

$$\sin \theta = \frac{\Gamma}{2d} . \qquad (13.1)$$

Ein Interferenzmaximum ist nur dann zu beobachten, wenn Γ ein ganzzahliges Vielfaches n von λ ist ($\Gamma = n \cdot \lambda$; n = Ordnung der Interferenz).

---

[1] Enthält nur Röntgenlicht einer bestimmten Wellenlänge λ.

© Springer-Verlag Berlin Heidelberg 2018
W. Borchardt-Ott, H. Sowa, *Kristallographie*, Springer-Lehrbuch,
https://doi.org/10.1007/978-3-662-56816-3_13

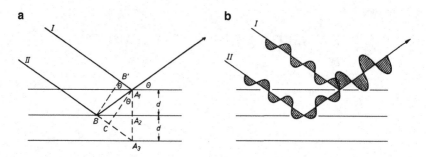

Abb. 13.1 Beugung („Reflexion") eines Röntgenstrahlbündels an einer Netzebenenschar (**a**), Interferenz der an der Netzebenenschar reflektierten Röntgenwellen ($\Gamma = 1\,\lambda$) (**b**)

▶ **Definition** *Daraus ergibt sich die* Braggsche Gleichung

$$n\lambda = 2d \sin \theta \tag{13.2}$$

13.2 Debye-Scherrer-Verfahren

Beim Debye-Scherrer-Verfahren wird feines Kristallpulver mit monochromatischem Röntgenlicht bestrahlt. Nach den Bedingungen der Braggschen Gleichung wird eine Netzebenenschar (hkl) bei einem bestimmten Glanzwinkel θ die Röntgenstrahlen reflektieren (Abb. 13.2a). Da die Kristallite in einem feinen Kristallpulver statistisch verteilt sind, liegt eine große Zahl von Kristallen so, dass eine bestimmte Netzebenenschar (hkl), die mit dem Röntgenstrahl den $\sphericalangle\theta$ bildet, zur Reflexion kommen kann. Diese Netzebenen tangieren die Oberfläche eines Kegels mit dem Öffnungswinkel 2θ. Die von diesen Netzebenen reflektierten Strahlen liegen wieder auf dem Mantel eines Kegels mit dem Öffnungswinkel 4θ (Abb. 13.2b). Die Abb. 13.2c zeigt die Reflexionskegel einiger unterschiedlicher Netzebenen.

Beim Debye-Scherrer-Verfahren arbeitet man in einer zylindrischen Kamera mit einem dünnen stäbchenförmigen Pulverpräparat in der Zylinderachse. Die Reflexionskegel schneiden den Film[2] in den *Debye-Scherrer-Linien* (Abb. 13.2c,d). Der Winkel zwischen den beiden vom gleichen Kegel herrührenden Linien beträgt 4θ. Es ist

$$\frac{S}{2R\pi} = \frac{4\theta}{360°} \quad (R = \text{Radius der Kamera}) \tag{13.3}$$

Für $R = 28,65\,\text{mm}$ ($2R\pi = 180\,\text{mm}$) entspricht S in mm gemessen also zahlenmäßig dem Wert von 2θ in Winkelgraden.

---

[2] Moderne Verfahren verwenden keinen Film mehr, sondern die abgebeugten Intensitäten werden elektronisch registriert, entweder mit einem Punkt-, einem eindimensionalen oder mit einem Flächendetektor.

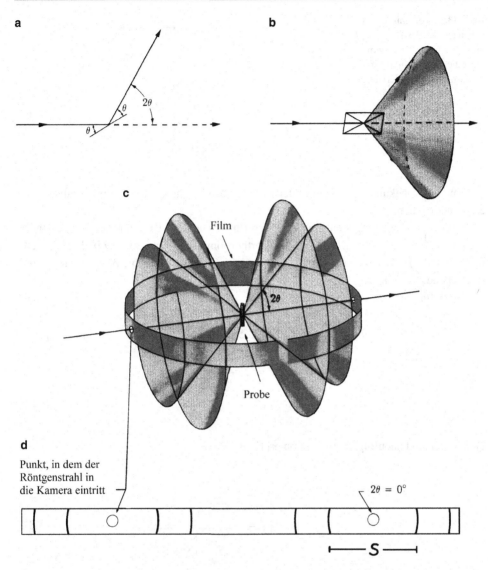

Abb. 13.2 a Beziehungen zwischen Primärstrahl und dem an einer Netzebene (hkl) abgebeugten Strahl. **b** Beliebig räumliche Lage einer bestimmten Netzebene (hkl) (Kristallpulver). Der geometrische Ort der an allen gleichartigen Netzebenenscharen unter dem Winkel θ abgebeugten Strahlen ist ein Kreiskegel mit dem Öffnungswinkel 4θ. **c, d** Die von verschiedenen Netzebenenscharen abgebeugten Strahlen liegen auf koaxialen Kreiskegeln um den Primärstrahl. Deren Schnittkurven mit dem zylindrischen Film liefern die „Linien" des Pulverdiagramms, nach Cullity [15]

Um aus der Röntgenaufnahme Informationen zu erhalten, ist die Indizierung der Reflexe notwendig, d. h. es muss ermittelt werden, von welchen Netzebenenscharen die beobachteten Interferenzen stammen. Da die θ-Werte aus der Aufnahme leicht abzule-

Abb. 13.3 Beziehung zwischen den Miller-Indizes (hkl) einer Netzebene und dem Netzebenenabstand d für einen orthorhombischen Kristall

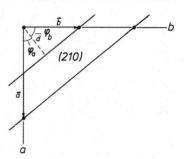

sen sind und λ bekannt ist, kann mit der Braggschen Gleichung der Netzebenenabstand d errechnet werden.

In welcher Beziehung steht nun d zu den (hkl)? Die dem Ursprung nächstgelegenen Netzebene (hkl) schneidet in Abb. 13.3 das orthorhombische Achsenkreuz in den Punkten m00 (a-Achse), 0n0 (b-Achse) und 00∞ (c-Achse) (vgl. auch Abschn. 3.4.3 „Gitterebene (Netzebene) (hkl)").

Es gilt für eine Netzebene (hkl):[3]

$$\cos \varphi_a = \frac{d}{m \cdot a} = d \cdot \frac{h}{a} \tag{13.4}$$

$$\cos \varphi_b = \frac{d}{n \cdot b} = d \cdot \frac{k}{b} \tag{13.5}$$

$$\cos \varphi_c = \frac{d}{p \cdot c} = d \cdot \frac{l}{c}^2 \tag{13.6}$$

Quadrieren und nachfolgende Addition erbringt

$$\cos^2 \varphi_a + \cos^2 \varphi_b + \cos^2 \varphi_c = d^2 \cdot \left(\frac{h^2}{a^2} + \frac{k^2}{b^2} + \frac{l^2}{c^2} \right) = 1 \tag{13.7}$$

$$d_{hkl} = \frac{1}{\sqrt{\frac{h^2}{a^2} + \frac{k^2}{b^2} + \frac{l^2}{c^2}}} \tag{13.8}$$

Diese Gleichung gilt im orthorhombischen System. Im kubischen Kristallsystem (a = b = c) vereinfacht sie sich zu:

$$d_{hkl} = \frac{a}{\sqrt{h^2 + k^2 + l^2}} \tag{13.9}$$

---

[3] Bezieht man sich auf die dem Ursprung nächstgelegene Netzebene, so ist $h = \frac{1}{m}$; $k = \frac{1}{n}$; $l = \frac{1}{p}$. Wird die ganze Netzebenenschar berücksichtigt, so besteht nur Proportionalität.

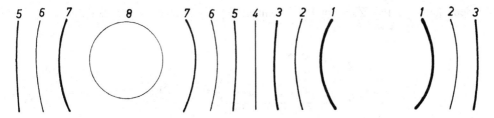

Abb. 13.4 Pulverdiagramm von Wolfram (0,65fach verkleinert)

Tab. 13.1 Auswertungsschema der Wolframpulveraufnahme

Nr. des Reflexes	S [mm]	θ [°]	$\sin^2\theta = \dfrac{\lambda^2}{4a^2} \cdot (h^2 + k^2 + l^2)$	hkl	d_{hkl} [Å]
1	40,3	20,15	$0{,}1187 = 0{,}0594 \cdot 2$	110	2,24
2	58,3	29,15	$0{,}2373 = 0{,}0593 \cdot 4$	200	1,58
3	73,2	36,60	$0{,}3555 = 0{,}0592 \cdot 6$	211	1,29
4	87,1	43,55	$0{,}4744 = 0{,}0593 \cdot 8$	220	1,12
5	100,8	50,40	$0{,}5937 = 0{,}0594 \cdot 10$	310	1,00
6	115,0	57,50	$0{,}7113 = 0{,}0592 \cdot 12$	222	0,91
7	131,2	65,60	$0{,}8294 = 0{,}0592 \cdot 14$	321	0,85
8	154,2	77,10	$0{,}9502 = 0{,}0592 \cdot 16$	400	0,79

Setzt man diese Netzebenenabstandsgleichung in die Braggsche Gleichung ein und quadriert, so erhält man für das kubische System:

$$\sin^2\theta = \frac{\lambda^2}{4a^2}\left(h^2 + k^2 + l^2\right) \tag{13.10}$$

Der rechte Teil der Gleichung stellt ein Produkt aus einem konstanten Faktor $\lambda^2/4a^2$ und einer ganzen Zahl ($h^2 + k^2 + l^2$) dar. Die $\sin^2\theta$-Werte der einzelnen Reflexe verhalten sich also zueinander wie bestimmte ganze Zahlen.

Das Pulverdiagramm des Metalls Wolfram in Abb. 13.4 wurde mit CuK$_\alpha$-Strahlung ($\lambda = 1,54$ Å) aufgenommen. Tab. 13.1 zeigt das Auswertungsschema für diese Aufnahme[4].

Aus dem konstanten Faktor $\lambda^2/4a^2 = 0{,}0592$ wird der Gitterparameter a $= 3,16$ Å errechnet.

---

[4] In Tab. 13.1 fällt auf, dass als Reflexe 200, 220, 222 und 400 vorkommen, die im Widerspruch zur Definition der Millerschen Indizes stehen (kleinste ganzzahlige Vielfache der reziproken Achsenabschnitte). Es sind die mit der Zahl n (Ordnung der Interferenz) multiplizierten Millerschen Indizes. Beispielsweise ist 200 die 2. Ordnung der Reflexion an (100). Man nennt die mit n multiplizierten Tripel hkl auch *Laue-Symbole* (Indizes) und schreibt sie ohne runde Klammer. Aus diesem Grund ist in der oberen Gleichung das n der Braggschen Gleichung nicht berücksichtigt.

Jetzt kann auch Z (Zahl der Formeleinheiten pro Elementarzelle) bestimmt werden (vgl. Kap. 4 „Die Kristallstruktur")

$$Z = \frac{\varrho \cdot V \cdot N_A}{M} \tag{13.11}$$

$$Z = \frac{19,3 \cdot 3,16^3 \cdot 10^{-24} \cdot 6,022 \cdot 10^{23}}{183,86} \tag{13.12}$$

$$Z \sim 2 \tag{13.13}$$

Eine kubische Elementstruktur mit $Z = 2$ kann nur die Anordnung eines kubischen I-Gitters haben.

In Tab. 13.1 erscheinen weder 100, 111 noch 210 als Reflexe. Ein solches Fehlen von Reflexen kommt bei Strukturen vor, die zentrierte Translationsgitter besitzen oder Gleitspiegelebenen oder Schraubenachsen enthalten.

Die fehlenden Reflexe sind *ausgelöscht*. Die hkl der Reflexe in Tab. 13.1 folgen der Bedingung $h + k + l = 2n$ (n = kleine ganze Zahl), die für Strukturen mit einem innenzentrierten Translationsgitter typisch ist.

Die Zahl der Reflexe bei einer Röntgenaufnahme ist begrenzt. In der Braggschen Gleichung $\sin \theta = \frac{\lambda}{2d}$ gilt für die Sinusfunktion $-1 \leq \sin \theta \leq +1$. Folglich ist $\frac{\lambda}{2d} \leq +1$ und $d \geq \frac{\lambda}{2}$.

Nur die Netzebenen können zur Reflexion kommen, deren d-Werte $\geq \frac{\lambda}{2}$ sind.

Für CuK$_\alpha$-Strahlung ($\lambda = 1,54$ Å) liegt der Grenzwert bei 0,77 Å. Das W-Diagramm enthält keinen Reflex mit einem d-Wert $< 0,77$ Å (Tab. 13.1).

Die große Bedeutung von Röntgenpulververfahren liegt darin, Kristallarten zu identifizieren. Jede Kristallart erzeugt ein nur für sie charakteristisches Diagramm im Hinblick auf die Abfolge der Linien und deren Intensitäten. Die *American society for testing materials* hat eine Kartei (ASTM-Index) zusammengestellt, in der alle mit Pulvermethoden untersuchten organischen und anorganischen kristallinen Substanzen enthalten sind. Sie wurde später als PDF (Powder Diffraction File) des International Centre for Data (ICDD) weitergeführt und enthält mehr als 900 000 Einträge (teils aus Einkristalldaten berechnete). Zu jedem Eintrag gehört eine Datei, die außer vielen kristallographischen Daten (Kristallsystem, Raumgruppe, Gitterparameter, Zahl der Formeleinheiten pro Raumgruppe, Dichte) die d-Werte oder die 2θ der einzelnen Reflexe, ihre Intensitäten (stärkste Linie = 100) und die den Reflexen entsprechenden hkl enthält. Einen solchen PDF-Eintrag zeigt Tab. 13.2.

Die Identifikation beruht auf einem Vergleich der Pulverdiagramm-Daten der unbekannten Kristallart mit den bekannten Pulverdiagramm-Daten in der PDF-Kartei. Bei der Suchroutine bezieht man sich auf die 3 Linien mit den stärksten Intensitäten. Angaben über den Chemismus oder physikalische Eigenschaften, z. B. Dichte können den Suchvorgang erleichtern.

Tab. 13.2 PDF-Informationen für Wolfram (PCPDFWIN v. 2.3)

04-0806

W

Tungsten

Wavelength= 1.5405 *

d(A)	Int	h	k	l
2.238	100	1	1	0
1.582	15	2	0	0
1.292	23	2	1	1
1.1188	8	2	2	0
1.0008	11	3	1	0
.9137	4	2	2	2
.8459	18	3	2	1
.7912	2	4	0	0

Rad.: CuKa1 λ: 1.5405 Filter: Ni Beta d-sp:

Cut off: Int.: Diffract. I/Icor.: 18.00

Ref: Swanson, Tatge. Natl. Bur. Stand. (U.S.). Circ. 539. I, 28 (1953)

Sys.: Cubic S.G.: Im3m (229)

a: 3.1648 b: c: A:

α: β: γ: Z: 2 mp:

Ref: Ibid.

Dx: 19.262 Dm: SS/FOM: F 8 = 108(.0093 , 8)

Color: Gray metallic
Pattern taken at 26 C. Sample prepared at Westinghouse Electric Corp. CAS #: 7440-33-7. Analysis of sample shows Si O2 0.04%, K 0.05%, Mo, Al2 O3 and 0.01% each. Merck Index, 8th Ed., p. 1087. W type. Also called: wolfram.PSC: cI2. Mwt: 183.85. Volume[CD]: 31.70.

13.3   Reziprokes Gitter

Kristalle sind 3-dimensionale Gebilde. Betrachtet man nur die Morphologie eines Kristalls, so liefert die stereographische Projektion einen guten Überblick über die Anordnung der Kristallflächen zueinander. Man bedient sich dabei der Normalen der Kristallflächen (Abschn. 5.4 „Stereographische Projektion").

Ein ähnliches System für die Darstellung von Netzebenen erdachte *P.P. Ewald*, um Röntgeninterferenzen an Kristallgittern zu diskutieren. Wie in Abschn. 13.1 „Braggsche Gleichung" beschrieben, können solche Röntgeninterferenzen auch als Reflexionen des Röntgenlichts an parallelen Netzebenenscharen aufgefasst werden. Es war deshalb wichtig, ein Hilfsmittel zu schaffen, das die Lage der Netzebenen und ihrer Röntgeninterferenzen veranschaulicht. Dieses Hilfsmittel ist das „reziproke Gitter". Jede Netzebenenschar des Kristalls wird durch einen Punkt des reziproken Gitters dargestellt. Bei der Konstruktion des „reziproken Gitters" zu einem vorgegebenen „direkten Gitter" verfährt man wie folgt: Man zeichnet für jede Netzebenenschar (hkl) vom Nullpunkt aus die Normale und trägt auf ihr vom Nullpunkt aus den Betrag $d^* = \frac{C}{d_{(hkl)}}$ ab (d = Netzebenenabstand, C = Proportionalitätsfaktor).

Die Konstruktion des reziproken Gitters soll nun anhand der Projektion auf (010) eines direkten monoklinen P-Gitters gezeigt werden (Abb. 13.5). Vom Nullpunkt aus wird die Normale der Netzebenenschar (001) gezeichnet und auf ihr vom Nullpunkt aus der reziproke Netzebenenabstand $d^* = \frac{C}{d_{(001)}}$ abgetragen. Man erhält den Punkt P^*_{001}. Entsprechend verfahren wir bezüglich der Netzebenenschar (100) und erhalten hier den Punkt P^*_{001}. Die Punkte P^*_{001} und P^*_{100} veranschaulichen die Lage der Netzebenenscharen (001) und (100).

Mit Hilfe der 3 Punkte P^*_{000}, P^*_{100} und P^*_{001} kann ein 2-dimensionales Gitter aufgebaut werden. Diese reziproke Gitterebene ist in Abb. 13.5 gestrichelt dargestellt.

Es muss nun aber noch gezeigt werden, dass alle weiteren zu den Netzebenenscharen (h0l) gehörenden Punkte des reziproken Gitters ebenfalls zu der oben konstruierten Gitterebene gehören. Die Abb. 13.6–13.8 zeigen die entsprechenden Konstruktionen für die Netzebenenscharen (101), (201) und (102). Trägt man nun alle gefundenen Punkte des reziproken Gitters in eine Zeichnung ein, so sieht man ihre gitterförmige Anordnung bestätigt (Abb. 13.9). Aber man gelangt auf diese Weise nicht zu allen Punkten des reziproken Gitters. Es fehlen z. B. P^*_{002}, P^*_{200}, P^*_{202}, da die Netzebenen mit den Indizes (002), (200), (202) der Definition der Millerschen Indizes [Abschn. 3.1 „Gitterebene (Netzebene) (hkl)] widersprechen. Man könnte natürlich auch z. B. eine „Netzebenenschar" (002) mit einem Netzebenenabstand $d = \frac{d_{(001)}}{2}$ definieren. Bei diesen „Netzebenen" wäre aber nur jede 2. mit Punkten des direkten Gitters besetzt. Man kann die Braggsche Gleichung (Gl. 13.2) aber auch in der Form $\lambda = 2\frac{d}{n} \sin\theta$ schreiben. Daraus kann gefolgert werden, dass man eine Interferenz n-ter Ordnung bei einem Netzebenenabstand d auch als eine Interferenz 1. Ordnung für einen Netzebenenabstand $\frac{d}{n}$ ansehen kann. P^*_{002} entspräche also einer Röntgeninterferenz 2. Ordnung der Netzebenenschar (001), P^*_{003} der 3. Ordnung usw. Entsprechendes gilt für P^*_{200} und P^*_{202} usw. (vgl. auch Fußnote 4 in diesem Kapitel).

Abb. 13.5 Monoklines P-
Gitter als Projektion auf (010)
mit den Punkten P^*_{001} und P^*_{100}.
P^*_{001}, P^*_{100} und P^*_{000} spannen ein
Gitter auf, das reziproke Gitter

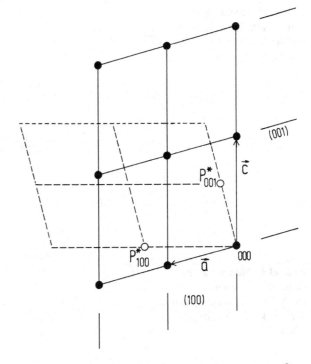

Abb. 13.6 Monoklines P-
Gitter als Projektion auf (010)
mit Netzebenenschar (101) und
dem Punkt P^*_{101} des reziproken
Gitters

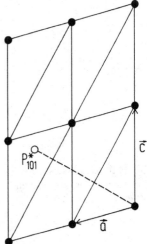

So ist die oben gegebene Konstruktionsvorschrift für das reziproke Gitter nicht ganz
vollständig und müsste heißen: … und trägt auf ihr vom Nullpunkt aus den Betrag $d^* =$
$\frac{C}{d_{(hkl)}}$ und alle ganzzahligen Vielfachen ab[5].

---

[5] Der Proportionalitätsfaktor C ist für die Erstellung der Zeichnungen notwendig.

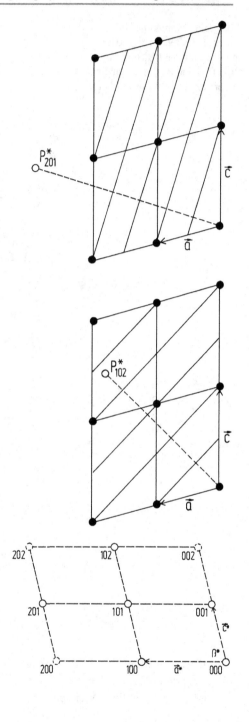

Abb. 13.7 Monoklines P-Gitter als Projektion auf (010) mit Netzebenenschar (201) und dem Punkt P^*_{201} des reziproken Gitters

Abb. 13.8 Monoklines P-Gitter als Projektion auf (010) mit Netzebenenschar (102) und dem Punkt P^*_{102} des reziproken Gitters

Abb. 13.9 Reziprokes Gitter (a*c*-Ebene) des monoklinen P-Gitters in Abb. 13.5

Das reziproke Gitter wird wie das direkte Gitter durch 6 Gitterparameter bestimmt.

$$|\vec{a}^*| = a^* = \frac{1}{d_{(100)}} = \frac{bc \sin \alpha}{V} \tag{13.14}$$

$$|\vec{b}^*| = b^* = \frac{1}{d_{(010)}} = \frac{ac \sin \beta}{V} \tag{13.15}$$

$$|\vec{c}^*| = c^* = \frac{1}{d_{(001)}} = \frac{ab \sin \gamma}{V} \tag{13.16}$$

$$V = abc \cdot \sqrt{1 - \cos^2 \alpha - \cos^2 \beta - \cos^2 \gamma + 2 \cos \alpha \cos \beta \cos \gamma} \tag{13.17}$$

(Volumen der Elementarzelle)

$$\alpha^* = \vec{b}^* \wedge \vec{c}^* \;;\quad \cos \alpha^* = \frac{\cos \beta \cos \gamma - \cos \alpha}{\sin \beta \sin \gamma} \tag{13.18}$$

$$\beta^* = \vec{a}^* \wedge \vec{c}^* \;;\quad \cos \beta^* = \frac{\cos \alpha \cos \gamma - \cos \beta}{\sin \alpha \sin \gamma} \tag{13.19}$$

$$\gamma^* = \vec{a}^* \wedge \vec{b}^* \;;\quad \cos \gamma^* = \frac{\cos \alpha \cos \beta - \cos \gamma}{\sin \alpha \sin \beta} \tag{13.20}$$

Anhand des reziproken Gitters lassen sich die Braggsche Gleichung und damit die Beugungseffekte von Röntgenstrahlen an einem Gitter hervorragend diskutieren. Abb. 13.10 zeigt einen Schnitt durch ein reziprokes Gitter. Die Richtung des Primärstrahls ist mit Hilfe einer Geraden durch den Punkt P_{000} gekennzeichnet. Man konstruiert nun eine Kugel (in Abb. 13.10 einen Kreis) mit dem Radius $\frac{c}{\lambda}$, deren Mittelpunkt M auf der Geraden liegt. Die Kugeloberfläche schneidet den Ursprung P^*_{000} des reziproken Gitters. Diese Kugel wird als Ausbreitungskugel bezeichnet. Im Allgemeinen liegt außer P^*_{000} kein weiterer Punkt des reziproken Gitters auf der Oberfläche dieser Kugel. Durch spezielle Wahl der Primärstrahlrichtung kann man erreichen, dass die Ausbreitungskugel einen weiteren

Abb. 13.10 *Ewald-Konstruktion*

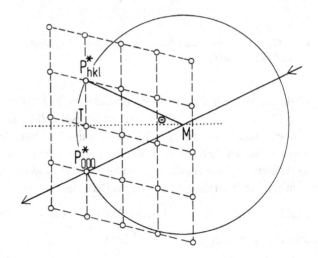

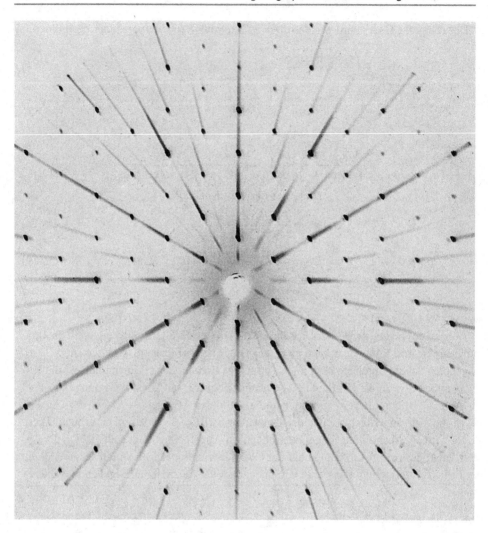

Abb. 13.11 Präzessionsaufnahme von β-Eukriptit LiAlSiO$_4$ (Raumgruppe P6$_4$22); a*b*-Ebene (Aufnahme: A. Breit)

Punkt P^*_{hkl} des reziproken Gitters schneidet (Abb. 13.10). Dann ist die Bragg-Gleichung $n\lambda = 2d \sin\theta$ für die zugehörige Netzebenenschar (hkl) gerade erfüllt. Es kommt zur Interferenz, und ein abgebeugter Röntgenstrahl in Richtung des Vektors $\overrightarrow{MP}^*_{hkl}$ entsteht. Die Spur der Netzebene (hkl) ist in Abb. 13.10 durch die punktierte Linie gekennzeichnet. Es wird deutlich, dass man die Entstehung des abgebeugten Strahls mit dem Glanzwinkel θ auch als Reflexion an der Netzebenen (hkl) deuten kann. Man beachte, dass im Dreieck $P^*_{hkl}MT$ mit $\sin\theta = \dfrac{\frac{1}{2d}}{\frac{1}{\lambda}} = \dfrac{\lambda}{2d}$ die Braggsche Gleichung erfüllt ist. Diese Konstruktion wird als *Ewald-Konstruktion* bezeichnet.

Abb. 13.12 a*b*-Ebene eines hexagonalen Gitters, vgl. Abb. 13.11

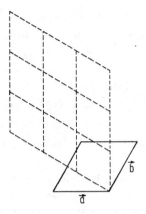

Dreht man nun einen Einkristall um eine Achse senkrecht zum Primärstrahl, die auch senkrecht auf der dargestellten Ebene des reziproken Gitters steht, dann dreht sich gleichzeitig das reziproke Gitter um eine Achse durch P_{000}^*, weitere Punkte des reziproken Gitters durchstoßen während dieser Drehung die Kugeloberfläche (vgl. Abb. 13.10), und es kommt an den entsprechenden Netzebenen zur Reflexion. Diese Verhältnisse sind bei der Drehkristallmethode realisiert.

Die Präzessionsmethode von *Buerger* bewirkt eine unverzerrte Abbildung des reziproken Gitters. Dabei führt eine Achse des Kristalls eine Präzessionsbewegung um den Primärstrahl durch. Zur Abbildung gelangt die senkrecht zu dieser Achse stehende Ebene des reziproken Gitters. Eine Präzessionsaufnahme des β-Eukriptits LiAlSiO$_4$ (Raumgruppe P6$_4$22) zeigt Abb. 13.11. Es ist die a*b*-Ebene abgebildet. Das reziproke Gitter eines hexagonalen Gitters ist natürlich ebenfalls hexagonal (Abb. 13.12). Man vergleiche Abb. 13.11 und 13.12.

13.4 Laue-Gruppen

Das Reflexionsvermögen der Röntgenstrahlen an der oberen und der unteren Seite einer Netzebene ist in der Regel gleich groß. Der Reflexionsvorgang muss deshalb als inversionssymmetrisch angesehen werden. Die Symmetrieaussage von Röntgenaufnahmen ist darum beschränkt. Man kann nicht die 32 Punktgruppen unterscheiden, sondern nur die 11 Punktgruppen, die ein Inversionszentrum enthalten. Diese werden auch als Laue-Gruppen bezeichnet (vgl. Tab. 9.11).

Als Beispiel sollen nun die Laue-Gruppen des tetragonalen Kristallsystems erläutert werden. Zu den einzelnen Punktgruppen wird jeweils $\bar{1}$ hinzugefügt:

Laue-Gruppe 4/m

$4 + \bar{1} \Rightarrow 4/m$ (Symmetriesatz I)

$\bar{4} + \bar{1} \Rightarrow 4/m$ (vgl. Abb. 6.13). Lässt man auf die von einer $\bar{4}$ erzeugte Punktanordnung in (a) $\bar{1}$ einwirken, so entsteht die Punktanordnung in (b) $\equiv 4/m$.

Laue-Gruppe 4/m 2/m 2/m (4/mmm)

$422 + \bar{1} \Rightarrow 4/m\,2/m\,2/m$

$4mm + 1 \Rightarrow 4/m\,2/m\,2/m$ } Symmetriesatz I

$\bar{4}2m + \bar{1} \Rightarrow 4/m\,2/m\,2/m$ ($\bar{4} + \bar{1} \equiv 4/m$ vgl. oben; und Symmetriesatz I).

Berücksichtigt man den Symmetriesatz I und die Beziehungen $3 + \bar{1} \equiv \bar{3}$ und $\bar{6} + \bar{1} \equiv$ 6/m, so ist es außerordentlich einfach, auch die Laue-Gruppen der anderen Kristallsysteme aus den Punktgruppen abzuleiten (vgl. auch Tab. 9.11).

13.5 Bestimmung einer Kristallstruktur

Mit dem Pulververfahren können nur einfache Kristallstrukturen bestimmt werden. Es wurden Techniken entwickelt, die es gestatten, speziell an Einkristallen die Reflexe vieler Netzebenen zu messen. Aus den „Auslöschungen" kann auf die Raumgruppe geschlossen werden. Aufgrund einer Dichtebestimmung kann Z errechnet werden (Abschn. 13.2 „Debye-Scherrer-Verfahren"). Damit ist die Anzahl der Atome in der Elementarzelle bekannt. Die Intensität eines Reflexes hängt von der Besetzung der Netzebenen mit Bausteinen ab. Da die einzelnen Netzebenen von unterschiedlich vielen und unterschiedlich schweren Bausteinen (in Bezug auf die Zahl der Elektronen) besetzt sind, kann aus den Intensitäten einer sehr großen Zahl von Reflexen auf die Anordnung der Bausteine in der Elementarzelle geschlossen werden.

Es ist bei einfachen Kristallstrukturen möglich, aufgrund weniger kristallographischer Daten einen Strukturvorschlag zu machen. Dies soll für die Kristallart SnO_2 versucht werden:

Es wurden bestimmt:

- Gitterparameter a = 4,74 Å   c = 3,19 Å
- Raumgruppe $P4_2/mnm$
- Dichte: $6,96\,\text{g cm}^{-3}$

Zuerst wird Z (Zahl der Formeleinheiten/EZ) berechnet (vgl. Gl. 4.5)

$$Z = \frac{\varrho \cdot N_A \cdot V}{M} = \frac{6,96 \cdot 6,023 \cdot 10^{23} \cdot 4,74^2 \cdot 3,19 \cdot 10^{-24}}{150,69} = 1,99 \approx 2 \qquad (13.21)$$

Danach sind 2 Formeleinheiten SnO_2, also 2 Sn- und 4 O-Ionen in der Elementarzelle enthalten. Die Sn-Ionen besetzen eine 2-zählige, die O-Ionen eine 4-zählige Punktlage der Raumgruppe. Die Raumgruppe $P4_2/mnm$ (Abb. 10.18) besitzt zwei 2-zählige (2a und 2b) und fünf 4-zählige Punktlagen (4c bis 4g). Es soll nun mit Hilfe der Ionengröße ($R_{Sn^{4+}} = 0,69\,\text{Å}$; $R_{O^{2-}} = 1,36\,\text{Å}$) versucht werden, eine Auswahl bei der Besetzung der Punktlagen zu treffen. Die folgenden Abbildungen (Abb. 13.13, 13.14) sind in Bezug auf die Gitterparameter und Ionenradien im gleichen Maßstab gezeichnet.

Beginnen wir mit den 4-zähligen Punktlagen für die O-Ionen:

- Punktlage 4c: Wir betrachten nur die Punkte in $0, \frac{1}{2}, 0$ und $0, \frac{1}{2}, \frac{1}{2}$ (Abb. 10.18). Sie sind in Abb. 13.13c in Richtung $0, \frac{1}{2}, z$ im Bereich des Gitterparameters c markiert. Werden nun die O-Ionen mit ihrer Größe eingetragen, so überschneiden sich die Kugeln stark.
- Punktlage 4d: Wir berücksichtigen nur die Punkte $0, \frac{1}{2}, \frac{1}{4}$ und $0, \frac{1}{2}, \frac{3}{4}$ in Richtung $0, \frac{1}{2}, z$ im Bereich von c und tragen die O-Ionen ein (Abb. 13.13d). Die Kugeln durchdringen sich so stark wie für Punktlage 4c beschrieben.
- Punktlage 4e: Die Punktlage hat einen Freiheitsgrad. Wir gehen nur von den Punkten $0, 0, z$ und $0, 0, \bar{z}$ in Richtung $0, 0, z$ im Bereich von c aus. Die Ionen müssen im Bereich des Gitterparameters c eingetragen werden (Abb. 13.13e). Die Kugeln überschneiden sich sehr stark.

Die 3 genannten Punktlagen kommen als Baugrundlage für die SnO_2-Struktur nicht in Frage.

- Punktlage 4f: Die Punktlage hat ebenfalls einen Freiheitsgrad. Um die Bewegungsfreiheit der O-Ionen einzuschränken, werden vorher die Sn-Ionen in $0, 0, 0$ [Punktlage 2a] in eine x, y, 0-Ebene eingetragen (Abb. 13.14a). Die O-Ionen können nun in $x, x, 0$ und $\bar{x}, \bar{x}, 0$ auf der Diagonalen zwischen den Sn-Ionen in $0, 0, 0$ und $1, 1, 0$ eingezeichnet werden. Sie füllen mit ihren Kugeln genau die Lücken aus! Nun kann die Koordinate x bestimmt werden (Abb. 13.14a):

$$R_{Sn^{4+}} + R_{O^{2-}} = 0,69 + 1,36 = 2,05\,\text{Å} \tag{13.22}$$

$$\frac{2,05}{\sqrt{2}} = 1,45 \tag{13.23}$$

$$\frac{1,45}{a} = 0,306 = x \tag{13.24}$$

Setzt man x $= 0,3(06)$ in die Punktlage 4f ein, so erhält man auch die Koordinaten $0,2, 0,8, \frac{1}{2}$ und $0,8, 0,2, \frac{1}{2}$ für die O-Ionen 3 und 4. Sie sind mit dem Sn-Ion in $\frac{1}{2}, \frac{1}{2}, \frac{1}{2}$ (Punktlage 2a) in die x, y, $\frac{1}{2}$-Ebene in Abb. 13.14b eingetragen. Abb. 13.14c zeigt nun einen x, x, z-Schnitt durch Abb. 13.14a und b. Das Sn-Ion hat Platz in der von den O-Ionen gebildeten Oktaederlücke.

Damit wäre ein Strukturvorschlag erarbeitet.

In der Raumgruppe $P4_2/mnm$ (Abb. 10.18) besetzt Sn^{4+} 2a m.mm und O^{2-} 4f m.2m mit x $= 0,304$. Bei Wyckoff [55] ist für SnO_2 x $= 0,307$ angegeben. SnO_2 gehört demselben Strukturtyp wie Rutil (Abb. 10.24) an.

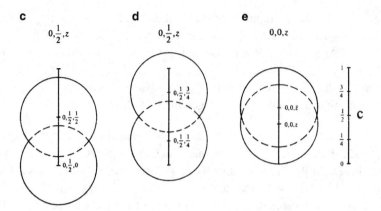

Abb. 13.13 Punktlagen **c**, **d** und **e**. Zum Strukturvorschlag für SnO$_2$. Die O-Ionen passen nicht auf die angegebenen Punkte der 4-zähligen Punktlagen **c–e** der Raumgruppe P4$_2$/mnm

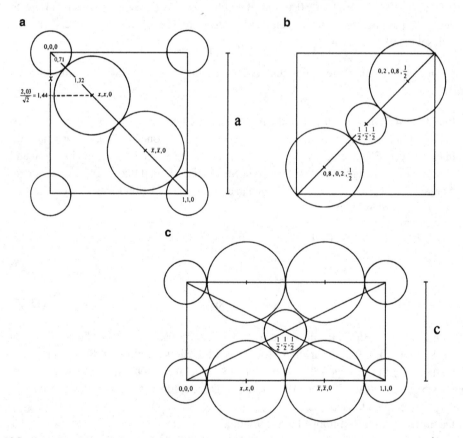

Abb. 13.14 Punktlage f. Strukturvorschlag für SnO$_2$. Die Besetzung der Punktlage a mit Sn^{4+} und der Punktlage f mit O^{2-} führt zu einem akzeptablen Strukturvorschlag. **a** Strukturebene x, y, 0, **b** Strukturebene x, y, $\frac{1}{2}$, **c** Strukturebene x, x, z

Tab. 13.3 Koordinaten einiger Punktlagen der Raumgruppe F $4/m\,\bar{3}\,2/m$, aus [18]

			$(0,0,0)+$	$(0,\tfrac{1}{2},\tfrac{1}{2})+$	$(\tfrac{1}{2},0,\tfrac{1}{2})+$	$(\tfrac{1}{2},\tfrac{1}{2},0)+$
24	d	m.mm	$0,\tfrac{1}{4},\tfrac{1}{4}$ $0,\tfrac{3}{4},\tfrac{1}{4}$	$\tfrac{1}{4},0,\tfrac{1}{4}$ $\tfrac{1}{4},0,\tfrac{3}{4}$	$\tfrac{1}{4},\tfrac{1}{4},0$ $\tfrac{3}{4},\tfrac{1}{4},0$	
8	c	$\bar{4}3m$	$\tfrac{1}{4},\tfrac{1}{4},\tfrac{1}{4}$	$\tfrac{1}{4},\tfrac{1}{4},\tfrac{3}{4}$		
4	b	$m\bar{3}m$	$\tfrac{1}{2},\tfrac{1}{2},\tfrac{1}{2}$			
4	a	$m\bar{3}m$	$0,0,0$			

- Bei der Diskussion wurde bisher die Punktlage 4g nicht berücksichtigt. Die Verwendung der Punktlagen 4g und 2a führt ebenfalls zu dem oben genannten Strukturvorschlag.

Es gibt noch viel einfachere Betrachtungen. Bei den folgenden Beispielen wird auf die Bestimmung von Z verzichtet.

- CsI: $Z = 1$. Die Raumgruppe ist $\bar{P}4/m\,\bar{3}\,2/m$ und besitzt nur zwei 1-zählige Punktlagen:

1	b	$m\bar{3}m$	$\tfrac{1}{2},\tfrac{1}{2},\tfrac{1}{2}$
1	a	$m\bar{3}m$	$0,0,0$

Folglich liegt Cs^+ auf $\tfrac{1}{2},\tfrac{1}{2},\tfrac{1}{2}$ und I^- auf $0,0,0$ oder umgekehrt (vgl. Abb. 4.4).

- NaCl: $Z = 4$. Raumgruppe F $4/m\,\bar{3}\,2/m$. Tab. 13.3 enthält die Koordinaten der Punktlagen a–d dieser Raumgruppe. Es gibt nur zwei 4-zählige Punktlagen. So liegt Na^+ auf 4a und Cl^- auf 4b oder umgekehrt (vgl. Abb. 12.9). In Abb. 12.9 ist anstelle $\tfrac{1}{2},\tfrac{1}{2},\tfrac{1}{2}$; $\tfrac{1}{2},0,0$ angegeben. Beide Angaben sind gleichwertig.
- CaF$_2$: $Z = 4$. F4/m $\bar{3}$ 2/m (Tab. 13.3). F^- besetzt die 8-zählige Punktlage 8c, Ca^{2+} besetzt entweder 2a $0,0,0$ oder 2b $\tfrac{1}{2},\tfrac{1}{2},\tfrac{1}{2}$ (Abb. 12.10). Beide Ca^{2+}-Positionen führen zum gleichen Ergebnis.

13.6 Übungsaufgaben

Aufgabe 13.1

Zeichnen Sie die (100)- und die (001)-Netzebenen der Rutilstruktur (vgl. Abb. 10.24 und Tab. 10.6). Konstruieren Sie anhand der Ausführungen in Abschn. 13.3 „Reziprokes Gitter" die a*c*- und die a*b*-Ebenen des reziproken Gitters.

Aufgabe 13.2

An der Kristallstruktur des Thalliums wurde bestimmt:

a) Gitterparameter a = b = c = 3,88 Å
$$\alpha = \beta = \gamma = 90°$$
b) Dichte $\varrho = 11{,}85\,\mathrm{g\,cm^{-3}}$

Unterbreiten Sie einen Strukturvorschlag und zeichnen Sie die Kristallstruktur als Projektion auf x, y, 0.

Aufgabe 13.3

Leiten Sie die kubischen Laue-Gruppen ab.

Aufgabe 13.4

Von würfelförmigen KI-Kristallen wurde eine Pulveraufnahme mit CuKα-Strahlung ($\lambda = 1{,}54$ Å) angefertigt. Die Vermessung der ersten 9 dem Primärfleck nächstgelegenen Linien ergab die folgenden 2θ-Werte: 21,80°; 25,20°; 36,00°; 42,50°; 44,45°; 51,75°; 56,80°; 58,45°; 64,65°.

a) Indizieren Sie diese Pulverlinien und berechnen Sie die d-Werte.
b) Bestimmen Sie den Gitterparameter a.
c) Wie groß ist Z? [Dichte (KI) = $3{,}13\,\mathrm{g\,cm^{-3}}$].
d) Unterbreiten Sie einen Strukturvorschlag für KI.

Kristallbaufehler

14

Ein Kristall von der Größenordnung 1 cm^3 enthält ungefähr 10^{23} Atome. Nach der Gittertheorie müssten alle Kristallbausteine dem Prinzip eines Translationsgitters folgen. Alle Bausteine müssten der Symmetrie einer der 230 Raumgruppen gehorchen. Die äquivalenten Punkte einer Punktlage müssten vollständig, und zwar durch Bausteine gleicher Art besetzt sein. Dieses theoretische Bild eines Kristalls trifft aber nur für den Idealfall, den *Idealkristall*, zu.

Betrachtet man eine größere Zahl von Kristallen, so fällt auf, dass auch Risse und Sprünge vorhanden, dass die Kristallflächen oft nicht vollkommen eben sind. Auf Spaltflächen wird sogar erkennbar, dass einzelne Kristallbereiche gering gegeneinander geneigt sind. In Kristallen können Einschlüsse beobachtet werden, die kristallin, flüssig und gasförmig sein können. Man sieht, dass der tatsächlich gewachsene *Realkristall* von der oben skizzierten vollkommenen Ordnung beträchtlich abweicht.

Alle Abweichungen vom Idealkristall sollen als *Kristallbaufehler* bezeichnet werden. Viele wichtige Eigenschaften der Kristalle beruhen auf Baufehlern, z. B. die Lumineszenz, Diffusion, mechanische Eigenschaften usw. Aber trotzdem ist die ideale Kristallstruktur auch weiterhin Ausgangspunkt der Betrachtungen an Kristallen.

Die einzelnen Baufehler zeichnen sich durch eine große Mannigfaltigkeit aus. Sie lassen sich auf der Grundlage ihrer Ausdehnung einteilen (Tab. 14.1).

Tab. 14.1 Einteilung der Kristallbaufehler

14.1 Punktdefekte	14.2 Liniendefekte	14.3 Flächendefekte
Fremdbausteine	Stufenversetzung	Kleinwinkelkornrenze
Mischkristalle	Schraubenversetzung	Stapelfehler
Schottky- und Frenkel-Fehlordnung		Zwillingsgrenze

© Springer-Verlag Berlin Heidelberg 2018
W. Borchardt-Ott, H. Sowa, *Kristallographie*, Springer-Lehrbuch,
https://doi.org/10.1007/978-3-662-56816-3_14

14.1   Punktdefekte

Bei den Punktdefekten handelt es sich um atomare Baufehler.

Fremdbausteine

Beim Idealkristall müsste, was die chemische Zusammensetzung betrifft, eine 100%ig reine Substanz vorliegen, die es natürlich nicht gibt. Ein Kristall mit dem Volumen von 1 cm^3 enthält $\sim 10^{23}$ Atome. Bei einem Reinheitsgrad von 99,99999 % sind in diesem Kristall noch 10^{16} Fremdatome vorhanden. Man muss die hohe Zahl von 10^{16} aber in Relation zu 10^{23} betrachten. So enthält eine mit 10^7 Bausteinen besetzte Gittergerade eines so reinen Kristalls nur 1 Fremdatom. Die Fremdbausteine sind in der Regel größer oder kleiner als die Bausteine der Struktur, deren Plätze sie besetzen. Außerdem können zum Fremdatom unterschiedliche Bindungen auftreten. Dies führt dazu, dass weitere Störungen vom Fremdatom ausgehen, die auch nicht mehr punktförmig sein müssen. Zudem züchtet man Kristalle mit bestimmten Verunreinigungen. So beruht die Leitfähigkeit einiger Halbleiter auf Spuren von Verunreinigungen.

Mischkristalle

Auch die statistische Verteilung der Bausteine in Mischkristallen (Abschn. 12.6 „Isotypie – Mischkristalle – Isomorphie") stellt Punktdefekte dar.

Schottky- und Frenkel-Fehlordnung

Jeder Kristall enthält Leerstellen; das sind Plätze in einer Struktur, die von ihren Bausteinen verlassen wurden. Sind diese Bausteine *„zur Kristalloberfläche gewandert"*, spricht man von einer Schottky-, sind sie auf die Zwischengitterplätze[1] gerückt, von einer Frenkel-Fehlordnung. Beide Fehlordnungstypen sind in Abb. 14.1 für einen Ionenkristall dargestellt. Die Fehlstellenkonzentration steht mit dem Kristall im thermischen Gleichgewicht. Die Zahl dieser Baufehler nimmt mit steigender Temperatur zu. Welcher Fehlordnungstyp auftritt, hängt von der Struktur an sich, ihrer Geometrie und den Bindungsverhältnissen ab. In den Alkalihalogeniden überwiegt die Schottky-Fehlordnung, bei den Silberhalogeniden jedoch die Frenkel-Fehlordnung. Durch Dichtebestimmungen ist es möglich, Aussagen über den Fehlordnungstyp zu machen, da die Schottky-Defekte die Dichte erniedrigen (Volumenvergrößerung bei gleicher Masse), während bei den Frenkel-Defekten das Volumen und damit die Dichte nicht verändert werden.

Der Wüstit (NaCl-Strukturtyp) kommt nicht mit der stöchiometrischen Zusammensetzung FeO vor, da ein Teil der Eisenionen als Fe^{3+} vorliegt. Der Ladungsausgleich verlangt eine entsprechende Anzahl von Leerstellen bei den Kationen ($Fe_{1-x}O$).

Auf diesen Fehlordnungen beruht eine Reihe von Eigenschaften. Diese Defekte ermöglichen die Diffusion von Bausteinen durch den Kristall. Presst man einen Gold- und einen Silberkristall aneinander und erhöht die Temperatur, so diffundieren Ag-Bausteine

---

[1] Plätze zwischen den Bausteinen der Struktur.

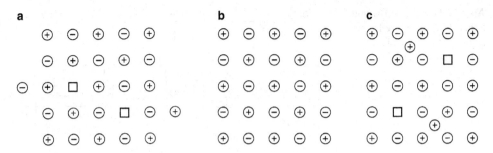

Abb. 14.1 Schottky- (**a**) und Frenkel-Fehlordnung (**c**) in einem Ionenkristall (□ Leerstelle), **b** Idealkristall

in den Gold-, Au-Bausteine in den Silberkristall (Mischkristallbildung). Ionenkristalle (z. B. NaCl) zeigen bei höheren Temperaturen eine geringe elektrische Leitfähigkeit, die nicht wie bei den Metallen auf dem Transport von Elektronen, sondern von Ionen beruht. Diese Ionenleitfähigkeit wäre ohne die Fehlordnung nicht möglich.

Die Reaktionen zwischen Festkörpern sind überwiegend auf diese Fehlordnung zurückzuführen. Erwärmt man ein Gemisch von feinkörnigen ZnO und Fe_2O_3-Kristallen auf Temperaturen, die weit unter den Schmelzpunkten liegen, so kommt es aufgrund der Diffusion der Bausteine zu einer Reaktion zwischen den Festkörpern und zu einer Bildung von $ZnFe_2O_4$ (Ferritspinell). Die Reaktionsgeschwindigkeit bei den Festkörperreaktionen ist erheblich geringer als bei Reaktionen im flüssigen oder gasförmigen Zustand. Sie nimmt jedoch mit steigender Temperatur zu, da auch die Fehlstellenkonzentration und damit die Diffusion größer werden.

14.2 Liniendefekte

Diese Baufehler verlaufen entlang von Linien, den Versetzungslinien.

Stufenversetzung

Der obere Teil des Kristalls in Abb. 14.2a wurde gegen den unteren längs der Ebene ABA′B′ um den Betrag BC (= B′C′) in der Weise verschoben, dass die Linie AA′ (Versetzungslinie) die Grenze der Verschiebung kennzeichnet. Für die Ebene senkrecht zur Versetzungslinie AA′ sind die strukturellen Verhältnisse in Abb. 14.2b gezeigt. Der Verschiebungsvektor, der eine Translation (= BC) beträgt, wird als Burgers-Vektor $\vec{b}$ bezeichnet. Er steht auf der Versetzungslinie AA′ senkrecht.

Schraubenversetzung

Im Kristall in Abb. 14.3 ist durch Verschiebung der Kristallteile nur längs der Ebene ABCD eine Schraubenversetzung mit der Versetzungslinie AD entstanden. Im Bereich der Versetzungslinie besteht der Kristall nicht aus übereinandergestapelten Netzebenen,

Abb. 14.2 Stufenversetzung;
Schema (**a**), strukturelle Darstellung (**b**) ($\perp$ Aussichtspunkt
der Versetzungsebene)

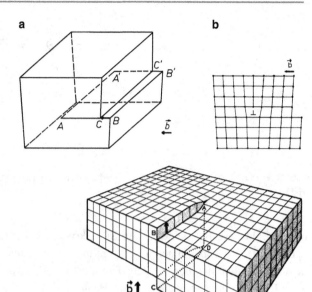

Abb. 14.3 Schraubenversetzung, nach Read [39]

sondern aus einer einzigen Bausteinschicht, die sich in Form einer Wendeltreppe (Schraubenversetzung) durch die Struktur windet. Der Burgers-Vektor $\vec{b}$ liegt hier parallel zur
Versetzungslinie.

Die Stufen- und die Schraubenversetzung in der dargestellten Form sind nur Grenzfälle,
es gibt alle Übergänge. Die Versetzungen sind bei der plastischen Verformung der Metalle
(Abschn. 12.2 „Metallstrukturen") wesentlich beteiligt (Wandern von Versetzungen).

Die Schraubenversetzung spielt eine wichtige Rolle beim Kristallwachstum. Eine Anlagerung von Bausteinen an einer Stufe ist energetisch besonders günstig, und diese Stufe
bleibt hier während des Wachstums erhalten.

Die Versetzungen sind aktive Bereiche in einer Kristallfläche, an denen sich beim Ätzen
vorwiegend Ätzgruben ausbilden (vgl. Tab. 9.4 21). Durch Ätzen ist die Zahl der Versetzungen pro cm² bestimmbar. Die Zahl der Versetzungen pro cm² erstreckt sich von Null
bei den besten Germaniumeinkristallen (Halbleitermaterial) bis zu 10^{12} in stark deformier-
ten Metallkristallen.

Es gibt Whisker-Kristalle[2], die nur eine Schraubenversetzung parallel zur Nadelachse
besitzen. Sie verfügen über ausgezeichnete mechanische Eigenschaften. So beträgt z. B.
die Zerreißfestigkeit eines NaCl-Whiskers (1 µm Durchmesser) $\sim 1080\,\mathrm{N/mm^2}$.

---

[2] Whisker-Kristalle sind sehr dünne, nadelförmige Kristalle.

14.3 Flächendefekte

Kleinwinkelkorngrenzen

Verschiedene Bereiche eines Einkristalls sind häufig um geringe Winkel gegeneinander geneigt. Ihre Grenzflächen sind Kleinwinkelkorngrenzen, die sich aus einer Reihe von Versetzungen aufbauen. Eine Kleinwinkelkorngrenze, die nur aus Stufenversetzungen besteht, ist in Abb. 14.4 dargestellt. Der Neigungswinkel θ der Kristallbereiche gegeneinander kann aus dem Burgers-Vektor $\vec{b}$ und dem Abstand der Versetzungen D berechnet werden, da

$$\theta = \frac{\vec{b}}{D} \tag{14.1}$$

Stapelfehler

Die Stapelfehler sind Störungen in der normalen Schichtenfolge beim Aufbau einer Struktur. Sie sind besonders bei Metallkristallen (kubisch und hexagonal dichteste Kugelpackung, Abb. 12.2 und 12.3) und bei bestimmten Schichtstrukturen (z. B. Graphit, Abb. 12.25) zu beobachten. Kobalt kristallisiert in der kubisch und in der hexagonal dichtesten Kugelpackung, aber es kommt vor, dass sich beide Schichtabfolgen (ABCA ...; ABA ...) unregelmäßig abwechseln. Eine solche Anordnung ist nur noch 2-dimensional periodisch, entspricht also nicht mehr der Definition des Kristalls (vgl. Kap. 4).

Zwillingsgrenzen

▶ **Definition** Ein Zwilling ist eine gesetzmäßige Verwachsung von Kristallbereichen gleicher Art, die symmetrisch zueinander angeordnet sind.

Abb. 14.4 Aus Stufen-
versetzungen aufgebaute
Kleinwinkelkorngrenze ($\theta =$
Neigungswinkel)

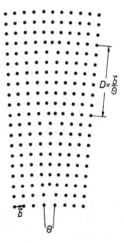

Abb. 14.5 Zwilling mit Zwillingsebene (101)

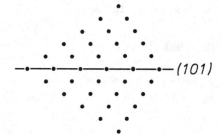

Als Zwillingselemente kommen in der Regel m und 2 in Frage. Zwillinge können während des Wachstums (Wachstumszwillinge) und durch mechanische Beanspruchung (Deformationszwillinge, mechanische Zwillingsbildung) entstehen. In Abb. 14.5 ist das Zwillingselement eine Spiegelebene‖(101).

Einen Spinellzwilling zeigt Abb. 14.6a, Abb. 15.8. Zwillingselement ist eine Spiegelebene. Sie überführt die Zwillingsbereiche ineinander. Die Zwillingsstellung in Abb. 14.6a erreicht man formal, wenn der obere Teil eines parallel zu einer Oktaederfläche halbierten Oktaeders um 180° um eine Richtung senkrecht zu (111) (= [111]!) gedreht wird (Abb. 14.7, Abb. 15.8). Der Zwilling ist von Oktaederflächen begrenzt. Auch die Zwillingsebene m ist eine Oktaederfläche (111). Man spricht von einem Spinellzwilling nach (111).

Die Spinellstruktur $MgAl_2O_4$ ist eine kubisch dichteste Kugelpackung der O-Ionen mit Mg^{2+} in [4] und Al^{3+} in [6] (vgl. Abschn. 12.4.2). Die Oktaederflächen verlaufen parallel zu den Schichten dichtester O-Packungen (vgl. Abb. 12.2b). Ein Spinellzwilling ist parallel zur Zwillingsebene von Schichten dichtester Packungen der O-Ionen aufgebaut. Da

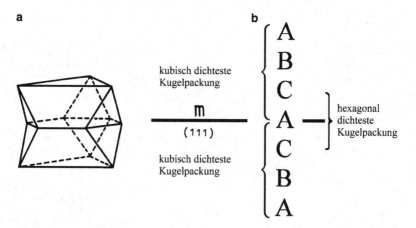

Abb. 14.6 Spinellzwillinge nach (111) (**a**) Abfolge der Schichten dichtester O-Packungen im Zwilling. Die Zwillingsstellung bewirkt eine Lamelle mit der Schichtfolge einer hexagonal dichteste Kugelpackung (**b**)

Abb. 14.7 Oktaeder. Drehung des oberen Teils um eine Achse senkrecht zur Oktaederfläche um einen Winkel von 180° führt zum Spinellzwilling in Abb. 14.6a

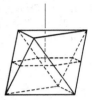

das Zwillingselement m nur in einer der dichtesten O-Schichten liegen kann, ergibt sich für den Zwilling eine in Abb. 14.6b angegebene Schichtabfolge. Es liegen also 2 Kristalle mit kubisch dichtesten Kugelpackungen vor, die im Grenzbereich eine Lamelle mit einer hexagonal dichtesten Kugelpackung besitzen. Aus letzterer ergibt sich die Zwillingsstellung.

Spinellzwillinge sind Wachstumszwillinge. Liegen neben O^{2-}-Ionen nur Al^{3+}-Ionen vor, so entsteht die hexagonal dichteste Kugelpackung [Korundstruktur (Abschn. 12.4.2)]. Sind aber Al^{3+} und Mg^{2+} nebeneinander vorhanden, so bilden die O^{2-}-Ionen eine kubisch dichteste Kugelpackung. Sind die Al^{3+}-Ionen bei Mg^{2+}-Anwesenheit lokal angereichert, so können Keime mit hexagonal dichtester Kugelpackung entstehen, die danach in der jetzt energetisch günstigeren kubischen Abfolge als Zwillinge weiterwachsen.

Auch Metalle mit Cu-Struktur bilden Zwillinge nach (111), die, wie oben erläutert, aufgebaut sind.

Aus einer wässrigen NaCl-Lösung kristallisieren würfelförmige Kristalle aus. Fügt man der Lösung eine kleine Menge $MnCl_2 \cdot 6H_2O$ hinzu, so bilden sich neben den Würfeln auch Zwillinge (Abb. 14.8a) aus. Die „Pyramiden" der Zwillinge sind Würfelecken. Zwil-

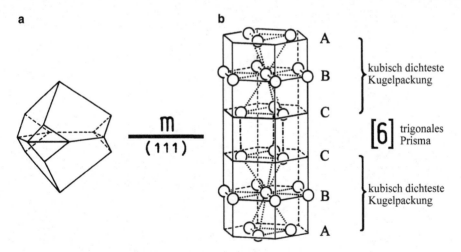

Abb. 14.8 NaCl-Zwilling nach (111) (**a**), Abfolge der Schichten dichtester Cl^--Packungen im Zwilling. Die Zwillingsstellung ist auf eine Lamelle mit dem Koordinationspolyeder trigonales Prisma zurückzuführen (**b**)

Abb. 14.9 Ebene eines Real-
kristalls mit Mosaikbau, nach
Azâroff [3]

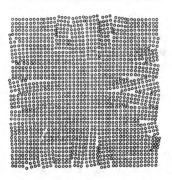

lingsebene ist (111), Zwillingselement m. Die NaCl-Struktur kann als kubisch dichteste
Kugelpackung der Cl^- mit Na^+ in den Oktaederlücken [6] aufgefasst werden. Der Zwil-
ling ist parallel zur Zwillingsebene von Schichten dichtester Packungen der Cl^- aufgebaut.
Im Gegensatz zum Spinellzwilling kann das Zwillingselement m nicht in einer Schicht
dichtester Packung der Cl^--Ionen, sondern muss zwischen 2 solchen Schichten liegen.
Damit ist die Abfolge dichtest gepackter Schichten gestört, weil 2 Schichten direkt über-
einander liegen. Das Mn^{2+}-Ion bildet mit Cl^--Ionen das Koordinationspolyeder trigonales
Prisma (Tab. 12.1d). Bildet sich beim Wachstum ein Keim als $MnCl_6$-Polyeder, so ist die
Zwillingsstellung erreicht und beide NaCl-Zwillingsindividuen können jetzt als kubisch
dichteste Kugelpackung unter Bildung von Würfelflächen weiterwachsen (Abb. 14.8).

Im Allgemeinen kann man sich einen Kristall aufgrund der Kleinwinkelkorngrenzen
aus kleinen Mosaikblöcken aufgebaut denken, die nur gering gegeneinander geneigt sind.
Abb. 14.9 zeigt einen solchen Mosaikbau, dabei sind die Neigungswinkel übertrieben groß
dargestellt.

Anhang 15

15.1 Kristallographische Symbole

a, b, c	Kristallographische Achsen
$a_1, a_2; a_1, a_2, a_3$	Symmetrisch äquivalente kristallographische Achsen
$\frac{a}{b} : 1 : \frac{c}{b}$	Achsenverhältnis
$\vec{a}, \vec{b}, \vec{c}$	Gittervektoren der Elementarzelle

$$\left.\begin{array}{l} |\vec{a}| = a \\ |\vec{b}| = b \\ |\vec{c}| = c \\ \alpha = \vec{b} \wedge \vec{c} \\ \beta = \vec{a} \wedge \vec{c} \\ \gamma = \vec{a} \wedge \vec{b} \end{array}\right\} \text{Gitterparameter}$$

Kristallographische „Tripel"

x, y, z	Koordinaten des Vektors $\vec{r} = x\vec{a} + y\vec{b} + z\vec{c}$
	Koordinaten eines Punkts in der Elementarzelle; $0 \le x, y, z < 1$
uvw	Koordinaten des Gittertranslationsvektors $\vec{\tau} = u\vec{a}+v\vec{b}+w\vec{c}$; Koordinaten eines Gitterpunkts, ganzzahlig und ganzzahlig $+\frac{1}{2}; \frac{1}{3}; \frac{2}{3}$
[uvw]	Indizes einer Schar von parallelen Gittergeraden; Indizes einer Zonenachse und von parallelen Kristallkanten
⟨uvw⟩	Indizes einer Menge von symmetrisch äquivalenten Gittergeraden oder Richtungen
(hkl)	Millersche Indizes: Indizes einer Kristallfläche oder einer Schar von parallelen Netzebenen (Gitterebenen)
(hkil)	Bravais-Miller-Indizes: Indizes einer Kristallfläche oder einer Schar von parallelen Netzebenen (Gitterebenen) für die hexagonalen Achsen a_1, a_2, a_3, c

© Springer-Verlag Berlin Heidelberg 2018
W. Borchardt-Ott, H. Sowa, *Kristallographie*, Springer-Lehrbuch,
https://doi.org/10.1007/978-3-662-56816-3_15

{hkl}	Indizes einer Menge von äquivalenten Kristallflächen (Kristallform) oder von äquivalenten Netzebenen
{hkil}	Indizes einer Menge von äquivalenten Kristallflächen (Kristallform) oder von äquivalenten Netzebenen für die hexagonalen Achsen a_1, a_2, a_3, c
hkl	Laue-Symbol (Indizes): Indizes eines Röntgenreflexes von einer Schar paralleler Netzebenen (hkl)
$\vec{a}^*, \vec{b}^*, \vec{c}^*$	Vektoren der Elementarzelle des reziproken Gitters

$$\left.\begin{array}{l} |\vec{a}^*| = a^* \\ |\vec{b}^*| = b^* \\ |\vec{c}^*| = c^* \\ \alpha^* = \vec{b}^* \wedge \vec{c}^* \\ \beta^* = \vec{a}^* \wedge \vec{c}^* \\ \gamma^* = \vec{a}^* \wedge \vec{b}^* \end{array}\right\} \text{Gitterparameter des reziproken Gitters}$$

15.2 Symmetrieelemente

Symmetrieelemente (Ebenen)

Tab. 15.1 Symmetrieelemente (Ebenen)

Symmetrieelement	Gleitvektor $|\vec{g}|$	Symbol	Graphisches Symbol ⊥ Projektionsebene	Graphisches Symbol || Projektionsebene[a]
Spiegelebene Symmetrieebene	–	m	——————	
Gleitspiegelebenen mit axialer Gleitkomponente	$\dfrac{\vec{a}}{2}$	a	- - - - - - - - -	
	$\dfrac{\vec{b}}{2}$	b	- - - - - - - - -	
	$\dfrac{\vec{c}}{2}$	c	··················	
Gleitspiegelebenen mit diagonaler Gleitkomponente	$\dfrac{\vec{a} + \vec{b}}{2}$	n		
	$\dfrac{\vec{a} + \vec{c}}{2}$		—·—·—·—·—·—	
	$\dfrac{\vec{b} + \vec{c}}{2}$			
	$\dfrac{\vec{a} + \vec{b} + \vec{c}^{\text{b}}}{2}$			

Tab. 15.1 (Fortsetzung)

Symmetrieelement	Gleitvektor $|\vec{g}|$	Symbol	Graphisches Symbol $\perp$ Projektionsebene	Graphisches Symbol $\parallel$ Projektionsebene[a]
„Diamant"-Gleitspiegelebenen	$\dfrac{\vec{a}\pm\vec{b}}{4}$	d		
	$\dfrac{\vec{a}\pm\vec{c}}{4}$			
	$\dfrac{\vec{b}\pm\vec{c}}{4}$			
	$\dfrac{\vec{a}\pm\vec{b}\pm\vec{c}^{\,b}}{4}$			
Gleitspiegelebenen mit zwei Gleitvektoren	$\dfrac{\vec{a}}{2},\dfrac{\vec{b}}{2}$	e		
	$\dfrac{\vec{a}}{2},\dfrac{\vec{c}}{2}$			
	$\dfrac{\vec{b}}{2},\dfrac{\vec{c}}{2}$			
	$\dfrac{\vec{a}}{2},\dfrac{\vec{b}+\vec{c}}{2}$			
	$\dfrac{\vec{b}}{2},\dfrac{\vec{a}+\vec{c}}{2}$			
	$\dfrac{\vec{c}}{2},\dfrac{\vec{a}+\vec{b}}{2}$			

[a] Angaben über die z-Koordinate nur dann, wenn sie von 0 und $\frac{1}{2}$ abweicht.
[b] Nur im tetragonalen und kubischen Kristallsystem.

Symmetrieelemente (Achsen)

Tab. 15.2 Symmetrieelemente (Achsen)

Symmetrieelement	Schraubungs-vektor $\lvert \vec{s} \rvert$	Symbol	Graphisches Symbol
1-zählige Drehachse	–	1	
Inversionszentrum Symmetriezentrum	–	$\bar{1}$	○
2-zählige Drehachse	–	2	⊥ Projektionsebene ⟶ ‖ Projektionsebene[a]
2-zählige Schraubenachse	$\frac{1}{2}\lvert\vec{\tau}\rvert$	2_1	⊥ Projektionsebene ⟶ ‖ Projektionsebene[a]
3-zählige Drechachse	–	3	▲△
3-zählige Drehinversionsachse	–	$\bar{3}$	▲
3-zählige Schraubenachsen	$\frac{1}{3}\lvert\vec{\tau}\rvert$	3_1	▲
	$\frac{2}{3}\lvert\vec{\tau}\rvert$	3_2	▲
4-zählige Drehachse	–	4	■□
4-zählige Drehinversionsachse	–	$\bar{4}$	◪
4-zählige Schraubenachsen	$\frac{1}{4}\lvert\vec{\tau}\rvert$	4_1	
	$\frac{2}{4}\lvert\vec{\tau}\rvert$	4_2	
	$\frac{3}{4}\lvert\vec{\tau}\rvert$	4_3	
6-zählige Drehachse	–	6	⬣⬡
6-zählige Drehinversionsachse	–	$\bar{6}$	⬣
6-zählige Schraubenachsen	$\frac{1}{6}c_0$	6_1	
	$\frac{2}{6}c_0$	6_2	
	$\frac{3}{6}c_0$	6_3	
	$\frac{4}{6}c_0$	6_4	
	$\frac{5}{6}c_0$	6_5	

Blickrichtungen in den 7 Kristallsystemen (vgl. Tab. 7.3)
Charakteristische Symmetrieelemente in den 7 Kristallsystemen (vgl. Tab. 9.10)

15.3 Berechnung von Atomabständen und Winkeln in einer Kristallstruktur

Bestimmte Atomabstände und Winkel zwischen besonderen Bindungsrichtungen sind oft von großem Interesse.

Atomabstände

Die Berechnung des Abstands l zwischen den Atomen A in x_1, y_1, z_1 und B in x_2, y_2, z_2 kann nach den in Tab. 15.3 angegebenen Formeln erfolgen.

Winkel

Der Winkel ω, den die Atome ABC miteinander bilden (Abb. 15.1), lässt sich am zweckmäßigsten berechnen, wenn man im Dreieck ABC die Abstände l_1, l_2 und l_3 bestimmt und dann den Cosinussatz verwendet:

$$\cos \omega = \frac{l_1^2 - l_2^2 + l_3^2}{2 l_1 l_3} \tag{15.1}$$

Abb. 15.1 Das von den Atomen A, B und C gebildete Dreieck

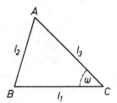

Tab. 15.3 Berechnung des Atomabstands

Kristallsystem	l
Triklin	$\{(\Delta x)^2 a^2 + (\Delta y)^2 b^2 + (\Delta z)^2 c^2 + 2\Delta x \Delta y ab \cos \gamma + 2\Delta x \Delta z ac \cos \beta + 2\Delta y \Delta z bc \cos \alpha\}^{1/2}$
Monoklin	$\{(\Delta x)^2 a^2 + (\Delta y)^2 b^2 + (\Delta z)^2 c^2 + 2\Delta x \Delta z ac \cos \beta\}^{1/2}$
Orthorhombisch	$\{(\Delta x)^2 a^2 + (\Delta y)^2 b^2 + (\Delta z)^2 c^2\}^{1/2}$
Tetragonal	$\{((\Delta x)^2 + (\Delta y)^2) a^2 + (\Delta z)^2 c^2\}^{1/2}$
Trigonal, hexagonal	$\{((\Delta x)^2 + (\Delta y)^2 - \Delta x \Delta y) a^2 + (\Delta z)^2 c^2\}^{1/2}$
Kubisch	$\{((\Delta x)^2 + (\Delta y)^2 + (\Delta z)^2) a^2\}^{1/2}$

15.4   Kristallformen

(1)   Pedion,
        Abb. 9.10d

(2)   Pinakoid,
        Abb. 9.7g

(3)   Sphenoid,
        Doma[1]

(4)   Rhombisches Disphenoid

(5)   Rhombische Pyramide,
        Aufgabe 9.15 (5), Abb. 15.5 (2)

(6)   Rhombisches Prisma,
        Aufgabe 9.15 (1), Abb. 15.5 (1)

(7)   Rhombische Dipyramide,
        Aufgabe 9.15 (9), Abb. 15.5 (3)

(8)   Tetragonale Pyramide,
        Abb. 9.10b, c, Abb. 15.5 (5)

(9)   Tetragonales Disphenoid

(10)   Tetragonales Prisma,
        Abb. 9.7e, f, Abb. 15.5 (4)

(11)   Tetragonales Trapezoeder

(12)   Ditetragonale Pyramide,
        Abb. 9.10a

(13)   Tetragonales Skalenoeder
        Abb. 15.7 (2)

(14)   Tetragonale Dipyramide,
        Abb. 9.7c, d, Abb. 15.5 (6)

(15)   Ditetragonales Prisma,
        Abb. 9.7b

(16)   Ditetragonale Dipyramide,
        Abb. 9.7a

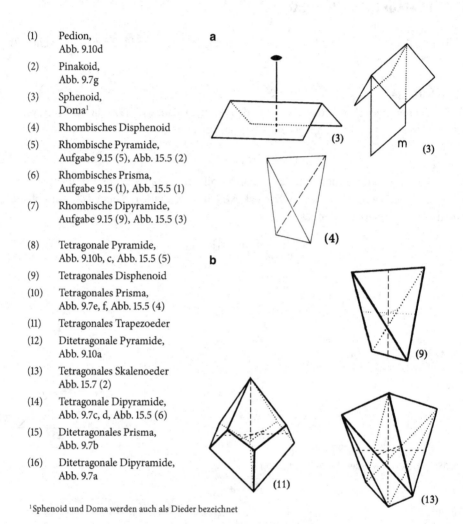

[1]Sphenoid und Doma werden auch als Dieder bezeichnet

Abb. 15.2   Die 47 Kristallformen: **a** triklines, monoklines, orthorhombisches Kristallsystem, **b** tetragonales Kristallsystem (Ein Teil der Abbildungen der Kristallformen ist aus Niggli [35] entnommen)

(17)   Trigonale Pyramide,
       Aufgabe 9.15 (7),
       Abb. 15.5 (8)

(18)   Trigonales Prisma,
       Aufgabe 9.15 (3),
       Abb. 15.5 (7)

(19)   Trigonales Trapezoeder

(20)   Ditrigonale Pyramide

(21)   Rhomboeder,
       Aufgabe 9.15 (16),
       Abb. 15.7 (1)

(22)   Ditrigonales Prisma

(23)   Hexagonale Pyramide,
       Aufgabe 9.15 (8),
       Abb. 15.5 (11)

(24)   Trigonale Dipyramide,
       Aufgabe 9.15 (11),
       Abb. 15.5 (9)

(25)   Hexagonales Prisma,
       Aufgabe 9.15 (4),
       Abb. 15.5 (10)

(26)   Ditrigonales Skalenoeder,
       Abb. 15.7 (3)

(27)   Hexagonales Trapezoeder,
       Abb. 15.7 (5)

(28)   Dihexagonale Pyramide

(29)   Ditrigonale Dipyramide

(30)   Dihexagonales Prisma

(31)   Hexagonale Dipyramide,
       Aufgabe 9.15 (12),
       Abb. 15.5 (12)

(32)   Dihexagonale Dipyramide

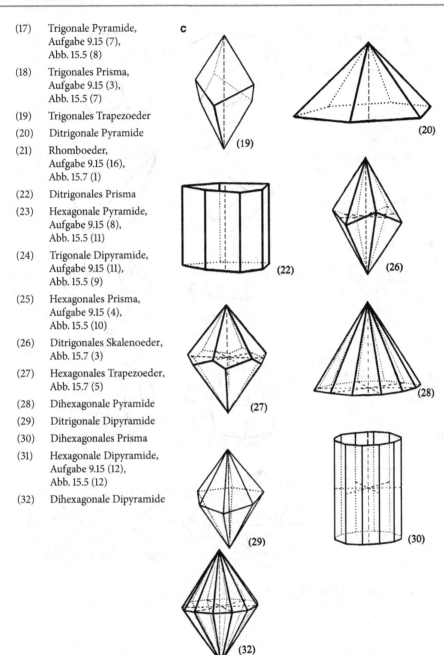

Abb. 15.2 (Fortsetzung) c hexagonales (trigonales) Kristallsystem

(33) Tetraeder,
      Aufgabe 9.15 (15),
      Abb. 15.6 (1)

(34) Hexaeder (Würfel),
      Aufgabe 9.15 (13),
      Abb. 15.6 (3)

(35) Oktaeder,
      Aufgabe 9.15 (14),
      Abb. 15.6 (2)

(36) Tetraedrisches
      Pentagondodekaeder
      (Tetartoid)

(37) Pentagondodekaeder
      (Pyritoeder),
      Abb. 15.7 (4)

(38) Deltoiddodekaeder

(39) Tristetraeder

(40) Rhombendodekaeder,
      Abb. 2.1, Abb. 15.3

(41) Disdodekaeder
      (Diploid)

(42) Trisoktaeder

(43) Deltoidikositetraeder

(44) Pentagonikositetraeder
      (Gyroid)

(45) Hexakistetraeder
      (Hexatetraeder)

(46) Tetrakishexaeder
      (Tetrahexaeder)

(47) Hexakisoktaeder
      (Hexaoktaeder)

d

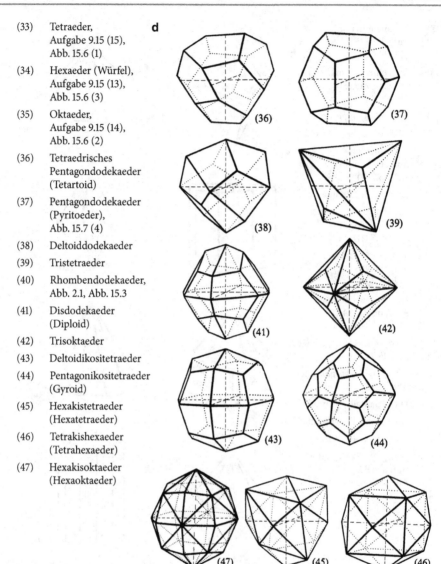

Abb. 15.2 (Fortsetzung) **d** kubisches Kristallsystem

15.5   Polyeder-Modellnetze

Bauen von Polyeder-Modellen mit Hilfe von Modellnetzen
Modellnetz(e) einer Buchseite möglichst groß auf DIN A4 vergrößern und auf $\sim 200\,\text{g}$ schwerem Papier kopieren. Modellnetz ausschneiden – Linien mit scharfem Messer anritzen – Flächen und Laschen längs der der geritzten Linien nach innen umknicken – Fläche mit Hilfe der Laschen zum Polyeder zusammenkleben.

Abb. 15.3 Rhomben-
dodekaeder

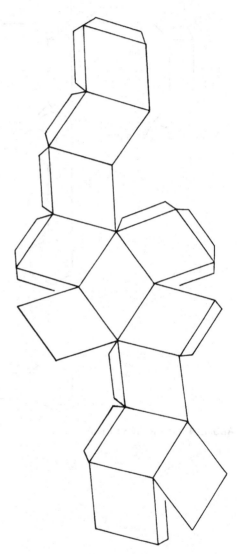

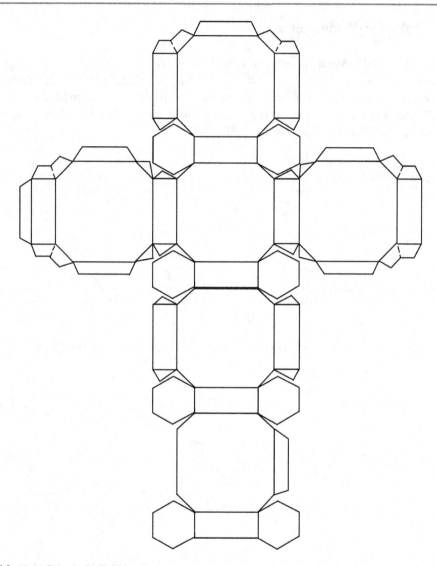

Abb. 15.4 Galenit (PbS)-Kristall

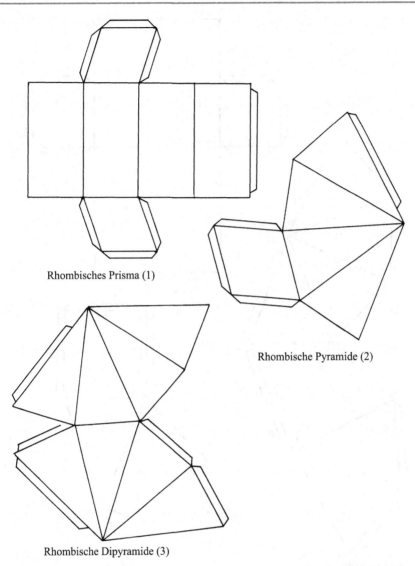

Rhombisches Prisma (1)

Rhombische Pyramide (2)

Rhombische Dipyramide (3)

Abb. 15.5   Vgl. Abb. 5.37(1)–(12)

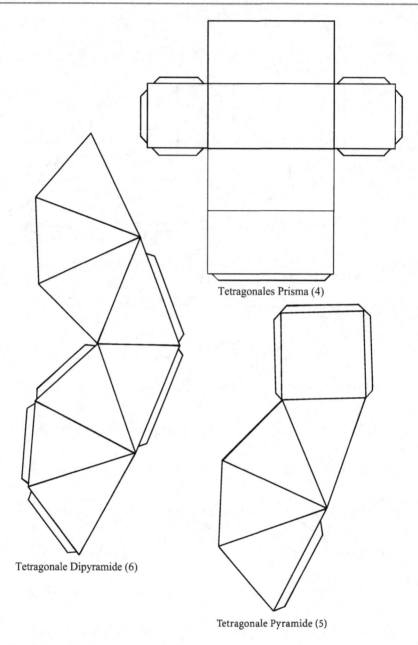

Tetragonales Prisma (4)

Tetragonale Dipyramide (6)

Tetragonale Pyramide (5)

Abb. 15.5 (Fortsetzung)

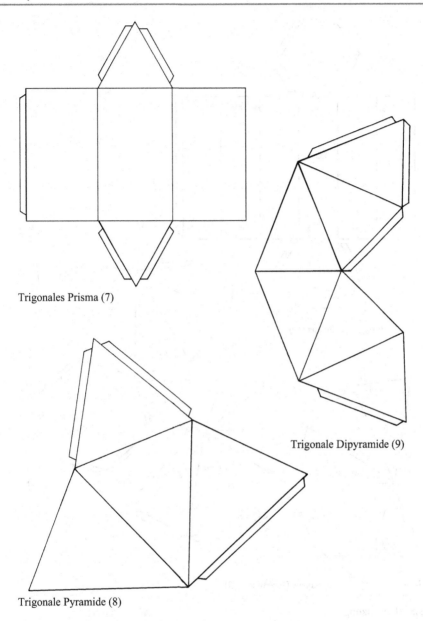

Trigonales Prisma (7)

Trigonale Dipyramide (9)

Trigonale Pyramide (8)

Abb. 15.5 (Fortsetzung)

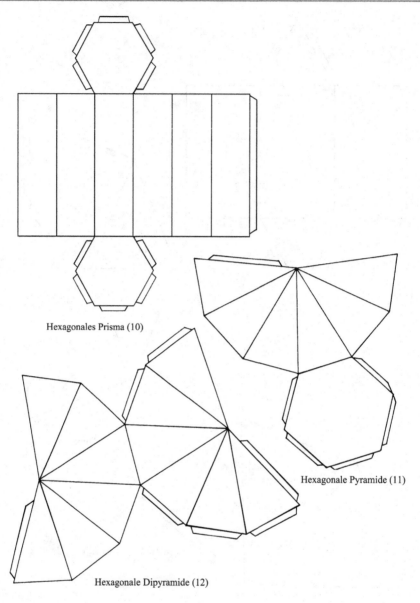

Hexagonales Prisma (10)

Hexagonale Pyramide (11)

Hexagonale Dipyramide (12)

Abb. 15.5 (Fortsetzung)

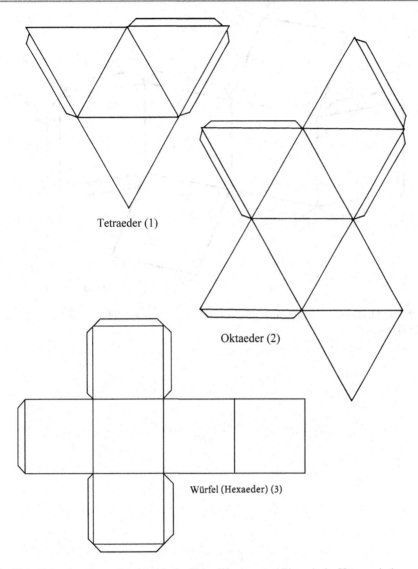

Tetraeder (1)

Oktaeder (2)

Würfel (Hexaeder) (3)

Abb. 15.6 Polyeder, die zugleich kubische Kristallformen und Platonische Körper sind

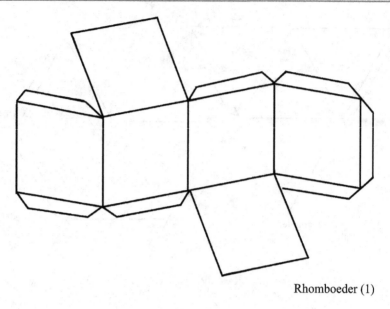

Rhomboeder (1)

Abb. 15.7 Die Modellnetze (2)–(5) sind mit dem Programm „**Kristall2000**" gezeichnet, vgl. Aufgabe 9.15 (16)–(20)

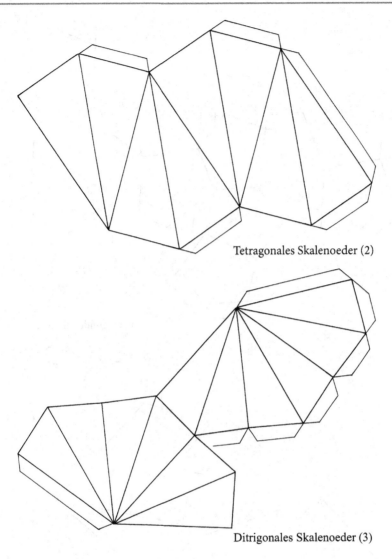

Tetragonales Skalenoeder (2)

Ditrigonales Skalenoeder (3)

Abb. 15.7 (Fortsetzung)

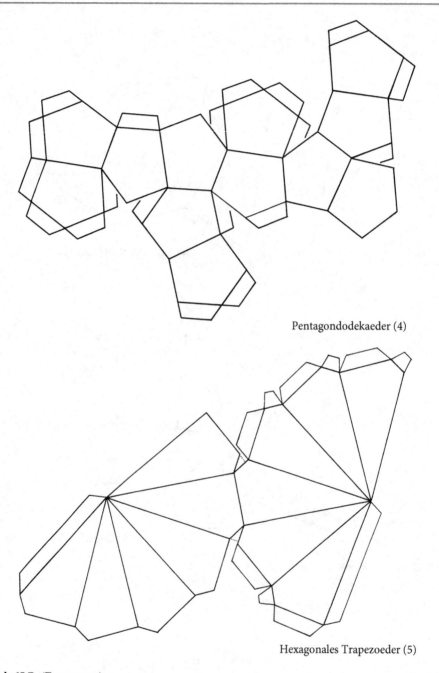

Pentagondodekaeder (4)

Hexagonales Trapezoeder (5)

Abb. 15.7 (Fortsetzung)

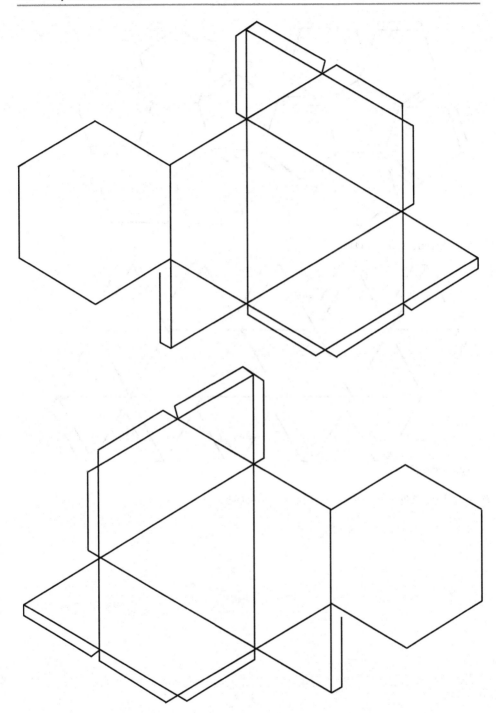

Abb. 15.8 Spinell-Zwilling nach (111) in 2 Teilen, vgl. auch Abb. 14.6a und 14.7

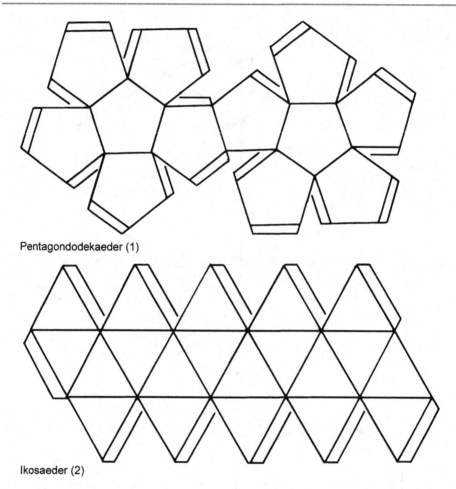

Pentagondodekaeder (1)

Ikosaeder (2)

Abb. 15.9 Zwei nichtkristallographische Polyeder, nach [19]

Lösungen der Übungsaufgaben

Die Lösungen einiger Aufgaben sind unvollständig, damit der Zeichenaufwand im Rahmen blieb.

Kapitel 2

2.1 Molvolumen (22,4 l)/Avogadro-Konstante N_A (6,023 · 10^{23}) = 37.191 Å^3, das ist ein würfelförmiger Raum mit einer Kantenlänge von 33,4 Å.

2.2 0,046 %.

2.3 Ein Glas kann kein Kristall und ein Kristall kein Glas sein.

Kapitel 3

3.2 **a)** und **b)**

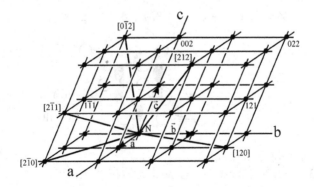

c) $(1\bar{1}2)$.

© Springer-Verlag Berlin Heidelberg 2018
W. Borchardt-Ott, H. Sowa, *Kristallographie*, Springer-Lehrbuch,
https://doi.org/10.1007/978-3-662-56816-3_16

3.3 a)

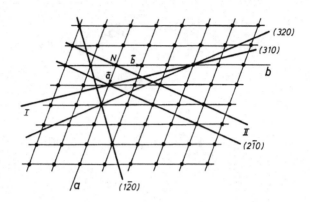

b) [001].

3.4 $(1\bar{1}1)$, (102), $(1\bar{2}0)$, $(\bar{1}1\bar{1})$; $[1\bar{1}1]$, $[10\bar{1}]$, $[\bar{2}10]$, $[01\bar{2}]$.

3.5 **a)** $\beta = \gamma = 90°$ **b)** $a_0 = b_0$; $\alpha = \beta = 90°$ **c)** $a_0 = b_0 = c_0$; $\alpha = \beta = \gamma$.

3.6 (hkl) und $(\bar{h}\bar{k}\bar{l})$ gehören zur gleichen Parallelschar; $[uvw]$ und $[\bar{u}\bar{v}\bar{w}]$ sind Richtung und Gegenrichtung.

Kapitel 4

4.1 a)

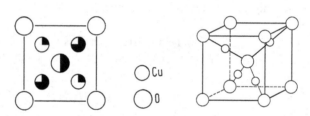

b) Cu_2O, $Z = 2$, **c)** $\dfrac{a_0}{4}\sqrt{3} = 1{,}85 \,\text{Å}$, **d)** $6{,}1 \,\text{g cm}^{-3}$.

4.2 a)

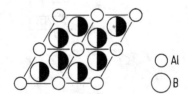

b) $2{,}37 \,\text{Å}$ **c)** $3{,}20 \,\text{g cm}^{-3}$.

4.3 Abb. 3.5 enthält Teillösung; vgl. auch Abschn. 7.2.1

4.4 x, 0, 0; 0, y, 0; 0, 0, z;   x, 1, 0; 1, y, 0; 1, 0, z;   x, 0, 1; 0, y, 1; 0, 1, z;
        x, 1, 1; 1, y, 1; 1, 1, z.

4.5 x, y, 0; x, 0, z; 0, y, z;   x, y, 1; x, 1, z; 1, y, z.

4.6 x, y, $\frac{1}{4}$; x, $\frac{1}{2}$, z; x, $\frac{1}{2}$, $\frac{1}{4}$.

4.7

Kapitel 5

5.1   **1)–2)** = Abb. 5.13a (unten).

3)   4)

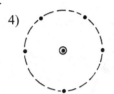

5.2   **1)** = Lösung Aufg. 5.3 (4)   **2)** = Lösung Aufg. 5.3 (10).

5.3

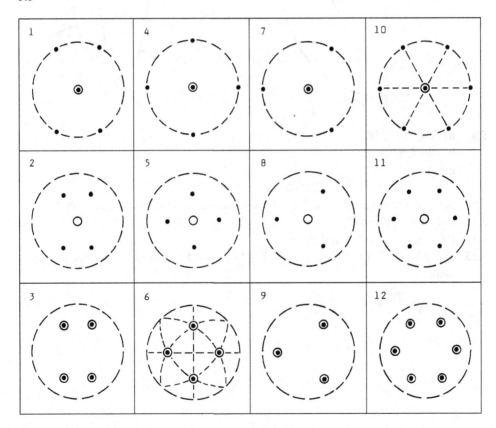

5.4   Vgl. Aufg. 5.3 (6) und (10).

5.5   **1)** Trigonale Pyramide und Pedion;

2) Tetragonale Dipyramide;

3) Würfel, tetragonales Prisma und Pinakoid, Quader, kubisches, tetragonales, orthogonales Achsenkreuz

4) hexagonales Prisma und Pinakoid; hexagonales Achsenkreuz.

5.6   Vgl. Abb. 5.18.

5.7

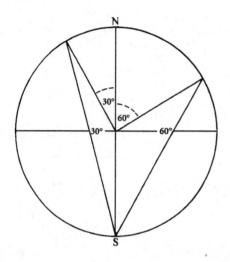 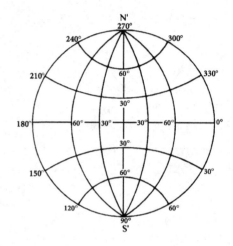

5.8   **a)** 60°/229°; 58°

b) 46°/260°; 30°

c) 44°/32°; 69°.

5.9   100°; 44° und 280°; –44°, parallel.

5.10 Sie liegen in einer Ebene, auf der die Zonenachse senkrecht steht, vgl. Abb. 5.3.

5.11 Vgl. Abb. 7.13f (432).

5.12 Beide Stereogramme sind gleich.

5.13 Vgl. Abb. 5.12. Die Stereogramme der Aufgaben 5.12 und 5.13 sind geometrisch gleich.

5.14 Die (hk$\bar{1}$) sind nicht eingetragen.

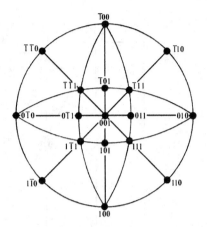

5.15 Würfel 1 + ○ Würfel 2 ●○.

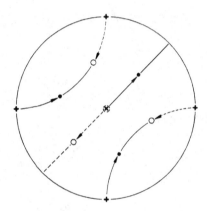

5.16 Vgl. Orthographische Projektion in 0, 0, 0 der Abb. 10.16.

5.17

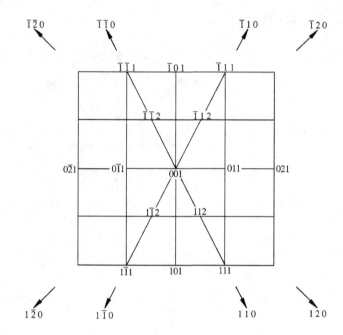

5.18   Kugel.

Kapitel 6

6.1   Siehe folgende Tabellen.

6.2

$$\begin{matrix} S_1 \\ S_2 \end{matrix} \times \begin{matrix} \bar{1} \\ \bar{2} \equiv m \end{matrix}$$

$$\begin{matrix} S_3 \\ S_4 \\ S_6 \end{matrix} \times \begin{matrix} \bar{3} \\ \bar{4} \\ \bar{6} \end{matrix}$$

6.3   Parallel.

6.4

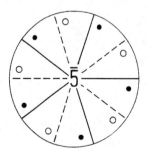   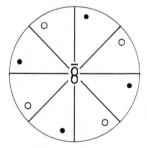   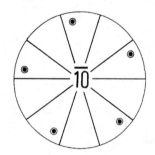

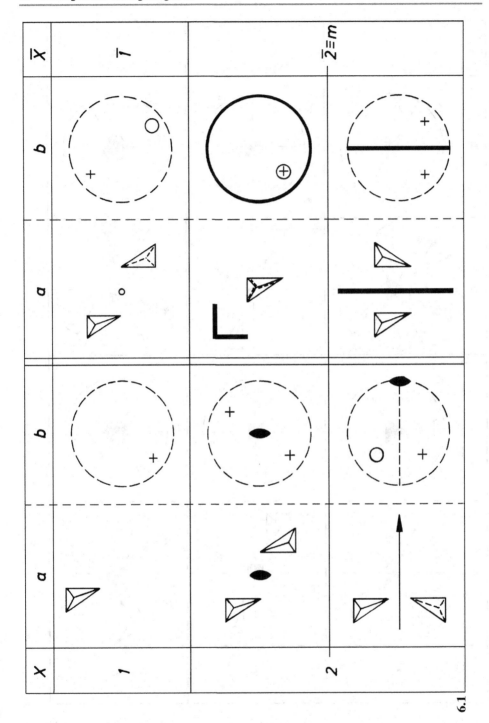

6.1

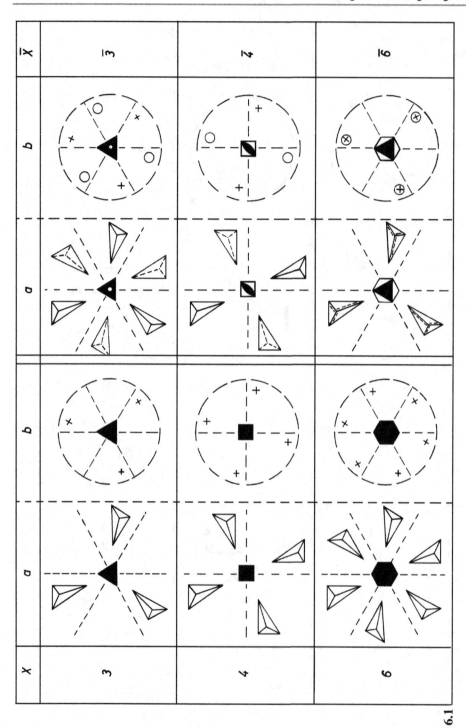

6.1

6.5 $\bar{1} \equiv$ Inversionszentrum, $\bar{2} \equiv$ m, $\bar{3} \equiv 3 + \bar{1}$, $\bar{5} \equiv 5 + \bar{1}$, $\bar{6} \equiv 3 \perp$ m, $\overline{10} \equiv 5 \perp$ m.

6.6 Die ungeradzähligen $\overline{X}$: $\bar{1}, \bar{3}, \bar{5} \dots$

6.7 Trigonale, tetragonale, hexagonale Pyramide, trigonale Dipyramide.

6.8 Rhombus[1], gleichseitiges Dreieck, Quadrat, regelmäßiges Sechseck.

6.9 Vgl. Abb. 5.38.

Kapitel 7

7.1 **a)** Vgl. Abb. 7.6 und 6.5b.

   b) (3) $a_0 = b_0$ durch 4

   (4) $a_0 = b_0$ durch 6

   c) (3) m in x, 0, z und 0, x, z; m in x, x, z und x, $\bar{x}$, z

   (4) m in x, 0, z und x, x, z und 0, x, z

7.2 **a)**

   b) **1)** 2 in x, $\frac{1}{2}$, 0,   **2)** m in x, y, $\frac{1}{2}$,

   3) $\bar{1}$ in $\frac{1}{2}$, 0, $\frac{1}{2}$,   **4)** m in x, y, 0,

   5) $\bar{1}$ in $\frac{1}{2}$, $\frac{1}{2}$, $\frac{1}{2}$,   **6)** 2 in $\frac{1}{2}$, y, $\frac{1}{2}$,

   7) 2 in 0, $\frac{1}{2}$, z.

7.3 **a)** Vgl. Abb. 7.9f (rechts) und Tab. 9.4 7.

   b) **1)** 2 in x, $\frac{1}{2}$, $\frac{1}{2}$,   **2)** m in x, y, $\frac{1}{2}$,

   3) 2 in $\frac{1}{2}$, $\frac{1}{2}$, z,   **4)** m in x, 0, z.

7.4 **a)** Kubisch P,

   b) monoklin P,

   c) triklin P,

   d) orthorhombisch P,

   e) tetragonal P,

   f) hexagonal P.

7.5 **a)** vgl. Abb. 7.7a–7.11a,

   b) vgl. Abb. 7.7d–7.11d,

   c) und **d)** vgl. Abb. 7.18–7.23.

7.6 **a)** 2/m 2/m 2/m

   b) und **c)** $\frac{1}{2}$, 0, 0; 0, $\frac{1}{2}$, 0; 0, 0, $\frac{1}{2}$ $\longrightarrow$ führt nur zur Halbierung der EZ

   $\frac{1}{2}$, $\frac{1}{2}$, 0 $\longrightarrow$ C-Gitter; $\frac{1}{2}$, 0, $\frac{1}{2}$ $\longrightarrow$ B-Gitter

---

[1] Körper mit Rechteck oder Parallelogramm als Querschnitt sind im kristallographischen Sinn keine Prismen (keine äquivalenten Flächen), vgl. Kap. 9 „Die Punktgruppen".

$$0, \tfrac{1}{2}, \tfrac{1}{2} \longrightarrow \text{A-Gitter}$$
$$\tfrac{1}{2}, \tfrac{1}{2}, \tfrac{1}{2} \longrightarrow \text{I-Gitter}$$
$$\tfrac{1}{2}, \tfrac{1}{2}, 0; \ \tfrac{1}{2}, 0, \tfrac{1}{2}; \ 0, \tfrac{1}{2}, \tfrac{1}{2} \longrightarrow \text{F-Gitter}$$

7.7 I.

7.8 Abb. 7.12d.

7.9 Vereinfacht a = b + c + d.

Kapitel 9

9.1 **a)** Bei einer polaren Drehachse sind die Eigenschaften parallel und antiparallel zur Achse ungleichwertig.

    b) (1) $\bar{1}$, (2) m⊥X, (3) 2⊥X [gilt auch für 4 und 6].

    c) In Stereogrammen sind die gegenüberliegenden Ausstichpunkte der polaren Achsen durch offene und geschlossene Symbole (vgl. Abb. 7.10f 422) gekennzeichnet; in Tabellen durch ein kleines p neben der Drehachse z. B. ▲$_p$ oder 3$_p$.

9.2 Nein. Drehinversion bedeutet: Drehung um einen Winkel und Inversion. Richtung und Gegenrichtung bleiben gleichwertig.

9.3 $\bar{1}$, 2/m, $\bar{3}$, 4/m, 6/m.

622	6mm	$\bar{6}$ m2	6/m 2/m 2/m
422	4mm	$\bar{4}$ 2m	4/m 2/m 2/m
32	3m	$\bar{3}$ 2/m	$\bar{3}$ 2/m
222	mm2	mm2	2/m 2/m 2/m

Vgl. auch Abb. 7.9e,f–7.12e,f.

| 23 | $\bar{4}$ 3m | 432 |
| 2/m $\bar{3}$ | 4/m $\bar{3}$ 2/m | 4/m $\bar{3}$ 2/m |

Vgl. auch Abb. 7.13e,f.

9.6 3m, 32, $\bar{3}$, 3.

9.7 Vgl. Tab. 9.11.

9.8 Vgl. Tab. 9.10.

9.9 **1)** $\bar{4}$2m, **2)** m, **3)** 32, **4)** 6mm, **5)** mm2, **6)** $\bar{4}$3m.

9.10 Vgl. Abb. 7.8e,f–7.13e,f.

9.11 **1)** 6/m 2/m 2/m, **2)–4)** mm2, **5)** 2/m 2/m 2/m, **6)** mm2, **7)** m, **8)** $\bar{6}$m2, **9)** 4/m $\bar{3}$ 2/m, **10)** 4mm, **11)** 4/m 2/m 2/m, **12)** mm2, **13)** 3m, **14)** mm2,

15) $\bar{4}$3m, **16)** 3m, **17)** mm2, **18)**=16), **19)**=15), **20)** 3m, **21–22)** $\bar{6}$m2, **23)** m, **24)** mm2, **25)** m, **26)** 2, **27)** 2, **28)** 3m, **29)** m, **30–31)** 1, **32)** $\bar{3}$ 2/m, **33)** mm2, **34)** 2, **35)** mm2, **36)** 4/m 2/m 2/m, **37)** 4mm, **38)** $\bar{4}$2m, **39)** 2/m 2/m 2/m, **40)** mm2, **41)** 2/m, **42–43)** m, **44)** + **45)** 2, **46)–49)** 1

   a) Enantiomere: **26/27**; **30/31**; **44/45**; **46/47**; **48/49**.

   b) Moleküle mit Dipolmoment: **2)–4), 6), 7), 10), 12), 14), 16)–18), 20), 23)–31), 33)–35), 37), 40), 42)–49)**.

9.12 **1)** gewinkelt, (Abb. 9.17a), **2)** pyramidal, **3)** Tab. 9.4 14, **4)** Abb. 9.19.

9.13 mm2 (0°); 2 (0° < φ < 180°);

       2/m (180°); 2 (180° < φ < 360°).

9.14 Ja; mm2 (+); 2/m(0).

9.15 **1)** 2/m 2/m 2/m,   **2)** 4/m 2/m 2/m,   **3)** $\bar{6}$ m2,

       4) 6/m 2/m 2/m,   **5)** mm2,   **6)** 4mm,

       7) 3m,   **8)** 6mm,   **9)** 2/m 2/m 2/m,

       10) 4/m 2/m 2/m,   **11)** $\bar{6}$ m2,   **12)** 6/m 2/m 2/m,

       13) + **14)** 4/m $\bar{3}$ 2/m,   **15)** $\bar{4}$ 3m,   **16)** $\bar{3}$ 2/m.

9.16 **3), 5)–8), 11), 15)**.

9.17 Flächen + Ecken = Kanten + 2 (Polyedersatz von Euler, s. Tab. 9.13).

9.18 **a)** Vgl. Abb. 9.8,

      b) ditetragonale Dipyramide; aus (hk0) entstehen (hkl) und (hk$\bar{l}$) usw. oder aus (210) entstehen z. B. (211) und (21$\bar{1}$) usw.

9.19 **a)** Vgl. Abb. 9.12a,

      b) hexagonale Dipyramide; aus (hki0) entstehen (hkil) und (hki$\bar{l}$) usw. oder aus (21$\bar{3}$0) entstehen z. B. (21$\bar{3}$1) und (21$\bar{3}\bar{1}$).

9.20 **1), 2)** Tab. 9.5; **3), 4)** Tab. 9.8;

       5)–7) Tab. 9.6; **8), 9)** Tab. 9.7.

9.21

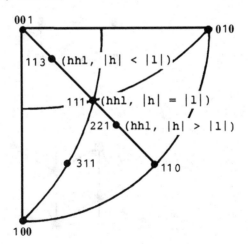

Ausschnitt aus Abb. 9.15

Der Flächenpol (113) gehört zur Kristallform Deltoidikositetraeder {311} oder {hkk}. (311) liegt auf der asymmetrischen Flächeneinheit.

9.22 $\bar{6}$m2: (m..); ditrigonales Prisma {hki0}: hexagonales Prisma {11$\bar{2}$0}

$\bar{3}$ 2/m: (.m.); Rhomboeder {h0$\bar{h}$l}: hexagonales Prisma {10$\bar{1}$0}

6mm: (.m.); hexagonale Pyramide {h0$\bar{h}$l}: hexagonales Prisma {10$\bar{1}$0}

(..m); hexagonale Pyramide {hh$\overline{2h}$l}: hexagonales Prisma {11$\bar{2}$0}

3m: (.m.); trigonale Pyramide {h0$\bar{h}$l}: trigonales Prisma {10$\bar{1}$0}.

9.23

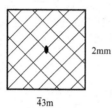   2mm

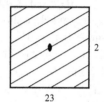   4

$\bar{4}$3m   432

2

23

Kapitel 10

10.1 1)

2) Vgl. Abb. 7.6a,
3) Vgl. Abb. 7.6c,
4)

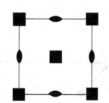

5) Vgl. Abb. 7.6d,
6) Vgl. Abb. 6.5b.
7)

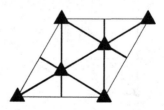

8)

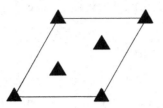

9)   außer Gitter-Translation keine Symmetrie.

10)

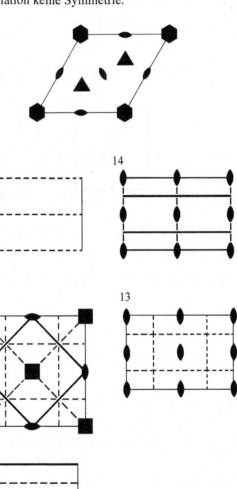

10.2   **a)** $x, y, 1-z$,   **b)** $x, \frac{1}{2}-y, z$,   **c)** $\frac{1}{2}+x, y, \frac{1}{2}-z$,

d) $\frac{1}{2}-x, \frac{1}{2}+y, z$,   **e)** $x, \frac{1}{2}-y, \frac{1}{2}+z$,   **f)** $\frac{1}{2}-x, \frac{1}{2}+y, \frac{1}{2}+z$,

g) $\frac{1}{2}+x, \frac{1}{2}+y, \bar{z}$,   **h)** $\frac{1}{2}+x, \bar{y}, \frac{1}{2}+z$,   **i)** $\frac{1}{2}-x, y, \bar{z}$,

j) $1-x, \bar{y}, \frac{1}{2}+z$,   **k)** $\bar{x}, \frac{1}{2}+y, \frac{1}{2}-z$,   **l)** $\frac{1}{2}-x, \frac{1}{2}-y, z$,

   m) $\bar{y}, x, \frac{1}{4}+z$; $\bar{x}, \bar{y}, \frac{1}{2}+z$; $y, \bar{x}, \frac{3}{4}+z$,   **n)** $\bar{y}, x-y, \frac{1}{3}+z$; $\bar{x}+y, \bar{x}, \frac{2}{3}+z$.

10.3 Die unterschiedliche Wirkungsweise der Gleitspiegelebene und der 2_1 ist hier erst
bei Verwendung von „vollständig asymmetrischen Punkten" (vgl. Fußnote 5 in
Kap. 10) erkennbar, z. B. asymmetrischen Pyramiden wie in der folgenden Abbildung.

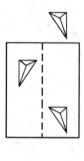 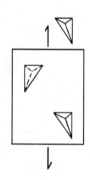

10.5

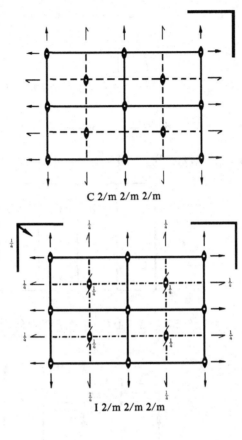

C 2/m 2/m 2/m

I 2/m 2/m 2/m

10.6

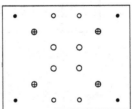

10.7 a)

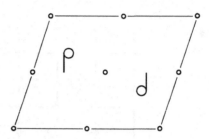

2) x, y, z,; $\bar{x}, \bar{y}, \bar{z}$,[2] **3)** 2, **4)** P$\bar{1}$, **5)** in allen $\bar{1}$, 1-zählig,

b)

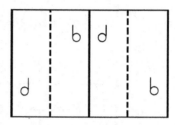

2) x, y, z; x, $\bar{y}$, z; $\frac{1}{2}$ + x, $\frac{1}{2}$ − y, z; $\frac{1}{2}$ + x, $\frac{1}{2}$ + y, z, **3)** 4, **4)** Cm, **5)** auf m, 2-zählig,

c)

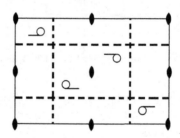

2) x, y, z; $\frac{1}{2}$ + x, $\frac{1}{2}$ − y, z; $\frac{1}{2}$ − x, $\frac{1}{2}$ + y, z; $\bar{x}, \bar{y}$, z, **3)** 4, **4)** Pba2, **5)** auf 2, 2-zählig,

d)

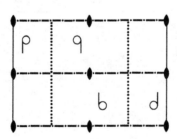

---

[2] Angabe der Koordinaten wie in den *International Tables* [18], d. h. z. B. für 1 − x, 1 − y, 1 − z steht $\bar{x}, \bar{y}, \bar{z}$.

2) $x, y, z; x, \frac{1}{2} - y, \frac{1}{2} + z; \bar{x}, \frac{1}{2} + y, \frac{1}{2} + z; \bar{x}, \bar{y}, z$,   **3)** 4,   **4)** Pnc2,   **5)** auf 2, 2-zählig,

e)

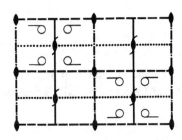

2) $x, y, z; x, \frac{1}{2} - y, z; \frac{1}{2} - x, y, \frac{1}{2} + z; \frac{1}{2} - x, \frac{1}{2} - y, \frac{1}{2} + z; \frac{1}{2} + x, \frac{1}{2} + y, \frac{1}{2} + z;$ $\frac{1}{2} + x, \bar{y}, \frac{1}{2} + z; \bar{x}, \frac{1}{2} + y, z; \bar{x}, \bar{y}, z$,   **3)** 8,   **4)** Ibm2,   **5)** auf 2, 4-zählig,

f)

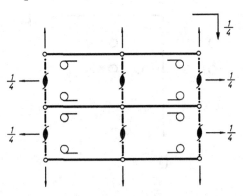

2) $x, y, z; \frac{1}{2} - x, y, \frac{1}{2} - z; \frac{1}{2} + x, y, \frac{1}{2} - z; \bar{x}, y, z; x, \bar{y}, \bar{z}; \frac{1}{2} - x, \bar{y}, \frac{1}{2} + z; \frac{1}{2} +$ $x, \bar{y}, \frac{1}{2} + z; \bar{x}, \bar{y}, \bar{z}$,

3) 8,   **4)** $P2/m \, 2/n \, 2_1/a$,   **5)** auf m und 2, 4-zählig, in $\bar{1}$, 2-zählig,

g)

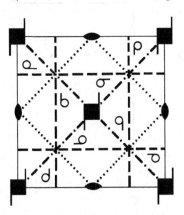

2) $x, y, z; \bar{x}, \bar{y}, z; \bar{y}, x, \frac{1}{2} + z; y, \bar{x}, \frac{1}{2} + z; \frac{1}{2} + x, \frac{1}{2} - y, z; \frac{1}{2} - x, \frac{1}{2} + y, z;$ $\frac{1}{2} - y, \frac{1}{2} - x, \frac{1}{2} + z; \frac{1}{2} + y, \frac{1}{2} + x, \frac{1}{2} + z$,   **3)** 8,   **4)** $P4_2bc$,   **5)** auf 2, 4-zählig.

10.8 a) 1) $x, y, z; \bar{x}, \bar{y}, z; x-y, x, z+\frac{1}{3}; \bar{x}+y, \bar{x}, z+\frac{1}{3}; \bar{y}, x-y, z+\frac{2}{3}; y, \bar{x}+y, z+\frac{2}{3}$

2) 2 in $\frac{1}{2}, 0, z; \frac{1}{2}, \frac{1}{2}, z; 0, \frac{1}{2}, z;$ 3_2 in $\frac{2}{3}, \frac{1}{3}, z; \frac{1}{3}, \frac{2}{3}, z$

3) $3_2, 2$

b) 1) $x, y, z; \bar{y}, x-y, z; \bar{x}+y, \bar{x}, z; x-y, x, z+\frac{1}{2}; \bar{x}, \bar{y}, z+\frac{1}{2}; y, \bar{x}+y, z+\frac{1}{2}$

2) 2_1 in $\frac{1}{2}, 0, z; \frac{1}{2}, \frac{1}{2}, z; 0, \frac{1}{2}, z;$ 2 in $\frac{2}{3}, \frac{1}{3}, z; \frac{1}{3}, \frac{2}{3}, z$

3) $3, 2_1$.

10.9 Die Koordinaten der Punkte, die durch m in x, y, 0 nach unten gespiegelt wurden, sind nicht vermerkt. Die 3.Koordinate jedes Tripels würde zusätzlich ein Minuszeichen erhalten.

a)

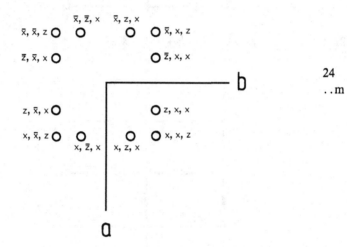

b)

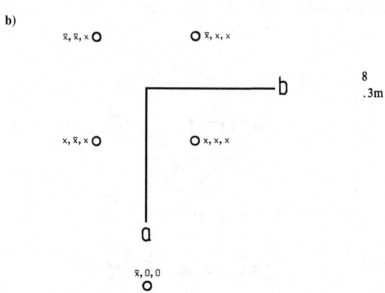

c)

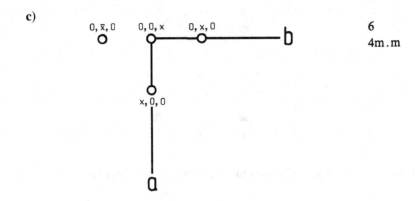

10.10 Vgl. Text der Lösung der Aufgabe 10.9.

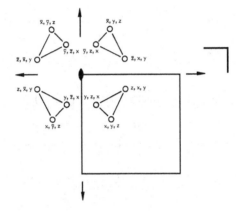

10.11 Vgl. in Abb. 10.18 (2) und in (7) die allgemeine Punktlage.

10.12 P2$_1$/c (Abb. 10.10a), Pna2$_1$ (Abb. 10.13), Pmna (Aufgabe 10.7f).

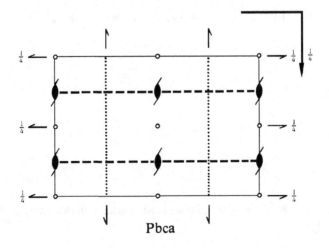

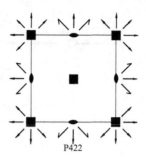

P422

10.13 Unsinn: Eine a-Gleitspiegelebene senkrecht zur a-Achse ist unmöglich ...

10.14

P$\bar{1}$:

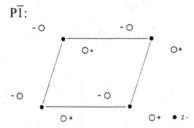

a) AB$_2$, **b)** Z $= 1$, **c)** linear, **d)** ∞/mm, **e)** $\bar{1}$,

Pm:

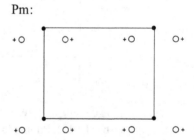

a) AB$_2$, **b)** Z $= 1$, **c)** gewinkelt, **d)** mm2, **e)** m,

P2/m:

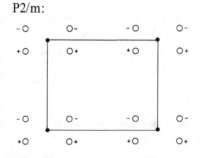

a) AB$_4$, **b)** Z $= 1$, **c)** planare [4]-Koordination (Rechteck), **d)** 2/m2/m2/m,
e) 2/m,

P2/m 2/m 2/m:

a) AB_8, **b)** $Z = 1$, **c)** [8]-Koordination (Quader), **d)** und **e)** $2/m\,2/m\,2/m$.

10.15 1) Pnc2, **2)** Pn2b, **3)** P2an, **4)** Pcn2, **5)** P2na, **6)** Pb2n

10.16 $\vec{a}_1, \vec{b}_1, \vec{c}_1$: P112/a;

$\vec{a}_2, \vec{b}_2, \vec{c}_2$: P112/n;

$\vec{a}_3, \vec{b}_3, \vec{c}_3$: P112/b

Kapitel 11

11.1 a) für alle Koordinatensysteme; $\vec{a}' = -\vec{a}, \vec{b}' = -\vec{b}, \vec{c}' = -\vec{c}$; $\begin{pmatrix} \bar{1} & 0 & 0 \\ 0 & \bar{1} & 0 \\ 0 & 0 & \bar{1} \end{pmatrix}$

b) 1) m, o, t, c; $\vec{a}' = -\vec{a}, \vec{b}' = \vec{b}, \vec{c}' = -\vec{c}$; $\begin{pmatrix} \bar{1} & 0 & 0 \\ 0 & 1 & 0 \\ 0 & 0 & \bar{1} \end{pmatrix}$

2) h; $\vec{a}' = -\vec{a} - \vec{b}, \vec{b}' = \vec{b}, \vec{c} = -\vec{c}$; $\begin{pmatrix} \bar{1} & 0 & 0 \\ \bar{1} & 1 & 0 \\ 0 & 0 & \bar{1} \end{pmatrix}$

c) h; $\vec{a}' = -\vec{a} - \vec{b}, \vec{b}' = \vec{b}, \vec{c}' = \vec{c}$; $\begin{pmatrix} \bar{1} & 0 & 0 \\ \bar{1} & 1 & 0 \\ 0 & 0 & 1 \end{pmatrix}$

d) r, c; $3^1_{[111]}$: $\vec{a}' = \vec{b}; \vec{b}' = \vec{c}, \vec{c}' = \vec{a}$; $\begin{pmatrix} 0 & 0 & 1 \\ 1 & 0 & 0 \\ 0 & 0 & 1 \end{pmatrix}$

r, c; $3^2_{[111]}$: $\vec{a}'' = \vec{c}, \vec{b}'' = \vec{a}, \vec{c}'' = \vec{b}$; $\begin{pmatrix} 0 & 1 & 0 \\ 0 & 0 & 1 \\ 1 & 0 & 0 \end{pmatrix}$

e) c; $\vec{a}' = \vec{c},\, \vec{b}' = -\vec{b};\, \vec{c}' = -\vec{a};$ $\begin{pmatrix} 0 & 0 & \bar{1} \\ 0 & \bar{1} & 0 \\ 1 & 0 & 0 \end{pmatrix}$

f) h; $\vec{a}' = \vec{a} + \vec{b},\, \vec{b}' = -\vec{a},\, \vec{c}' = \vec{c};$ $\begin{pmatrix} 1 & \bar{1} & 0 \\ 1 & 0 & 0 \\ 0 & 0 & 1 \end{pmatrix}$

11.2 Bei der Inversion, der 2-zähligen Drehung und der Spiegelung stimmen die ursprünglichen und die inversen Matrizen überein.

11.3 Ja.

11.4 **a)** **1)** t; $2_a \cdot m_{[110]} = \bar{4}_c^3$; $(\bar{4}_c^2 \equiv 2_c) \cdot 2_a = 2b$; $2_c \cdot m_{[110]} = m_{[1\bar{1}0]}$; $\bar{4}2m$

        2) h; $2_a \cdot m_{[110]} = \bar{3}_c^5$; $(\bar{3}_c^3 \equiv \bar{1}) \cdot 2_a = m_a$; $1 \cdot m_{[110]} = 2_{[110]}$ usw.; $\bar{3}\, 2/m$

    b) $\bar{3}_c^1 \cdot m_c = \bar{6}_c^5$; $\bar{6}$

    c) $4_c^1 \cdot \bar{1} = \bar{4}_c^1$; $(4_c^2 \equiv 2_c) \cdot \bar{1} = m_c$; $4/m$. In $4/m$ ist natürlich 4 enthalten.

11.5 **a)** $2_b \cdot m_b = \bar{1}$; $(4_b^2 \equiv 2_b) \cdot m_b \equiv \bar{1}$; $(6_c^3 \equiv 2_c) \cdot m_c = \bar{1}$

    b) $m_b \cdot \bar{1} = 2_b$

    c) $2_b \cdot \bar{1} = m_b$; $(4_b^2 \equiv 2_b) \cdot \bar{1} = m_b$; $(6_c^3 \equiv 2_c) \cdot \bar{1} = m_c$

11.6 $\bar{4}_c^1$, $\bar{4}_c^2 \equiv 2_c$, $\bar{4}_c^3$, 2_a, 2_b, $m_{[110]}$, $m_{[1\bar{1}0]}$, 1. Ordnung 8. (hkl) vgl. Tab. 11.1 Tetragonales Skalenoeder.

11.7 Vgl. die Gruppentafeln 32 und 3m. Nein.

Gruppentafel 32

	1	3_c^1	3_c^2	2_a	2_b	$2_{[110]}$
1	1	3_c^1	3_c^2	2_a	2_b	$2_{[110]}$
3_c^1	3_c^1	3_c^2	1	$2_{[110]}$	2_a	2_b
3_c^2	3_c^2	1	3_c^1	2_b	$2_{[110]}$	2_a
2_a	2_a	2_b	$2_{[110]}$	1	3_c^1	3_c^2
2_b	2_b	$2_{[110]}$	2_a	3_c^2	1	3_c^1
$2_{[110]}$	$2_{[110]}$	2_a	2_b	3_c^1	3_c^2	1

11.8

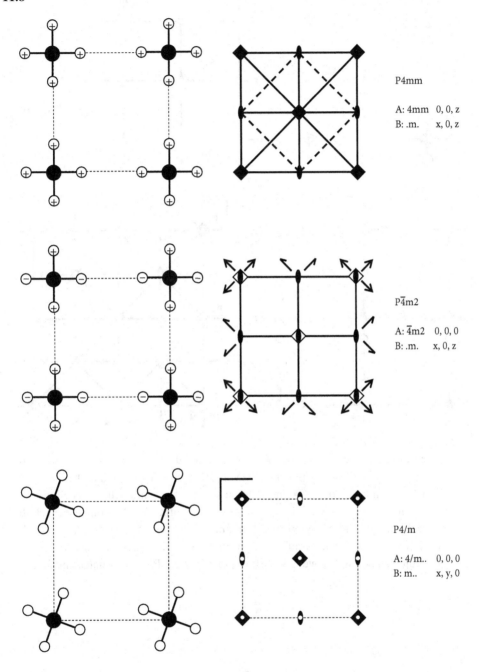

P4mm

A: 4mm   0, 0, z
B: .m.   x, 0, z

P$\bar{4}$m2

A: $\bar{4}$m2   0, 0, 0
B: .m.   x, 0, z

P4/m

A: 4/m..   0, 0, 0
B: m..   x, y, 0

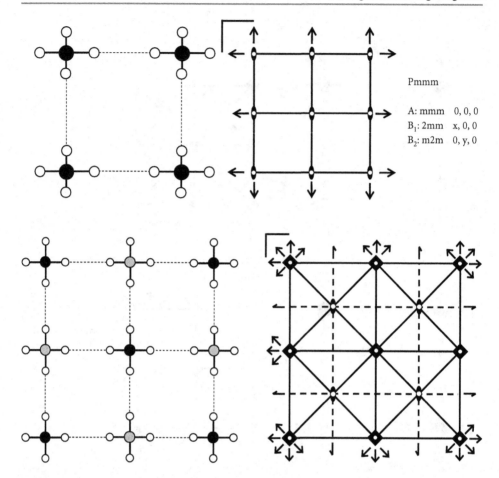

Pmmm

A: mmm   0, 0, 0
B_1: 2mm   x, 0, 0
B_2: m2m   0, y, 0

Der Austausch der Hälfte der A-Atome führt zur Untergruppe C4/mmm von
P4/mmm. Wenn die Gittervektoren von P4/mmm $\vec{a}$, $\vec{b}$, $\vec{c}$ sind, betragen die
von C4/mmm $2\vec{a}$, $2\vec{b}$, $\vec{c}$. C4/mmm ist eine nicht konventionelle Aufstellung von
P4/mmm, für die $\vec{a}' = \vec{a} - \vec{b}$, $\vec{b}' = \vec{a} + \vec{b}$, $\vec{c}' = \vec{c}$ gilt. Die A-Atome besetzen die
Punktlagen mit der Lagesymmetrie 4/mmm in 0, 0, 0 und $\frac{1}{2}, \frac{1}{2}, 0$. Die Punktlage der
B-Atome spaltet ebenfalls auf. Die B-Atome haben die Lagesymmetrie m.2m, ihre
Koordinaten betragen jeweils x, x, 0, wobei sich die x-Parameter unterscheiden.

Kapitel 12

12.1 Vgl. Tab. 12.1d und h.

12.2 **a)** Kubisches P; Po: $0, 0, 0$,

   b) kubisches I; W: $0, 0, 0$,

   c) hexagonales P; Mg: $\frac{1}{3}, \frac{2}{3}, \frac{1}{4}$; $\frac{2}{3}, \frac{1}{3}, \frac{3}{4}$,

   d) kubisches F; Cu: $0, 0, 0$,

   e) 6_3 in $0, 0, z$. $\bar{6}$ in $\frac{1}{3}, \frac{2}{3}, z$.

12.3 **a)** $1{,}675\,\text{Å}$, **b)** $1{,}37\,\text{Å}$, **c)** $1{,}605\,\text{Å}$, **d)** $1{,}28\,\text{Å}$.

12.4 $1{,}63$.

12.5 **a)** $0{,}52$, **b)** $0{,}68$, **c)** $0{,}74$, **d)** $0{,}74$.

12.6 **a)** Vgl. Abb. 12.19,

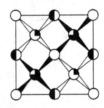

   b) $1{,}546\,\text{Å}$, **c)** 8, **d)** jedes C ist tetraedrisch von 4C umgeben, **e)** beide Strukturen haben die gleiche Geometrie.

12.7 **a)** Vgl. 12.25a,

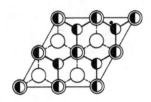

   b) $1{,}42\,\text{Å}$,

   c) 4,

   d) $3{,}35\,\text{Å}$,

   e) $\varrho_D = 3{,}50\,\text{g cm}^{-3}$; $\varrho_G = 2{,}27\,\text{g cm}^{-3}$.

12.8 Li^+: $0{,}76\,\text{Å}$; Cl^-: $1{,}81\,\text{Å}$; $0{,}79$.

12.9

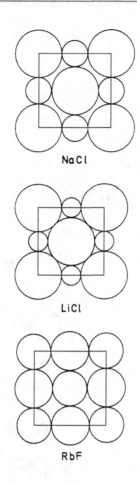

12.10

1,95 Å (fett ausgezogene Abstände), 1,97 Å (dünn ausgezogene Abstände), vgl. Abb. 10.24.

12.11

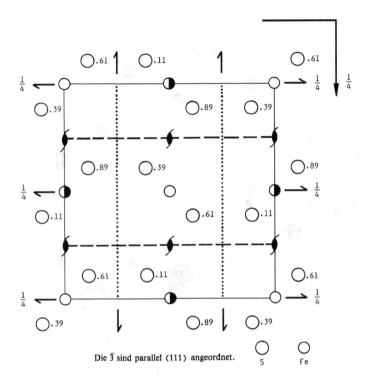

Die $\bar{3}$ sind parallel $\langle 111 \rangle$ angeordnet.

3) 4,

4) Fe–S: 2,27 Å; S–S: 2,06 Å.

12.12

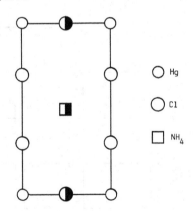

2) $HgNH_4Cl_3$, $Z = 1$,

3) $Hg^{[6]}$ (Oktaeder), $NH_4^{[8]}$ (Hexaeder),

4) Hg–Cl: 2,38 Å; 2,96 Å; NH_4–Cl: 3,36 Å.

5) Wenn NH_4 als kugelförmiger Baustein betrachtet wird, die H nicht berücksichtigt werden.

12.13

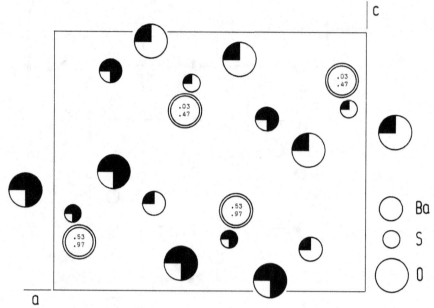

2)   4,

3)   S ist tetraedrisch von 4 O umgeben.

Kapitel 13

13.1

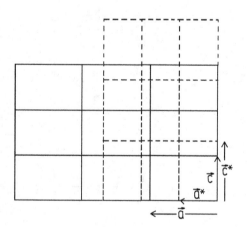

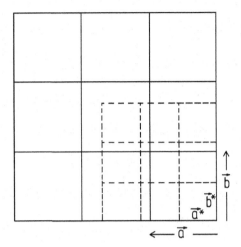

13.2 $Z = 2$, W-Typ (Abb. 12.5).

13.3 $\begin{array}{l} 23 \\ 2/m\bar{3} \end{array}$ $\quad \left. \begin{array}{l} 2 + \bar{1} = 2/m,\ 3 + \bar{1} = \bar{3} \end{array} \right\} 2/m\bar{3}$

$\begin{array}{l} 432 \\ \bar{4}3m \\ 4/m\bar{3}2/m \end{array}$ $\quad \left. \begin{array}{l} 4 + \bar{1} = 4/m,\ 3 + \bar{1} = \bar{3},\ 2 + \bar{1} = 2/m \\ \bar{4} + \bar{1} = 4/m,\ 3 + \bar{1} = \bar{3},\ m + \bar{1} = 2/m \end{array} \right\} 4/m\bar{3}2/m.$

13.4   **1)**   111 4,077; 200 3,534; 220 2,495; 311 2,127; 222 2,038; 400 1,766; 331 1,621; 420 1,579; 422 1,442,

   2) $a = 7,06\,\text{Å}$.

   3) $Z = 4$.

   4)   Es kommen nur der NaCl- oder der Zinkblendetyp in Frage. NaCl-Typ, weil nach Tab. 12.7 $R_A/R_X(KI) = 0,63$.

Literatur[1]

1. Allmann R (2003) Röntgen-Pulverdiffraktometrie. Springer, Berlin Heidelberg
2. Aroyo MI (Hrsg) (2016) International Tables for Crystallography, Vol. A. John Wiley & Sons, Inc.
3. Azaroff LV (1968) Elements of X-ray crystallography. McGraw-Hill, New York
4. Bärnighausen H (1980) Group-subgroup relations between space groups: a useful tool in crystal chemistry. MATCH. Commun Math Chem 9:139
5. Bijvoet JM, Kolkmeyer NH, Macgillavry CH (1951) X-ray analysis of crystals. Butterworth, London
6. Bloss FD (1994) Crystallography and crystal chemistry. Holt, Rinehart & Winston, New York
7. Bohm J (1995) Realstruktur von Kristallen. Schweizerbart, Stuttgart
8. Borsdorf R, Dietz F, Leonhardt G, Reinhold J (1973) Einführung in die Molekülsymmetrie. Chemie Physik, Weinheim
9. Buerger MJ (1951) Crystallographic aspects of phase transformations. In: Smoluchowski R (Hrsg) Phase transformations in solids. Wiley, New York. Chapman & Hall, London
10. Buerger MJ (1978) Elementary crystallography. Wiley, New York
11. Buerger MJ (1971) Introduction to crystal geometry. McGraw-Hill, New York
12. Buerger MJ (1977) Kristallographie. de Gruyter, Berlin New York
13. Burzlaff H, Zimmermann H (1993) Kristallsymmetrie – Kristallstruktur. Merkel, Erlangen
14. Chernov AA (1984) Crystal growth. Modern crystallography, Bd. III. Springer, Berlin Heidelberg New York
15. Cullity BD (1978) Elements of X-ray diffraction. Addison-Wesley, Reading Mass.
16. Fischer E (1966) Einführung in die mathematischen Hilfsmittel der Kristallographie. Bergakademie – Fernstudium, Freiberg
17. Giacovazzo C (Hrsg) (2011) Fundamentals of crystallography. Oxford University Press
18. Hahn T (Hrsg) (2005) International Tables for Crystallography, Vol. A. John Wiley & Sons, Inc.
19. Hargittai I, Hargittai M (1994) Symmetriy. Shelter Publications, Bolinas California
20. Haussühl S (1993) Kristallgeometrie. Chemie Physik, Weinheim
21. Hermann C (Hrsg) (1935) Internationale Tabellen zur Bestimmung von Kristallstrukturen Bd. 1. Borntraeger, Berlin
22. Jaffe HH, Orchin M (1973) Symmetrie in der Chemie. Hüthig, Heidelberg
23. Jagodzinski H (1955) Kristallographie. In: Handbuch der Physik, Bd VII, Teil I. Springer, Berlin Göttingen Heidelberg
24. De Jong WF (1959) Kompendium der Kristallkunde. Springer, Wien

---

[1] Dieses Verzeichnis erhebt keinen Anspruch auf Vollständigkeit. Es gibt nur einige Hinweise auf weiterführende Lehrbücher, Tabellenwerke und Publikationen, insbesondere die im Text zitierten.

© Springer-Verlag Berlin Heidelberg 2018
W. Borchardt-Ott, H. Sowa, *Kristallographie*, Springer-Lehrbuch,
https://doi.org/10.1007/978-3-662-56816-3

25. Kittel CH (2013) Einführung in die Festkörperphysik. Oldenbourg, München Wien
26. Kleber W, Bautsch H-J, Bohm J, Klimm D (2010) Einführung in die Kristallographie. Oldenbourg, München
27. Klein C, Hurlbut CS (1985) Manual of mineralogy. Wiley, New York
28. Landolt-Börnstein (1971) Strukturdaten organischer Verbindungen Bd. 5. Springer, Berlin Heidelberg New York
29. Landolt-Börnstein (1973–1986) Kristallstrukturen anorganischer Verbindungen, Bd 7. Springer, Berlin Heidelberg New York
30. Lima-de Faria J (1990) Historical atlas of crystallography. Kluver, Dordrecht
31. Massa W (2011) Kristallstrukturbestimmung. Vieweg+Teubner, Stuttgart
32. McKie D, McKie C (1990) Essentials of crystallography. Blackwell, Oxford, London
33. Meyer K (1977) Physikalisch-chemische Kristallographie. Deutscher Verlag für Grundstoffindustrie, Leipzig
34. Müller U (2012) Symmetriebeziehungen zwischen verwandten Kristallstrukturen. Vieweg+Teubner, Stuttgart
35. Niggli P (1941) Lehrbuch der Mineralogie und Kristallchemie. Borntraeger, Berlin
36. Paufler P (1986) Physikalische Kristallographie. Chemie Physik, Weinheim
37. Pauling L (1964) Die Natur der chemischen Bindung. Chemie, Weinheim
38. Ramdohr P, Strunz H (1978) Lehrbuch der Mineralogie. Enke, Stuttgart
39. Read WT (1953) Dislocations in crystals. McGraw-Hill, New York
40. Schulz H, Tscherry V (1972) Acta Cryst, B 28, p 2168
41. Schwarzenbach D (2001) Kristallographie. Springer, Berlin Heidelberg
42. Shuvalov LA et al (2011) Physical properties of crystals. Modern crystallography, Bd. IV. Springer, Berlin Heidelberg New York
43. Shannon & Prewitt (1969) Acta Cryst. B25, 925
44. Shannon (1976) Acta Cryst. A32, 751
45. Spieß L, Teichert G, Schwarzer R, Behnken H, Genzel CH (2009) Moderne Röntgenbeugung. Vieweg+Teubner, Stuttgart
46. Stout GH, Jensen LH (1989) X-ray structure determination. Macmillan, London
47. Strukturberichte (1931–1943) Akademische Verlagsgesellschaft, Leipzig.
48. Structure Reports (1956–1979) Oosthoek's Uitgevers Mij, Utrecht, (1980–1986) D. Reidel, Dordrecht, (1988–1993) Kluwer Academic Publishers, Dordrecht
49. Strunz H, Nickel EH (2001) Strunz mineralogical tables: a chemical-structural mineral classification system. Schweizerbart, Stuttgart
50. Vainshtein BK (1996) Symmetry of crystals. Methods of structural crystallography. Modern crystallography, Bd. I. Springer, Berlin Heidelberg New York
51. Vainshtein BK, Fridkin VM, Indenbom VL (2006) Structure of crystals. Modern crystallography, Bd. II. Springer, Berlin Heidelberg New York
52. Wells AF (1995) Structural inorganic chemistry. Clarendon Press, Oxford
53. Wilke K-TH, Bohm J (1988) Kristallzüchtung. Deutscher Verlag der Wissenschaften, Berlin
54. Wondratschek H, Müller U (Hrsg) (2010) International Tables for Crystallography, Vol. A1. John Wiley & Sons, Inc.
55. Wyckoff RWG (1963–1971) Crystal structures. 1963 (vol 1)–(vol 6). Wiley, New York

Sachverzeichnis

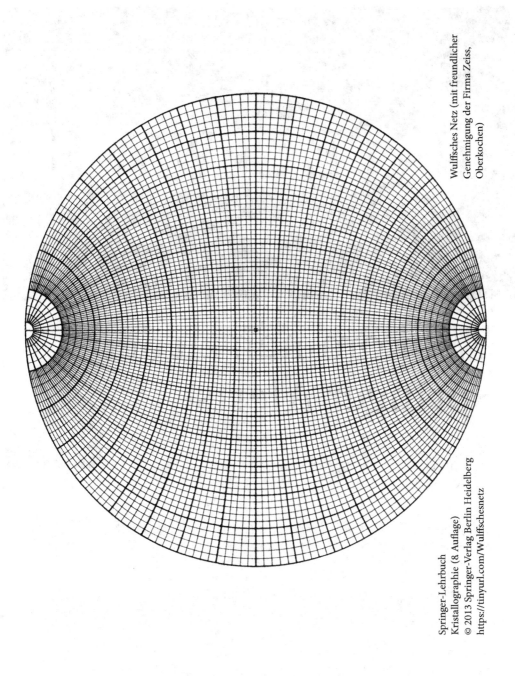

Wulffsches Netz (mit freundlicher Genehmigung der Firma Zeiss, Oberkochen)

Springer-Lehrbuch
Kristallographie (8 Auflage)
© 2013 Springer-Verlag Berlin Heidelberg
https://tinyurl.com/Wulffschesnetz

Printed in the United States
By Bookmasters